Alexandre Roulin
Université de Lausanne, Suisse

# L'effraie des clochers

Description • Comportement • Vie sociale

Illustrations de Laurent Willenegger

Traduit de l'anglais par
Céline Plancherel

YLIGA - ÉCO-RESPONSABLE

DELACHAUX ET NIESTLÉ

**Édition originale :**
Titre original : *Barn owls, evolution and ecology*
© Cambridge University Press, Grande-Bretagne, 2020

**Édition française :**
© Delachaux et Niestlé, Paris, 2021
Dépôt légal : septembre 2021
ISBN : 978-2-603-02731-8
Impression : Imprimerie Pollina, France - 99215

Édition et mise en pages : Bruno Porlier, Christophe Porlier
Relecture : Dominique Maurel-Mojal
Index : Nord Compo, Villeneuve-d'Ascq
Responsable éditoriale : Sophie Postollec
Couverture : Nord Compo, Villeneuve d'Ascq

Tous droits réservés pour tous pays. Cet ouvrage ne peut être reproduit, même partiellement et sous quelque forme que ce soit (photocopie, décalque, microfilm, duplicateur ou tout autre procédé analogique ou numérique), sans une autorisation écrite de l'éditeur.

FSC
www.fsc.org
MIXTE
Papier issu de sources responsables
FSC® C102228

## LE LABEL YLIGA

C'est une initiative portée par plusieurs maisons d'édition, qui souhaitent faire de ce label une marque de fabrique et de traçabilité d'ouvrages édités de façon la plus respectueuse possible de l'environnement.

**On ne peut pas vous promettre le « zéro déchet » ou le « zéro pollution » mais on vous propose des ouvrages plus éco-responsables. Une nouvelle manière de lire le monde grâce à nous tous, éditeurs, auteurs, imprimeurs, distributeurs, libraires, lecteurs.**

- Des livres qui traitent d'environnement, de bien-être, de « bien-manger », de conscience écologique, sociale et politique, des livres pour les adultes et pour les enfants, des livres qui donnent du sens en plaçant notre planète au cœur de notre quotidien, de notre réflexion.
- **Moins de papier :** des formats d'ouvrage choisis pour leur très faible gâche de matière.
- **Un papier certifié** aux normes environnementales FSC et PEFC (des écolabels garantissant une gestion durable des forêts).
- **Moins de produits chimiques :** utilisation d'encres végétales, absence de vernis et de pelliculage issu de la pétrochimie.
- **Pas de couverture cartonnée ni de film plastique** protégeant les ouvrages.
- **Impression simultanée** des couvertures d'ouvrages de même format.
- **Impression en France** à moins de 500 km de nos entrepôts. Pas d'impression en Asie, pas de transport aérien.
- **Des process repensés :** suppression des tirages papier pour contrôler les étapes de fabrication avec le photograveur et l'imprimeur, facturation 100 % numérique, diminution des services de presse papier, une communication essentiellement numérique.

Parce que le livre doit servir la planète sans l'abîmer !

* Yliga, pourquoi ce nom ? C'est le nom, en langue moré, d'un arbre aux vertus médicinales qui vit entre le Sahara et l'Afrique tropicale et qui, comme d'autres essences, a su s'épanouir dans des conditions environnementales difficiles. Il est, pour nous, un symbole de l'adaptation nécessaire et possible, de même qu'un exemple d'exploitation vertueuse des ressources naturelles.

YLIGA - ÉCO-RESPONSABLE -

*À la mémoire de feu Martin Epars*

# Sommaire

# Préface

Les chouettes et hiboux de grande taille sont dépeints comme des prédateurs majestueux, puissants et royaux, alors que les espèces plus petites sont plutôt vues comme jolies et mignonnes. Le grand public s'intéresse ainsi aux chouettes, non seulement à l'état sauvage, mais également en tant qu'animaux de compagnie.

Les rapaces nocturnes, les grands comme les petits, capturent principalement des petits mammifères, et plus particulièrement des souris, des mulots et des campagnols. Ces rongeurs sont considérés comme néfastes car ils dévastent les cultures dans les champs, les jardins et les plantations forestières. Traditionnellement, divers rodenticides sont utilisés pour prévenir, ou au moins réduire, les pertes économiques liées aux dommages dus aux micromammifères. Cependant, ces produits ne causent pas la mort uniquement des « ravageurs » visés, mais également de leurs prédateurs, parmi lesquels les chouettes et hiboux. À partir des années 1990, des études en nombre conséquent ont montré que les rapaces nocturnes et autres prédateurs peuvent limiter ou même réguler les densités de population de ces petits rongeurs. Ils peuvent donc probablement être utilisés en tant qu'agents de lutte biologique pour réduire les dommages aux cultures causés par ces petits mammifères. Ceci n'est qu'un exemple qui montre combien les chouettes sont utiles à l'homme et pourquoi elles devraient être protégées.

Le fait que nous en sachions autant sur ces animaux discrets que sont les rapaces nocturnes est tout à l'honneur de nombreux universitaires et ornithologues de terrain. La dynamique des populations, la démographie et le régime alimentaire de ces oiseaux, en particulier, ont fait l'objet de nombreuses études à long terme dans les régions tempérées, boréales et arctiques — au prix de gros efforts physiques — mais beaucoup moins sous les tropiques. À cause de l'intensification de la gestion des forêts et des pratiques agricoles, les habitats des chouettes sylvicoles et de celles vivant en milieux ouverts, comme la chouette de Tengmalm, la chouette tachetée, le hibou des marais ou l'effraie des clochers, se sont dégradés au cours des cinquante dernières années. En outre, les changements climatiques ont provoqué la destruction des habitats, et donc le déclin de nombreuses espèces de chouettes et de hiboux dans les régions boréales, arctiques et arides. Par conséquent, les populations de plusieurs espèces de rapaces nocturnes ont drastiquement chuté, au point que nombre d'entre elles sont actuellement classées vulnérables, voire en voie d'extinction.

Les effraies sont répandues presque partout sur Terre, excepté dans mon pays natal et dans les autres États du nord de l'Europe. Elles ont un potentiel de reproduction élevé et leurs comportements sociaux, leurs fortes variations de couleurs et leur distribution cosmopolite constituent un système unique pour l'étude de la dynamique des populations et l'écologie évolutive. C'est avec grand intérêt que j'ai suivi les recherches à long terme et les centaines d'articles scientifiques produits depuis trente ans par le groupe dirigé par le professeur Alexandre Roulin. Son équipe était — et est toujours —, l'un des meilleurs groupes de recherches au monde sur l'effraie des clochers, et elle a continuellement publié des articles scientifiques de qualité dans des journaux internationaux. Alexandre Roulin et moi avons des parcours similaires puisque nous avons tous deux commencé à étudier les chouettes en tant qu'ornithologues amateurs enthousiastes, bien avant de devenir des universitaires. Nous nous sommes beaucoup investis dans la récolte de données d'observation sur le long terme concernant des populations de chouettes sur de larges territoires. Nous avons ensuite tous deux planifié et conduit des expériences sur le terrain pour mieux tester les hypothèses formulées sur la base des données accumulées.

Depuis plus de trente ans, l'équipe du professeur Roulin a étudié la dynamique des populations, la démographie, la coopération et les conflits au sein de la nichée, ainsi que la coloration du plumage basée sur la mélanine et ses liens avec des comportements particuliers comme la sexualité et les soins parentaux chez l'effraie des clochers. Grâce à son travail, cette chouette est devenue l'une des espèces modèles les plus importantes dans les études concernant la façon dont opère la sélection naturelle en milieu sauvage, en produisant divers morphes de couleurs associés à des différences comportementales et physiologiques. Le fait qu'Alexandre Roulin soit maintenant en mesure de résumer ses excellentes recherches sur l'effraie des clochers et ses proches parents dans ce livre phare est formidable. Cet ouvrage s'adresse non seulement aux universitaires, mais aussi aux amateurs d'ornithologie, aux amoureux de la nature et aux défenseurs de l'environnement. J'ai beaucoup aimé lire ce livre complet et compréhensible, avec ses magnifiques illustrations.

***Erkki Korpimäki***
*Professeur d'écologie animale,*
*université de Turku, Finlande*

Effraie de prairie à Taïwan, novembre 2014. © Yi-Shuo Tseng

# Avant-propos : pourquoi ce livre ?

L'effraie des clochers et ses cousines — les effraies d'Australasie et de São Tomé, les effraies d'Amérique et d'Hispaniola, les effraies de prairie et du Cap, les effraies ombrées et piquetées, et les effraies masquées — sont des espèces emblématiques pour les ornithologues et les profanes. De nombreux aspects de leur mode de vie ont fait de l'effraie — au sens large — un animal fascinant. C'est le cas par exemple de son potentiel de reproduction élevé, de ses comportements sociaux complexes, de ses fortes variations de couleurs ou de sa vaste distribution.

Ce n'est donc pas une surprise si les effraies ont été largement étudiées par les scientifiques. En 2018, une recherche sur *Web of Science* avec le terme « *Tyto* » donnait un résultat de 1228 publications ; un chiffre impressionnant comparé aux 273 articles consacrés à la chouette de Tengmalm, aux 701 études concernant le faucon crécerelle ou même aux 3832 papiers sur la mésange charbonnière, une espèce étudiée par de nombreux ornithologues professionnels et amateurs.

Plusieurs livres ont déjà été dédiés à l'effraie des clochers. Néanmoins, à cause d'une littérature dense englobant de nombreux sujets, une mise à jour des connaissances mondiales sur l'écologie évolutive de cette chouette semble aujourd'hui nécessaire. Bien que j'aie étudié cet oiseau durant les 30 dernières années et publié de nombreux articles scientifiques à son sujet, cet ouvrage ne constitue pas seulement un résumé de mes propres recherches. Mon but est de présenter un ensemble de connaissances de manière concise et objective. J'ai pris soin de ne pas me fier uniquement à la littérature européenne ou nord-américaine sur l'effraie, afin de ne pas tomber dans une vision qui me semble trop restrictive. À titre d'exemple, prenons celui des noms vernaculaires français et anglais de l'espèce : « effraie des clochers » et « *Barn owl* » (littéralement « chouette des granges ») sont très eurocentrés et ne caractérisent pas du tout les Tytonidés vivant en Asie australe ou dans les Caraïbes, ces chouettes habitant fréquemment les forêts. Je conserve néanmoins dans cet ouvrage le nom « effraie des clochers » (pour *Tyto alba*, selon les nomenclatures récentes, c'est-à-dire les effraies communes vivant en Europe et en Afrique) par mesure de clarté et de cohérence dans le paysage des publications francophones.

Ce livre s'adresse à toute personne intéressée par les effraies et les oiseaux ou la nature de manière générale. Étant à l'origine un ornithologue amateur enthousiaste avant d'entrer dans le monde académique, j'ai délibérément adopté un style moins formel que celui habituellement utilisé dans la recherche scientifique. J'ai voulu simplifier des concepts sans perdre — je l'espère — leur essence, afin d'offrir l'opportunité aux amoureux de la nature de se faire une idée sur la vie quotidienne des chouettes, vue par un universitaire. Et dans le but de valoriser la démarche de contemplation de la nature adoptée par nombre de gens ne provenant pas du monde de la recherche, j'ai tenu à ce que ce livre comporte des photographies prises par des ornithologues, ainsi que des dessins et peintures de Laurent Willenegger, un artiste accompli.

***Alexandre Roulin***

# 1. Introduction

- Pourquoi l'effraie est-elle si intéressante ?
- Pourquoi étudier les effraies plutôt que les souris de laboratoire ?
- Les données brutes
- L'évolution des Tytonidés
- Pourquoi cosmopolite ?
- Pourquoi les effraies communes vivent-elles si près des humains ?

Une effraie des clochers volant vers de nouveaux horizons.

# Les effraies : un groupe d'espèces qui dépasse les attentes

## Pourquoi l'effraie est-elle si intéressante ?

*Grâce à leur distribution cosmopolite et à leur proximité avec l'être humain, les effraies communes (***Tyto alba, T. thomensis, T. furcata, T. glaucops*** et ***T. javanica****) sont des oiseaux populaires. Les chouettes fascinent les hommes de diverses cultures depuis des millénaires. Vénérées ou considérées comme un mauvais présage, elles sont mythiques. L'effraie des clochers est, par ailleurs, un fantastique modèle pour étudier la physiologie, la biologie reproductive, les interactions sociales au sein de la famille et les causes et conséquences des variations de coloration. Et bien d'autres choses encore !*

Les effraies ne fascinent pas que le public profane, mais également les scientifiques. Cet oiseau a traditionnellement été utilisé pour étudier le régime alimentaire des prédateurs et pour enseigner l'écologie. Les pelotes de réjection des effraies contiennent en effet des os et des restes de proies extraordinairement bien conservés. Parmi les 3696 articles consultés pour le présent ouvrage, presque la moitié (1630) traitent directement d'analyses du régime alimentaire. Outre cette thématique, l'effraie est intéressante sur bien d'autres plans. Comparées à celles d'autres espèces, les variations de morphologie, de physiologie et de comportement de cette chouette sont extraordinaires. Certaines de ses capacités physiologiques, comme son ouïe, sont très développées, alors que d'autres caractéristiques, telles que sa résistance aux basses températures, le sont très peu.

L'effraie, et en particulier l'effraie des clochers, peut donc être considérée comme un organisme modèle pour identifier les règles générales qui gouvernent l'évolution de la biodiversité. Mon but dans ce livre est de mettre en lumière les caractéristiques uniques de cet oiseau afin de dépeindre des phénomènes biologiques. Ces caractéristiques incluent les sept points suivants.

## UN GROUPE COSMOPOLITE

À part dans les régions tempérées froides et en Arctique, où que vous soyez, vous trouverez des effraies. Seule une vingtaine d'espèces de vertébrés, parmi lesquelles l'être humain, sont cosmopolites. Étudier les effraies communes peut donc nous aider à comprendre les facteurs qui permettent à certains animaux de coloniser la terre entière avec succès.

## LA PHYSIOLOGIE

L'effraie est souvent étudiée pour son ouïe et sa capacité à voler silencieusement. Les habitudes nocturnes de l'effraie des clochers, ainsi que son potentiel de reproduction élevé, exercent une forte pression de sélection en faveur de l'évolution d'une capacité à chasser de manière extrêmement efficace. Cela nécessite l'aptitude à détecter une proie à l'oreille, de très loin, et sans être soi-même entendue durant le vol. Ces capacités particulières sont très intéressantes pour les neurologues et l'industrie aéronautique.

## LE POTENTIEL DE REPRODUCTION

Comparée aux autres rapaces, l'effraie est très prolifique. Elle peut produire jusqu'à 3 pontes par année, et certaines nichées contiennent jusqu'à 12 oisillons. Dans les régions aux conditions favorables, elle peut même se reproduire tout au long de l'année. Ce potentiel de reproduction élevé est source d'études pour comprendre les causes et les conséquences évolutives d'un tel phénomène. Cela permet aux chercheurs de collecter énormément de données sur des descendants nombreux, ce qui est rare avec des animaux de cette taille.

## L'ÉCLOSION ASYNCHRONE

Dans une couvée d'effraies des clochers, le premier né peut avoir plus d'un mois d'avance sur le dernier. Les parents étalent souvent les naissances dans le temps, ce qui génère, au sein de la fratrie, un déclin progressif de compétition pour les ressources parentales. Le benjamin est, en effet, moins compétitif que l'aîné. Bien que l'éclosion asynchrone ait traditionnellement été considérée comme un moyen utilisé par les parents pour réduire la taille de la nichée (car les derniers, beaucoup plus petits, meurent si la nourriture fait défaut, ce qui permet aux aînés de survivre), de nombreuses hypothèses ont été avancées pour expliquer la fonction adaptative de ce phénomène du point de vue des parents et de leur descendance. Parce que le degré d'éclosion asynchrone chez l'effraie des clochers est l'un des plus prononcés chez les oiseaux, cette espèce est un excellent candidat pour l'étude de ce mécanisme.

## LES INTERACTIONS PAISIBLES AU SEIN DES FRATRIES

Les oisillons négocient vocalement pour l'accès prioritaire à la nourriture. Les plus âgés donnent à manger aux plus petits et nettoient leurs frères et sœurs. Les interactions sociales dans les nids des effraies des clochers sont complexes, ce qui jette un nouveau regard sur les conflits parents-enfants et les relations de compétition et de coopération au sein des fratries. Bien que, comme dans toute espèce, les jeunes soient génétiquement proches les uns des autres, les observations et la théorie prédisent que les interactions familiales devraient être conflictuelles plutôt qu'harmonieuses. La découverte du partage paisible de la nourriture entre les jeunes effraies des clochers suggère que des comportements de coopération peuvent aussi exister au sein des fratries.

## LE PLUMAGE

On ne trouve pas deux effraies identiques ; certaines sont roux foncé, d'autres sont blanches, et certains individus sont criblés de petites taches noires plus ou moins grandes. Ces variations de plumage s'observent aussi bien entre les populations que dans une même population, et même au sein des fratries. La mélanine, pigment le plus commun dans le règne animal, est responsable de cette coloration. Ce pigment remplit plusieurs fonctions : camouflage, protection de la peau et des plumes contre les dégradations biophysiques et les rayons ultraviolets, participation à la thermorégulation et signal de qualité en direction des partenaires potentiels et des compétiteurs. L'étude de la coloration basée sur la mélanine est devenue un sujet majeur en écologie évolutive et l'effraie des clochers est un excellent organisme modèle pour ces recherches. Chez cette espèce, les individus présentant différents morphes de couleurs adoptent des comportements et des stratégies de reproduction également différents.

## LA DYNAMIQUE DES POPULATIONS

Chez l'effraie des clochers, les variations annuelles de taille de population sont importantes. Pour étudier les processus qui sous-tendent ces fluctuations, il est nécessaire d'utiliser des espèces particulièrement sensibles aux facteurs environnementaux, comme une météo peu favorable ou des variations dans l'apport en nourriture. Comparées à celles d'autres rapaces, comme le faucon crécerelle, qui exploite un habitat similaire, les tailles de population d'effraies des clochers varient à un degré bien plus important. Cette différence soulève de nombreuses questions concernant les raisons faisant que l'effraie des clochers est l'une des premières espèces à souffrir lorsque les conditions écologiques se détériorent. Cela questionne aussi sur la manière dont les individus parviennent à compenser ces pertes en se reproduisant à un taux élevé lorsque la situation s'améliore. Parce que l'effraie commune est cosmopolite et vit souvent à proximité des hommes, cette espèce constitue un modèle approprié pour la surveillance de l'impact des activités humaines sur la faune et la flore sauvage, ainsi que sur la dégradation de l'habitat à une échelle mondiale.

**Quatre frères et sœurs effraies des clochers témoignant des variations extrêmes de coloration de plumage.** © Alexandre Roulin

La souris est un organisme modèle pour les études de médecine en laboratoire.

Un système modèle émergent

# Pourquoi étudier les effraies plutôt que les souris de laboratoire ?

***Les effraies sont belles, emblématiques et scientifiquement intéressantes. Les ornithologues s'accordent à dire que ce groupe d'oiseaux devrait être protégé et étudié en profondeur. Mais pourquoi les organismes de financement devraient-ils soutenir des études utilisant les effraies plutôt que des recherches biomédicales et moléculaires utilisant les souris de laboratoire ?***

En science, des domaines tels que la génétique, l'immunologie et la biologie cellulaire font des progrès conséquents en utilisant des souris, des mouches et des arabettes. Ces modèles sont si bien connus et leur étude si aisée que celle de tout autre organisme peut sembler contre-productive aux chercheurs de haut niveau. Ainsi, toute recherche sur une autre espèce requiert une justification. Bien que les principaux organismes modèles aient, en effet, permis des avancées scientifiques inestimables, leur étude a également donné lieu à d'importantes limitations dans la compréhension de la nature de manière générale.

Les organismes évoluent au travers de la sélection naturelle, ce qui modifie la fréquence des gènes présents dans les populations par rapport à leur fréquence initiale dans les populations ancestrales. Il est donc nécessaire de considérer l'histoire évolutive de chaque espèce afin de comprendre pourquoi une adaptation donnée est initialement apparue. Par exemple, des chouettes vivant sur une île peuvent être rousses, non parce que cela leur confère des capacités de camouflage, mais parce que les chouettes qui ont initialement colonisé cette île étaient plutôt foncées que claires. Les écologistes évolutionnistes sont principalement intéressés par l'analyse d'adaptations physiologiques, morphologiques et comportementales dans le but de savoir si elles se sont développées en réponse à des facteurs écologiques spécifiques. Ainsi, ces scientifiques préfèrent étudier des organismes dans leur milieu naturel plutôt que dans un laboratoire.

Mon but n'est pas de discréditer les études en laboratoire sur des animaux modèles, mais d'expliquer en quoi l'étude d'autres espèces, comme les effraies, dans leur habitat naturel, est complémentaire. Pour ce faire, je présente ici quatre arguments soulignant le contraste entre études en laboratoire et en milieu naturel.

## L'ARTÉFACT

Les animaux vivant en dehors de leur environnement naturel peuvent adopter d'étranges comportements. De plus, la fonction adaptative de certaines propriétés morphologiques ou comportementales pourrait ne pas être évidente lorsque les animaux sont en laboratoire. Seules les études en milieu naturel, comme celles sur les effraies des clochers sauvages, peuvent mettre en évidence le contexte dans lequel les adaptations se sont développées et ont évolué.

## LES ANIMAUX DE LABORATOIRE NE SONT PAS REPRÉSENTATIFS DE LEURS ÉQUIVALENTS SAUVAGES

Les animaux de laboratoire supportent bien le stress induit par les conditions de laboratoire. De plus, ils se reproduisent vite et en grand nombre. Parce que ces animaux partagent tous ces mêmes caractéristiques, les résultats scientifiques basés sur des études en laboratoire peuvent ne pas s'appliquer nécessairement à plus large échelle ; ils sont spécifiques aux animaux vivant dans ces conditions stressantes.

## LA SÉLECTION ARTIFICIELLE

Les animaux élevés depuis plusieurs générations en captivité développent de nouvelles caractéristiques comportementales, physiologiques et morphologiques adaptées au laboratoire plutôt qu'aux conditions naturelles. Les effraies, au contraire, ont évolué en milieu naturel et interagissent avec leur environnement biophysique et les autres animaux sauvages. Des études sur ce groupe d'oiseaux peuvent donc engendrer d'importantes découvertes à large portée.

## LA BIODIVERSITÉ

La nature a de nombreuses solutions pour un même problème. La science redécouvre toujours les mêmes solutions à force d'étudier les mêmes organismes en permanence. Travailler avec des animaux moins communs dans le monde de la recherche est rafraîchissant et fait jaillir de nouvelles pistes de solutions à d'anciens problèmes. Déchiffrer la complexité des écosystèmes nécessite donc d'étudier diverses espèces, en plus de celles utilisées en laboratoire.

Des milliers d'articles et de nombreux livres ont déjà été écrits sur les effraies. © Bruno Porlier

# Les données brutes

*Cet ouvrage est basé sur la littérature scientifique de 1853 à 2018 concernant l'effraie et ses proches parents. J'ai cherché à collationner tous les articles publiés dans les journaux internationaux et locaux. Il a fallu visiter des librairies, contacter directement des auteurs et chercher sur le web. J'ai explicitement visé les articles concernant les aspects écologiques et évolutifs des effraies, sans restriction géographique.*

Bien que j'aie consulté 3696 articles et livres sur la famille des Tytonidés (dont beaucoup ne sont pas disponibles sur *Web of Science)*, il reste au moins 650 études publiées à référencer ! Le graphe de la page suivante illustre le nombre d'articles publiés au sujet des Tytonidés dans différentes parties du monde. Environ 61 % des études sur les effraies et les phodiles se sont concentrées sur les populations d'effraies des clochers (européennes), avec une majorité provenant de travail de terrain réalisé en Allemagne (564 articles, 15,3 %), suivi par les études sur l'effraie d'Amérique (492 articles, 13,3 %). Cette plus grande accessibilité des informations sur les effraies européennes et américaines est le résultat d'un plus grand effort de recherche en Europe, aux États-Unis et au Canada que sur d'autres territoires. J'espère que cet ouvrage stimulera la recherche sur l'effraie dans le monde entier.

Certains taxa de *Tyto* sont plus étudiés que d'autres, impliquant que les informations présentées dans le présent livre sont biaisées en leur faveur. C'est la raison pour laquelle ce livre traite principalement des recherches au sujet de l'effraie des clochers (*Tyto alba*), sauf exception indiquée. Le terme Tytonidés se réfère à toutes les espèces des genres *Tyto* et *Phodilus*.

**Nombre d'articles scientifiques sur les espèces de Tytonidés dans différentes régions du monde.**

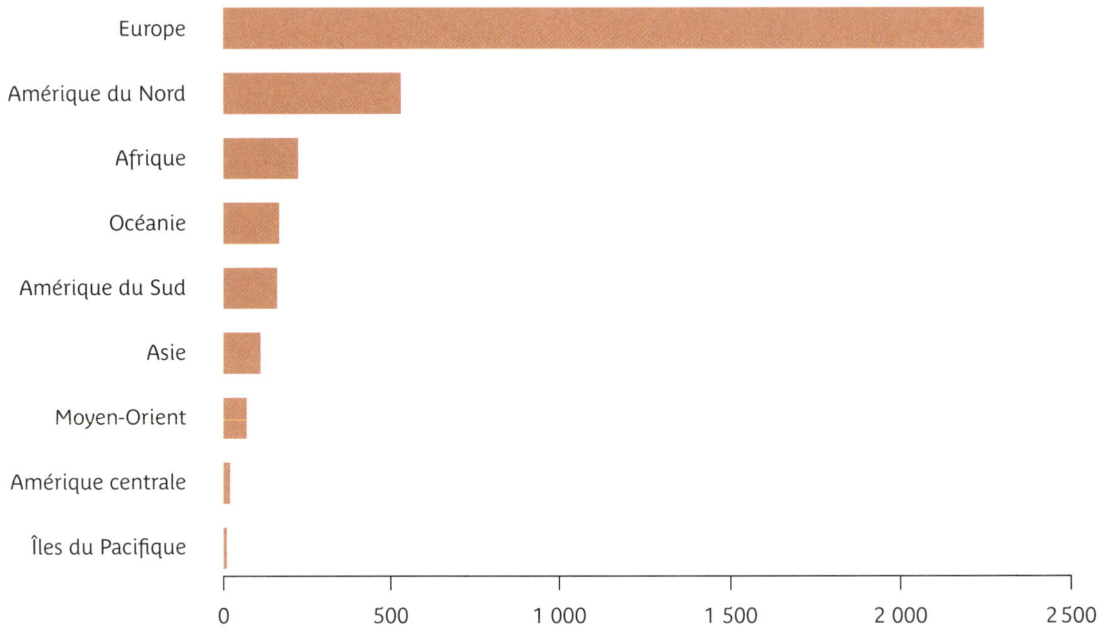

Une effraie dans un temple indien. Une vue emblématique de la proximité entre les effraies et les humains.

# L'évolution des Tytonidés

***La famille des Tytonidés est probablement apparue en Australasie. Elle est parvenue à coloniser tous les continents excepté l'Antarctique. L'Australasie abrite les populations de Tytonidés les plus diversifiées.***

Les chouettes et hiboux constituent un groupe sœur d'un clade d'oiseaux de milieux ouverts incluant les Collidés, les trogons, le courol vouroudriou, les Coraciiformes et les Piciformes. Les Tytonidés ont divergé des chouettes et hiboux typiques (Strigidés) il y a approximativement 45 millions d'années (Ma). Il existe au moins 13 taxa éteints de Tytonidés, certains dont les représentants étaient plus grands que l'imposant

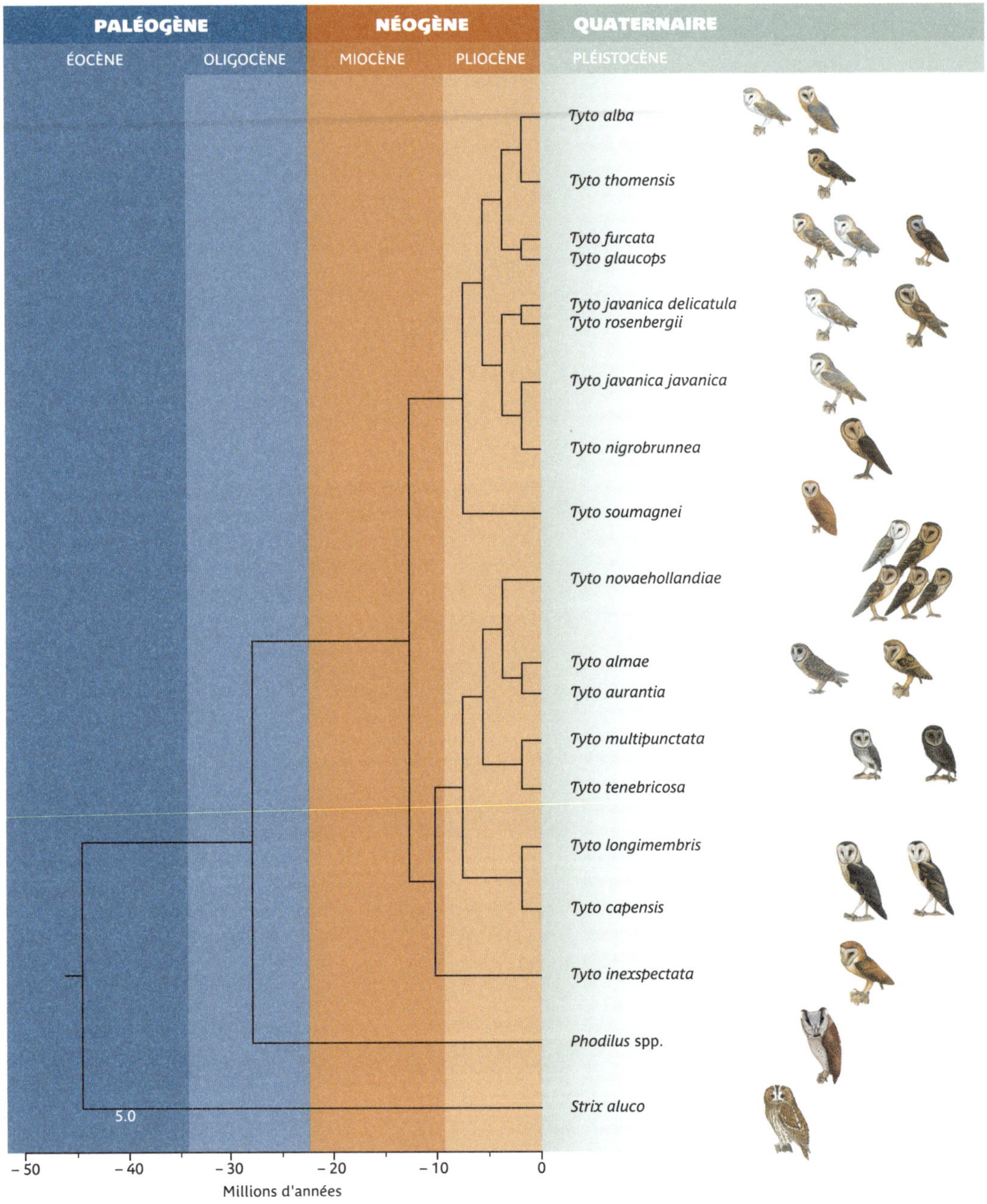


Arbre phylogénétique de la famille des Tytonidés, avec la chouette hulotte (*Strix aluco*) comme extragroupe (*outgroup*, en anglais). Les dessins proviennent du *Handbook of the Birds of the World Alive* (ed. J. del Hoyo *et al.*, 2017). Lynx Edicions, Barcelone. (Récupérés de www.hbw.com en août 2018.)

Distribution mondiale de la famille des Tytonidés, incluant les effraies d'Amérique et d'Hispaniola (*T. furcata* et *T. glaucops*), les effraies des clochers et de São Tomé (*T. alba* and *T. thomensis*), l'effraie d'Australasie (*T. javanica*), l'effraie des Célèbes (*T. rosenbergii*), l'effraie de Taliabu (*T. nigrobrunnea*), l'effraie de Soumagne (*T. soumagnei*), l'effraie dorée (*T. aurantia*), l'effraie d'Alma (*T. almae*), l'effraie masquée d'Australie (*T. novaehollandiae*), l'effraie de Minahassa (*T. inexspectata*), les effraies ombrées (*T. tenebricosa*) et piquetées (*T. multipunctata*), l'effraie du Cap (*T. capensis*), l'effraie de prairie (*T. longimembris*) et les Phodiles africaines et australiennes (*Phodilus prigoginei, P. assimilis* and *P. badius*).

grand-duc d'Europe. À titre d'exemple, l'humérus de *Tyto gigantea* (une effraie éteinte), trouvé en Italie, mesure 185 mm, soit environ le double de l'humérus des effraies des clochers (*Tyto alba*) italiennes contemporaines (73-85 mm).

## L'ÉVOLUTION DES TYTONIDÉS ET LA COLONISATION DU MONDE

Les données génétiques disponibles indiquent que les ancêtres communs aux Strigidés et aux Tytonidés vivaient probablement durant l'Éocène, il y a environ 45 Ma. Ces recherches montrent également que l'ancêtre commun le plus récent entre les deux genres des Tytonidés, les phodiles (*Phodilus* spp.) et les effraies (*Tyto* spp.), a vraisemblablement vécu durant l'Oligocène, il y a environ 28 Ma. Le dernier ancêtre commun aux différentes espèces d'effraies (genre *Tyto*) vivait au milieu du Miocène, il y a 12 Ma, probablement en Australasie. De là, il y a environ 8 Ma, la population s'est dispersée et a donné naissance au groupe des effraies communes, actuellement connues comme l'effraie d'Australasie (*Tyto javanica*), l'effraie des clochers

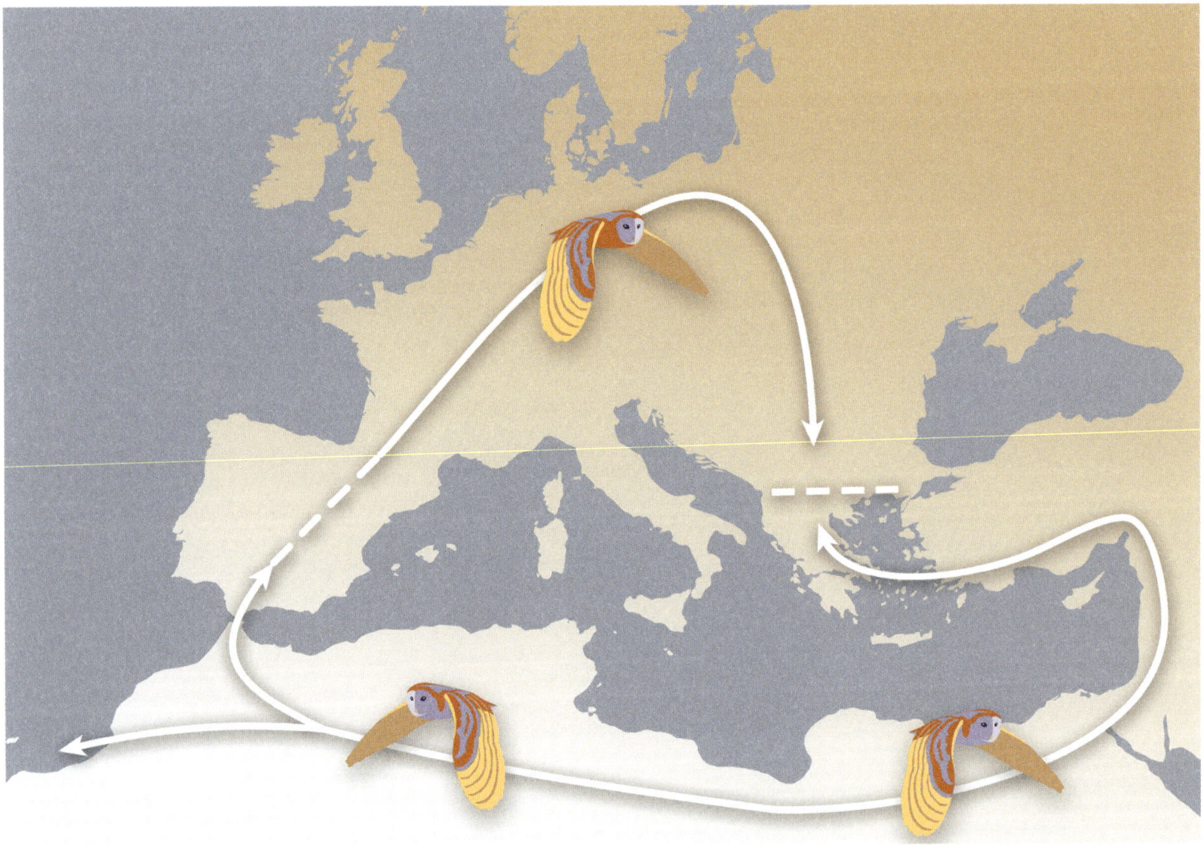

La colonisation de l'Europe par l'effraie des clochers, en forme d'anneau autour de la Méditerranée. Durant la dernière glaciation, les effraies des clochers ont trouvé refuge dans la péninsule Ibérique, dans le nord de l'Afrique et au Moyen-Orient. Après le retrait des glaciers, il y a 10 000 ans, ces chouettes ont recolonisé l'Europe par deux voies : l'une partant de la vallée du Jourdain et l'autre de la péninsule Ibérique. C'est dans les Balkans que se rejoignent ces deux routes de colonisation. Le dégradé de couleur indique le degré de rousseur du ventre des effraies des clochers.

(*T. alba*) (avec l'effraie de São Tomé, *T. thomensis*), l'effraie d'Amérique (*T. furcata*) (avec l'effraie d'Hispaniola, *T. glaucops*), qui a atteint le Nouveau Monde par la Béringie, le pont terrestre qui occupait l'actuel emplacement du détroit de Béring.

Dans chacune des trois lignées (effraies des clochers, d'Australasie et d'Amérique), certaines populations sont confinées à des îles isolées, entretenant peu de contacts avec d'autres groupes à cause de leur faible dispersion. Cela facilite la différenciation génétique menant à l'apparition de nouvelles espèces. Par exemple, l'effraie des Célèbes (*Tyto rosenbergii*) et l'effraie de Taliabu (*T. nigrobrunnea*) sont localisées sur des îles, et sont considérées par certains auteurs comme des espèces différentes de l'effraie d'Australasie (*T. javanica*), dont elles ont divergé. De la même manière, l'effraie d'Hispaniola (*T. glaucops*) est une espèce en elle-même, plutôt qu'une sous-espèce de l'effraie d'Amérique (*T. furcata*), comme on la considérait dans de précédentes classifications. Voir le tableau précisant la situation en page 322.

## EN EUROPE

Traditionnellement, les ornithologues reconnaissent quatre sous-espèces à l'effraie des clochers (*Tyto alba*) : « l'effraie des clochers à ventre blanc » (*T. a. alba*) dans le sud de l'Europe et les îles Britanniques, « l'effraie des clochers à ventre roux » (*T. a. guttata*) dans le nord de l'Europe, « l'effraie des clochers de Sardaigne » (*T. a. ernesti*) en Sardaigne et en Corse, et « l'effraie des clochers du Moyen-Orient » (*T. a. erlangeri*) en Crête et à Chypre. En Europe, la différenciation génétique entre les effraies des différents pays est limitée, indiquant de nombreux échanges de gènes entre les populations grâce à la dispersion des individus.

Lors de la dernière glaciation, les effraies des clochers, comme la majorité de la faune et de la flore, ont en grande partie disparu du continent. Une fois cette période passée, ces chouettes ont recolonisé l'Europe par deux routes distinctes. Partant de la péninsule Ibérique, elles ont atteint le centre et le nord-est de l'Europe, et depuis la vallée du Jourdain, elles sont passées par la Grèce pour rejoindre également, par la suite, le nord-est de l'Europe. Ce scénario repose sur des données montrant que les chouettes de la vallée du Jourdain sont génétiquement plus proches des chouettes rencontrées dans les îles Canaries et en Espagne que de celles que l'on trouve géographiquement plus près, soit en Europe de l'Est et dans les Balkans. Les oiseaux de ces deux lignées s'hybrident actuellement dans les Balkans. Bien qu'elles soient originaires du même endroit dans la vallée du Jourdain (ou peut-être d'ailleurs en Afrique du Nord), elles pourraient montrer une incompatibilité génétique due à une évolution distincte durant ces trajets de recolonisation différents. En d'autres termes, les oisillons de parents provenant de ces deux lignées distinctes pourraient présenter des problèmes génétiques les empêchant de grandir normalement ou de survivre longtemps. Il s'agit d'une hypothèse intéressante à évaluer dans de futures études.

## EN AFRIQUE

En Afrique subsaharienne, on trouve deux espèces de *Tyto* : l'effraie des clochers (*T. alba*) et l'effraie du Cap (*T. capensis*), cette dernière étant plus grande, avec de plus longues pattes. La biologie de l'effraie des clochers africaine est similaire à celle des effraies communes ailleurs dans le monde : elle niche dans des cavités et produit une à deux pontes par année. L'effraie du Cap, au contraire, niche au sol dans les hautes herbes. L'effraie de Soumagne (*T. soumagnei*), localisée à Madagascar, partage un ancêtre commun, aujourd'hui éteint, avec l'effraie des clochers. Il vivait entre l'Afrique et l'Australasie. Actuellement, les effraies de São Tomé (*T. thomensis*) ont suffisamment divergé génétiquement de leur équivalent continental (*T. alba*) pour être potentiellement considérées comme une espèce différente. Ce n'est pas le cas des effraies du Cap-Vert (*T. alba detorta*) et des îles Canaries (*T. a. gracilirostris*), qui présentent, quant à elles, une faible divergence génétique, et qui sont donc encore considérées comme des sous-espèces de *Tyto alba*.

## EN ASIE

En Asie, les ornithologues reconnaissent deux groupes de *Tyto* : l'effraie d'Australasie (*T. javanica*) d'un côté, et les effraies de prairie, ainsi que les effraies masquées (effraie des Célèbes, effraie de Taliabu, effraie dorée, etc.) de l'autre. La population d'effraies des clochers du Moyen-Orient (*T. alba erlangeri*), que l'on trouve dans la péninsule Arabique, dans la vallée du Jourdain, en Iran et en Irak, est génétiquement plus proche des effraies des clochers (*T. alba*) que des effraies d'Australasie (*T. javanica stertens*), plus foncées et plus tachetées, que l'on peut trouver en Inde, au Pakistan et au Sri Lanka. C'est en Asie du Sud-Est (Thaïlande, Vietnam) que l'on trouve les autres effraies d'Australasie (*T. javanica javanica*). Elles sont plus grandes et ont des plumages aux motifs très variés. Bien que l'effraie des Célèbes (*T. rosenbergii*) soit assez grande, elle est proche parente de l'effraie d'Australasie, et non des autres effraies masquées. Étant donné que l'Insulinde, située entre le sud-est du continent asiatique et l'Australie, contient plus de 25 000 îles, les animaux y divergent rapidement. Ces terres sont géographiquement distantes les unes des autres, au moins assez pour limiter la fréquence des échanges d'individus. En conséquence, de nouvelles formes ou espèces sont régulièrement décrites sur ces îles isolées. Cet extrême niveau de diversité fait de l'Asie un espace particulièrement intéressant pour étudier les effraies.

Dans le second groupe, on trouve les effraies de prairie et les autres effraies masquées. L'effraie de prairie (*Tyto longimembris*) est beaucoup plus grande et a des pattes plus longues que les effraies d'Australasie. Cette espèce est présente de l'Inde à la Chine, ainsi qu'en Australie et sur certaines îles, dont la Nouvelle-Calédonie et les îles Fidji (mais elle semble avoir récemment disparu de ces dernières). Malgré un nom scientifique différent et une aire de répartition éloignée, *T. longimembris* est génétiquement et biologiquement similaire à l'effraie du Cap (*T. capensis*), vivant en Afrique. C'est un exemple intéressant d'une radiation rapide entre des continents qui, s'ils sont actuellement distants, étaient proches par le passé. On trouve également certaines effraies masquées, comme l'effraie d'Alma (*T. almae*), l'effraie dorée (*T. aurantia*), l'effraie de Minahassa (*T. inexspectata*), l'effraie de Taliabu (*T. nigrobrunnea*) et l'effraie des Tanimbar (*T. sororcula*), en Asie du Sud-Est insulaire. Leurs relations phylogénétiques sont encore source de recherches, mais on sait déjà que l'effraie de Taliabu est génétiquement plus proche de l'effraie d'Australasie que des autres effraies masquées.

## EN OCÉANIE

Comme l'Insulinde, l'Océanie est un haut lieu de diversité. En Australie, on distingue quatre groupes de *Tyto* : l'effraie d'Australasie, les effraies masquées, les effraies de prairie et les effraies masquées et piquetées. De l'Australie, l'effraie d'Australasie (*Tyto javanica delicatula*) s'est dispersée vers de nombreuses îles du Pacifique, atteignant les Samoa américaines et Niue, et elle est actuellement en train de coloniser la Nouvelle-Zélande. Bien que la population asiatique de l'effraie d'Australasie appartienne à la même espèce que ces chouettes d'Océanie, les deux formes présentent de légères disparités génétiques.

L'effraie de prairie (*Tyto longimembris*) est présente en Australie et en Nouvelle-Guinée, alors que l'effraie masquée d'Australie (*T. novaehollandiae*), occupant principalement l'Australie, est également présente en Tasmanie (*T. n. castanops*) et en Nouvelle-Guinée. L'effraie ombrée (*T. tenebricosa*) arbore un exceptionnel plumage complètement noir et exploite les forêts de l'est de l'Australie (*T. t. tenebricosa* et *T. t. multipunctata*) et de Nouvelle-Guinée (*T. t. arfaki*). Certains chercheurs considèrent les effraies ombrées et piquetées comme deux espèces distinctes (*T. tenebricosa* et *T. multipunctata*, respectivement), mais des études plus approfondies sont nécessaires pour clarifier les relations phylogénétiques exactes entre ces chouettes. Plus généralement, l'Océanie mérite notre attention pour comprendre l'origine d'une telle diversité dans une famille par ailleurs relativement homogène.

## DANS LES AMÉRIQUES

En Amérique du Nord, du Sud et centrale, les seules espèces de *Tyto* reconnues sont l'effraie d'Amérique (*Tyto furcata*) et l'effraie d'Hispaniola (*T. glaucops*). Les relations phylogénétiques exactes entre les différentes populations, ainsi que leurs degrés de divergence génétique, sont encore inconnus. La région des Caraïbes est particulièrement intéressante, car la morphologie des chouettes vivant sur des îles pourtant voisines diverge significativement. Sur le continent nord-américain, les différentes populations sont relativement homogènes du point de vue génétique, bien plus qu'en Europe. Cela signifie qu'il y a beaucoup plus d'échanges d'individus entre les populations nord-américaines qu'entre les populations européennes, ce qui est en accord avec le fait que les effraies américaines se dispersent plus que leur équivalent européen. Il leur arrive même de migrer, ce qui ne semble pas être le cas en Europe. Néanmoins, les Rocheuses forment une barrière montagneuse entravant le passage des chouettes de la côte Ouest vers le Midwest et la côte Est, et inversement.

## Futures recherches

- Les récents développements des outils génomiques, permettant le passage en revue de milliers de gènes, offrent de nouvelles possibilités d'analyses des relations phylogénétiques parmi les Tytonidés. Ils aideront également à identifier les routes par lesquelles les effraies ont colonisé le monde.
- Après la dernière glaciation, l'effraie des clochers a recolonisé l'Europe en suivant deux voies : l'une du Moyen-Orient vers la Grèce, l'autre depuis la péninsule Ibérique vers l'Allemagne. Ces deux lignées d'effraies des clochers étaient initialement en contact avant la dernière glaciation. Elles ont ensuite été séparées, ont évolué chacune de leur côté durant le processus de recolonisation, et sont maintenant à nouveau en contact dans les Balkans. C'est ce que l'on appelle un contact secondaire. La séparation a pu être assez longue pour que les deux lignes divergent génétiquement et soient considérées comme des espèces distinctes. Des analyses génétiques devraient être entreprises afin de tester s'il existe des incompatibilités génétiques dans la zone hybride entre les chouettes originaires de la lignée ibérique et celles de la lignée du Moyen-Orient.

## Pour aller plus loin


Antoniazza, S., Ricardo, K., Neuenschwander, S., Burri, R., Gaigher, A., Roulin, A. and Goudet, J. 2014. Natural selection in a post-glacial range expansion: the case of the colour cline in the European barn owl. *Mol. Ecol.* **23**: 5508–5523.

Burri, R., Antoniazza, S., Gaigher, A., Ducrest, A.-L., Simon, C., The European Barn Owl Network, Fumagalli, L., Goudet, J. and Roulin, A. 2016. The genetic basis of color-related local adaptation in a ring-like colonization around the Mediterranean. *Evolution* **70**: 140–153.

Machado, A. P., Clément, L., Uva, V., Goudet, J. and Roulin, A. 2018. The Rocky Mountains as a dispersal barrier between barn owl (*Tyto alba*) populations in North America. *J. Biogeogr.* **45**: 1288–1300.

Prum, R., Berv, J. S., Dornburg, A., Field, D. J., Townsend, J. P., Lemmon, E. M. and Lemmon, A. R. 2015. A comprehensive phylogeny of birds (*Aves*) using targeted next-generation DNA sequencing. *Nature* **526**: 569–573.

Taberlet, P., Fumagalli, L., Wust-Saucy, A.-G. and Cosson, J.-F. 1998. Comparative phylogeography and postglacial colonization routes in Europe. *Mol. Ecol.* **74**: 453–464.

Uva, V., Päckert, M., Cibois, A., Fumagalli, L. and Roulin, A. 2018. Comprehensive molecular phylogeny of barn owls and relatives (Family: Tytonidae), and their six major Pleistocene radiations. *Mol. Phylogenet. Evol.* **125**: 127–137.

Wink, M., Heidrich, P., Sauer-Gurth, H., Elsayed, A. A. and Gonzalez, J. 2008. Molecular phylogeny and systematics of owls (Strigiformes). In König, C. and Weick, F. (eds) *Owls of the World*, second edition. London : Christopher Helm, pp. 42–63.

Effraie d'Amérique au Brésil, se reposant dans un arbre.

Success story

Une effraie commune se reposant dans un palmier au Moyen-Orient.

# Pourquoi cosmopolite ?

***Les effraies communes (*****Tyto alba, T. thomensis, T. furcata, T. glaucops** *et* **T. javanica***) forment l'un des rares groupes d'animaux cosmopolites. Se répandre sur la terre entière avec succès nécessite une tolérance à de nombreux environnements, une grande compétitivité pour occuper diverses niches écologiques, la capacité de nicher dans des endroits variés, et une dispersion efficace.***

Seuls quelques animaux terrestres sont cosmopolites, comme le faucon pèlerin, le balbuzard pêcheur, le héron garde-bœufs, l'effraie commune et l'homme. Les exceptionnelles capacités cognitives des humains leur ont permis d'explorer presque tous les habitats et de survivre dans n'importe quelles conditions. Malheureusement, à cause d'un manque de données, nous en sommes réduits à faire des hypothèses quant aux raisons qui ont permis à l'effraie commune d'avoir pareillement réussi. Je présente donc de potentielles pistes de recherche pour expliquer la distribution cosmopolite de cet animal. Un certain nombre d'adaptations sont nécessaires pour qu'un prédateur nocturne puisse se disperser à travers le monde. Qu'est-ce qui rend l'effraie commune si unique comparée à d'autres oiseaux, et en particulier à d'autres animaux nocturnes ?

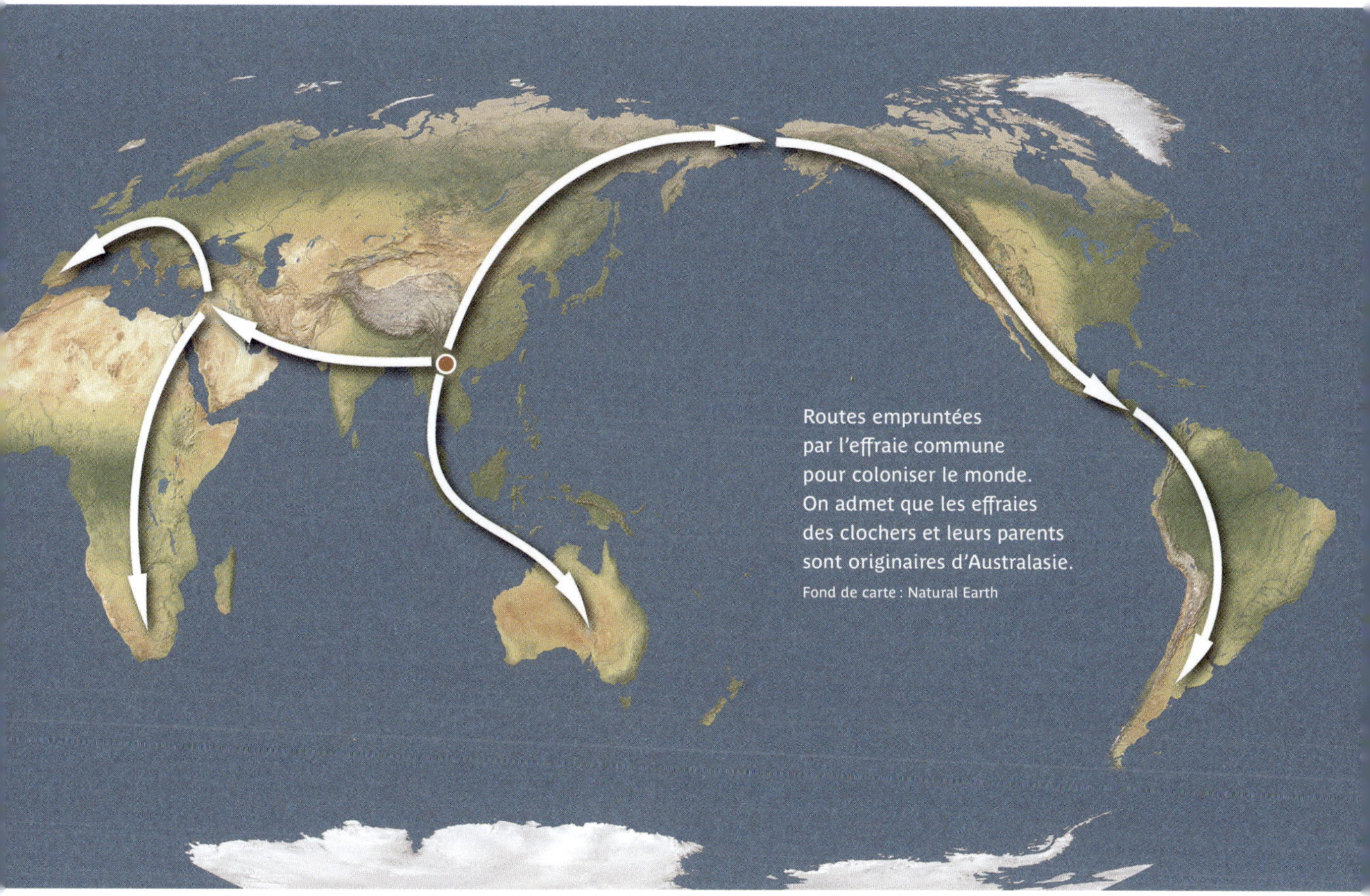


## UN PLUMAGE BLANC

Contrairement au harfang des neiges, qui se camoufle dans son environnement blanc, l'effraie commune n'a pas développé son plumage blanc pour se camoufler. Il semblerait plutôt que la coloration blanche ait évolué pour distraire les proies qui, en réaction à une apparition inopinée d'un prédateur si visible, n'adoptent pas de réponse de fuite efficace. Le plumage blanc est pareil à un flash dans le champ visuel des petits mammifères. Ils s'immobilisent alors assez longtemps pour être attrapés, avant que la réponse de fuite ne se mette en marche. Cet effet est exacerbé par nuit de pleine lune. Parce que les petits mammifères rencontrent rarement des prédateurs blancs, ils n'ont pas l'opportunité d'apprendre à réagir de manière efficace. La plupart des prédateurs nocturnes comptent sur leur capacité de dissimulation pour chasser. La sélection naturelle sur les petits mammifères n'est donc pas assez forte pour inciter l'évolution d'une réponse appropriée aux prédateurs blancs comme l'effraie commune. Je formule donc l'hypothèse que le plumage blanc de cette chouette lui a permis de chasser efficacement dans le monde entier. Dans les situations dans lesquelles les avantages du plumage blanc disparaissent, *Tyto* a développé différents motifs de plumage, roux ou même noir, comme chez l'effraie ombrée.

Une effraie des clochers dans les forêts de Madagascar.

## ENTENDRE ET NE PAS ÊTRE ENTENDU

L'effraie commune vole si silencieusement que les souris ne la remarquent que rarement. L'ouïe extrêmement efficace de cette chouette, ainsi que son masque facial, lui permettent de détecter les proies avec une précision chirurgicale. La capacité de voler silencieusement est probablement la clé pour chasser en planant, une aptitude dont disposent seulement quelques rares autres oiseaux, comme les busards. Ainsi, où que soit l'effraie dans le monde, elle peut trouver des proies, habituellement des petits mammifères, largement répandus.

## UN RÉGIME OPPORTUNISTE

Non spécialisée dans un seul type de proies, l'effraie commune a un régime alimentaire très flexible et donc une résilience importante face à un changement dans la disponibilité de sa nourriture. Ainsi, rencontrer de nouvelles proies ne fut probablement pas un problème lors de l'exploration de nouveaux territoires. Sa taille moyenne l'a aussi aidée à occuper une niche écologique large.

## UNE ÉVOLUTION SUPERSONIQUE

Seules quelques effraies communes se dispersent sur de longues distances, mais cela suffit à coloniser de nouveaux territoires. Après la traversée de grandes étendues d'eau pour atteindre de nouvelles terres, les effraies ont rapidement développé des adaptations morphologiques, physiologiques et comportementales convenant parfaitement aux nouvelles régions colonisées. Ce processus est facilité par la tendance des effraies communes à rester près du lieu de leur naissance. Ainsi, les populations fraîchement établies ont pu développer rapidement de nouvelles adaptations, car le flux d'immigrants aux comportements et morphologies non adaptés était très faible.

## UNE DIFFÉRENCIATION RAPIDE MAIS UNE SPÉCIATION LIMITÉE

Malgré une capacité à s'adapter rapidement à de nouveaux environnements, toutes les effraies du monde partagent un plumage et une morphologie similaires. La famille des Tytonidés n'a donc pas divergé en espèces très différentes, suggérant que sa structure corporelle est proche de la perfection et ne nécessite pas d'être modifiée, ou du moins pas de beaucoup. Ainsi, la capacité des effraies des clochers et de ses cousines à coloniser de nouveaux environnements n'est pas basée sur l'évolution de nouvelles adaptations fondamentales pour atteindre de nouvelles régions. Les effraies semblent plutôt avoir à leur disposition dès le départ les préadaptations nécessaires à la colonisation du monde.

## BABY-BOOM

Pour un oiseau de cette taille, l'effraie commune est exceptionnellement prolifique : elle commence à se reproduire à l'âge de un an et peut produire jusqu'à 3 pontes annuelles, chacune contenant jusqu'à 10 oisillons. Ceci fait de l'effraie commune un « stratège r », se reproduisant à un taux comparable à celui de passereaux bien plus petits. Cette reproduction prolifique l'a certainement aidée à occuper des niches écologiques vides dans de nouvelles régions colonisées.

La capacité de l'effraie commune à exploiter des environnements anthropogènes peut sans doute expliquer l'expansion de sa distribution à l'intérieur des continents, mais pas sa distribution mondiale. L'expansion des effraies communes a eu lieu longtemps avant l'apparition de l'agriculture, qui remonte à 10 000 ans. À partir de cette époque, les hommes ont abattu des forêts, créant de nouveaux habitats ouverts dans lesquels les effraies ont pu se nourrir et se reproduire. Les activités humaines ont donc fourni de nouvelles opportunités aux effraies pour se répandre dans des régions qui leur étaient préalablement inhospitalières. C'est le cas par exemple de l'État de l'Ohio, aux États-Unis, où on ne trouvait pas assez de milieux ouverts. L'agriculture a aussi augmenté la disponibilité de la nourriture pour les rongeurs, et donc également celle des prédateurs de ces derniers, dont les effraies communes.

Toute bonne chose a néanmoins ses limites, et une caractéristique gagnante l'est souvent au détriment d'une autre. Bien que l'effraie commune soit une colonisatrice à succès, sa distribution ne s'étend pas jusque dans les régions les plus septentrionales de l'Amérique et de l'Eurasie, ni en Antarctique. Et même si l'effraie est très sensible aux climats froids, elle migre rarement vers des régions plus clémentes en hiver. Je formule l'hypothèse que, parallèlement à tous les autres traits distinctifs importants qui ont permis à cette chouette de coloniser le monde, ces deux caractéristiques (sensibilité au froid et tendance à la dispersion) ont joué un rôle fondamental dans la répartition de l'effraie commune. Être résistant aux temps froids peut nécessiter des adaptations morphologiques, physiologiques et comportementales qui n'auraient pas été compatibles avec la capacité à se répandre sur la terre entière.

## Pour aller plus loin

San-Jose, L. M., Séchaud, R., Schalcher, K., Judes, C., Questiaux, A., Oliveira-Xavier, A., Gémard, C., Almasi, B., Béziers, P., Kelber, A., Amar, A. and Roulin, A. 2019. Differential fitness effects of moonlight on plumage colour morphs in barn owls. *Nature Ecol. Evol.* **3** : 1331-1340.

Effraie des clochers entrant dans une ferme avec une proie dans le bec.

# Pourquoi les effraies communes vivent-elles si près des humains ?

*La nature a souffert de la domination humaine. Durant des millénaires, l'homme a chassé les animaux sauvages, reléguant nombre d'entre eux à des espaces isolés. Dans quelques cas cependant, les activités humaines ont créé de riches sources de nourriture pour certaines espèces, et ont éliminé les prédateurs de quelques animaux non domestiques, comme les corbeaux, les mouettes ou les rats. Toutefois, si les populations d'effraies des clochers ont bénéficié des activités humaines, les dérangements causés par l'homme deviennent un véritable problème pour la plupart des Tytonidés, une situation qui risque de s'aggraver encore avec le temps.*

PRiSM

On trouve des effraies communes également dans de grandes villes.

Les liens entre l'homme et l'animal ne datent pas d'hier. Très tôt, les bâtiments humains ont offert de nouveaux sites de ponte à de nombreux oiseaux comme le moineau domestique, l'hirondelle de fenêtre ou l'effraie des clochers. Avec cette dernière, les hommes ont développé une relation à mi-chemin entre amour et haine. Cette chouette nous fascine depuis l'aube de l'humanité pour diverses raisons, comme sa tendance à nicher dans les constructions humaines, ses habitudes nocturnes, ses cris effrayants, son plumage blanc tantôt considéré comme angélique, tantôt comme fantomatique, ou encore sa face plate, semblable à un visage humain.

L'effraie commune nichait à l'origine principalement dans des cavités d'arbres ou de falaises. Les constructions humaines lui ont fourni une alternative, permettant à l'espèce de s'étendre avec l'homme. Ainsi, l'effraie commune (effraies des clochers, de São Tomé, d'Amérique, d'Hispaniola et d'Australasie) est l'un des rares animaux à bénéficier des activités humaines, contrairement à d'autres Tytonidés qui nichent au sol (effraie de prairie et du Cap), dans les forêts (effraies ombrées, piquetées et quelques autres effraies) ou dans de larges cavités (effraies masquées). Nicher si près des humains requiert également la capacité à faire face au stress généré par les hommes et leurs activités quotidiennes.

Lorsque les premiers hommes sont passés du mode de vie de chasseur-cueilleur à l'agriculture, la production de blé et d'autres céréales a favorisé les petits mammifères, source de nourriture principale des effraies communes. Les hommes ont abattu des forêts, ce qui s'est révélé favorable à l'effraie commune, laquelle chasse dans les milieux ouverts, et les bâtiments ont offert de nouveaux sites de ponte et de repos. Cependant, la situation est en train de changer de manière dramatique. Les vieux bâtiments remplacés et rénovés offrent peu de possibilités de nidification. En outre, l'agriculture intensive réduit la diversité des types de champs disponibles pour les petits mammifères. À cela s'ajoute l'épandage copieux de rodenticides toxiques, ce qui impacte les proies des effraies et empoisonne ces chouettes en second lieu. Enfin, la densité du trafic routier augmente le risque de collision des effraies communes avec nos véhicules ; elles y sont particulièrement sujettes étant donné leur tendance à voler près du sol.

L'effraie commune était un animal mythique dans l'Égypte ancienne.

# 2. La conservation

- Pourquoi protéger les effraies ?
- Questions d'éthique
- Le déclin des populations d'effraies
- La pollution
- Que faire pour protéger les effraies ?

Les forêts sont détruites à travers le monde, comme ici en Tasmanie. © Michael Todd

# Pourquoi protéger les effraies ?

**Les ornithologues sont mus par la nécessité urgente de protéger la nature, mais c'est la société dans son ensemble qu'il leur faut convaincre. Pourquoi investir des ressources monétaires et humaines dans la conservation de la nature ? Pourquoi préserver les effraies ?**

La philosophie anthropocentriste considère l'avènement de l'homme en tant qu'espèce dominante comme justifiable. Trois arguments sont utilisés : (1) la suprématie humaine sur tous les autres organismes est le souhait d'une force supérieure (Dieu), et nous sommes le véhicule de cette intervention divine ; (2) notre supériorité intellectuelle nous donne le droit de dominer tous les organismes inférieurs ; et (3) les humains ont fait face à la sélection naturelle durant des milliers d'années, comme les autres organismes, les humains règnent donc sur le monde comme l'ont fait les dinosaures il y a des millions d'années et l'impact négatif de l'humanité sur l'environnement peut ainsi apparaître comme « naturel » ou légitime, tant qu'il est utile à l'humanité. Néanmoins, le paradoxe réside dans le fait que ce qui lui est utile aujourd'hui pourrait lui être désastreux demain.

Alors que la déforestation fournit du bois et de l'espace pour les cultures, une perte excessive de régions forestières a de sévères conséquences sur les services écosystémiques, comme la diminution des ressources d'eau, la baisse de réabsorption du $CO_2$, la dégradation des sols, ou encore la perte de biodiversité. Une analogie peut être faite avec l'utilisation du DDT : ce produit chimique tue des insectes afin de protéger les plantes et augmenter leur production, mais il éradique simultanément les insectes bénéfiques qui pollinisent ces plantes. Une solution scientifique serait de produire des pollinisateurs génétiquement modifiés qui résisteraient aux insecticides, mais cette approche pourrait avoir des effets négatifs inattendus. La science est capable de développer des solutions à court terme, souvent complexes et intelligentes, mais les scientifiques n'apprécient ou n'investiguent pas toutes les ramifications sociales et écologiques de ces solutions, et les impacts sur le long terme sont parfois même impossibles à prédire.

Un modèle économique favorisant la croissance, qui engendre l'avidité et la surexploitation des ressources naturelles, peut en effet générer des gains à court terme. Mais la diminution des ressources naturelles et la perte de biodiversité, dues à notre obsession économique actuelle, sont inéluctables. Avant même la disparition définitive d'une multitude d'espèces sauvages, lorsque seuls quelques individus resteront dans des sanctuaires prévus à cet effet et dans des zoos, le point de non-retour sera atteint. La biodiversité nous fournit des ressources de haute qualité et un environnement sain duquel nous dépendons. Une coexistence réussie avec les autres espèces sera le témoignage de notre capacité à vivre durablement, dans les limites écologiques. C'est donc un devoir de protéger la nature.

Chaîne alimentaire : une effraie des clochers tenant dans son bec un mulot sylvestre, le rongeur tenant lui-même un brin de céréale entre ses dents. Photographie prise avec un piège photographique en Suisse. © Robin Séchaud & Kim Schalcher

## L'ÉCOLOGIE SELON LES CITADINS

La plupart des humains vivent dans les villes, déconnectés à la fois de l'environnement naturel dans lequel notre espèce a initialement évolué, et de l'habitat dont dépend la société. La plupart ne se demandent pas comment l'eau arrive jusqu'à leurs robinets ; cet accès instantané à l'eau leur semble un état de fait normal. Certains se demandent : « Pourquoi devrions-nous protéger la nature ? » Et s'ils y pensaient un instant, ils pourraient aussi se demander : « Pourquoi, en particulier, devrions-nous protéger l'effraie des clochers ? » La réponse réside dans le fait que les prédateurs supérieurs comme l'effraie des clochers stabilisent les écosystèmes en structurant les niveaux trophiques inférieurs. En Amérique du Nord, la réintroduction des loups a permis d'équilibrer les populations de cerfs et, par conséquent, la croissance et la composition des forêts. En Europe, les sangliers, qui posent des problèmes à l'agriculture, prospèrent parce que leurs prédateurs naturels, comme les loups, ont été tués. La biodiversité peut aussi être préservée simplement pour répondre à notre besoin de connaissances.

Pour les biologistes qui cherchent à mettre en œuvre des mesures de conservation efficaces, l'acquisition de connaissances détaillées est la première étape nécessaire. Cependant, lorsqu'ils sont confrontés à des demandes d'utilisation de fonds publics pour la recherche en conservation, les citadins y sont souvent peu favorables, et d'autres arguments sont alors nécessaires. Regarder une bonne émission de télévision sur les animaux peut suffire à se donner bonne conscience et le sentiment d'« aimer la nature »... tant que l'on n'a pas à participer directement ou indirectement à la conservation de l'environnement. Pour certains, la nature peut avoir une valeur esthétique ou ludique :

L'effraie des clochers est une espèce emblématique pour la conservation de la nature. Un projet utilisant l'effraie des clochers comme agent de lutte biologique au Moyen-Orient a été présenté lors de la « Semaine de la Paix de Genève », le 18 novembre 2015, à la Maison de la Paix, siège du Centre de politique de sécurité à Genève. Cette conférence a montré le rôle joué par la conservation de la nature dans la réconciliation entre Israéliens, Palestiniens et Jordaniens.

les forêts sont utilisées pour se détendre, et une falaise n'est qu'un lieu pour pratiquer des sports extrêmes, comme l'escalade ou le base jump. La nature, évidemment, est bien plus que cela, et elle n'appartient pas à l'homme pour assouvir ses besoins purement récréatifs ou à toute autre fin.

## LES CHOUETTES DE LA PAIX

Au moins 10 millions d'espèces vivent sur terre. Alors pourquoi devrions-nous particulièrement nous soucier de l'effraie des clochers ?

Cet oiseau nous fascine et stimule notre imagination, mais nous fait également peur ; il est lié à des mythes qui perdurent depuis des millénaires. Nombre d'entre nous ressentent néanmoins de l'empathie pour cette espèce qui subit les effets catastrophiques des changements globaux causés par les activités humaines. Par ailleurs, cela fait de nombreuses années déjà que l'homme s'inspire de la nature dans les domaines des sciences, de la mode, des arts et bien d'autres. L'effraie des clochers y figure en bonne place puisqu'elle a inspiré des développements dans l'aéronautique, les neurosciences et la biomédecine. Cette espèce est également une ambassadrice idéale dans le domaine de l'éducation, notamment pour sensibiliser à l'importance écologique de la protection de la nature. En effet, les os des proies des effraies des clochers se conservent exceptionnellement bien dans les pelotes de réjection, ce qui offre une occasion unique d'étudier les interactions proies-prédateurs lors d'une activité de dissection amusante des pelotes !

L'effraie des clochers peut également servir de porte d'entrée à la paix. Cet oiseau a permis de rassembler des membres des communautés israélienne, palestinienne et jordanienne autour d'une même table. Dans cette région de conflit intense, les interactions entre les hommes sont nécessaires pour maintenir le dialogue entre les communautés déchirées par la guerre. Au Moyen-Orient, comme dans de nombreuses autres régions, les agriculteurs répandent d'importantes quantités de rodenticides pour tuer les campagnols et les souris qui dévastent leurs cultures. Après de nombreuses discussions, réunions et conférences, les agriculteurs ont choisi de privilégier les effraies des clochers comme agents de lutte biologiques contre les micromammifères plutôt que d'utiliser de grandes quantités de rodenticides. Il s'agit, en premier lieu, d'un changement culturel et d'une belle réussite, étant donné que de nombreux agriculteurs croyaient auparavant que l'effraie des clochers était un oiseau de mauvais augure. Par ailleurs, le problème des ravageurs agricoles se pose de façon commune aux Israéliens, aux Palestiniens et

Deux agriculteurs palestiniens tenant une effraie des clochers. © Hagai Aharon

aux Jordaniens. Discuter autour d'une même table leur a permis d'y trouver une solution économique et écologique. Ce problème environnemental, en effet, ne connaît pas de frontières, puisque les rongeurs et les chouettes se moquent bien des délimitations politiques artificielles des hommes. Cette approche a donc permis, en second lieu, de réunir les acteurs concernés en évitant les sujets sensibles à l'origine des conflits, tels que la culture, la tradition ou la religion. Au lieu de cela, elle a fourni un terrain commun pour le dialogue.

En résumé, l'effraie des clochers possède toutes les qualités pour être considérée comme une espèce phare pour la conservation de la nature dans son ensemble, et peut même devenir un symbole de paix. En ce sens, la relation homme-chouette incarne ce que dit Bobby McLeod, activiste et poète aborigène : « *Pour nous guérir nous-mêmes, nous devons guérir notre planète, et pour guérir notre planète, nous devons nous guérir nous-mêmes.* »

## Pour aller plus loin

Roulin, A., Mansour, A. R., Spiegel, B., Dreiss, A. N. and Leshem, Y. 2017. 'Nature knows no boundaries': the role of nature conservation in peacebuilding. *Trends Ecol. Evol.* **32**: 305–310.

Sergio, F., Schmitz, O. J., Krebs, C. J., Holt, R. D., Heithaus, M. R., Wirsing, A. J., Ripple, A. J., Ritchie, E., Ainley, D., Oro, D., Jhala, Y., Hiraldo, F. and Korpimäki, E. 2014. Towards a cohesive, holistic view of top predation: a definition, synthesis and perspective. *Oikos* **123**: 1234–1243.

Smith, D. W., Peterson, R. O. and Houston, D. B. 2003. Yellowstone after wolves. *BioScience* **53**: 330–340

# La fin ne justifie pas toujours les moyens

Les études scientifiques nécessitent souvent la capture et la manipulation d'effraies des clochers sauvages.

## Questions d'éthique

**La mise en œuvre de mesures efficaces de conservation de la nature exige que nous observions les animaux dans leur habitat naturel. Cependant, la simple présence d'ornithologues peut parfois représenter une intrusion dans la vie quotidienne des animaux. Souvent, nous sommes confrontés à ce paradoxe : la protection de ce que nous aimons peut nécessiter de le déranger. Comment résoudre ce problème ?**

Le travail avec les animaux force à adopter une approche éthique. Il s'agit de relever la tâche complexe de concilier la récolte de données scientifiques, indispensables à la promotion de la conservation de la nature, avec la nécessité d'éviter de déranger les animaux. Certains considèrent que les interventions humaines peuvent être tolérées tant que les populations animales ne sont pas menacées par les observations scientifiques, et cela même si elles affectent négativement certains individus. Pour d'autres, le fait de capturer un animal à des fins scientifiques est déjà une intrusion intolérable.

En supposant que les animaux ne souffrent pas de façon mesurable à cause du travail scientifique, et que le succès de reproduction n'est pas pénalisé par ce travail, il est difficile de définir ce que signifie « perturbation » sans introduire de termes psychologiques. Les chercheurs font leur maximum pour minimiser leur impact, s'assurer que les individus ne souffrent pas d'effets à long terme et que leur succès reproductif n'est pas pénalisé. Cependant, étant donné la difficulté d'évaluer les perturbations, et même de définir ce que nous entendons par ce terme, il est parfois difficile de comprendre à quel point les manipulations des scientifiques peuvent affecter les animaux.

## L'APPROCHE EXPÉRIMENTALE

La science utilise différentes approches pour répondre aux questions portant sur le comportement animal et l'écologie. L'approche la plus controversée est la méthode expérimentale, durant laquelle les animaux sont manipulés. L'expérimentation n'est pas le seul procédé dont disposent les biologistes pour répondre aux questions sur la nature, mais c'est un outil utilisé par nombre d'entre eux. L'idée du design expérimental est de manipuler un facteur précis afin de mesurer son effet indépendamment de toute autre variable. Ainsi, le seul élément qui distingue les individus dans une étude est le traitement expérimental, puisque tous les autres paramètres sont en moyenne identiques.

Par exemple, pour déterminer si les parents des effraies des clochers ajustent le nombre de proies rapportées au nid (par nuit et par oisillon) en fonction de la taille de la nichée, nous pouvons manipuler expérimentalement la taille de ladite nichée. Afin de faire la distinction entre des variations de qualité de l'habitat et la réelle capacité des parents à modifier le taux de nourrissage en fonction du nombre d'oisillons, nous manipulons le nombre de petits entre des nichoirs choisis au hasard. Par exemple, deux oisillons du nichoir A sont déplacés dans le nichoir B et un oisillon du nichoir B est apporté dans le nichoir A. Si nous reproduisons cet échange de deux oisillons contre un entre plusieurs couples de nichoirs, nous aurons un échantillon représentatif des nichoirs pour lesquels la taille de la nichée a été augmentée ou réduite d'un oisillon. Même si les parents avaient initialement l'intention

Des cris de négociation d'effraies des clochers sont diffusés à deux frère et sœur chouettes dans le cadre d'une expérience dite de « repasse », ou « *playback* » en anglais.

d'élever un nombre donné de jeunes, nous les forçons à s'occuper d'un poussin de plus ou de moins. Ce design expérimental est possible chez les oiseaux, car les parents sont habituellement incapables d'identifier leur progéniture. Quelques semaines plus tard, nous pouvons mesurer le taux de nourrissage des parents. Il est attendu que les parents qui s'occupent d'une nichée réduite expérimentalement apporteront plus d'aliments par nuit et par oisillon, que ceux qui s'occupent d'une couvée élargie expérimentalement.

On peut se demander pourquoi il ne suffit pas de mesurer les taux de nourrissage des parents en fonction de la taille de la nichée, sans manipuler le nombre d'oisillons. C'est tout simplement parce qu'il est difficile de faire des prédictions sans design expérimental. Par exemple, un oisillon pourrait être moins nourri dans des nichées plus grandes si les ressources alimentaires sont limitées et doivent être partagées entre un plus grand nombre de frères et sœurs. Mais dans le même temps, un oisillon d'une grande nichée pourrait également recevoir plus de nourriture si ses parents, plus forts ou vivant dans de meilleurs habitats, sont déjà capables de produire des nichées plus grandes. Ces parents pourraient élever plus d'oisillons et tous les nourrir à un rythme plus important que les parents plus faibles vivant dans des environnements pauvres.

Pour le profane, le mot « expérimentation » est souvent associé aux traitements cruels infligés aux animaux. Cependant, pour le scientifique écologiste-évolutionniste qui cherche à comprendre pourquoi certains traits physiologiques, morphologiques ou comportementaux ont évolué dans un environnement particulier, le design expérimental doit rester comparable à ce qui pourrait se produire dans la nature, et doit donc demeurer dans une plage de variation naturelle du paramètre considéré. Ainsi, créer des couvées expérimentales contenant 16 poussins, alors que la taille maximale des couvées dans la nature est de 12 oisillons, n'aurait aucun sens. Des parents s'occupant de 16 oisillons nourriraient probablement moins souvent chaque oisillon que s'ils n'en avaient que 5. Cela ne nous indiquerait en rien si lesdits parents sont prêts à augmenter leur effort de chasse au détriment de leur propre alimentation lorsque les besoins alimentaires de leur progéniture augmentent. Les expériences doivent toujours placer l'espèce dans un contexte réaliste qui ne doit pas être plus « cruel » que la situation qu'elle vit au quotidien.

La mise en œuvre de designs expérimentaux appropriés n'est pas anodine. Dans l'expérience de « manipulation de la taille des nichées » (*brood size manipulation*, en anglais) décrite ci-dessus, nous devons attribuer une taille de nichée aléatoirement aux couples situés dans des habitats différents. En effet, il est probable que les parents plus en forme produisent plus de poussins. Ainsi, si nous voulons mesurer l'effet de la taille de la nichée sur le taux de nourrissage indépendamment d'autres variables, il faut offrir la possibilité d'élever un nombre similaire de petits à des parents forts comme à des parents faibles, dans des habitats de qualité variable.

Des expériences soigneusement conçues peuvent permettre de répondre à une variété presque infinie de questions fascinantes. Cependant, face à l'actuelle sixième extinction de masse et au deuxième avertissement des scientifiques à l'humanité, il nous semble qu'il est peut-être temps de nous concentrer sur la recherche de réponses qui apporteront le plus grand bénéfice à la conservation de la nature et à l'éducation environnementale.

## LES ÉTUDES SCIENTIFIQUES SONT-ELLES PLUS UTILES À LA NATURE OU AUX SCIENTIFIQUES ?

Les écologistes-évolutionnistes travaillent souvent avec des organismes sauvages, en milieu naturel. Ce faisant, ils interagissent avec divers intervenants, comme les agriculteurs, les chasseurs ou les amoureux de la nature, autant de personnes qui utilisent également l'espace extérieur d'une façon ou d'une autre. L'utilité des observations scientifiques peut parfois être remise en question et par conséquent, les chercheurs peuvent être perçus comme utilisant l'environnement naturel pour leurs propres intérêts professionnels, plutôt que pour aider à préserver la nature. C'est pourquoi il est important, en tant que chercheurs, que nous communiquions efficacement et justifiions notre travail auprès du grand public.

La biodiversité subit une pression intense et de nombreuses espèces disparaissent. Cela motive de plus en plus de chercheurs et de praticiens à s'investir humainement et financièrement dans la conservation de la nature, en recourant à diverses approches complémentaires. La première méthode consiste à mener des recherches appliquées visant à concevoir des mesures efficaces pour préserver les habitats et les espèces. Une autre approche réside dans la détermination des facteurs qui limitent la survie, la reproduction et la dispersion des espèces. La recherche fondamentale, qui n'est *a priori* pas directement liée à la conservation, peut également jouer un rôle important. Tôt ou tard, en effet, elle pourrait fournir le savoir manquant à la mise en pratique de mesures de conservation, à condition que les chercheurs interagissent avec les praticiens de la conservation.

Le présent ouvrage vise à résumer les connaissances actuelles sur l'effraie des clochers, une espèce phare, afin de diffuser le noble message de la conservation de la nature. Une connaissance intime des animaux peut aider à motiver la société à prendre des mesures actives pour les protéger. « *En fin de compte, nous ne conserverons que ce que nous aimons; nous n'aimerons que ce que nous comprenons; et nous ne comprendrons que ce que l'on nous enseigne* » (Baba Dioum, 1968).

## LES MÉTHODES RESPECTUEUSES

Afin de diffuser le message important qu'est le devoir de protéger la nature, la crédibilité scientifique et l'utilisation de méthodes respectueuses dans l'étude des effraies des clochers sont essentielles. Les personnes habituées au travail de terrain savent ce qui peut et ne peut pas être fait lorsqu'elles travaillent avec des effraies des clochers sauvages, et comment réduire les perturbations au minimum. Certaines pratiques essentielles méritent d'être soulignées.

- Les effraies des clochers sont particulièrement sensibles aux perturbations pendant la période de préponte et de ponte. La visite des sites de nidification avant la ponte des œufs peut inciter les chouettes à abandonner les sites de reproduction, en particulier les individus jeunes ou sous-alimentés. Pour éviter cette situation, les ornithologues doivent inspecter les sites de ponte potentiels la nuit, sans capturer les individus.
- Pendant l'incubation des œufs, les chouettes peuvent être sensibles aux perturbations et abandonner leur couvée si elles sont capturées, un effet qui diffère selon les individus et les populations.
- Les liens entre les parents et leur progéniture sont plus forts au stade d'oisillon qu'à celui de l'œuf. Les parents abandonnent donc rarement leurs petits s'ils sont dérangés. Néanmoins, il est tout de même préférable de réduire les dérangements au minimum. En effet, des cas de perturbations humaines conduisant les parents à cesser de s'occuper de leur nichée ont été observés, surtout lorsque les oisillons étaient très jeunes.
- Lorsque les parents sont capturés dans le nichoir, il faut veiller à ce qu'ils ne s'envolent pas une fois qu'ils y sont remis. Une chouette adulte qui vole de jour peut être attaquée par les corbeaux, et si les œufs et les petits sont laissés sans surveillance pendant une longue période, la nichée peut échouer.
- Enfin, l'impact potentiellement négatif du dérangement des chouettes à des fins de suivi des populations n'a de sens que si la recherche mène à la mise en œuvre de mesures de conservation efficaces et si les ornithologues communiquent leurs travaux.

# Combien sont-elles ?

Au XIXe siècle, les fermes du Royaume-Uni et d'ailleurs pouvaient abriter des dizaines d'effraies des clochers. Ce n'est malheureusement plus le cas de nos jours.

## Le déclin des populations d'effraies

**Le suivi des populations d'oiseaux est l'une des activités les plus importantes des ornithologues, en particulier lorsqu'il s'agit de surveiller des espèces en voie de disparition. Certaines données historiques au sujet de la taille des populations d'effraies sont accessibles en Europe et, dans une moindre mesure, en Amérique du Nord et en Australasie. Malheureusement, ces chiffres indiquent de fortes baisses. Il n'y a que peu de zones où les populations connaissent une augmentation substantielle, toujours grâce à des mesures de conservation localisées.**

L'établissement des colons européens en Amérique dès 1492, et en Australie dès 1788, a provoqué des changements majeurs dans les écosystèmes. Dans tous les pays dits « développés », la nature a souffert d'une profonde altération de l'habitat et d'une perturbation accrue associée aux activités humaines. Des effets importants se font sentir, comme l'augmentation de la pollution, de la circulation, de la persécution, de la dégradation de l'habitat et de l'intensification des pratiques agricoles.

Dans la plupart des cultures, les hommes ont une opinion sur les effraies. Dans certaines régions, elles sont considérées comme un signe de mauvais augure ou un sujet de magie noire. Parfois, elles sont utilisées en médecine traditionnelle, ou même consommées ! En 2008, un homme a été arrêté en Malaisie pour possession de 917 chouettes et hiboux morts, dont 796 effraies, destinés à la consommation en Chine. Nous espérons que de tels cas sont ponctuels et qu'ils ne sont pas révélateurs d'un commerce international en cours. Les ornithologues ont dû travailler dur pour assurer la protection juridique de ces oiseaux. Ce n'est que récemment que le monde entier s'est engagé à protéger les chouettes et hiboux (1954 au Royaume-Uni, 1967 en Italie, 1971 en Australie, 1972 aux États-Unis et en Malaisie, 1973 en France).

À l'heure actuelle, la perte d'habitat est cependant un facteur bien plus problématique que la persécution directe. La situation est particulièrement précaire pour les espèces spécialisées hôtes de milieux précis, comme les effraies ombrées, piquetées et de prairie, qui souffrent du déboisement pour les deux premières et de l'utilisation intensive des prairies à des fins agricoles pour la dernière. Ces espèces n'utilisent presque

**Deux photos prises au même endroit près de Bâle, en Suisse, en 1904 et 1999.** © K. Lüdin (1904) et © Karl Martin Tanner (1999; extrait de Tanner, K. M. 1999. *Augen-Blicke. Bilder zum Landschaftswandel im Baselbiet. Quellen und Forschungen zur Geschichte und Landeskunde des Kantons Basel-Landschaft, Band 68, Verlag des Kantons Basel-Landschaft, Liestal).*

jamais les nichoirs, de sorte que l'installation de sites de ponte artificiels n'est pas une solution adaptée au rétablissement de leurs populations. Ce n'est d'ailleurs pas une réponse à long terme pour les Tytonidés ni pour aucun autre oiseau.

Le nombre d'effraies des clochers a été estimé en Europe. On dénombre entre 100 000 et 250 000 couples, la plupart des individus se situant sur la péninsule Ibérique. Les relevés historiques européens des populations de l'espèce révèlent dans quelle situation critique se trouve cet oiseau dans de nombreux pays. Aux Pays-Bas, par exemple, 1800 à 3500 couples se reproduisaient avant 1963, entre 1969 et 1974, il n'en restait plus que 230 à 490 et, entre 1982 et 1984, 300 à 500. En Angleterre et au Pays de Galles, la modification du paysage a entraîné une diminution considérable de la population d'effraies. Environ 12 000 couples s'y reproduisaient en 1932, 4500 à 9000 couples de 1968 à 1972, et seulement 4000 de 1995 à 1997 dans tout le Royaume-Uni.

En Amérique du Nord, on ne possède de données sur la taille des populations d'effraies communes que pour le nord de leur aire de répartition. Par exemple, dans l'État d'Ohio, la première effraie a été signalée vers 1860, lorsque l'homme commença à défricher les forêts, offrant à cet oiseau de nouveaux habitats pour s'alimenter. Les populations ont atteint leur maximum entre 1931 et 1935. Puis, lorsque de larges champs ont progressivement remplacé les formes d'agriculture moins intensive, le nombre d'effraies a diminué. De même, en Colombie-Britannique, au Canada, la première effraie commune a été enregistrée en 1909 ; la population a atteint 1 000 couples en 1983 et a diminué à 250-500 couples en 2008. Ainsi, les populations de chouettes peuvent être touchées à la fois positivement et négativement par l'activité humaine.

On possède également quelques données pour d'autres continents. La population d'effraies masquées de Tasmanie (*Tyto novaehollandiae castanops*) a diminué de moitié à l'arrivée des humains. En effet, comme l'effraie de prairie, elle se reproduit très rarement dans les nichoirs. Il est donc d'autant plus important de préserver les sites naturels de nidification, car, sans ces derniers, cette chouette n'aurait plus d'endroits où se reproduire. La situation en Malaisie est particulièrement intéressante car elle met en évidence l'effet à double tranchant des activités humaines. Originaires de Java ou de Sumatra, les effraies d'Australasie ont commencé à se reproduire en Malaisie à la fin du XIXe siècle. Avant 1968, peu d'observations de couples d'effraies avaient été recensées. Néanmoins, l'augmentation du nombre de rongeurs liée aux nouvelles plantations de palmiers à huile a favorisé le rapace. Des nichoirs furent installés afin d'encourager les chouettes à nicher à proximité des champs, et ainsi à contrôler la population des micromammifères. Le défrichement de la forêt tropicale pour les plantations de ces palmiers provoque cependant des dommages sociaux et écologiques incommensurables, et l'augmentation soudaine des effraies des clochers ne compense en rien la destruction systématique de la biodiversité.

## Pour aller plus loin

Altwegg, R., Roulin, A., Kestenholz, M. and Jenni, L. 2006. Demographic effects of extreme winter weather in the barn owl. *Oecologia* **149**: 44–51.

Bell, P. J. and Mooney, N. 2002. Distribution, habitat and abundance of masked owls (*Tyto novaehollandiae*) in Tasmania. *In* Newton, I., Kavanagh, R., Olsen, J. and Taylor, I. (eds) *Ecology and Conservation of Owls*. Melbourne: CSIRO, pp. 125–136.

Blaker, G. B. 1933. The barn owl in England. *Bird Notes and News* **15**: 207–211.

Bruijn, O. de. 1994. Population ecology and conservation of the barn owl *Tyto alba* in farmland habitats in Liemers and Achterhoek (the Netherlands). *Ardea* **82**: 1–109.

Colvin, B. A. 1985. Common barn-owl population decline in Ohio and the relationship to agricultural trends. *J. Field Ornithol.* **56**: 224–235.

Dadam, D., Barimore, C. J., Shawyer, C. R. and Leech, D. I. 2011. The BTO barn owl monitoring programme 2000–2009. *BTO Research Report* **557**.

Huang, A. C., Elliot, J., Martin, K. and Hindmarch, S. 2013. SARA-listed (Species At Risk Act) barn owls (*Tyto alba*) in British Columbia: genetic diversity, connectivity, and divergence. Worldwide Raptor Conference, October 2013, Bariloche, Argentina.

Huffeldt, N. P., Aggerholm, I. N., Brandtberg, N. H., Jorgensen, J. H., Dichmann, K. and Sunde, P. 2012. Compounding effects on nest-site dispersal of barn owls *Tyto alba*. *Bird Study* **59**: 175–181.

Lenton, G. M. 1984. Moult of Malayan barn owls *Tyto alba*. *Ibis* **126**: 188–197.

Shepherd, C. R. and Shepherd, L. A. 2009. An emerging Asian taste for owls? Enforcement agency seizes 1,236 owls and other wildlife in Malaysia. *BirdingASIA* **11**: 85–86.

Toms, M. P., Crick, H. Q. P. and Shawyer, C. R. 2001. The status of breeding barn owls *Tyto alba* in the United Kingdom 1995–97. *Bird Study* **48**: 23–37.

Williams, V. L., Cunningham, A. B., Kemp, A.C. and Bruyns, R. K. 2014. Risks to birds traded for African traditional medicine: a quantitative assessment. *PLoS One* **9**: e105397.

Pilules bleues contenant des rodenticides puissants (fluoroacétate de sodium, ou 1080, sous son nom commercial) à l'entrée d'une galerie de campagnol en Israël. © Motti Charter

# La pollution

**À l'instar de nombreux autres organismes, les chouettes souffrent de l'utilisation de pesticides et d'autres polluants. Mais si la situation générale est inquiétante, celle de l'effraie des clochers permet un certain optimisme rafraîchissant. Dans de nombreuses régions du monde, les effraies ne sont plus la cible d'empoisonnements intentionnels, et leur appétit pour les petits mammifères les place même au rang d'agents de lutte biologiques efficaces.**

Les sous-produits de l'activité industrielle se retrouvent dans l'air, le sol et l'eau, contaminant ainsi la nature. Les effraies des clochers ne font pas exception. Aux Pays-Bas, on détecte des agents ignifuges bromés en grande quantité dans l'organisme de ces rapaces. Ces substances sont utilisées dans la fabrication des plastiques, des textiles, des matériaux isolants et des équipements électriques et électroniques. L'air pollué affecte non seulement les citadins, mais aussi les chouettes. Les hydrocarbures aromatiques polycycliques sont des composés volatils et, sans surprise, ils touchent fortement les poumons des chouettes, comme cela a été constaté en Espagne.

La contamination des chouettes s'effectue principalement à travers leur nourriture. Du fait de leur position au sommet de la chaîne alimentaire, elles sont sujettes à la bioaccumulation : les poisons s'accumulent dans le corps des prédateurs à la suite de la consommation répétée de proies contaminées. Des polluants tels que l'aluminium, l'arsenic et le plomb se retrouvent ainsi dans les plumes et les pelotes de réjection des chouettes. Malheureusement, l'élimination de ces pelotes ne suffit pas à détoxifier entièrement l'organisme. Nous devons continuer à mener des études écotoxicologiques afin de déterminer l'ampleur et l'impact de la contamination par des produits toxiques d'origines industrielle et agricole. Ces études sont essentielles pour pouvoir ensuite sensibiliser nos sociétés. Aux États-Unis, les taux de certains polluants, comme les pesticides organochlorés (par exemple le DDT) et les polychlorobiphényles (PCB), ont heureusement baissé entre 1975 et 1994 chez l'effraie des clochers. Ce n'est pas le cas de nombreux autres polluants, comme les rodenticides anticoagulants, qui ont au contraire augmenté.

## LES RODENTICIDES ANTICOAGULANTS

L'environnement subit toutes sortes de dégâts dus aux activités humaines, dont bien peu d'organismes tirent profit. L'agriculture offre de nouvelles sources de nourriture à certains invertébrés, certains oiseaux et petits mammifères qui sont finalement souvent considérés comme nuisibles, car participant aux pertes des récoltes. D'ordinaire, les agriculteurs utilisent des produits chimiques pour les détruire : ils répondent à un mal par un mal !

La première génération de rodenticides anticoagulants a été introduite dans les années 1940. À cette époque, les micromammifères ont rapidement développé une résistance contre ce produit. Un rodenticide de deuxième génération, 100 à 1000 fois plus toxique, a ensuite été mis au point au milieu des années 1970. Ces produits se concentrent généralement dans le foie des rongeurs, entraînant des hémorragies. Comme les animaux empoisonnés peuvent survivre et se déplacer jusqu'à 14 jours après avoir ingéré le produit, les prédateurs qui se nourrissent de ces proies peuvent également être contaminés. En mangeant des petits mammifères empoisonnés, les carnivores accumulent des rodenticides dans leur corps, et certains finissent par en mourir. Une lutte contre les ravageurs qui finit par tuer leurs ravageurs est, au final, contre-productive. C'est le serpent qui se mord la queue !

Les scientifiques ont trouvé des résidus de rodenticides dans des carcasses d'oiseaux de proie dans de nombreux pays, dont le Canada, les îles Canaries, le Danemark, la France, la Hongrie, l'Espagne et le Royaume-Uni. Dans certaines études, les effraies des clochers sont moins contaminées que d'autres espèces. En Écosse par exemple, des résidus d'anticoagulants ont été retrouvés dans 35 % des cadavres d'effraies des clochers, alors qu'ils étaient détectés dans 69 % des carcasses de milans royaux et dans 54 % de celles d'éperviers d'Europe retrouvés morts. Au Canada, on en a décelé dans 62 % des cadavres d'effraies des clochers, contre 92 % des carcasses de chouettes rayées. Toutefois, les résultats du programme de surveillance des oiseaux de proie du Royaume-Uni (*Predatory Bird Monitoring Scheme*) ont montré que la grande majorité des effraies des clochers étaient contaminées par un ou plusieurs rodenticides. En 2015 par exemple, on décelait de la mort-aux-rats chez 94 % des effraies des clochers. En 2011, 100 % des faucons crécerelles et 94 % des milans royaux étaient également contaminés. Dans la grande majorité des cas, le niveau de contamination était sublétal. Dans une étude britannique, seules douze des 1009 effraies des clochers trouvées mortes dans la nature ont succombé aux rodenticides. Malheureusement, les effets des doses sublétales sur la santé sont inconnus.

Des études expérimentales menées en Inde, en Angleterre et aux États-Unis ont clairement montré que les effraies des clochers meurent si elles consomment régulièrement des micromammifères empoisonnés par des rodenticides anticoagulants. De plus, si la contamination sublétale affecte le comportement, la survie ou la productivité, les effets du poison sur les populations d'effraies des clochers pourraient être beaucoup plus importants que prévu.

## L'EFFRAIE DES CLOCHERS COMME AGENT DE LUTTE BIOLOGIQUE

L'utilisation de rodenticides anticoagulants est donc un problème environnemental majeur. Nous devons trouver une solution respectueuse de l'environnement, qui satisfasse les agriculteurs, comme les consommateurs, qui demandent toujours plus d'aliments provenant de l'agriculture biologique. L'effraie des clochers se nourrit presque exclusivement de petits mammifères vivant aux alentours des champs. Si les proies sont abondantes, chaque couple peut produire de nombreux oisillons voraces. En effet, une famille d'effraies des clochers peut consommer plus de 6000 rongeurs en une année!

Dans certains pays, les agriculteurs et les ornithologues ont compris le rôle clé joué par les effraies des clochers dans l'agriculture. En Israël, en Malaisie, aux États-Unis et au Venezuela, un grand nombre de nichoirs ont été installés pour favoriser cet « agent de lutte biologique », plutôt que d'utiliser des produits chimiques pour contrôler les populations de micromammifères. En Malaisie, les dégâts causés aux rizières par les rats sont nettement plus faibles lorsque la densité de nichoirs est plus élevée, indiquant un effet positif des effraies sur l'agriculture. Des analyses économiques en Israël suggèrent en outre que l'installation de nichoirs pour les effraies des clochers entraîne un bénéfice économique net pour les agriculteurs (235 dollars américains par hectare et par an). En effet, grâce aux nichoirs, les paysans peuvent épandre moins de rodenticides et améliorer simultanément le rendement des cultures de 9,4 %. Le gain est d'autant plus important si l'on considère que la réduction de l'utilisation des rodenticides contribue à préserver les sols et peut avoir des effets bénéfiques sur la santé publique. Il est clair qu'il s'agit d'une solution gagnant-gagnant.

L'effraie des clochers chasse très efficacement les rongeurs. Elle est donc un parfait agent de lutte contre ces petits mammifères.

Contrôle d'un nichoir en Israël. © Laurent Willenegger

Davantage de données sont nécessaires pour évaluer l'impact positif des effraies des clochers dans la lutte contre les rongeurs dans d'autres pays.

## NE PAS INTRODUIRE DE CHOUETTES SUR LES ÎLES

Le succès des effraies des clochers en tant qu'agent de lutte biologique a inspiré les scientifiques. Ils ont introduit cette espèce sur plusieurs îles afin de lutter contre les souris et les rats, eux-mêmes introduits par l'homme. Des effraies d'Afrique du Sud ont ainsi été introduites avec succès à Sainte-Hélène en 1937 et aux Seychelles en 1951. Des chouettes de Californie ont été amenées à Hawaï entre 1958 et 1963 et des effraies masquées d'Australie ont été déplacées sur l'île Lord Howe entre 1922 et 1930. Toutefois, il faut garder à l'esprit que l'effraie des clochers parvient particulièrement bien à coloniser de nouvelles régions et qu'elle est un prédateur très efficace. Sachant que, d'une manière générale, la biodiversité des îles est appauvrie par rapport à celle des continents, il peut être risqué d'introduire un prédateur exotique. Dans les situations où il y a peu de petits mammifères à consommer, les effraies des clochers peuvent en effet se tourner vers les oiseaux endémiques ou rares, surtout lorsqu'ils sont vulnérables à la prédation. Si la (ré)introduction d'animaux est nécessaire, elle doit si possible se faire en utilisant des individus locaux provenant d'élevages. De plus, la lutte biologique contre les ravageurs est plus efficace avec un prédateur déjà installé sur une île qu'avec un nouvel animal dont la présence pourrait avoir des conséquences désastreuses et imprévisibles.

Les effraies des clochers des îles peuvent se spécialiser dans la prédation des oiseaux rares. Ce nid photographié sur l'île d'Alegranza, aux Canaries, est situé dans un trou dans le sol. Il est entouré de plumes de pétrels de Bulwer. © Laura Gangoso

## Futures recherches

- L'abondance des rongeurs, les dommages causés par ces derniers et le rendement des cultures devraient être mesurés dans le cadre d'expériences contrôlées sur le terrain durant lesquelles les effraies des clochers : (1) pourraient se reproduire dans des nichoirs, et (2) ne pourraient pas se reproduire dans des nichoirs.
- Des études écotoxicologiques devraient être effectuées non seulement sur les chouettes mortes, mais également sur des individus en vie.
- L'effet de faibles niveaux de contamination par des rodenticides devrait être étudié.

## Pour aller plus loin

Albert, C. A., Wilson, L. K., Mineau, P., Trudeau, S. and Elliott, J. E. 2009. Anticoagulant rodenticides in three owl species from western Canada, 1988–2003. *Arch. Environ. Contam. Toxicol.* **58**: 451–459.

Ansara-Ross, T. M., Ross, M. J. and Wepener, V. 2013. The use of feathers in monitoring bioaccumulation of metals and metalloids in the South African endangered African grass-owl (*Tyto capensis*). *Ecotoxicol.* **22**: 1072–1083.

Barn Owl Trust. 2012. *Barn Owl Conservation Handbook*. Exeter: Pelagic Publishing, pp. 258–271.

Christensen, T. K., Lassen, P. and Elmeros, M. 2012. High exposure rates of anticoagulant rodenticides in predatory bird species in intensively managed landscapes in Denmark. *Arch. Environ. Contam. Toxicol.* **63**: 437–444.

Denneman, W. D. and Douben, P. E. 1993. Trace metals in primary feathers of the barn owl (*Tyto alba guttata*) in the Netherlands. *Environ. Pollut.* **82**: 301–310.

Elliot, J. E., Hindmarch, S., Albert, C. A., Emery, J., Mineau, P. and Maisonneuve, F. 2014. Exposure pathways of anticoagulant rodenticides to nontarget wildlife. *Environ. Monit. Assess.* **186**: 895–906.

Eulaers, I., Jasper, V. L. B., Pinxten, R., Covaci, A. and Eens, M. 2014. Legacy and current-use brominated flame retardants in the barn owl. *Sci. Total Environ.* **472**: 454–462.

González Amigo, S., Simal Lozano, J. and Lage Yusty, M. A. 2002. Extraction of polycyclic aromatic hydrocarbons in barn owls (*Tyto alba*) from northwest Spain by SFE and HPLC-FL analysis. *Polycyc. Aromat. Compd.* **22**: 1–11.

Hafidzi, M. N. and Na'im, M. 2003. The use of the barn owl, *Tyto alba*, to suppress rat damage in rice fields in Malaysia. *Aciar Monograph* **96**: 274–277.

Labuschagne, L., Swanepoel, L. H., Taylor, P. J., Belmain, S. R. and Keith, M. 2016. Are avian predators effective biological pest control agents for rodent pest management in agricultural systems? *Biol. Control* **101**: 94–102.

Mendenhall, V. M. and Pank, L. F. 1980. Secondary poisoning of owls by anticoagulant rodenticides. *Wilson Soc. Bull.* **8**: 311–315.

Newton, I. and Wyllie, I. 2002. Rodenticides in British barn owls. *In* Newton, I., Kavanagh, R., Olsen, J. and Taylor, I. (eds) *Ecology and Conservation of Owls*. Melbourne: CSIRO, pp. 286–295.

Newton, I., Wyllie, I. and Freestone, P. 1990. Rodenticides in British barn owls. *Environ. Pollut.* **68**: 101–117.

Newton, I., Wyllie, I., Gray, A. and Eadsforth, C. V. 1994. The toxicity of the rodenticide flocoumafen to barn owls and its elimination via pellets. *Pest. Sci.* **41**: 187–193.

Saravanan, K. and Kanakasabai, B. 2004. Evaluation of secondary poisoning of difethalione, a new second-generation anticoagulant rodenticide to barn owl, *Tyto alba* Hertert under captivity. *Indian J. Exp. Biol.* **42**: 1013–1016.

Shore, R. F., Walker, L. A., Potter E. D., Pereira, M. G., Sleep, D. and Thompson, N. J. 2017. Second generation anticoagulant rodenticide residues in barn owls 2016. CEH contract report to the Campaign for Responsible Rodenticide Use (CRRU) UK, 21 pp.

Walker, L. A., Chaplow, J. S., Llewellyn, N. R., Pereira M. G., Potter, E. D., Sainsbury, A. W., and Shore, R. F. 2013. Anticoagulant rodenticides in predatory birds 2011: a Predatory Bird Monitoring Scheme (PBMS) report. Lancaster: Centre for Ecology & Hydrology.

Unir nos forces pour protéger la nature

Une image du passé en Europe. Dans les pays chrétiens, on croyait qu'une effraie des clochers clouée sur une porte éloignait les mauvais esprits. Malheureusement, dans de nombreuses régions du monde, la croyance que l'effraie des clochers porte malheur est toujours présente.

# Que faire pour protéger les effraies ?

**Nous devons encourager tout effort visant à préserver l'environnement et à promouvoir la durabilité. Les mesures pensées à large échelle, comme la restauration des habitats ou l'installation de sites de nidification artificiels, sont particulièrement efficaces pour protéger les effraies des clochers. Des mesures préventives et éducatives devraient être mises en place pour réduire la mortalité des chouettes.**

Les populations de chouettes sont en péril. Les principales causes du déclin des populations sont la perte des habitats de chasse et des sites de nidification, les dangers causés par l'homme, tels que le trafic routier, les produits chimiques toxiques et les perturbations humaines majeures, la prédation, les hivers rigoureux et autres phénomènes météorologiques extrêmes. La liste des risques est trop longue, et nous avons le devoir de déployer des mesures de conservation pour aider les chouettes. Quatre approches peuvent être mises en œuvre :

1 - des mesures de conservation ciblant les populations,
2 - le sauvetage des individus blessés ou affamés,
3 - la prévention des activités nuisibles,
4 - l'éducation de la population humaine.

Le concept de conservation de la nature est suffisamment large pour saluer tout effort fait dans la bonne direction pour aider notre environnement, restaurer ou protéger la biodiversité, soutenir les populations et assurer le bien-être de chaque individu. Les petits ruisseaux font les grandes rivières.

## CIBLER LA POPULATION

Dans de nombreuses régions du monde, les populations d'effraies ont considérablement diminué. Pour remédier à cette situation, nous pouvons traiter, soit les causes, soit les symptômes de ce déclin. Bien que ces approches soient parfois complémentaires, elles n'ont pas toujours la même valeur. Par exemple, un programme de reproduction et de réintroduction aura peu d'impact s'il ne garantit pas que les oiseaux relâchés pourront se reproduire et survivre par eux-mêmes. Dans les années 1980 au Royaume-Uni, des amateurs de chouettes ont relâché au moins 3000 effraies élevées en captivité chaque année. Dans l'Iowa, au Missouri et au Nebraska, 1000 chouettes ont été libérées chaque année sur une période de six ans. Malheureusement, ces programmes de réintroduction n'ont eu aucun effet détectable à long terme sur les populations d'effraies des clochers.

La mesure la plus efficace pour prévenir et renverser le déclin des populations de chouettes est la restauration de leur habitat de chasse. Un retour à des formes plus traditionnelles d'agriculture est souvent conseillé, car certaines pratiques anciennes profitent non seulement aux chouettes, mais également à d'autres organismes. Cependant, cela peut paraître utopique, étant donné les recommandations de certains modèles économiques qui préconisent le défrichement de la forêt tropicale au profit de champs de soja ou de plantations de palmiers. Afin de restaurer la résilience écologique et la durabilité de l'environnement, les ornithologues et les scientifiques de la conservation doivent travailler à tous les niveaux, y compris dans la sphère politique, pour convaincre les États d'appliquer des méthodes agricoles plus respectueuses de la nature. Nous pouvons également travailler directement avec les agriculteurs pour promouvoir des mesures favorables à la faune, comme la reconstitution d'un habitat riche en proies dans des bandes herbeuses ou la plantation de haies qui ont été autrefois sacrifiées au nom de l'intensification agricole. Ces éléments aideront non seulement à soutenir les effraies des clochers, mais également une grande variété faunistique et floristique, y compris les micromammifères, principales proies des chouettes.

Une deuxième mesure, et de loin la plus populaire, est l'installation de sites de ponte artificiels. Il y a des milliers d'années, les effraies des clochers se sont adaptées à l'utilisation, pour la nidification, des granges et autres structures d'origine humaine. De nos jours, nombre de vieux arbres creux et bâtiments agricoles, qu'elles habitaient volontiers, ont disparu des campagnes. La conversion de vieilles granges en habitations humaines et, dans certains cas, l'intolérance à partager l'espace avec ces animaux, ont encore réduit la disponibilité de sites appropriés. Une solution simple à ce problème est l'installation de nichoirs dans les bâtiments ruraux, sur les arbres ou sur des poteaux.

Dans les régions où la disponibilité des sites de ponte est un facteur limitant, l'installation de nichoirs sur de vastes étendues peut aider les populations à prendre de l'ampleur grâce à l'immigration de populations « sources » voisines. Dans les climats très chauds, les nichoirs doivent être placés dans des endroits ombragés pour éviter la surchauffe des œufs et des oisillons.

Au Royaume-Uni, on estime que, jusqu'en 1997, environ 25000 nichoirs à effraies des clochers ont été

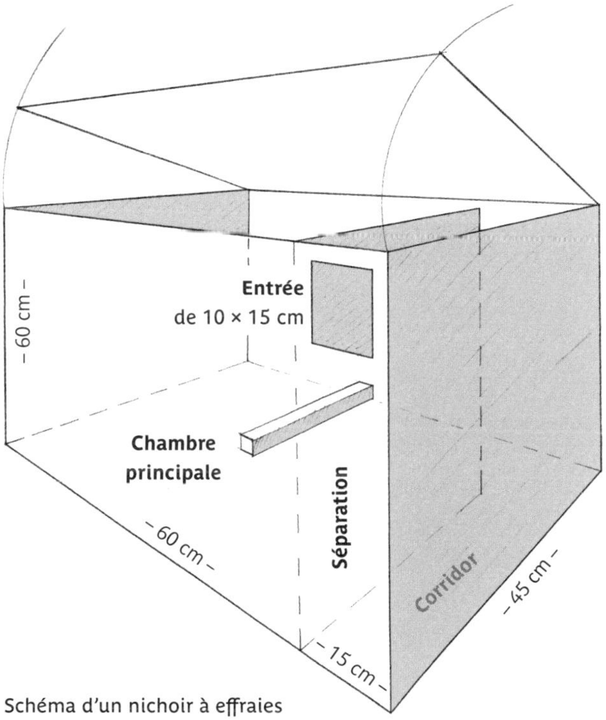


Schéma d'un nichoir à effraies des clochers. L'entrée du nichoir s'ouvre en haut de la caisse pour éviter que les oisillons ne tombent du nid. La séparation assure que la partie du nichoir où les chouettes pondent leurs œufs soit à l'abri de la lumière.

mis en place. Depuis, des milliers d'autres ont encore été installés. Néanmoins, cette mesure n'a que peu bénéficié aux chouettes puisque le facteur limitant dans la majorité du pays est la disponibilité en nourriture. Au Danemark en revanche, l'installation de nichoirs a permis de multiplier par 20 la taille de la population de chouettes entre 1998 (25 couples) et 2009 (500 couples). Des résultats similaires ont été obtenus en Allemagne et en République tchèque, où l'on compte respectivement plus de 20 000 et 4 000 nichoirs.

Au Moyen-Orient, les nichoirs sont souvent fixés sur des poteaux dans les champs.

Les nichoirs peuvent être installés contre les murs des granges, à l'extérieur ou à l'intérieur du bâtiment. Si le nichoir est installé à l'intérieur, un trou est percé dans le mur pour que les chouettes puissent pénétrer.

Les nichoirs peuvent être fixés à l'intérieur des granges, bien que dans cette situation, il y ait un risque que les fouines atteignent les nids des effraies.

## Nichoirs pour effraies des clochers : l'essentiel

- L'installation de nichoirs artificiels sert à compenser la perte de sites de ponte et de repos. Comme les effraies des clochers changent souvent de site pour produire une deuxième ponte annuelle, les nichoirs sont souvent installés par paires.
- Les nichoirs doivent être suffisamment grands (par exemple 60 × 60 × 45 cm) pour accueillir des familles nombreuses. Ils doivent également être suffisamment profonds (au moins 45 cm entre le fond du nichoir et le trou d'envol) pour que les oisillons ne tombent pas.
- Les nichoirs sont généralement en bois, mais dans les pays où le bois est rare, d'autres matériaux peuvent être utilisés. Il est également possible de recycler des caisses, comme en Jordanie, où les urnes électorales sont réutilisées en tant que nichoirs pour les effraies des clochers !
- Comme les chouettes n'apportent aucun matériau à leur nid, il faut ajouter une substance organique sèche, par exemple de fins copeaux de bois, au fond du nichoir.
- Les paires de nichoirs sont habituellement placées à au moins 300 mètres les unes des autres. Cependant, l'effraie des clochers n'étant pas toujours territoriale, là où la nourriture est abondante, les nichoirs peuvent être plus rapprochés.
- Les granges isolées constituent des sites appropriés pour l'installation de nichoirs. Dans certains pays néanmoins, les nichoirs sont généralement mis en place dans les clochers des villages. Cela permet aux effraies d'échapper à la prédation des nichoirs par les fouines. Les nichoirs peuvent également être installés dans des endroits fréquentés ou bruyants, car les effraies des clochers sont tout à fait capables de se cacher, et peuvent apprendre à tolérer des bruits importants. Lors de la conversion de bâtiments ruraux, des dispositions devraient être prises en faveur des effraies des clochers. Si cela est bien fait, il n'y a pas de nuisance ni de répercussion sur la santé humaine.
- Les nichoirs sont normalement installés à au moins 3 mètres du sol. Toutefois, lorsque la fouine est susceptible de constituer une menace, le nichoir doit être fixé à une hauteur d'au moins 5 mètres. Il est parfois nécessaire de prendre des mesures supplémentaires pour empêcher les prédateurs d'accéder.
- Dans les climats très chauds, les nichoirs peuvent être munis d'une double paroi et d'un toit, ainsi que d'une ventilation supplémentaire, pour éviter que l'intérieur du nichoir ne surchauffe. De plus, lors de la fixation d'un nichoir à l'intérieur d'une grange, il faut s'abstenir de le fixer au point le plus haut du bâtiment, où la température ambiante peut être plus élevée.
- Les chouettes apprécient les lieux sombres pendant la journée. Il est recommandé de séparer l'entrée du nid de l'endroit où les chouettes pondent leurs œufs afin qu'une grande partie du nichoir reste dans la pénombre.
- Pour de plus amples informations, consultez le *Barn Owl Conservation Handbook* ou consultez le site www.barnowltrust.org.uk (ressources en anglais).

En France, une effraie des clochers rapporte un mulot à son nichoir. © Alex Labhardt

## LE SAUVETAGE DES INDIVIDUS BLESSÉS OU AFFAMÉS

Une autre approche consiste à intervenir sur les individus plutôt que sur les populations, toujours dans un but de protection. Bien qu'il soit peu probable que de telles mesures aient une incidence significative sur l'ensemble des populations d'effraies des clochers, ces efforts démontrent que notre société respecte les animaux. Alors que les écologistes se préoccupent davantage du sort des populations ou des espèces animales dans leur ensemble, le public profane est particulièrement sensible à la vision de la souffrance et de la mort des individus.

Dans de nombreux pays, les amoureux de la nature, et même les gouvernements, ont créé des centres de soin pour accueillir les animaux blessés ou affamés. Beaucoup de chouettes peuvent ainsi être sauvées. En Allemagne par exemple, les effraies des clochers soignées ont un taux de survie élevé une fois relâchées dans la nature. L'une des principales causes de mortalité étant la famine, certains centres de réhabilitation espagnols ont incité les chouettes relâchées à rester à proximité des centres de soin en leur offrant abri et nourriture. L'utilisation de ces méthodes de libération assistée, dites « douces », améliore considérablement leur survie. Cependant, les individus qui ont subi des traumatismes graves, comme des fractures osseuses, ont de plus faibles chances de survie une fois libérés. Pour eux, une méthode de libération assistée est d'autant plus importante. Les individus qui ne se rétablissent jamais complètement s'en sortent beaucoup mieux lorsqu'ils sont maintenus en captivité plutôt que livrés à leur sort dans la nature. Les oiseaux captifs handicapés peuvent parfois être utilisés dans des programmes éducatifs, mais ils ne sont jamais réellement apprivoisés et ont donc tendance à souffrir du stress. La plupart des chouettes et hiboux utilisés à des fins éducatives sont nés et ont été élevés en captivité.

Des actions simples et directes peuvent sauver les individus en danger. Les ornithologues ont ainsi parfois l'occasion de réunir des familles. Lorsque les réserves de nourriture sont momentanément faibles, par exemple en raison de fortes intempéries qui empêchent la recherche de nourriture, les petits affamés tentent d'attirer l'attention de leurs parents en restant près de l'entrée du nichoir et en criant. Lorsqu'un parent arrive finalement avec une proie, les oisillons se poussent les uns les autres pour tenter d'obtenir la nourriture. Dans ce cas-là, il peut arriver que l'un d'eux tombe accidentellement du nid. Comme les parents ne nourrissent pas leur progéniture à l'extérieur du nichoir, l'oisillon au sol mourra de faim si personne ne le ramène auprès de ses frères et sœurs. Lorsqu'un nid est détruit ou qu'un oisillon est orphelin, les ornithologues peuvent transférer les petits dans d'autres nids pour qu'ils soient adoptés. Les parents semblent en effet incapables de distinguer leur propre progéniture de celles des autres.

## LA PRÉVENTION DES ACTIVITÉS NUISIBLES

La plupart des causes de mortalité sont connues, et des mesures simples peuvent parfois les endiguer. Par exemple, il est possible d'empêcher les oisillons de tomber en prévoyant des nichoirs profonds. De grands réservoirs d'eau sont souvent placés dans les champs pour que les bovins s'y abreuvent. Lorsque des chouettes assoiffées visitent ces réservoirs pour boire ou prendre un bain, elles s'y noient fréquemment. Une solution simple

Les effraies des clochers chassent souvent en volant juste au-dessus du sol, et sont donc vulnérables aux collisions avec les véhicules.

est d'installer un flotteur en bois qui peut supporter le poids d'une effraie, tout en permettant au bétail de boire.

Les chouettes sont également souvent piégées à l'intérieur de bâtiments abandonnés : s'il est facile de trouver une entrée, il est parfois plus difficile de trouver la sortie ! Laisser une fenêtre grande ouverte empêcherait les chouettes de mourir de faim. Par ailleurs, les chouettes volent près du sol et entrent souvent en collision avec des voitures et des camions. Pour réduire le risque de collision, les routes seraient plus sûres si elles étaient placées en contrebas des champs environnants, ou si elles étaient entourées d'arbres et arbustes forçant les rapaces à passer au-dessus de la plupart des véhicules. Les câbles d'alimentation électrique sur les poteaux peuvent être isolés afin d'éviter l'électrocution des oiseaux. Les populations de rongeurs indésirables peuvent être contrôlées par la gestion de l'environnement plutôt que par l'utilisation de poisons hautement toxiques. Les périodes de famine des effraies peuvent être réduites en fournissant un habitat riche en proies, et on peut abaisser la mortalité dans les nids par la mise en place de sites de nidification sûrs à l'intérieur des bâtiments ruraux.

## DES OISEAUX FASCINANTS

Les chouettes fascinent l'homme depuis des générations pour de bonnes et de mauvaises raisons. Dans certains pays, elles sont encore capturées directement dans leur nid et vendues comme animaux de compagnie sur les marchés. Mais ces oiseaux stimulent également l'imagination humaine. L'un des exemples récents les plus célèbres est sans doute le rôle joué par les chouettes, en particulier le harfang des neiges, dans la série de films *Harry Potter*. Cela a malheureusement entraîné une augmentation du nombre de chouettes en tout genre capturées pour le commerce des animaux de compagnie. Les défenseurs de la nature devraient tirer parti de cette fascination et mobiliser l'appui du public en faveur de leur conservation.

## L'ÉDUCATION

Le pouvoir de l'éducation pour faire évoluer les mentalités est indéniable. Autrefois, les agriculteurs européens clouaient les effraies des clochers aux portes de leurs fermes pour éloigner les mauvais esprits. Crucifier ces chouettes était si fréquent au Royaume-Uni que cet oiseau était connu sous le nom de *barn door owl*, littéralement la « chouette des portes de granges » ! Aujourd'hui au contraire, la communauté agricole est de plus en plus sensibilisée et certains agriculteurs invitent même fièrement leurs amis à venir constater combien les poussins de chouettes sont adorables. Néanmoins, dans certains pays, les effraies sont encore vues comme des êtres de mauvais augure. Comprendre que ces oiseaux représentent une aide précieuse pour les agriculteurs en mangeant des souris, des mulots et des campagnols est affaire de temps. L'éducation sur l'importance des chouettes dans le maintien d'un écosystème équilibré est essentielle. Malheureusement, d'autres intérêts puissants sont en jeu. Les industries agrochimiques encouragent les agriculteurs à utiliser leurs produits de synthèse et considèrent l'évolution vers des méthodes plus respectueuses de la nature comme une menace pour leurs profits.

## Pour aller plus loin


Bairlein, F. and Harms, U. 1994. Ortsbewegungen, Sterblichkeit und Todeursachen von Greifvögeln und Eulen nach Ringfunden der 'Vogelwarte Helgoland' – eine Übersicht. *Vogelwarte* **37**: 237–246.

Barn Owl Trust. 2012. *Barn Owl Conservation Handbook*. Exeter: Pelagic Publishing.

Colvin, B. A. 1981. Nest transfer of young barn owls. *Ohio J. Sci.* **81**: 132–134.

Fajardo, I., Babiloni, G. and Miranda, Y. 2000. Rehabilitated and wild barn owls (*Tyto alba*): dispersal, life expectancy and mortality in Spain. *Biol. Conserv.* **94**: 287–295.

Graves, G. R. 2016. Observation of a barn owl (*Tyto alba*) bathing in a rainwater pool in Jamaica. *J. Caribb. Ornithol.* **29**: 16–17.

Nijman, V. and Nekaris, K. A.-I. 2017. The Harry Potter effect: the rise in trade of owls as pets in Java and Bali, Indonesia. *Global Ecol. Conserv.* **11**: 84–94.

Les effraies des clochers sont fascinantes et peuvent être une espèce phare pour la conservation de la nature.

# 3. Parasites et prédateurs

- Les endoparasites
- Les ectoparasites
- Les comportements prédateurs et anti-prédateurs

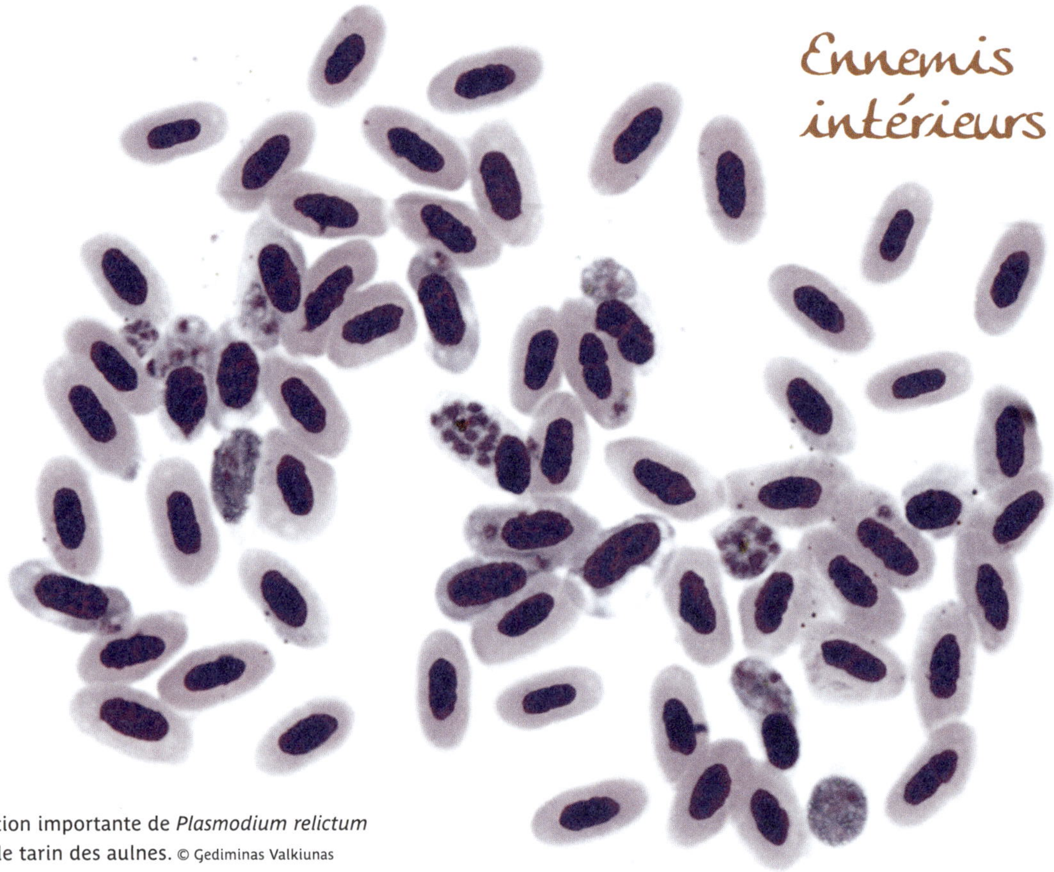

Ennemis intérieurs

Infection importante de *Plasmodium relictum* chez le tarin des aulnes. © Gediminas Valkiunas

# Les endoparasites

**Les endoparasites attaquent les organismes de l'intérieur. Ils ont des effets considérables sur leurs hôtes et, par conséquent, sur les écosystèmes. On en sait assez peu sur l'endoparasitisme chez l'effraie des clochers. L'étude du mode de transmission des parasites permet d'entrevoir les risques de contraction de maladies auxquels sont confrontés ces oiseaux.**

Les effraies des clochers ont développé de nombreuses adaptations comportementales, morphologiques et physiologiques pour résister aux attaques des parasites. Bien que ces organismes soustraient des ressources à leurs hôtes et soient responsables de nombreuses maladies, les parasites ne sont logiquement pas, *a priori*, responsables de la diminution de la taille des populations de l'espèce. Les parasites et leurs hôtes ont coévolué depuis des milliers d'années et se sont adaptés les uns aux autres. Par conséquent, de nombreux parasites sont peu virulents, afin de ne pas tuer leur hôte. De leur côté, les oiseaux peuvent gérer les parasites sans perte substantielle de fertilité ou de capacité de survie.

Cependant, la menace d'une maladie peut subitement s'avérer bien réelle. C'est le cas lorsque les activités humaines favorisent la propagation de nouveaux parasites exotiques face auxquels les hôtes n'ont pas encore développé de stratégies de résistance. C'est ce qui est arrivé à de nombreux animaux dans des régions reculées du monde, comme sur les îles Galápagos.

Bien que l'impact exact des endoparasites sur les effraies des clochers demeure incertain, nous savons que les pratiques agricoles intensives et les dérangements d'origine humaine augmentent le stress physiologique, comme on le constate chez les effraies des clochers suisses. De telles perturbations peuvent affaiblir le système immunitaire de l'hôte, donc sa capacité à faire face aux parasites. La surveillance des endoparasites est donc d'une importance capitale pour comprendre leur impact potentiel sur les populations de chouettes. Peu de travaux ont toutefois été réalisés sur le sujet. Seuls quelques chercheurs ont déterminé la prévalence des endoparasites chez les Tytonidés. En Afrique du Sud, 31 % des effraies des clochers et 7 % des effraies du Cap contractent des vers parasites ; en République tchèque, 13 % sont infestées par le protozoaire *Isospora buteonis* ; en France, 11 % sont infestées par *Toxoplasma gondii* ; et dans l'Ontario, au Canada, 80 % des effraies communes ont des anticorps contre le virus du Nil occidental.

## LE MODE DE TRANSMISSION DES MALADIES

La connaissance du mode de transmission des endoparasites fournit des informations sur le risque encouru par les effraies des clochers de contracter à la fois des parasites intracellulaires (virus, bactéries, protozoaires), qui occupent l'intérieur des cellules du corps de l'oiseau, et des parasites intercellulaires (nématodes, vers plats, vers à tête épineuse), habitant les cavités corporelles. Tous les endoparasites mentionnés ci-après ont été trouvés chez les effraies communes.

En piquant les chouettes, les invertébrés infectés, comme les moustiques, les coléoptères et les tiques, transmettent le virus de l'encéphalite de Saint-Louis et celui du Nil occidental, ainsi que les protozoaires *Leucocytozoon ziemanni*, *L. danilewskyi*, *L. californicus*, *Haemoproteus*, *Plasmodium* et *Trypanosoma*. Bien que le plumage des chouettes recouvre la majeure partie de leur corps, elles peuvent être piquées autour du bec et aux pattes, qui sont des zones dénuées de plumes. Les chouettes et hiboux qui vivent près des milieux humides, où ces vecteurs abondent, ont plus de risques d'attraper de telles maladies.

Les effraies des clochers peuvent aussi contracter des maladies en inhalant de l'air infecté par des bactéries en suspension. Il peut s'agir d'infections par *Salmonella typhimurium*, *S. thompson*, *S. tuindorp*, *S. choleraesuxis* et *Chlamydia psittaci*, qui peuvent être transmises des oiseaux à l'homme.

De nombreuses maladies sont contractées suite à l'ingestion de substances fécales et d'autres excrétions animales présentes dans les aliments, l'eau et le sol. Une hygiène stricte est le meilleur moyen d'éviter de telles infections. Mais on est loin d'une telle situation dans les nichoirs surpeuplés et emplis des défécations et des pelotes de réjection de toute une famille d'effraies. C'est probablement la raison pour laquelle, chez les effraies des clochers et les effraies de prairies, les mères et les oisillons nettoient leur nid en enlevant les pelotes et autres matières sales. Il serait manifestement plus efficace pour les chouettes de déféquer à l'extérieur du nid, mais s'approcher du bord comporte un risque de chute non négligeable pour les oisillons qui ne maîtrisent pas encore leur équilibre. Le manque d'hygiène stricte favorise la dissémination des protozoaires *Toxoplasma gondii*, *Cryptosporidium*, *Isospora buteonis* et *Giardia*, ainsi que des poxvirus et avulavirus. C'est un avulavirus qui est responsable de la maladie de Newcastle, laquelle génère des problèmes respiratoires et digestifs suivis de symptômes atteignant le système nerveux. Cette maladie est particulièrement répandue chez la volaille. Par conséquent, les effraies des clochers, vivant parfois à proximité d'élevages de gallinacés, peuvent entrer en contact avec ces derniers et, de ce fait, avec la maladie de Newcastle. Une autre maladie très préoccupante est la tuberculose, causée par des espèces de *Mycobacterium*, en particulier *M. avium*.

Les rongeurs peuvent transmettre des agents pathogènes tels que la bactérie *Pasteurella* en mordant d'autres animaux. Cependant, on peut se demander si les petits

Pays ou régions dans lesquels des endoparasites intercellulaires ont été retrouvés chez l'effraie des clochers et ses espèces cousines

| Catégorie d'endoparasites | Espèce d'endoparasites | Pays ou région |
|---|---|---|
| Nématodes (Nematoda) | *Baylisascaris procyonis* | Amérique du Nord |
| | *Capillaria tenuissima* | Pays-Bas, Espagne, Royaume-Uni |
| | *Cyathostoma americana* | Pays-Bas, Espagne |
| | *Dispharynx affinis* | États-Unis |
| | *Dispharynx nasuta* | Italie |
| | *Gongylonema neoplasticum* | Royaume-Uni |
| | *Habronema murrayi* | Afrique |
| | *Porrocaecum angusticollae* | Pays-Bas, Espagne |
| | *Porrocaecum depressum* | République tchèque, Royaume-Uni, États-Unis |
| | *Porrocaecum spiralis* | République tchèque, Royaume-Uni |
| | *Procynea leptoptera* | Espagne |
| | *Syngamus trachea* | Nigeria |
| | *Synhimantus affinis* | Italie, Royaume-Uni |
| | *Synhimantus laticeps* | Argentine, Italie, Pays-Bas, Espagne, Royaume-Uni |
| | *Trichinella pseudospiralis* | Tasmanie |
| Vers plats (Plathelminthes) | *Brachylaima fuscatum* | Italie |
| | *Brachylaima spp.* | Espagne |
| | *Brachylecithum lobatum* | République tchèque |
| | *Chaonotaenia strigium* | République tchèque |
| | *Cladotaenia globifera* | République tchèque |
| | *Neodiplostomum americanum* | États-Unis |
| | *Neodiplostomum attenuatum* | Espagne |
| | *Neodiplostomum japonicum* | Italie |
| | *Paruternia candelabraria* | Espagne, Royaume-Uni |
| | *Stomylotrema chabaudi* | Afrique |
| | *Strigea falconis* | République tchèque |
| | *Strigea strigis* | République tchèque, Pays-Bas, Royaume-Uni |
| Vers à tête épineuse (Acanthocephala) | *Centrorhynchus aluconis* | Italie, Slovaquie, Royaume-Uni |
| | *Centrorhynchus conspectus* | République tchèque, Royaume-Uni |
| | *Centrorhynchus globocaudatus* | République tchèque, Espagne, Royaume-Uni |
| | *Centrorhynchus tumidulus* | Royaume-Uni |
| | *Porrorchis tyto* | Vietnam |

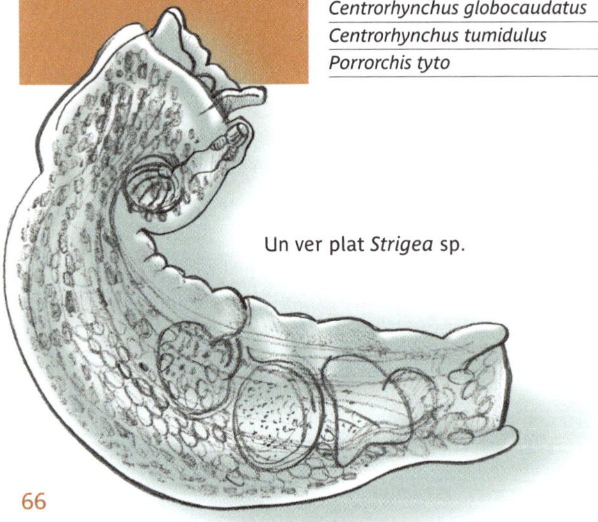

Un ver plat *Strigea* sp.

mammifères sont assez rapides pour mordre les effraies des clochers avant d'être tués. Bien qu'aucune information ne soit disponible pour répondre à cette question, nous n'avons jamais observé d'effraie des clochers présentant des blessures causées par les petits mammifères. La consommation de proies infectées par les protozoaires *Trichomonas gallinae* et *Sarcocystis dispersa* et l'ascaride *Baylisascaris* est plus problématique.

### LES PARASITES INTERCELLULAIRES

Les parasites intercellulaires qui se logent dans les cavités du corps de l'effraie des clochers incluent 15 espèces de vers ronds, ou nématodes, 12 espèces de vers plats, ou plathelminthes, et 5 espèces de vers à tête épineuse, ou acanthocéphales.

## Futures recherches

- De nombreux virus et bactéries sont transmis par l'air et les matières fécales. Les effraies des clochers contractent-elles des maladies en vivant dans un nid sale où les poussins défèquent et recrachent leurs pelotes? Du fait de cet environnement peu hygiénique, on peut s'attendre à ce que les effraies des clochers présentent une résistance élevée aux agents pathogènes. Nous devrions donc déterminer si les chouettes ont, ou n'ont pas, développé un système immunitaire efficace pour combattre les endoparasites.
- Les excréments à l'intérieur du nid peuvent favoriser la propagation des maladies. Par conséquent, il faudrait étudier en détail l'effet potentiel du comportement des parents en matière de nettoyage des nichoirs sur la propagation des agents pathogènes. Dans certains nids néanmoins, l'ammoniac provenant des excréments peut tuer les agents pathogènes au lieu de faciliter leur propagation. Il jouerait ainsi un rôle prophylactique. Cette possibilité pourrait être testée expérimentalement en répartissant les nichoirs au hasard dans deux groupes. Dans les nichoirs du premier groupe, on ajouterait de l'ammoniac, alors que ceux du second groupe recevraient de l'eau (afin de faire office de contrôle). Si un tel effet existe, les parasites devraient être moins nombreux dans les nids traités à l'ammoniac que dans les nichoirs témoins. Il faudrait également vérifier si le niveau d'ammoniac observé dans les nids d'effraies des clochers est toxique pour les oisillons.
- Les proies capturées sont stockées dans le nid, avec les oisillons. Cela peut aussi augmenter le risque de contracter des maladies. Pendant les étés chauds, les proies pourrissent rapidement, favorisant ainsi la propagation de microbes. Le risque est très probablement amplifié lorsque les oisillons consomment cette nourriture en décomposition.
- Des données sont requises sur la prévalence et la virulence des endoparasites et leur impact sur la dynamique des populations d'effraies des clochers. Ceci devrait être étudié avec des effraies situées dans différents milieux, comme dans les régions tropicales par rapport aux régions tempérées, ou dans les îles par rapport aux terres continentales.

## Pour aller plus loin

Daszk, P., Cunnigham, A. A. and Hyatt, A. D. 2000. Emerging infectious diseases of wildlife: threats to biodiversity and human health. *Science* **287**: 443–449.

# Ennemis extérieurs

Plume d'effraie des clochers endommagée par les poux broyeurs.

## Les ectoparasites

**Les ectoparasites transmettent des maladies et des endoparasites à leurs hôtes aviaires. Ils consomment également du sang, de la chair et des plumes. Les effraies des clochers sont les hôtes d'une grande diversité d'organismes, notamment des acariens, des tiques, des insectes, des mouches et divers poux. On sait que plusieurs facteurs peuvent expliquer pourquoi les individus ne sont pas tous affectés de la même manière par les parasites. Néanmoins, beaucoup d'autres recherches sont nécessaires pour comprendre l'impact des ectoparasites sur la biologie et les populations de chouettes.**

Les ectoparasites vivent sur les parties externes du corps de l'hôte. Même si on ne sait presque rien de leur impact sur la reproduction et la survie des effraies des clochers, on dispose de données sur les impressionnantes stratégies de lutte que les chouettes ont développées contre ces organismes importuns.

## LES TIQUES ET LES POUX DE PLUMES

Les poux mangeurs de plumes peuvent endommager le plumage d'un oiseau en y faisant des trous. Une chouette n'a d'autre moyen, pour s'en débarrasser, que de les gratter avec son bec et ses griffes. Le petit crochet de son bec et les dents équipant le bord de la griffe centrale — une adaptation rare chez les oiseaux — sont particulièrement efficaces pour le lissage et le nettoyage du plumage. Les oisillons recourent également souvent au nettoyage mutuel de leur plumage et de leur duvet (un comportement appelé *allopreening* en anglais), peut-être pour tuer les parasites qui se trouvent sur leurs frères et sœurs. On remarque d'ailleurs que 78 % des parties du corps faisant l'objet d'un nettoyage par un autre oisillon sont celles que les oiseaux ne peuvent atteindre eux-mêmes : la tête, le dos et le cou.

Le retrait des tiques situées sur les parties nues du corps est plus difficile, voire impossible. Le meilleur moyen de résister aux tiques semble donc d'être doté d'un système immunitaire efficace, mais d'autres études sont nécessaires pour se prononcer sur le sujet. Incapables de sauter ou de voler, les tiques se laissent tomber d'une branche ou patientent sur un brin d'herbe, une feuille ou une brindille en attendant qu'un hôte passe à proximité. En Suisse, des tiques ont été trouvées sur des oisillons dans 19 % des 330 nichoirs étudiés. Dans les nids touchés, on trouvait en moyenne 1,7 tique (*Ixodes ricinus*) par nid. Fixées sur la tête des effraies des clochers adultes, les tiques se détachent et rampent vers le premier oisillon qu'elles rencontrent. Ce processus aléatoire explique probablement pourquoi on retrouve des tiques avec la même fréquence sur les oisillons mâles et femelles, et sur les oisillons plus jeunes ou moins jeunes.

## UNE MOUCHE HÉMATOPHAGE

*Carnus hemapterus* est un ectoparasite généraliste qui attaque les oisillons de nombreuses espèces d'oiseaux. Bien qu'elle soit largement répandue dans le monde, cette espèce n'a été étudiée qu'aux États-Unis et en Suisse. Dans ces régions, il a été déterminé que 90 à 97 % des oisillons d'effraies étaient infestés en moyenne par 39 mouches, le maximum étant de 383 de ces diptères enregistrés sur un seul oisillon. Ces mouches pondent leurs œufs dans les nids des oiseaux. Or, les oiseaux qui nichent dans des cavités, comme l'effraie des clochers, réutilisent fréquemment un même site de ponte d'année en année. Au sortir de l'œuf, les parasites trouvent donc facilement des hôtes. Lorsqu'une famille d'oiseaux ne réutilise pas une cavité, les mouches qui ont éclos volent jusqu'à un autre nid, où elles perdent leurs ailes. Ainsi, les chouettes sont parasitées par beaucoup plus de mouches si leur nid a accueilli une famille d'oiseaux l'année précédente, que si la cavité est utilisée pour la première fois ou, dans le cas d'un nichoir, s'il a été nettoyé entre les périodes de reproduction.

Bien que certaines mouches émergent juste avant l'éclosion des œufs d'effraie, elles évitent les oisillons dépourvus de plumes. Lors des premiers jours de vie des oisillons, lorsque les mouches sont encore relativement rares, les juvéniles qui ont déjà développé quelques plumes sont donc plus fortement parasités que leurs plus jeunes

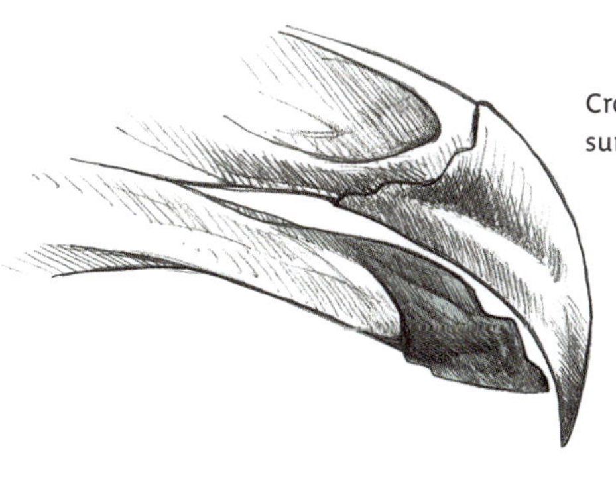

Crochet du bec et dents sur le bord de la griffe centrale.

Une tique du genre *Ixodes*.

La mouche parasite *Carnus hemapterus*.

frères et sœurs sans plumes. À mesure que les mouches continuent à émerger, la taille de leur population augmente progressivement jusqu'à ce que les chouettes aient trop de plumes pour les diptères. À ce stade, ceux-ci changent de stratégie et concentrent leurs attaques sur les derniers poussins nés, qui ont encore relativement peu de plumes. Il en résulte que les oisillons les plus jeunes abritent alors la plupart des mouches du nid, pas nécessairement parce qu'ils sont plus faibles et moins immunocompétents que leurs frères et sœurs aînés, mais parce que, au moment où les mouches sont les plus abondantes, ce sont eux dont le plumage se trouve dans l'état optimal pour les accueillir.

Pour aider les plus jeunes à lutter contre cette agression, il semble que les derniers œufs pondus reçoivent de l'organisme des mères des substances inconnues servant à accroître la résistance aux parasites. Cet effet antiparasitaire n'est cependant pas sans conséquence, puisque ces substances semblent également ralentir la croissance des oisillons. Cela expliquerait pourquoi elles ne sont pas adjointes, ou le sont à plus faible concentration, dans les premiers œufs pondus. Ceci a été déduit des résultats d'une expérience au cours de laquelle des œufs ont été échangés entre nichées. Il a ainsi été possible de comparer le nombre de mouches (*C. hemapterus*) parasitant ultérieurement les oisillons par rapport à leur rang de naissance dans leur nichoir

Ectoparasites retrouvés sur des effraies des clochers

| Acariens |
| --- |
| *Aureliania aureliani* |
| *Bubophilus ascalaphus* |
| *Bubophilus tytonus* |
| *Dermonoton parallelus* |
| *Dermonoton sclerourus* |
| *Glaucalges attenuatus* |
| *Harpyrhynchus tyto* |
| *Kramerella lunulata* |
| *Kramerella lyra* |
| *Kramerella quadrata* |
| *Leptotrombidium nissani* |
| *Noeboydaia aureliani* |
| *Neottialges evansi* |
| *Ornithonyssus bursa* |
| *Ornithonyssus sylviarum* |
| *Pandalura strigisoti* |
| *Protalges attenuatus* |
| *Rhinoecius tytonis* |

| Acariens (suite) |
| --- |
| *Suidasia* spp. |
| *Sarcoptiformes* |
| *Tytodectes striges* |
| *Tytodectes tyto* |

| Punaises |
| --- |
| *Haematosiphon inodorus* |

| Puces |
| --- |
| *Ceratophyllus gallinae* |
| *Ceratophyllus rossitensis* |
| *Malaraeus telchinus* |
| *Thrassis* spp. |

| Tiques |
| --- |
| *Argas reflexus* |
| *Ixodes arboricola* |
| *Ixodes ricinus* |

| Mouches |
| --- |
| *Carnus hemapterus* |

| Poux suceurs |
| --- |
| *Hoplopleura acanthopus* |

| Poux broyeurs |
| --- |
| *Tytoniella rostrata* |

| Poux broyeurs mangeurs de plumes |
| --- |
| *Colpocephalum subpachygaster* |
| *Colpocephalum turbinatum* |
| *Glaucalges tytonis* |
| *Kurodaia subpachygaster* |
| *Philopterus rostratus* |
| *Strigiphilus aitkeni* |
| *Strigiphilus cursitans* |
| *Strigiphilus rostratus* |

d'origine et le rang auquel ils avaient été élevés dans leur nichée d'accueil. Le rang de naissance et celui de l'élevage expliquent tous deux l'abondance des ectoparasites sur les oisillons.

Il existe également des différences dans les réponses face aux parasites entre mâles et femelles. En Suisse, pour des raisons inconnues, les femelles sont porteuses d'un peu plus de mouches parasites que les mâles (44 contre 38 en moyenne). Plus surprenant encore, les oisillons dont la mère biologique présente de plus grandes taches noires au bout des plumes ventrales résistent mieux aux attaques de *C. hemapterus*. Ainsi, il est probable que les gènes hérités de mères à grandes taches augmentent la résistance aux parasites.

Quelques-uns des nombreux ectoparasites qui ont été trouvés sur les effraies des clochers sont énumérés dans le tableau page ci-contre. Les acariens peuvent se nourrir de sang, de chair ou de déchets. Beaucoup d'autres ectoparasites se nourrissent de sang, comme les punaises, les puces, les poux suceurs, les tiques et la mouche *Carnus hemapterus*. Les poux broyeurs consomment la peau et des plumes.

## Futures recherches

- Des études sont nécessaires pour connaître la prévalence et l'intensité des ectoparasites à l'échelle mondiale.
- L'effet des ectoparasites sur la reproduction et la survie des effraies des clochers doit être étudié.

## Pour aller plus loin


Bush, S. E., Villa, S. M., Boves, T. J., Brewer, D. and Belthoff, J. R. 2012. Influence of bill and foot morphology on the ectoparasites of barn owls. *J. Parasitol.* **98**: 256–261.

Christe, P., Møller, A. P. and de Lope, F. 1998. Immunocompetence and nestling survival in the house martin: the tasty chick hypothesis. *Oikos* **83**:175–179.

Clayton, D. H., Koop, J. A. H., Harbison, C. W., Moyer, B. R. and Bush, S. E. 2010. How birds combat ectoparasites. *Open Ornithol. J.* **2010**: 41–71.

Roulin, A. 1998. Cycle de reproduction et abondance du diptère parasite *Carnus hemapterus* dans les nichées de chouettes effraies *Tyto alba*. *Alauda* **66**: 1–8.

Roulin, A. 1999. Fécondité de la mouche *Carnus hemapterus*, parasite des jeunes chouettes effraies (*Tyto alba*). *Alauda* **67**: 205–212.

Roulin, A., Brinkhof, M. W. G., Bize, P., Richner, H., Jungi, T. W., Bavoux, C., Boileau, N. and Burneleau, G. 2003. Which chick is tasty to parasites? The importance of host immunology versus parasite life history. *J. Anim. Ecol.* **72**: 75–81.

Roulin, A., Christe, P., Dijkstra, C., Ducrest, A.-L. and Jungi, T. W. 2007. Origin-related, environmental, sex and age determinants of immunocompetence, susceptibility to ectoparasites and disease symptoms in the barn owl. *Biol. J. Linn. Soc.* **90**: 703–718.

Roulin, A., Gasparini, J. and Froissart, L. 2008. Pre-hatching maternal effects and the tasty chick hypothesis. *Evol. Ecol. Res.* **10**: 463–473.

Roulin, A., des Monstiers, B., Ifrid, E., Da Silva, A., Genzoni, E. and Dreiss, A. N. 2016. Reciprocal preening and food sharing in colour polymorphic nestling barn owls. *J. Evol. Biol.* **29**: 380–394.

# Œil pour œil, dent pour dent

Le grand-duc d'Europe est
un prédateur majeur des effraies des clochers.

## Les comportements prédateurs et anti-prédateurs

**Être blanc, bien visible, et émettre des cris bruyants augmente le risque de prédation. L'effraie des clochers est souvent la proie de mammifères carnivores, de grands rapaces nocturnes et même d'oiseaux de proie diurnes. Pour réduire ce risque, les oisillons émettent des sifflements semblables à ceux des serpents dans le but d'effrayer les prédateurs potentiels.**

« *Il y a toujours quelqu'un de plus grand et de plus méchant qui peut vous faire tomber de votre perchoir.* » Cette citation de C. J. Ellisson pourrait avoir été écrite pour l'effraie des clochers. Bien que cette chouette soit extrêmement efficace dans la capture de petits mammifères, sa petite taille, son plumage blanc bien visible et les cris de quémande de ses poussins la rendent vulnérable aux prédateurs plus grands qu'elle. Les plus vulnérables sont, certes, les oisillons, mais les adultes courent également des risques lorsqu'ils survolent des milieux ouverts.

En Bulgarie, on a observé un couple de grands-ducs d'Europe consommer à lui seul au moins 20 effraies des clochers en 12 ans. Des ornithologues ont signalé des cas de prédation de l'effraie du Cap par l'aigle martial et le busard grenouillard. On connaît également des cas d'effraies communes ayant été les proies du grand-duc d'Europe (64 cas), du grand-duc d'Amérique (13), du grand-duc de Verreaux (1), de la chouette hulotte (2), du faucon pèlerin (8), du faucon des prairies (1), du faucon lanier (1), de la buse variable (9), de la buse rouilleuse (2), de l'aigle royal (2), de l'autour des palombes (14), du milan royal (1) ainsi que du busard Saint-Martin (1).

En Europe, la fouine occupe les mêmes sites anthropiques que l'effraie des clochers. Mais bien que les nids des chouettes leur soient souvent aisément accessibles, la prédation exercée par les Mustélidés n'a pas un impact important sur les populations d'effraies des clochers. Une étude montre qu'en France, sur 951 églises occupées par des effraies des clochers, la fouine n'a visité que 61 (6,4 %) d'entre elles, et sur 1031 couvées, seulement 7 ont été la cible de ces prédateurs. Dans l'hémisphère Nord, la prédation n'est pas la principale cause de mortalité de l'effraie des clochers. En revanche, la situation est différente dans l'hémisphère Sud. Par exemple, les effraies de prairie et du Cap, qui se reproduisent au sol, sont plus vulnérables aux mammifères, tel le chacal à chabraque, qui peuvent atteindre leur nid facilement.

On observe rarement d'autres interactions interspécifiques que celles mettant en jeu les prédateurs et leurs proies. Cependant, dans les îles Britanniques, il arrive fréquemment que les effraies des clochers volent de jour avec une proie entre leurs serres. On peut alors parfois voir des faucons crécerelles, voire des faucons hobereaux, les poursuivre pour tenter de voler leur prise. La nuit, la chauve-souris géante d'Inde et le taphien à ventre nu peuvent houspiller les effraies des clochers. On ne sait toujours pas si ce comportement est très rare ou s'il est simplement rarement signalé, car difficile à observer.

## LES RELATIONS ENTRE L'HOMME ET L'EFFRAIE DES CLOCHERS ADULTE

Les oiseaux peuvent se montrer fortement agressifs envers l'homme lorsque ce dernier est perçu comme un prédateur potentiel. On connaît l'histoire du célèbre photographe animalier anglais Eric Hosking, qui a perdu un œil lors de l'attaque d'une chouette hulotte femelle dont il photographiait le nid. Concernant l'effraie des clochers, seuls deux cas d'attaque dirigée contre l'homme ont été signalés, en Australie et en Allemagne. En fait, il est souvent possible d'inspecter le

Une pelote de réjection de grand-duc d'Europe contenant une patte d'effraie des clochers.

contenu d'un nichoir d'effraie des clochers en soulevant délicatement la femelle en incubation sans provoquer de réaction de sa part. Les effraies masquées, quant à elles, peuvent être plus agressives envers l'homme, comme on le constate en captivité. Pourquoi l'effraie des clochers ne prend-elle pas plus de risques pour protéger ses oisillons contre les prédateurs ? C'est peut-être parce que cette chouette est beaucoup plus petite et plus légère que les effraies masquées, ce qui rend l'attaque d'un prédateur beaucoup plus risquée.

### LES OISILLONS EFFRAIENT OU ATTAQUENT LEURS PRÉDATEURS

Bien qu'ils soient relativement inoffensifs, les oisillons des effraies des clochers, des effraies masquées et des effraies du Cap et de prairie peuvent dresser leurs serres contre leurs prédateurs et produire des sifflements effrayants, semblables à ceux d'un serpent, ce qui les rend assez menaçants. En présence de l'homme, les jeunes oiseaux commencent par respirer bruyamment et, à mesure que le risque de prédation augmente, ils font claquer leur langue et leur bec, puis se mettent à siffler. Leurs sifflements, qui durent entre 1,8 et 10 secondes, sont impressionnants. Les oisillons les plus âgés sont plus effrayants du fait de leur plus grande taille et de leurs sifflements plus longs. Il est intéressant de noter que, dans une nichée, l'individu qui siffle le plus tend à être le plus docile lorsqu'il est manipulé. Cela signifie soit que les oisillons font semblant d'être dangereux en produisant des sifflements bruyants, soit qu'ils attaquent les prédateurs sans avertissement !

Être constamment en état d'alerte pour détecter les prédateurs exige une attention sélective aiguë. En effet, il s'agit de faire la distinction entre le bruit d'un prédateur et les stimuli non pertinents, tel le bruit d'un parent qui revient au nid ou celui du vent. Ces erreurs de la part des oisillons apparaissent quand ceux-ci sont âgés de deux semaines, et c'est à trois semaines qu'elles sont les plus fréquentes, âge où les jeunes émettent le plus de sifflements lors des visites parentales : jusqu'à 40 % de celles-ci. Passé cet âge, les petits sont moins susceptibles de commettre ces erreurs, probablement parce qu'ils sont plus aptes à identifier les sources des différents bruits. Par ailleurs, indépendamment de leur âge, les membres d'une nichée ne sifflent pas tous autant face à un bruit. Partager un nid avec des frères et sœurs qui se mettent à siffler au moindre son suspect réduit certes le risque de prédation. Mais une fois le danger disparu, ces individus peinent à se calmer et continuent à respirer fort, à produire des claquements de langue ou à siffler. Ce comportement bruyant effraie leurs frères et sœurs, qui reprennent à leur tour leurs sifflements. Le temps nécessaire à toute la famille pour revenir au calme peut être assez long, ce qui ajoute au stress causé par les prédateurs. Bien que le sifflement soit important pour éviter la prédation, il entraîne donc des coûts physiologiques non négligeables.

## Futures recherches

- Une étude devrait être entreprise sur les comportements anti-prédateurs des populations d'effraies des clochers, en comparant des populations à divers taux de prédation. Les populations européennes pourraient par exemple être évaluées par rapport à des populations de chouettes en régions tropicales, où les prédateurs peuvent être plus abondants et diversifiés que dans les régions tempérées.
- Le rôle des prédateurs dans la dynamique des populations d'effraies des clochers devrait être étudié.

## Pour aller plus loin

Van den Brink, V., Dolivo, V., Falourd, X., Dreiss, A. N. and Roulin, A. 2012. Melanic color-dependent antipredator behavior strategies in barn owl nestlings. *Behav. Ecol.* **23**: 473-480.

# 4. La physiologie dans un contexte écologique

- Les capacités auditives
- Les capacités visuelles
- Les besoins journaliers en nourriture
- La production des pelotes de réjection
- La capacité à résister au froid

# L'oreille absolue

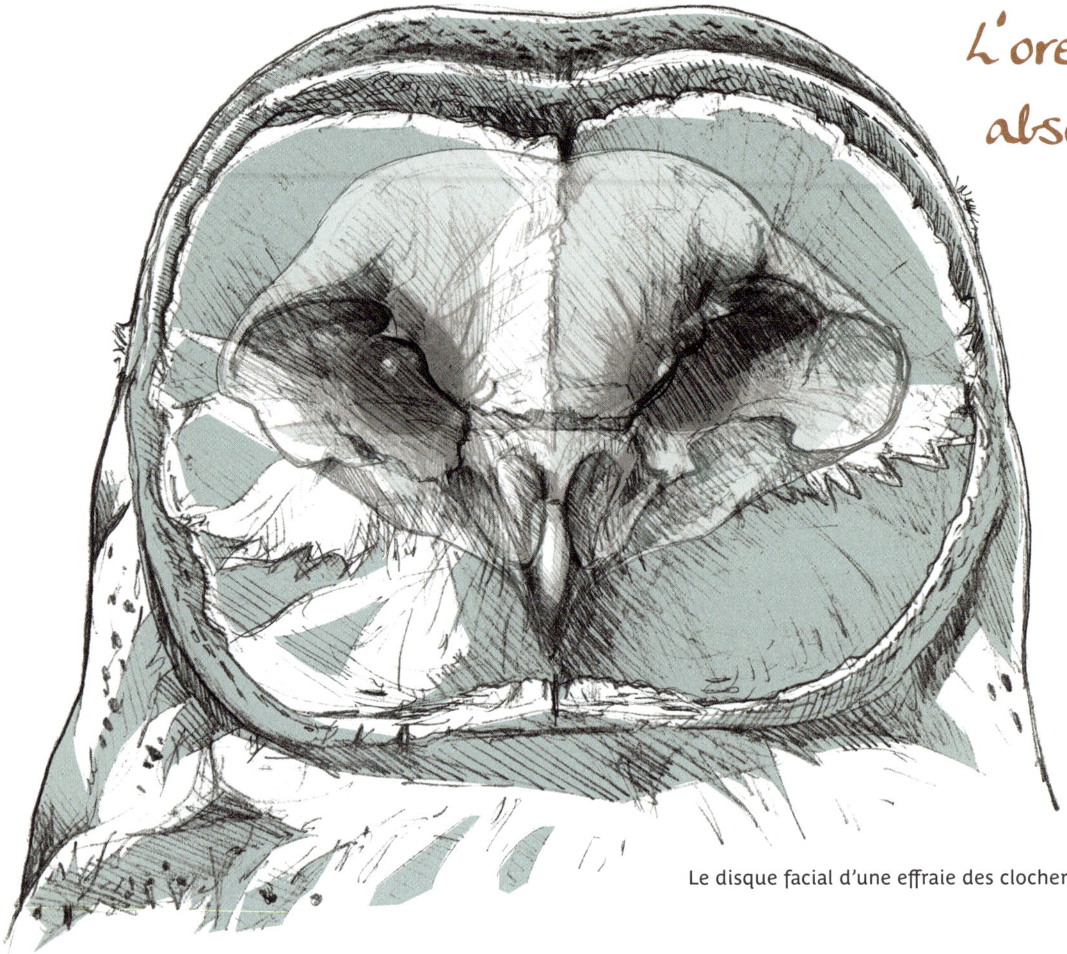

Le disque facial d'une effraie des clochers.

## Les capacités auditives

**L'obscurité a favorisé l'apparition d'une ouïe très fine chez les prédateurs nocturnes, leur permettant ainsi de chasser efficacement de nuit. Les effraies des clochers perçoivent des sons dix fois plus faibles que ceux que les humains peuvent détecter.**

L'effraie des clochers et ses espèces cousines sont des organismes parfaits pour étudier la neurophysiologie de l'audition. Leur sens aigu de l'audition leur permet de localiser la provenance d'un son avec une précision de 1,6 à 3 degrés, même en l'absence totale de lumière. À cet égard, l'effraie masquée est encore plus précise que les rapaces diurnes comme le busard de Gould ou le faucon bérigora. De plus, une fois qu'un son a atteint les oreilles de l'oiseau, cette information est traitée rapidement ; ses pupilles se dilatent en effet en seulement 25 millisecondes en réaction à un son. Cela étant, même si les chouettes peuvent chasser dans l'obscurité totale,

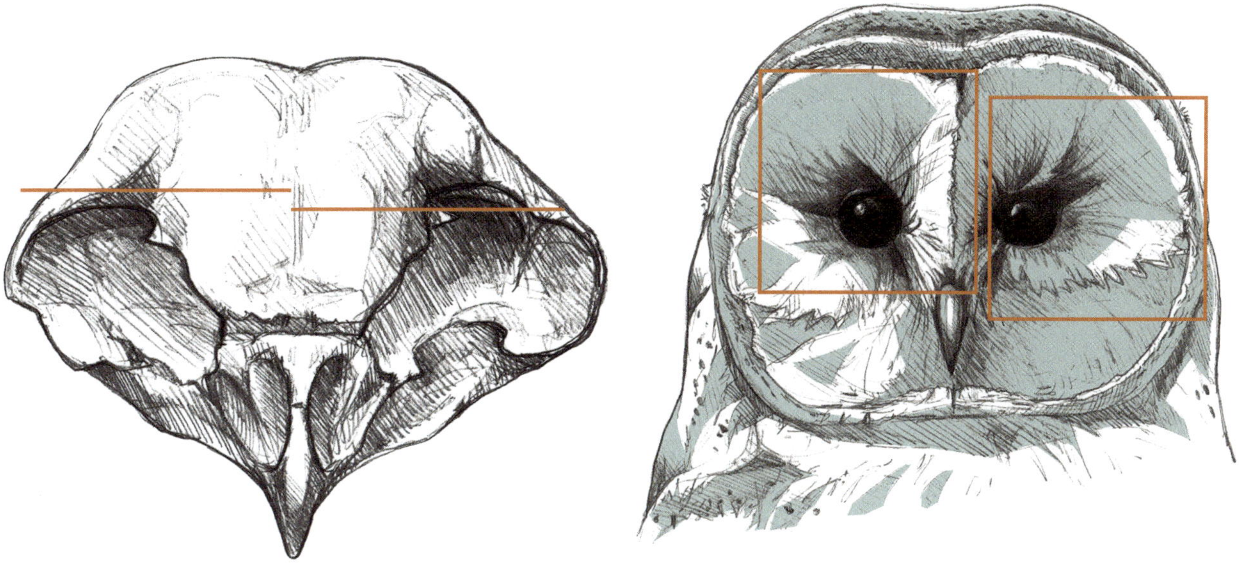

L'asymétrie du disque facial de l'effraie des clochers.

leur vision améliore quand même leurs performances dans les conditions de faible luminosité auxquelles elles sont habituellement confrontées.

Par rapport aux autres oiseaux nocturnes, l'oreille de l'effraie des clochers est particulièrement efficace pour détecter toutes les fréquences sonores, et ceci grâce à de nombreuses adaptations anatomiques et physiologiques. De tous les oiseaux qui ont été étudiés, cette espèce est en effet celle qui possède le plus grand nombre de cellules ciliées détectrices du son, la cochlée la plus longue, et la portion de l'oreille interne impliquée dans la fonction auditive la plus grande. Un autre trait particulièrement bien développé est son large disque facial, une adaptation morphologique qui a pour effet d'augmenter la taille de sa tête, et que l'on retrouve chez des oiseaux comme les busards, qui chassent des proies cachées dans l'herbe en volant à faible vitesse à quelques mètres du sol. Ce disque facial forme une « caisse de résonance » d'une surface d'environ 35 $cm^2$. Il fonctionne comme une antenne parabolique et permet d'amplifier les sons jusqu'à 20 décibels. Les ondes sonores sont alors dirigées vers les conduits auditifs de la chouette, dont les orifices sont disposés asymétriquement sur les côtés de son crâne, l'un d'eux se trouvant légèrement plus haut que l'autre. Cette asymétrie augmente la différence de niveau sonore et de délai d'arrivée du son entre l'oreille gauche et l'oreille droite, ce qui facilite grandement la localisation de la source sonore, particulièrement dans les basses fréquences.

Des oreilles symétriques produisent une **différence de temps interaurale** qui permet de déterminer la direction azimutale de l'émission sonore, en d'autres termes, l'origine du son dans le plan horizontal. C'est ainsi que la plupart des animaux entendent : le corps, en faisant barrière, atténue le son du côté opposé à la source sonore, ce qui génère une différence de temps d'arrivée du son entre les oreilles gauche et droite. Dans le cas de l'effraie des clochers, l'asymétrie de hauteur des orifices entraîne une différence de temps supplémentaire, mais surtout une **différence de niveau interaurale** qui permet une localisation précise de la source sonore dans le plan vertical. Même la taille des orifices auditifs est différente. Cette asymétrie des oreilles est commune chez les rapaces nocturnes, ce qui leur permet de localiser avec précision les sons tant dans le plan horizontal que le plan vertical.

## Futures recherches

- Trois hypothèses qui ne s'excluent pas mutuellement peuvent expliquer pourquoi la sélection naturelle a favorisé une ouïe très efficace. Ces hypothèses reposent sur l'idée que, pour survivre, les effraies des clochers doivent être des chasseurs exceptionnels : (1) les parents doivent répondre aux besoins de leurs grandes nichées ; (2) en raison de leur petite taille, les effraies des clochers chassent de petites proies, ce qui signifie qu'elles doivent capturer de nombreuses petites proies plutôt que quelques grosses proies comme les grands prédateurs ; et (3) les effraies exploitent des habitats qui exigent une audition exceptionnelle pour la chasse.
- Une capacité auditive exceptionnelle peut être un problème pour détecter les proies dans un environnement bruyant, par exemple pendant les nuits pluvieuses ou venteuses. Cela peut expliquer en partie pourquoi les effraies des clochers évitent de chasser lorsqu'il pleut.

## Pour aller plus loin

Bala, A. D. S. and Takahashi, T. T. 2000. Pupillary dilation response as an indicator of auditory discrimination in the barn owl. *J. Comp. Physiol. A* **186**: 425–434.

Dyson, M. L., Klump, G. M. and Gauger, B. 1998. Absolute hearing thresholds and critical masking ratios in the European barn owl: a comparison with other owls. *J. Comp. Physiol. A* **182**: 695–702.

Hausmann, L, Platchta, D. T. T., Singheiser, M., Brill, S. and Wagner, H. 2008. In-flight corrections in free-flying barn owls (*Tyto alba*) during sound localization tasks. *J. Exp. Biol.* **211**: 2976–2988.

Hausmann, L., von Campenhausen, M., Endler, F., Singheiser, M. and Wagner, H. 2009. Improvements of sound localization abilities by the facial ruff of the barn owl (*Tyto alba*) as demonstrated by virtual ruff. *PLoS One* **4**: e7721.

Knudsen, E. I., Blasdel, G. G. and Konishi, M. 1979. Sound localization by the barn owl (*Tyto alba*) measured with the search coil technique. *J. Comp. Physiol. A* **133**: 1–11.

Konishi, M. 1973. Locatable and nonlocatable acoustic signals for barn owls. *Am. Nat.* **107**: 775–785.

Payne, R. S. 1971. Acoustic location of prey by barn owls (*Tyto alba*). *J. Exp. Biol.* **54**: 535–573.

Peciscs, T., Laczi, M., Nagy, G., Kondor, T. and Csörgö, T. 2018. Analysis of morphometric characters in owls (Strigiformes). *Ornis Hung.* **26**: 41–53.

Von Campenhausen, M. and Wagner, H. 2006. Influence of the facial ruff on the sound-receiving characteristics of the barn owl's ears. *J. Comp. Physiol. A* **192**: 1073–1082.

# Au pays des aveugles, le rapace borgne est roi

Comme tous les rapaces nocturnes, les effraies possèdent de grands yeux pour y voir clair la nuit, mais le jour, elles conservent toute leur acuité visuelle : dans les îles Britanniques, on voit régulièrement des effraies des clochers voler durant la journée. © Steve Nesbitt

## Les capacités visuelles

**Si les animaux nocturnes ont généralement développé des capacités visuelles impressionnantes par faible luminosité, chez l'effraie des clochers, c'est surtout son ouïe exceptionnelle qui lui est utile — elle pourrait même être suffisante — à la chasse. Son acuité visuelle, en effet, de même que sa sensibilité aux contrastes, ne sont pas les meilleures du règne animal, surtout à la lumière du jour.**

À la lumière du jour, l'acuité visuelle de l'homme ainsi que celle du faucon, du pigeon, de la chouette hulotte et du grand-duc d'Amérique surpassent celle de l'effraie des clochers. Cependant, durant la nuit, l'acuité visuelle de l'effraie des clochers, qui est la même que durant le jour, dépasse celle du chat. Les objets de grande taille lui sont donc clairement visibles de jour comme de nuit.

### LES ADAPTATIONS PHYSIOLOGIQUES À LA VIE NOCTURNE

La vie nocturne a nécessité l'apparition d'adaptations visuelles, mais toute adaptation a ses limites.

- Les grands yeux en forme de tube allongé, offrant de longues focales et de grandes lentilles, sont « enserrés » dans des cavités osseuses rigides pour les protéger et les empêcher de sortir du crâne de la chouette. Alors qu'un globe oculaire de forme ronde bénéficie d'une grande liberté de mouvement, un œil tubulaire est plus restreint et ne peut pas bouger facilement. Cela explique pourquoi les yeux des effraies des clochers sont presque complètement immobiles dans leurs orbites.
- L'adaptation à la détection de faibles niveaux de lumière, pour laquelle des cellules photosensibles

spécialisées en bâtonnet sont nécessaires en grand nombre, laisse moins de place, sur l'espace limité de la rétine, aux cellules en forme de cône, responsables, quant à elles, de la détection des couleurs. Le rapport entre le nombre de bâtonnets et le nombre de cônes est deux fois plus élevé chez l'effraie des clochers (20:1) que chez l'homme (10:1).

- L'évaluation de la distance aux proies en mouvement est facilitée grâce à la vision stéréoscopique, possible lorsque les champs de vision des deux yeux se chevauchent. Le chevauchement est de 42 degrés chez l'effraie des clochers, contre 20 degrés chez le pigeon. En effet, chez la chouette, les yeux sont dirigés vers l'avant, et proches l'un de l'autre, alors qu'ils sont disposés latéralement chez le pigeon. Malheureusement, cette adaptation limite le champ de vision global (200 degrés chez l'effraie des clochers, contre 340 degrés chez le pigeon). Ce champ de vision plus restreint est néanmoins compensé par la capacité de tourner la tête horizontalement sur au moins 270 degrés chez l'effraie.
- Pour maintenir une mise au point précise lorsqu'elle plonge sur sa proie, la chouette ajuste la forme de son cristallin et de sa cornée. Elle le fait cependant moins efficacement que l'être humain. Pour une raison inconnue, les Tytonidés d'Australie semblent avoir plus de difficulté à conserver une mise au point précise que les effraies d'Amérique.

Cette brève description des capacités visuelles de l'effraie des clochers semble indiquer que la pression de sélection pour l'acuité visuelle a probablement été moins intense que celle s'exerçant sur le développement des capacités auditives pour la détection des proies. Il en résulte que même une effraie des clochers aveugle peut se nourrir dans un habitat familier. Son système neurophysiologique visuel n'est, en effet, pas très complexe, probablement parce que l'activité nocturne ne nécessite pas une représentation très détaillée de l'environnement. Les cellules ganglionnaires rétiniennes sont des cellules neuronales spécialisées qui transmettent l'image de la rétine au tectum optique, pour le traitement des informations visuelles. L'effraie des clochers possède 4000 de ces cellules par millimètre carré. En comparaison, la chevêche des terriers, qui est diurne, en compte 10000 par millimètre carré. Les systèmes visuel et auditif ont apparemment coévolué. Les chouettes n'ont pas des yeux mobiles, ce qui leur permet de coordonner plus facilement leurs systèmes auditif et visuel pour déterminer l'emplacement des proies. En immobilisant simultanément leurs yeux et leurs oreilles, le cadre de référence spatial est plus stable, ce qui facilite la localisation des proies.

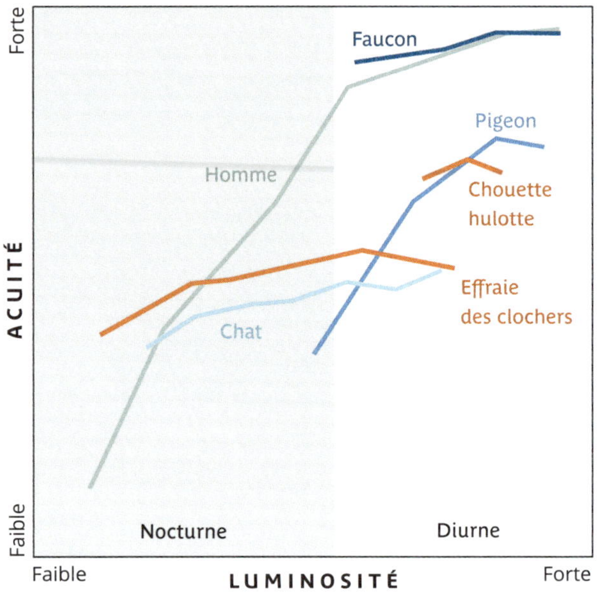


La nuit, les effraies des clochers ont une meilleure acuité visuelle que l'homme et le chat, alors que le jour, l'homme, les faucons, les pigeons et la chouette hulotte ont une vision plus performante que l'effraie des clochers. Cette dernière dispose d'une acuité visuelle similaire sous une lumière faible (vision nocturne) et une lumière forte (vision diurne). Extrait d'Orlowski *et al.* 2012.

## LES ADAPTATIONS COMPORTEMENTALES À LA VIE NOCTURNE

Même s'il est amusant de voir les chouettes hocher et tourner la tête de manière si caractéristique, ce comportement n'a, fondamentalement, aucun but comique. Il permet en réalité de compenser les limites morphologiques et physiologiques du système de localisation d'un élément dans l'espace. La chouette peut ainsi mieux estimer la distance et la direction d'une proie ou d'un prédateur. Lorsque ni la proie ni la chouette ne bougent, la mémoire de la position de la proie s'estompe parce que celle-ci ne fournit plus d'informations auditive et visuelle sur sa localisation. Pour générer activement un mouvement qui envoie une information à la rétine et faciliter la localisation de la proie, les chouettes impriment à leur tête d'amples mouvements horizontaux et verticaux. Elles utilisent ainsi le phénomène de **parallaxe de mouvement**. Lorsque la proie se déplace soudainement, ces mouvements horizontaux et verticaux de la tête permettent à l'oiseau de balayer une zone plus grande, ce qui réduit la probabilité de voir la proie quitter le champ de vision du rapace. Lorsque la proie se déplace dans toutes les directions, la chouette déplace sa tête horizontalement, souvent dans un mouvement saccadé, pour suivre le déplacement de la proie et maintenir son image dans une position fixe sur sa rétine. Les mouvements verticaux de la tête varient avec la direction du déplacement de la proie : ils sont faibles lorsque la proie se déplace latéralement, mais beaucoup plus importants lorsque la proie s'éloigne ou se rapproche de la chouette.

## Futures recherches

- Les capacités visuelles de l'effraie des clochers ont été étudiées en détail. En revanche, on sait peu de choses sur les différences interindividuelles et interpopulationnelles concernant la capacité à localiser les proies par la vue ou le son. Des différences pourraient en effet exister entre les individus adoptant des stratégies de recherche de nourriture distinctes. Par exemple, certaines chouettes chassent plus souvent en volant, alors que d'autres utilisent la méthode du *sit and wait*, soit littéralement « s'asseoir et attendre », perchées sur un piquet. Les capacités visuelles (et auditives) des effraies des clochers de différentes populations pourraient également différer parce qu'elles s'attaquent à d'autres types de proies, nécessitant des techniques de chasse spécifiques.
- On ne sait rien de la capacité de l'effraie des clochers à détecter l'odeur de ses proies lorsqu'elle se déplace en vol lent juste au-dessus du sol.

## Pour aller plus loin


Fux, M. and Eilam, D. 2009. How barn owls (*Tyto alba*) visually follow moving voles (*Microtus socialis*) before attacking them. *Physiol. Behav.* **98**: 359–366.

Gutierrez-Ibanez, C., Iwaniuk, A. N., Lisney, T. J. and Wylie, D. R. 2013. Comparative study of visual pathways in owls (Aves: Strigiformes). *Brain Behav. Evol.* **81**: 27–39.

Harmening, W. M. and Wagner, H. 2011. From optic to attention: visual perception in barn owls. *J. Comp. Physiol. A* **197**: 1031–1042.

Harmening, W. M., Orlowski, J., Ben-Shahar, O. and Wagner, H. 2011. Overt attention towards oriented objects in free-viewing barn owls. *Proc. Natl. Acad. Sci. USA* **108**: 8461–8466.

Hausmann, L., Platchta, D. T. T., Singheiser, M., Brill, S. and Wagner, H. 2008. In-flight corrections in free-flying barn owls (*Tyto alba*) during sound localization tasks. *J.Exp. Biol.* **211**: 2976–2988.

Knudsen, E. I. 1982. Auditory and visual maps of space in the optic tectum of the owl. *J. Neurosci.* **2**: 1177–1194.

Land, M. F. and Nilsson, D.-E. 2012. *Animal Eyes*. Oxford: Oxford University Press.

Orlowski, J., Harmening, W. and Wagner, H. 2012. Night vision in barn owls: visual acuity and contrast sensitivity under dark adaptation. *J. Vision* **12**: 1–8.

# Un prédateur vorace

Une jeune effraie
des clochers avalant un mulot.

## Les besoins journaliers en nourriture

**Combien de rongeurs une effraie des clochers consomme-t-elle par an ? Cette question intéresse non seulement les scientifiques, mais également les agriculteurs. Sachant que cette chouette consomme 3 à 4 rongeurs par jour, une famille d'effraies des clochers peut dévorer entre 5000 et 7000 petits mammifères par an. Cet oiseau est donc un agent de lutte biologique de grande valeur.**

Le calcul du nombre de mulots, de souris ou de campagnols consommés au cours d'une année est essentiel pour évaluer l'importance écologique de l'effraie des clochers. Ce n'est pas un exercice facile car la consommation quotidienne de ce rapace nocturne varie en fonction de facteurs environnementaux, tels que les précipitations et la température ambiante. C'est en effet de leur nourriture que les effraies des clochers tirent toute leur énergie et leur eau. Ainsi, la consommation d'aliments augmente par temps froid afin de compenser les pertes de chaleur : les effraies des clochers peuvent ingérer 80 grammes de viande fraîche par jour lorsque la température ambiante est de 25 °C, et 50 % de plus (soit un total de 120 grammes) lorsqu'elle est de 5 °C. La qualité des aliments a également un impact important sur la quantité de nourriture consommée quotidiennement. En captivité, une chouette nourrie de souris consomme deux fois plus de nourriture qu'une chouette à laquelle on donne de la volaille âgée d'un jour, un aliment plus riche en énergie.

Pour estimer le nombre de rongeurs consommés au cours d'une année, considérons la consommation alimentaire quotidienne des effraies des clochers. À 20 °C, un adulte mange 75 grammes de petits mammifères fraîchement tués par jour. Un oisillon de 20 jours en consomme 64 grammes par jour, jusqu'à 80 grammes à l'âge de 60 jours. Un campagnol pesant entre 20 et 25 grammes, chaque chouette dévore donc 3 à 4 campagnols par jour. Par conséquent, une famille de 2 à 8 petits prélève entre 1200 et 3500 petits mammifères pendant la période d'élevage. En supposant que 2 de ses petits survivent jusqu'à l'année suivante, la famille pourrait consommer entre 3000 et 5000 petits mammifères de plus. Ainsi, chaque couple élimine entre 5000 et 7000 petits mammifères en un an. L'effraie des clochers est bel et bien la meilleure amie des agriculteurs !

Une famille d'effraies des clochers avec 4 oisillons peut consommer 6000 proies par an, comme l'illustre cette pyramide de 6000 points.

## UNE FAIBLE EFFICACITÉ DIGESTIVE

Par rapport aux autres chouettes et rapaces, l'effraie des clochers peut sembler vorace. Comme beaucoup de chouettes et hiboux, elle ingère habituellement ses proies en entier, y compris les os et la fourrure desquels elle ne tire aucune énergie. Les Tytonidés n'ont pas une digestion très efficace, ce qui explique probablement en partie leur grande consommation de petits mammifères. Une expérience au cours de laquelle des chouettes et d'autres rapaces ont été nourris de la même quantité de souris a démontré que l'effraie des clochers digère moins d'os que d'autres oiseaux : 825 os ont été retrouvés dans les pelotes de l'effraie des clochers, 786 dans les pelotes du grand-duc d'Amérique, 748 dans celles du petit-duc maculé, 176 dans les pelotes de la buse à queue rousse, 36 dans les pelotes de l'épervier d'Europe et 18 dans les pelotes de la buse pattue. Le grand nombre d'os rejetés par l'effraie des clochers indique que les sucs digestifs de son estomac ne sont que faiblement acides. Les pelotes de réjection des effraies des clochers sont donc très utiles pour l'étude de son régime alimentaire. On peut en effet identifier les os prélevés dans ces pelotes pour déterminer quelles espèces de proies ont été consommées.

Chez l'effraie des clochers, le squelette des oisillons atteint sa taille finale peu avant le premier envol. Afin d'accumuler du calcium pour la croissance de leurs os, il semblerait que l'efficacité de la digestion des jeunes augmente à mesure qu'ils grandissent. C'est probablement la raison pour laquelle les oisillons des effraies des clochers digèrent mieux les os de leurs proies que les adultes, grâce à la plus grande acidité de leur suc gastrique. Par ailleurs, l'efficacité digestive est plus élevée chez les oisillons âgés de 4 à 5 semaines que chez les oisillons plus âgés, ce qui correspond à une réduction de la croissance osseuse. Cela a été démontré par le fait que l'on retrouve moins d'os dans les pelotes de réjection des oisillons plus jeunes que dans celles de leurs frères et sœurs plus âgés.

## UN INTESTIN COURT

C'est l'intestin grêle qui est responsable de l'absorption des nutriments. Plus il est long, meilleure est l'efficacité digestive de l'oiseau, laquelle varie de 75 % à 82 %

chez les rapaces. La buse variable, prédateur généraliste, chasse en planant, une technique qui ne nécessite pas de vitesse. Ainsi, son corps n'a pas besoin d'être exceptionnellement léger et le surpoids dû à son long intestin ne met pas en péril sa recherche de nourriture. Une autre espèce à l'intestin relativement long est la chouette hulotte, qui chasse principalement depuis un perchoir d'où elle pique sur ses proies. Cette technique d'acquisition de la nourriture n'est pas très exigeante sur le plan énergétique et ne nécessite donc pas une faible masse corporelle pour être efficace.

Chez l'effraie des clochers, les capacités digestives limitées s'expliquent notamment par un intestin grêle plus court que chez d'autres rapaces. Cela signifie que le temps disponible pour l'absorption des nutriments par l'organisme est moindre chez elle que chez d'autres oiseaux. De même, chez l'effraie masquée, une parente phylogénétiquement proche, les pelotes de réjection contiennent 46 % du sodium total ingéré, contre 14 % dans les pelotes de l'autour des palombes, du busard de Gould et du faucon bérigora.

L'évolution a doté d'intestins courts deux catégories de rapaces. La première est constituée par l'épervier d'Europe et le faucon pèlerin, qui chassent les oiseaux en vol à grande vitesse. La capture de ce type de proies agiles nécessite des mouvements ascendants rapides, ce qui ne serait pas possible avec un intestin long plein de nourriture. La faible efficacité digestive de ces consommateurs d'oiseaux est compensée par la valeur nutritive élevée de leurs proies. La seconde catégorie comprend les oiseaux qui, tels les busards et l'effraie commune, chassent en volant lentement juste au-dessus du sol. Un intestin très court contribue à réduire leur masse corporelle. L'inconvénient est qu'il réduit également leur efficacité digestive. C'est l'une des raisons pour lesquelles les effraies produisent des pelotes contenant des os non digérés de leurs proies.

## Futures recherches

- La consommation alimentaire quotidienne des effraies des clochers vivant en liberté devrait être mesurée tant chez les adultes que chez les oisillons. Jusqu'à présent, toutes les estimations proviennent d'oiseaux maintenus en captivité, ce qui peut fausser les résultats, par exemple à cause du stress induit par la captivité, la qualité des aliments et la réduction de l'activité physique.
- Pour mieux comprendre le rôle écologique de l'effraie des clochers par rapport à d'autres oiseaux, il faudrait mesurer la consommation alimentaire, la durée de digestion et le pH des sucs gastriques de chouettes et rapaces divers dans des conditions standardisées.
- L'efficacité digestive devrait être mesurée en fonction de paramètres tels que le type d'aliment et l'heure du jour ou de la nuit à laquelle le repas est consommé.

## Pour aller plus loin

Barton, N. W. H. and Houston, D. C. 1993. A comparison of digestive efficiency in birds of prey. *Ibis* **135**: 363–371.

Barton, N. W. H. and Houston, D. C. 1994. Morphological adaptation of the digestive tract in relation to feeding ecology of raptors. *J. Zool.* **232**: 133–150.

Durant, J. M. and Handrich, Y. 1998. Growth and food requirement flexibility in captive chicks of the European barn owl (*Tyto alba*). *J. Zool.* **245**: 137–145.

Hamilton, K. L. 1985. Food and energy requirements of captive barn owls *Tyto alba*. *Comp. Biochem. Physiol. A* **80**: 355–358.

Hoffman, R. 1988. The contribution of raptorial birds to patterning in small mammal assemblages. *Paleobiology* **14**: 81–90.

# Des cadavres dans le placard

Les pelotes de réjection sont expulsées par voie orale et renferment les poils et les os des proies de la chouette.

## La production des pelotes de réjection

**Les pelotes de réjection sont composées des parties non digérées du corps des proies, principalement des os et des poils. Leur production peut s'être développée au cours de l'évolution dans le but de réduire les coûts liés à la digestion, dans celui d'empêcher l'absorption de certaines substances ou pour permettre à l'oiseau de contrôler avec flexibilité sa propre masse corporelle. Les chouettes sont en effet capables de réguler finement le délai entre deux repas en accélérant ou en retardant la régurgitation des pelotes.**

Pourquoi les chouettes, les hiboux, les rapaces diurnes, les hérons et les goélands régurgitent-ils des pelotes contenant des restes de repas ? La production de pelotes est-elle une conséquence d'un tube digestif plus court qui a peut-être évolué pour réduire la masse corporelle en vol ? Ou est-ce parce que le cloaque est l'aboutissement tout à la fois des canaux urinaire, génital et digestif ? Bien que les réponses à ces questions n'aient pas encore été apportées, les quatre hypothèses suivantes, fondées sur des arguments adaptatifs, méritent d'être examinées.

- **Éliminer les éléments nutritifs superflus.** Certains nutriments, comme le calcium dans les os et la kératine dans les poils des proies, deviendraient toxiques s'ils étaient absorbés en trop grandes quantités. La régurgitation de ces éléments serait apparemment plus efficace que la digestion et l'élimination ultérieure par les excréments. Corroborant cette hypothèse, on constate que les chouettes prélèvent souvent la chair et évitent de manger les os et la fourrure, mais ce comportement n'a pas encore été étudié en détail.
- **Nettoyer le tube digestif.** Le voyage des pelotes le long du tube digestif lors de la régurgitation aide à expulser les parasites et autres agents pathogènes, ainsi que les éléments indésirables consommés par erreur.
- **Augmenter l'efficacité digestive.** Une fois la plupart des nutriments nécessaires absorbés, un investissement supplémentaire dans la digestion d'un repas entraîne un surcoût énergétique qui ne serait pas compensé par l'absorption des quelques nutriments supplémentaires obtenus. Expulser les parties non digérées d'un repas serait un moyen d'arrêter efficacement la digestion.
- **Maîtriser les variations de masse corporelle.** Une faible masse corporelle est certainement d'une grande aide lorsqu'il s'agit de rapporter au nid une lourde proie depuis un point éloigné. De plus, la réduction active de la masse corporelle est avantageuse avant de reprendre la chasse, car tout surpoids entraîne des coûts supplémentaires de vol et réduit la manœuvrabilité. Dans ce contexte, éliminer les éléments indésirables des repas précédents en les expulsant sous la forme d'une pelote de réjection est plus rapide et plus efficace que de les digérer complètement pour en évacuer ensuite les résidus dans des excréments. La nécessité de devoir réduire rapidement sa masse corporelle pourrait avoir poussé vers le développement de la capacité à contrôler le délai entre la consommation d'une proie et la régurgitation d'une pelote.

Bien que la production de pelotes présente certains avantages, elle implique aussi au moins trois contraintes. La première réside dans le risque d'asphyxie, même si des cas de chouette morte avec une pelote coincée dans la gorge n'ont été signalés que deux fois, en France et en Suisse. Le passage des os par le tube digestif constitue un deuxième problème potentiel puisqu'il existe des risques d'endommager les tissus sensibles. Enfin, un troisième défi se situe dans la difficulté de manger le repas suivant avant l'expulsion d'une pelote. Pour résoudre ce problème, l'effraie des clochers peut régurgiter une pelote plus rapidement (en 6,5 heures au lieu de 7,5 à 14 heures) lorsqu'elle s'attend à une arrivée imminente de nourriture. Le simple fait de voir un campagnol peut induire la régurgitation d'une pelote en prévision d'un repas. En captivité, les chouettes peuvent même associer la présence de l'homme à la réception de nourriture, ce qui les incite à produire une pelote de réjection.

Les effraies communes sont également capables de retarder la production de pelotes afin de consommer plusieurs proies d'affilée. Cela pourrait expliquer pourquoi on trouve des différences de temps de production de pelotes chez l'effraie d'Amérique. Lorsque la nourriture est consommée le matin ou en début d'après-midi, la durée entre la consommation d'une proie et la régurgitation de pelotes est relativement courte (7,5-14 heures), probablement en prévision d'un repas du soir. En revanche, si la nourriture est consommée en fin d'après-midi ou durant la nuit, la production de pelotes est retardée (11,5-16 heures), probablement parce qu'il peut être préférable de manger plusieurs proies d'affilée la nuit et de produire une seule pelote ensuite. Ainsi, le nombre de pelotes régurgitées en 24 heures peut varier. Certains auteurs mentionnent la production d'une pelote par nuit et d'une pelote par jour, mais la situation est probablement plus complexe, étant donné que le nombre moyen de pelotes produites en 24 heures varie de 1,2 à 2,7.

## Futures recherches

- Le nombre de pelotes que les oisillons produisent en 24 heures devrait être déterminé en fonction de la variation des taux de nourrissage des parents.
- L'efficacité digestive est-elle liée aux besoins en nutriments et à la condition physique ? Par exemple, est-ce que les chouettes qui sont peu compétitives (comme les derniers-nés d'une couvée) ou qui ont de mauvaises conditions d'alimentation prennent plus de temps à produire une pelote, de façon à absorber plus de nutriments ?

## Pour aller plus loin

Barton, N. W. H and Houston, D. C. 1994. Morphological adaptation of the digestive tract in relation to feeding ecology of raptors. *J. Zool.* **232**: 133–150.

Juillard, M. 1979. Une cause particulière de mortalité juvénile chez la chouette effraie. *Nos Oiseaux* **35**: 37–39.

Marti, C. D. 1973. Food consumption and pellet formation rates in four owl species. *Wilson Bull.* **85**: 178–181.

Smith, C. R. and Richmond, M. E. 1972. Factors influencing pellet egestion and gastric pH in the barn owl. *Wilson Bull.* **84**: 179–186.

# Pas prête pour la conquête des pôles !

Une épaisse couche neigeuse pendant une longue période entraîne une réduction catastrophique de la taille des populations d'effraies des clochers.

## La capacité à résister au froid

**Comparée aux autres rapaces, l'effraie des clochers est particulièrement sensible au froid. L'origine tropicale de cet oiseau laisse supposer qu'il n'était pas résistant aux températures basses lors de son expansion vers les régions tempérées. Mais pourquoi l'effraie des clochers n'a-t-elle pas développé une meilleure capacité à résister à de tels climats ? Il se peut que la sélection pour un potentiel de reproduction élevé favorise la persistance d'une morphologie, d'une physiologie et de comportements non compatibles avec la résistance au froid. Cette situation persisterait alors parce que le potentiel de reproduction élevé compense la mortalité causée par les hivers rigoureux.**

L'effraie des clochers est connue pour les diminutions drastiques constatées dans ses populations après des hivers rigoureux ; elles peuvent alors se trouver totalement décimées. Lorsqu'une couche de neige de plus de 5 cm persiste durant de longues périodes, les petits mammifères restent cachés sous cette couverture neigeuse. La difficulté de capturer ces proies, ainsi que d'autres animaux comme les petits passereaux,

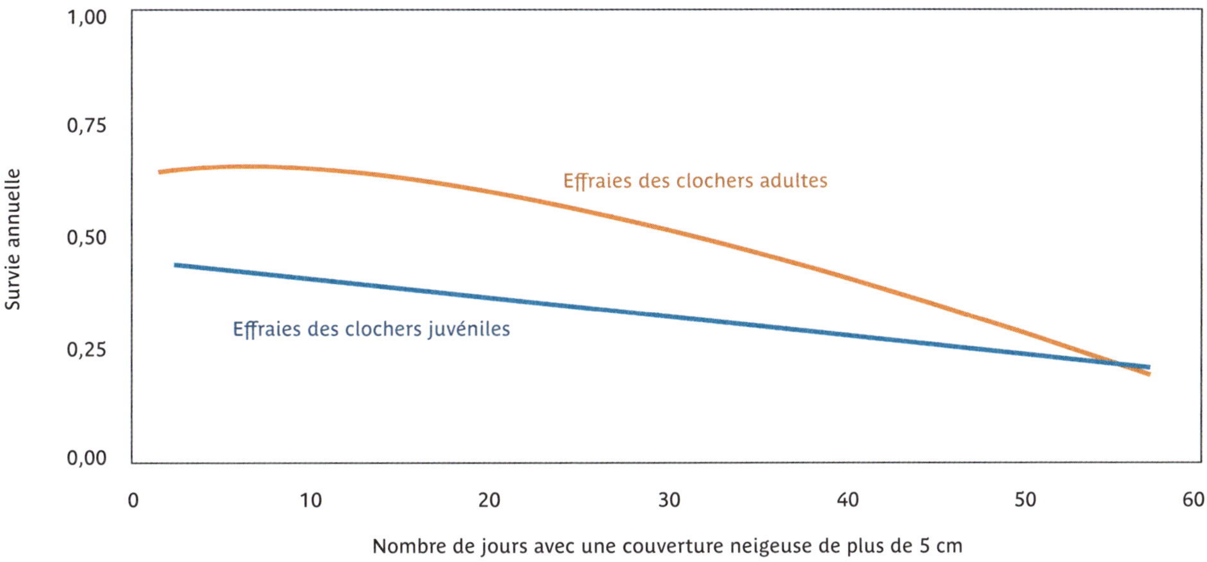


**Survie des effraies des clochers adultes et juvéniles en Suisse par rapport au nombre de jours de couverture neigeuse au sol de plus de 5 cm. Extrait de Altwegg *et al.* 2006.**

entraîne la famine, ce qui fait chuter la survie des chouettes et la taille des populations. Cela explique pourquoi l'effraie des clochers se reproduit à basse altitude et sous les basses latitudes, même s'il existe des exceptions comme dans les Préalpes françaises où un couple s'est reproduit à 1500 mètres d'altitude. Sur d'autres continents, comme en Amérique du Sud, on trouve des effraies à des altitudes plus élevées, où le temps est relativement clément.

Au début de l'hiver, les effraies des clochers françaises accumulent autant de lipides (4-66 grammes) que les hiboux moyens-ducs et les chouettes hulottes. Pourtant, leurs chances de survie restent malgré tout plus faibles. Si le manque de graisse n'est pas la cause de cette faible survie hivernale, pour quelles raisons cette espèce est-elle si sensible aux hivers rigoureux? À cause d'une mauvaise isolation due à un manteau trop fin et à une absence de pantalon! L'effraie des clochers porte en effet moins de plumes que d'autres espèces adaptées aux climats plus froids, comme la chouette hulotte. Elle est aussi l'une des rares espèces de chouettes des régions tempérées à ne pas avoir de plumes sur les pattes, par lesquelles elle perd beaucoup de chaleur. L'effraie parvient à maintenir sa température corporelle constante sans investir d'énergie supplémentaire lorsque la température ambiante se situe entre 23 et 32 °C, soit des températures relativement élevées. En comparaison, chez le hibou moyen-duc, la température la plus basse de cette « zone thermoneutre » est de 17 °C, démontrant une fois de plus la grande sensibilité au froid de l'effraie des clochers.

Il en résulte que les représentants de l'espèce doivent dépenser beaucoup d'énergie pour maintenir leur température. Comparée au hibou moyen-duc, l'effraie des clochers a une dépense énergétique quotidienne plus élevée. Le maintien du métabolisme de base pendant les périodes de raréfaction de la nourriture et de climat froid peut donc devenir particulièrement coûteux. Une épaisse couche de graisse isole le corps du froid, et bien que brûler cette couche de graisse pour se réchauffer soit efficace, ce n'est qu'une solution temporaire pour résister à la rigueur de l'hiver.

Pourquoi ne pas migrer vers des régions plus chaudes en hiver? En Amérique du Nord, les effraies peuvent migrer pour atteindre des régions plus clémentes en hiver. Ce n'est étonnamment pas le cas en Europe.

## PAR TEMPS DE FAMINE

Les différences de survie en période de famine entre l'effraie des clochers et les autres rapaces ont incité des chercheurs français à mesurer comment cette chouette parvenait physiologiquement à faire face au jeûne. Des représentants de l'espèce expérimentalement privés de nourriture pouvaient jeûner de 3 à 15 jours — la moyenne étant de 9 jours — à une température ambiante de 5 °C. À la fin de la période de jeûne, ils étaient encore capables de voler, mais leur capacité digestive et leur activité locomotrice étaient réduites. Étonnamment, une fois nourries, les chouettes retrouvaient leur masse corporelle initiale en 8 jours, et seulement 5 semaines plus tard, elles pondaient autant d'œufs que l'année précédente. Les années de pénurie alimentaire, ou après un hiver rigoureux, on constate que les chouettes pondent peu d'œufs, relativement tard dans la saison. Les expériences sur le jeûne donnent à penser que ces petites couvées ne sont pas dues à une mauvaise condition physique des femelles, mais plutôt au fait que ces dernières ajustent stratégiquement la taille de leur nichée en fonction des conditions environnementales existantes.

Le jeûne peut être divisé en 3 périodes distinctes. La phase I dure moins d'une journée et se caractérise par une perte de masse corporelle élevée (20,5 grammes par jour). Au cours des 7 jours suivants (phase II), la perte de masse corporelle est moins prononcée (8,6 grammes par jour), car les lipides ont été consommés et les protéines sont épargnées pour préserver la capacité de chasser. À l'approche de la mort (phase III), on constate une perte de masse corporelle abrupte (13,1 grammes par jour) au cours de laquelle les dernières réserves protéiques sont consommées et les lipides de la moelle osseuse mobilisés. En jeûnant dans le froid, les effraies des clochers réduisent leur métabolisme de base de 16 % durant le premier jour, mais maintiennent leur température corporelle à environ 41 °C. La température corporelle ne baisse que légèrement à l'approche de la mort, atteignant l'hypothermie à un minimum d'environ 36 °C. Par conséquent, pour résister au froid, l'effraie des clochers ne peut pas drastiquement réduire son métabolisme de base, mais doit compter sur une production de chaleur coûteuse (thermogenèse) qui ne dure pas longtemps.

Bien que chez les chouettes, les femelles soient en moyenne plus lourdes que les mâles, les événements qui se produisent pendant le jeûne, tels que décrits précédemment, sont semblables chez les deux sexes. Les individus perdent environ 30 % de leur masse corporelle, ce qui correspond à environ 100 grammes chez un oiseau pesant initialement 300 à 340 grammes. Les deux sexes semblent donc être aussi résistants l'un que l'autre à la famine, ce qui pourrait expliquer pourquoi on retrouve autant de cadavres de chouettes mâles que de chouettes femelles durant les hivers rigoureux en France, au Danemark et au Royaume-Uni.

## POURQUOI L'EFFRAIE DES CLOCHERS EST-ELLE MAL ADAPTÉE AU FROID ?

Les Tytonidés sont originaires des tropiques, d'où ils se sont dispersés vers des régions plus froides. Les effraies communes des régions tempérées sont-elles sensibles au froid parce qu'elles n'ont pas eu le temps de développer des adaptations spécifiques ? L'évolution de la résistance au froid est-elle ralentie par des individus venus de régions plus chaudes, qui ne sont pas adaptés au froid ? Les oiseaux qui se déplacent du sud de l'Europe ou de l'Amérique vers le nord de ces continents apportent des gènes adaptés aux climats méridionaux. Cela empêche les populations nordiques de développer une plus grande capacité de résistance aux hivers rigoureux. Cette hypothèse est plausible, car il existe d'importants échanges d'individus entre les populations du Nord et du Sud sur ces deux continents. Cependant, il se peut que ce phénomène ne suffise pas à expliquer pourquoi l'effraie des clochers est si sensible aux hivers rigoureux.

Les Tytonidés ont un potentiel de reproduction élevé, produisant plus d'une nichée par an, et chaque nichée contenant jusqu'à 12 petits. La nécessité d'une grande efficacité dans la recherche de nourriture pour subvenir aux besoins de ces familles nombreuses peut expliquer la faible capacité de stockage des graisses. En effet, une masse corporelle plus basse facilite la chasse. Les oiseaux qui ont acquis la capacité de se reproduire à un rythme élevé, au détriment de la résistance au froid, peuvent ainsi avoir un avantage sélectif, car la production de nombreux petits peut compenser le faible taux de survie pendant les hivers rigoureux.

Une effraie des clochers perchée sur un poteau par une journée enneigée au Royaume-Uni. © David Tipling

## Futures recherches

- Les propriétés isolantes des plumes des effraies communes se trouvant dans des climats chauds et froids devraient être étudiées. Cela pourrait fournir des informations sur la question de l'adaptation éventuelle des plumes de l'effraie face au froid des régions tempérées.

## Pour aller plus loin

Altwegg, R., Roulin, A., Kestenholz, M. and Jenni, L. 2006. Demographic effects of extreme winter weather in the barn owl. *Oecologia* **149**: 44–51.

Antoniazza, S., Burri, R., Fumagalli, L., Goudet, J. and Roulin, A. 2010. Local adaptation maintains clinal variation in melanin-based coloration of European barn owls (*Tyto alba*). *Evolution* **64**: 1944–1954.

Chausson, A., Henry, I., Ducret, B., Almasi, B. and Roulin, A. 2014. Tawny owl *Strix aluco* as a bioindicator of barn owl *Tyto alba* breeding and the effect of winter severity on barn owl reproduction. *Ibis* **156**: 433–441.

Handrich, Y., Nicolas, L. and Le Maho, Y. 1993. Winter starvation in captive common barn-owls: physiological states and reversible limits. *Auk* **110**: 458–469.

Handrich, Y., Nicolas, L. and Le Maho, Y. 1993. Winter starvation in captive common barn-owls: bioenergetics during refeeding. *Auk* **110**: 470–480.

Huang, A. C., Elliot, J. E., Cheng, K. M., Ritland, K., Ritland, C. E., Thomsen, S. K., Hindmarch, S. and Martin, A. 2015. Barn owl (*Tyto alba*) in western North America: phylogeographic structure, connectivity, and genetic diversity. *Conserv. Genet.* **17**: 357–367.

Massemin, S. and Handrich, Y. 1997. Higher winter mortality of the barn owl compared to the long-eared owl and the tawny owl: influence of lipid reserves and insulation? *Condor* **99**: 969–971.

Massemin, S., Groscolas, R. and Handrich, Y. 1997. Body composition of the European barn owl during the nonbreeding season. *Condor* **99**: 789–797.

Nielsen, M. L., Dichmann, K., Dahl, C., Lerche-Jorgensen, M., Settepani, V. and Erritzøe, J. 2014. Winter starvation in Danish barn owls. *Dan. Ornitol. Foren. Tidsskr.* **108**: 164–170.

Thouzeau, C., Duchamp, C. and Handrich, Y. 1999. Energy metabolism and body temperature of barn owls fasting in the cold. *Physiol. Biochem. Zool.* **72**: 170–178.

# 5. La morphologie dans un contexte écologique

- La taille du corps
- Un dimorphisme sexuel de taille inversé

# Gulliver et les Lilliputiens

La grande effraie masquée de Tasmanie et une petite effraie d'Amérique, des Galápagos.

## La taille du corps

**La variation de la taille fait l'objet d'un puissant contrôle génétique. Ainsi, une taille plus grande ou plus petite peut rapidement apparaître au sein des populations si elle confère de nouveaux avantages du point de vue de la sélection naturelle ou sexuelle. L'étude des variations géographiques de la taille des effraies peut fournir des informations utiles sur les facteurs écologiques qui poussent vers l'évolution d'une taille plus grande ou plus petite.**

Les effraies peuvent être petites, comme sur les îles Galápagos, à très grandes, comme en Tasmanie. Au sein du genre *Tyto*, la plus petite espèce fait, en moyenne, la moitié de la taille de la plus grande. Pourquoi existe-t-il une si grande différence de taille entre les différentes espèces de ce genre ?

Pour évaluer le rôle potentiel des variables écologiques et climatiques, nous avons comparé les répartitions géographiques d'espèces de tailles différentes. Une analyse de 11 000 individus conservés dans 141 musées d'histoire naturelle à travers le monde a montré que les espèces d'effraies communes (*Tyto alba, T. thomensis, T. furcata, T. glaucops* et *T. javanica*) sont, en moyenne, plus grandes dans les régions humides que dans les régions sèches. Elles sont également plus grandes dans l'hémisphère Nord que dans l'hémisphère Sud. Indépendamment de l'hémisphère, elles sont également plus grandes vers l'équateur que lorsque l'on s'en éloigne. Outre ces tendances complexes, les effraies du Cap sont plus grandes en Afrique australe que vers l'équateur, tandis que la tendance inverse est observée chez l'effraie des clochers africaine. En Amérique du Sud, la variation géographique de la taille est extrêmement prononcée, les effraies situées dans les parties sud du continent étant beaucoup plus petites que celles situées plus près de l'équateur. On ne sait toujours pas comment la sélection naturelle a généré ces schémas de variation géographique de la taille. Une chose est sûre : il y a encore de la place pour la recherche !

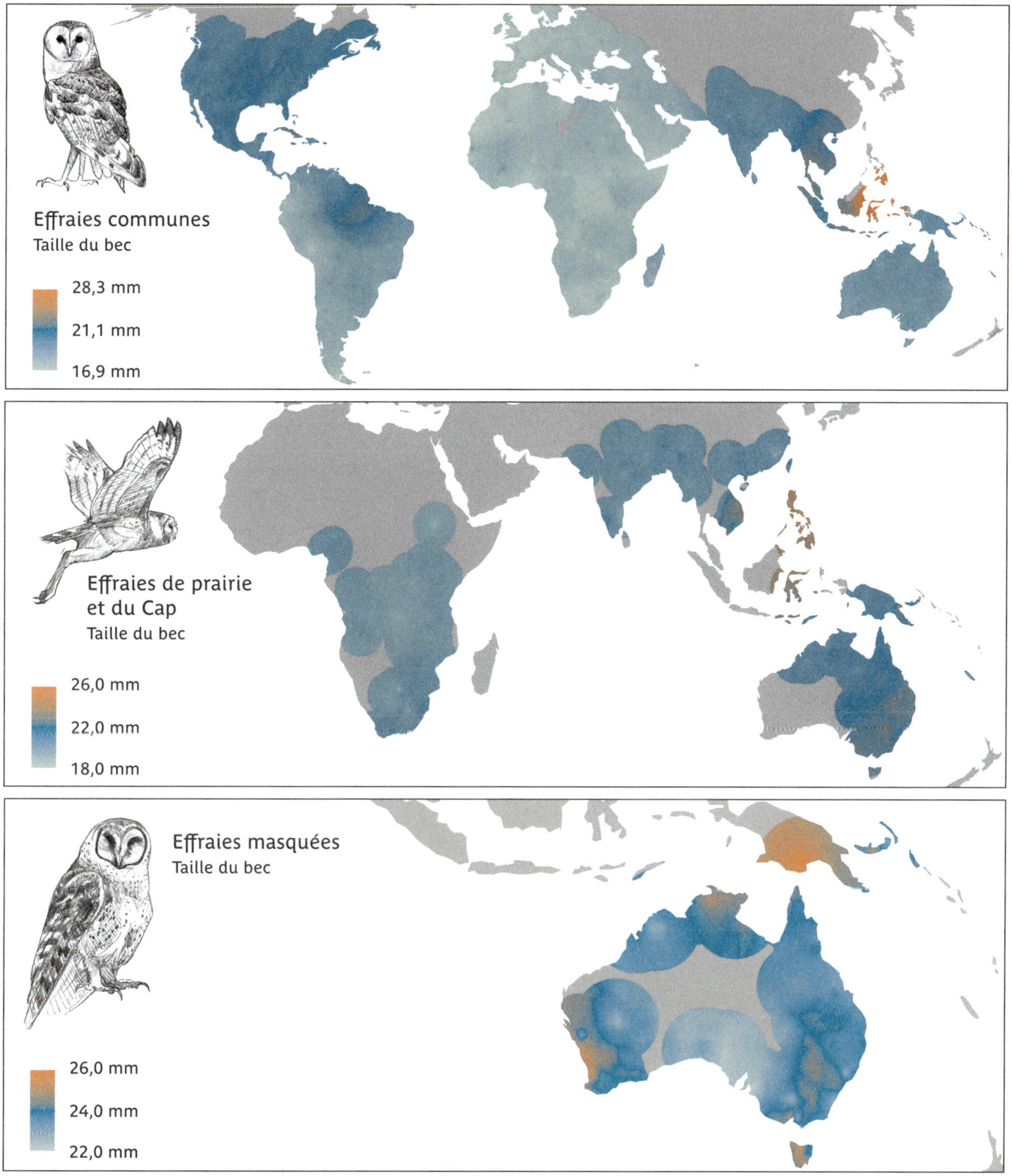


Variation de la longueur du bec chez les effraies communes, les effraies de prairie et du Cap (proches cousines) et les effraies masquées.

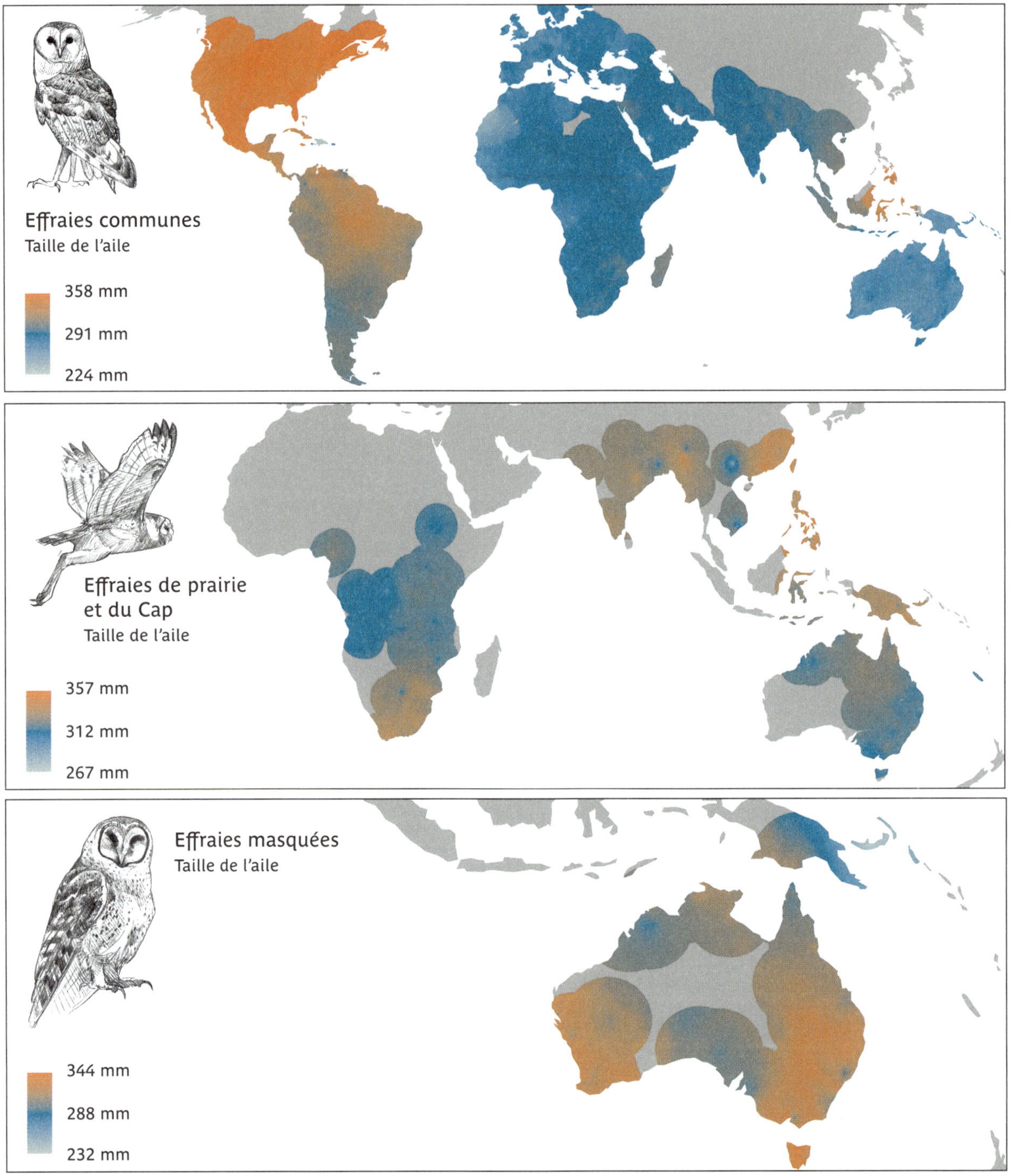


Variation de la longueur de l'aile chez les effraies communes, les effraies de prairie et du Cap (proches cousines) et les effraies masquées.

Les effraies masquées, ombrées et piquetées ont un bec — qui permet une bonne approximation de la taille du squelette entier — beaucoup plus long que les effraies communes, de prairie et du Cap, mais elles n'ont pas nécessairement des ailes plus longues. Les effraies communes d'Afrique et d'Europe sont particulièrement petites comparées à leurs homologues d'autres continents. La même tendance est observée entre les effraies du Cap d'Afrique, et les effraies de prairie d'Asie, génétiquement proches. Ces deux graphiques montrent que les plus grands Tytonidés en matière de taille du bec peuvent avoir des ailes courtes (par exemple les effraies ombrées et piquetées) et que les effraies avec les plus petits becs peuvent avoir de longues ailes (par exemple les effraies des clochers africaines et européennes). Ceci est basé sur la mesure de spécimens mis en peau provenant de différents musées d'Histoire naturelle.

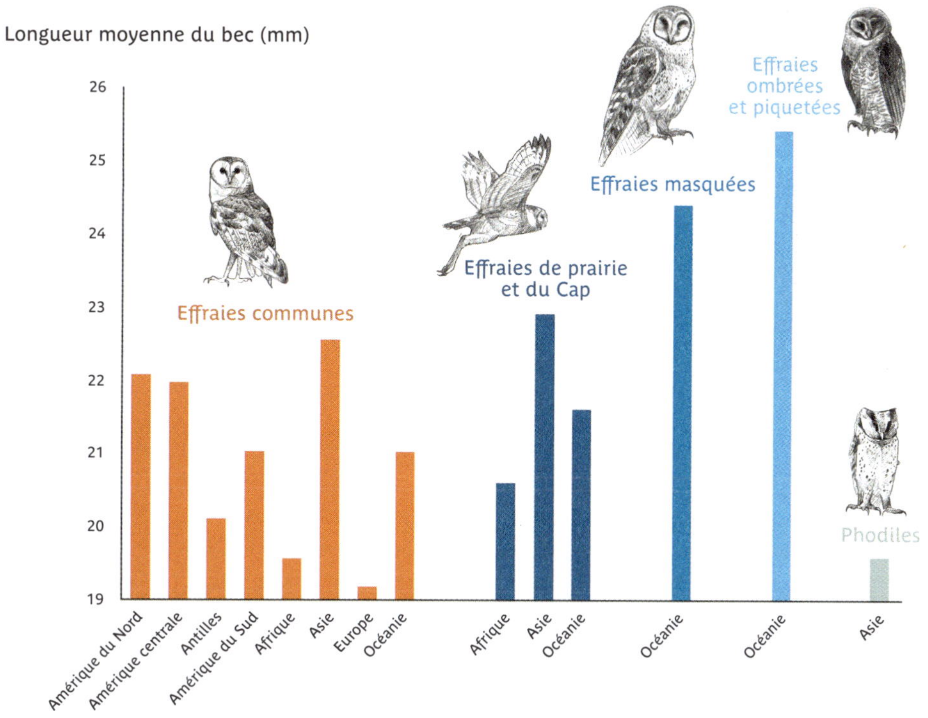


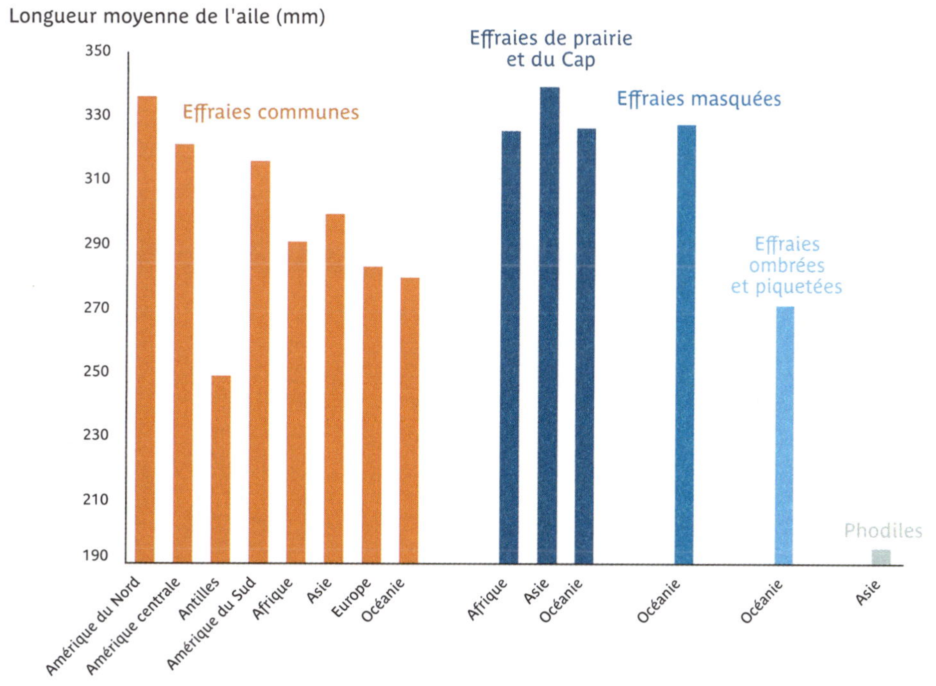

## LE SYNDROME DES ÎLES

Dans le passé, de nombreuses espèces de Tytonidés vivaient sur des îles et étaient très grandes. Elles pouvaient atteindre jusqu'à 1,65 fois la taille de l'effraie des clochers européenne actuelle, et être même plus grandes que le grand-duc d'Europe que l'on connaît aujourd'hui. Sur les îles, il y a généralement moins de nourriture, moins de prédateurs et une plus faible diversité d'espèces. Les animaux sont également moins nombreux que sur les continents. Ces conditions écologiques particulières créent, pour nombre d'organismes, une force de sélection qui pousse vers des tailles différentes de celles des continents, l'effraie des clochers ne faisant pas exception. En outre, les chouettes des îles isolées ont un squelette plus grand que celui des chouettes des îles proches des continents, mais elles n'ont pas nécessairement des ailes ou une queue plus longues. Un corps de grande taille était-il une condition *sine qua non* pour atteindre des îles lointaines ?

Une fois que des effraies atteignent une île, il semble que la sélection naturelle favorise l'apparition d'ailes et de queue plus courtes au sein des populations, quelle que soit la distance du continent le plus proche. Les possibilités d'explorer de nouvelles régions étant plus limitées sur les îles que sur les continents, des ailes et une queue longues n'y seraient plus nécessaires. Cette hypothèse est étayée par le fait que les chouettes des grandes îles ont des ailes, une queue et un bec plus longs que les chouettes des petites îles.

## DÉTERMINISME ENVIRONNEMENTAL ET GÉNÉTIQUE DE LA TAILLE

Chez l'homme, les parents de grande taille ont des enfants de grande taille. Cette tendance est-elle la même chez l'effraie ? Si la taille de leur corps est fortement déterminée génétiquement, les populations d'effraies communes pourraient rapidement évoluer vers des tailles plus grandes ou plus petites, dans le cas où de tels changements procureraient soudainement des avantages pour la reproduction ou la survie.

Pour comprendre si la ressemblance de taille entre les parents et leur progéniture est déterminée par la génétique ou par l'environnement, une approche classique consiste à échanger expérimentalement des œufs ou des oisillons entre des nichoirs choisis au hasard (*cross-fostering experiment*, en anglais). Si la progéniture élevée en famille d'accueil atteint une taille similaire à celle de ses parents biologiques, on peut conclure qu'elle a hérité de leurs gènes régulant la taille du corps. Si les petits élevés en famille d'accueil atteignent une taille semblable à celle de leurs parents adoptifs, on peut supposer que la croissance est influencée par l'environnement direct auquel ils sont confrontés et que les conditions d'élevage que connaissent les oisillons sont semblables à celles qu'avaient connues leurs parents adoptifs quand ils étaient jeunes. Même si la progéniture n'atteint pas la taille de ses parents adoptifs, l'environnement d'élevage peut quand même influencer la taille des oiseaux. On peut le déceler si des descendants non apparentés, partageant le même environnement d'élevage, développent une taille similaire parce qu'ils reçoivent une quantité similaire d'aliments ou des aliments de qualité similaire.

Des expériences d'échange d'œufs et d'oisillons ont été menées à plusieurs reprises en Suisse. Ces études ont montré que le bec des oisillons était de longueur similaire à celui de leurs parents biologiques (estimation de l'héritabilité de la longueur du bec, $h^2 = 0{,}62 \pm 0{,}19$), tout comme la longueur des griffes ($h^2 = 0{,}62 \pm 0{,}18$), la longueur des ailes ($h^2 = 0{,}48 \pm 0{,}17$) et celle de la queue ($h^2 = 0{,}42 \pm 0{,}19$), mais dans une moindre mesure la longueur des tarses ($h^2 = 0{,}25 \pm 0{,}24$).

La génétique a donc une forte influence sur la taille des effraies, mais qu'en est-il du facteur environnemental ? Deux éléments prouvent que l'environnement et l'aptitude de chasse des adultes qui élèvent les oisillons ont un impact prononcé sur la taille du corps des petits. Premièrement, des individus non apparentés élevés dans le même nid atteignent une taille similaire. Deuxièmement, il est plus facile pour les premiers-nés de monopoliser la nourriture par rapport à leurs frères et sœurs nés plus tard, et d'atteindre ainsi une taille plus grande. Toutefois, il n'existe aucune preuve que des oisillons élevés en famille d'accueil développent une ressemblance avec leurs parents adoptifs en ce qui concerne la taille du corps. Ainsi, les parents plus grands ne semblent pas offrir de meilleurs soins parentaux que les parents plus petits. Si les parents plus grands apportaient plus de nourriture ou une nourriture de meilleure qualité que les parents plus petits, la progéniture des familles d'accueil aurait dû atteindre une taille semblable à celle de leurs parents adoptifs, ce qui n'était pas le cas en Suisse.

## LES MORPHOLOGIES ANORMALES

Les aberrations morphologiques sont rarement rapportées dans la littérature, car les individus qui sortent sensiblement de la norme meurent généralement avant l'âge de la reproduction. Les phénotypes rares peuvent être le résultat de conditions environnementales stressantes vécues pendant la croissance, ou être dus à des mutations génétiques. La variation génétique pour les phénotypes rares peut être maintenue si ces phénotypes ne sont pas trop nuisibles, comme le montrent les structures vestigiales humaines comme le coccyx ou l'appendice, qui ont, au gré de l'évolution, perdu leur fonction.

Dans la littérature, on trouve très peu de cas de morphologie anormale chez l'effraie des clochers. Il est par exemple question d'un individu avec 5 doigts sur chaque patte au lieu de 4, d'un individu né avec une seule aile et d'un oisillon aveugle. Par ailleurs, si 97 % des effraies des clochers suisses portent 12 plumes à la queue, certaines en comptent parfois 10, 11, 13 ou 14. La variation génétique sous-jacente qui produit des individus aberrants peut fournir la matière première nécessaire à l'évolution de nouveaux phénotypes. Il est possible qu'à un certain point de l'évolution, disposer de plus ou moins de 12 plumes de queue ait pu présenter des avantages sélectifs, ce qui expliquerait le maintien de ce phénotype dans la population.

## Futures recherches

- En matière de taille du corps, la sélection naturelle est-elle directionnelle (par exemple, les grands individus ayant une meilleure valeur sélective que les petits) ou stabilisatrice (les individus de taille moyenne ayant une meilleure valeur sélective que les petits ou les grands individus) ? Ou la sélection naturelle fluctue-t-elle dans le temps en fonction des conditions écologiques ou climatiques ? Par exemple, un corps de grande taille pourrait être bénéfique pendant les années froides et un corps de petite taille serait plus avantageux pendant les années chaudes.
- Pourquoi les effraies masquées, ombrées et piquetées sont-elles si grandes ? D'autres analyses devraient être effectuées pour identifier les facteurs écologiques et climatiques qui expliquent les variations géographiques de la taille du corps des effraies.

## Pour aller plus loin


Dürr, T. 1993. Abnormalities in the number of tail feathers in the barn owl *Tyto alba* and the willow warbler *Phylloscopus trochilus*. *Beitr. Vogelkd* **1**: 60–64.

Grant, P. R. 1998. *Evolution on Islands*. Oxford: Oxford University Press.

Kumerloeve, H. 1968. Eine beiderseits fünfzehige Schleiereule, *Tyto alba guttata* (Chr. L. Brehm): ein seltener Fall von Hyperdaktylie. *Bonn. Zoolog. Beitr.* **19**: 211–214.

Roulin, A. 2006. Linkage disequilibrium between a melanin-based colour polymorphism and tail length in the barn owl. *Biol. J. Linn. Soc.* **88**: 475–488.

Roulin, A. and Salamin, N. 2010. Insularity and the evolution of melanism, sexual dichromatism and body size in the worldwide-distributed barn owl. *J. Evol. Biol.* **23**: 925–934.

Roulin, A., Wink, M. and Salamin, N. 2009. Selection on a eumelanic ornament is stronger in the tropics than in temperate zones in the worldwide-distributed barn owl. *J. Evol. Biol.* **22**: 345–354.

Scherner, E. 1974. Eine einflügelig geborene Schleiereule (*Tyto alba guttata*). *Beitr. Vogelkd* **20**: 451–456.

Schwarz, H. 1987. Fund einer blinden Schleiereule (*Tyto alba guttata*). *Beitr. Naturkd. Wetterau* **7**: 224–226.

# Big mama et petit papa chouette

L'effraie ombrée présente le dimorphisme de taille sexuellement inversé le plus prononcé chez les chouettes et hiboux. En effet, les femelles pèsent entre 1 000 et 1 200 grammes, alors que le poids des mâles varie de 500 à 700 grammes.

## Un dimorphisme sexuel de taille inversé

**Le dimorphisme sexuel de taille inversé (DSI) — *reversed sexual size dimorphism*, abrégé RSD, en anglais — s'applique aux espèces chez lesquelles les femelles sont en moyenne plus grandes que les mâles. Il s'agit d'une situation inhabituelle chez les oiseaux, à l'exception de quelques familles, parmi lesquelles les rapaces diurnes et nocturnes, les labbes, les fous, les frégates, les jacanas et les phalaropes. Les chouettes femelles sont grandes et capturent donc souvent de plus grosses proies que les petits mâles. Le DSI peut ainsi permettre à un couple de chouettes de s'attaquer à une plus grande variété de proies.**

Chez certains Accipitridés, Falconidés et Jacanidés, les femelles peuvent peser jusqu'à deux fois plus que les mâles. Chez le moa de Nouvelle-Zélande, aujourd'hui éteint, les femelles étaient même jusqu'à 280 % plus grandes que les mâles. Trois processus sélectifs qui ne s'excluent pas mutuellement peuvent expliquer pourquoi les femelles de nombreux rapaces sont plus grandes que les mâles.

- **L'hypothèse du dimorphisme sexuel.** Les mâles seraient sélectionnés pour être petits et les femelles pour être grandes. Ainsi, les mâles se spécialisent dans les petites proies et les femelles dans les grandes proies, ce qui réduit la concurrence entre les deux sexes en matière de recherche de nourriture. En chassant des proies différentes, les parents peuvent exploiter une niche écologique plus large que si les mâles et les femelles étaient de la même taille. Le DSI permettrait donc aux parents de nourrir leurs oisillons plus efficacement.

- **L'hypothèse du petit mâle.** La force de sélection pour être petit chez les mâles serait plus forte que celle pour être grande chez les femelles. Les oisillons ont besoin de beaucoup de nourriture pendant une période relativement courte. Par conséquent, capturer de grosses proies peut ne pas être optimal, car les plus grands animaux sont moins abondants et sont plus lourds à transporter jusqu'au nid. Il pourrait être plus pertinent de chasser des petites proies, qui sont beaucoup plus abondantes et faciles à ramener au nid. Dans ce contexte, un petit corps peut conférer un avantage, facilitant la capture d'animaux agiles et réduisant le coût du vol. Comme le mâle chasse la majorité des proies pour la nichée, une petite taille lui permettrait de soutenir d'intenses activités de recherche de nourriture. Cette hypothèse est appuyée par des observations chez la chouette de Tengmalm.
- **L'hypothèse de la grande femelle.** La force de sélection pour être grande chez les femelles serait plus forte que celle pour être petit chez les mâles. Un corps de grande taille peut faciliter les activités de reproduction propres à la femelle, y compris la production de gros œufs, l'incubation de ces derniers et la protection du nid pendant que le mâle est en quête de nourriture.

On dispose de peu de données pour faire la distinction entre ces trois hypothèses, non seulement chez l'effraie, mais aussi chez la plupart des espèces d'oiseaux. Cependant, on constate que des DSI prononcés se sont développés au cours de l'évolution chez des espèces de chouettes et hiboux (Strigidés et Tytonidés) qui capturent des proies à la fois agiles et de grande taille. Il semble donc que ce modèle de dimorphisme sexuel ne soit pas apparu pour faciliter les activités reproductives des femelles, mais plutôt pour réduire la compétition de recherche de nourriture au sein de la famille : les

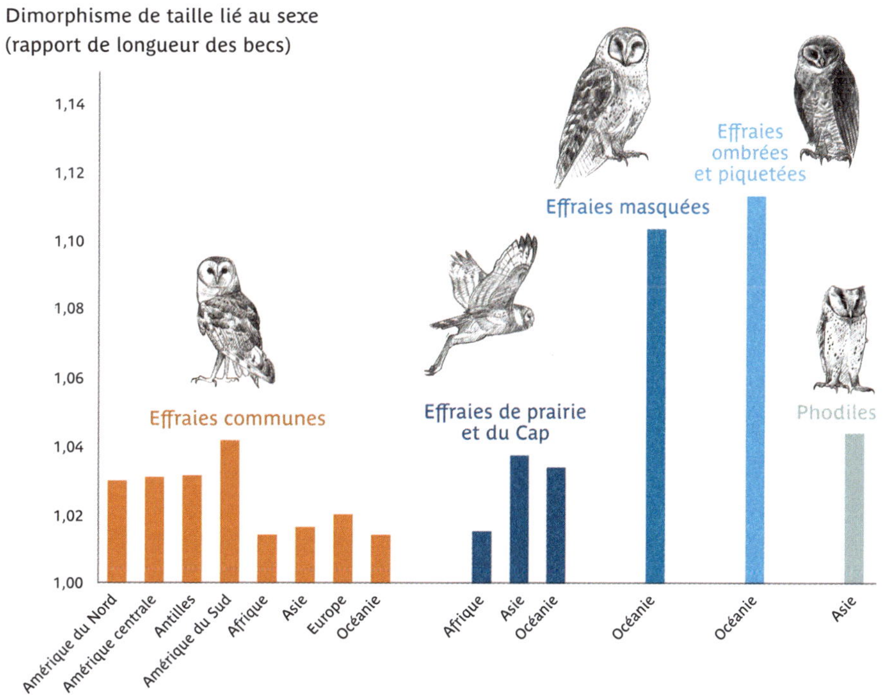


Dimorphisme sexuel de taille inversé (DSI) de la longueur du bec dans la famille des Tytonidés (longueur moyenne du bec chez les femelles, divisée par la longueur moyenne du bec chez les mâles). Les effraies ombrées, piquetées et masquées présentent un dimorphisme sexuel de taille inversé plus marqué que les autres groupes. Ces résultats sont basés sur la mesure de spécimens mis en peau provenant de musées d'Histoire naturelle.

mâles capturent des petites proies agiles, et les femelles attrapent de plus grandes proies. Cette interprétation est conforme à l'**hypothèse du dimorphisme sexuel** et résulte d'une comparaison entre le degré de DSI et le régime alimentaire des chouettes.

Qu'en est-il du cas spécifique des Tytonidés ? Pourquoi les femelles des effraies masquées de Tasmanie, et des effraies ombrées et piquetées sont-elles beaucoup plus grandes que les mâles (masse corporelle de 1000 à 1200 grammes contre 500 à 700 grammes et de 880 contre 580 grammes, respectivement), alors que les femelles des effraies des clochers et des effraies du Cap ne sont que légèrement plus grandes que les mâles (d'environ 5 %) ? Cette tendance est probablement liée au comportement de recherche de nourriture puisque, chez les effraies ombrées et piquetées, l'alimentation des mâles et des femelles est très différente, avec un chevauchement de seulement 62 %. Les femelles des effraies ombrées et piquetées capturent des proies 3 à 5 fois plus lourdes que celles des mâles.

La différence de taille entre les mâles et les femelles n'est pas présente à la naissance. En Suisse, chez l'effraie des clochers, la différence de masse corporelle entre mâles et femelles est inférieure à 1 % à l'âge de 10 jours. Cette différence augmente pour finalement atteindre les 5 % dès 50 jours.

## Futures recherches

- Les corrélations entre le degré de DSI chez les Tytonidés et les facteurs écologiques ou la biologie de reproduction des espèces devraient être identifiées.
- Des études sont nécessaires afin de déterminer si les différences de taille entre les partenaires mâles et femelles sont corrélées avec les paramètres de reproduction.
- Il faudrait vérifier si la force de sélection sur la taille est positive, négative ou stabilisante.

## Pour aller plus loin


Almasi, B. and Roulin, A. 2015. Signalling value of maternal and paternal melanism in the barn owl: implication for the resolution of the lek paradox. *Biol. J. Linn. Soc.* **115**: 376–390.

Andersson, M. and Norberg, R. Å. 1981. Evolution of reversed sexual size dimorphism and role partitioning among predatory birds, with a size scaling of flight performance. *Biol. J. Linn. Soc.* **15**: 105–130.

Bilney, R. J. 2011. Potential competition between two top-order predators following a dramatic contraction in the diversity of their prey base. *Anim. Biol.* **61**: 29–47.

Hakkarainen, H. and Korpimäki, E. 1991. Reversed sexual size dimorphism in Tengmalm's owl: is small male size adaptive? *Oikos* **61**: 337–346.

Krüger, O. 2005. The evolution of reversed sexual size dimorphism in hawks, falcons and owls: a comparative study. *Evol. Ecol.* **19**: 467–486.

Mueller, H. C. 1986. The evolution of reversed sexual dimorphism in owls: an empirical analysis of possible selective factors. *Wilson Bull.* **98**: 387–406.

Paton, P. W. C., Messina, F. J. and Griffin, C. R. 1994. A phylogenetic approach to reversed size dimorphism in diurnal raptors. *Oikos* **71**: 492–498.

# 6. La vie quotidienne : chasse, alimentation et sommeil

- Un chasseur nocturne
- Les sites de repos
- Le domaine vital
- La mécanique du vol
- Les méthodes de chasse
- La sélection des proies
- Le régime alimentaire

# L'oiseau de la nuit

Une effraie des clochers
à l'intérieur d'un bâtiment.

## Un chasseur nocturne

**Bien que les chouettes soient des animaux nocturnes par excellence, la situation réelle est un peu plus complexe. Dans le monde entier, presque toutes les effraies communes ne chassent que la nuit, mais il existe des exceptions notables aux Tonga, aux Samoa et en Grande-Bretagne. L'étude du sommeil à l'aide de méthodes non invasives a montré que, bien que cet oiseau soit clairement nocturne, la réalité n'est pas aussi nette, les adultes étant souvent éveillés pendant la journée.**

Pour les animaux, la lutte pour la survie est rude. Les prédateurs sont nombreux et menaçants, car ils ont développé une batterie d'adaptations qui en font des chasseurs efficaces. Il y a des millions d'années, en réponse à une prédation intense, mais aussi pour concurrencer les dinosaures ectothermes qui avaient besoin de la lumière du soleil pour se réchauffer, les mammifères diurnes ont développé un mode de vie nocturne grâce à leur endothermie. Certains dinosaures ont également développé l'homéothermie (la capacité physiologique de maintenir sa température corporelle constante) et ont évolué vers ce que nous appelons aujourd'hui les oiseaux. La sélection naturelle a ensuite favorisé une différenciation temporelle de l'activité entre les chouettes et hiboux d'un côté, et les autres rapaces de l'autre, afin de réduire la concurrence dans la recherche de nourriture. Ainsi, le régime alimentaire de l'effraie commune ressemble davantage à celui de nombreux hiboux (*Asio* spp.) — le chevauchement des régimes alimentaires est de 0,60 ; une valeur de 1 indiquerait que les deux espèces capturent les mêmes proies aux mêmes fréquences — qu'à celui des faucons diurnes (0,48) et des chevêches (*Athene* spp., 0,36), qui, tout en exploitant des habitats similaires, se nourrissent plus fréquemment de lézards et d'invertébrés.

### NOCTURNES OU DIURNES

Les effraies communes et leurs proches parents sont principalement nocturnes. Occasionnellement, elles ont été vues en train de chasser durant la journée en Afrique du Sud, en Argentine, au Suriname et aux États-Unis, mais les seuls endroits où elles sont régulièrement observées volant à toute heure du jour et de la nuit sont les Samoa et les Tonga — mais pas les îles Fidji — et la Grande-Bretagne — mais pas l'Irlande. Si le fait d'être diurne dans les îles du Pacifique peut être dû à l'absence de concurrence avec d'autres rapaces, pourquoi observe-t-on souvent les effraies des clochers en train de chasser avant le crépuscule et après le lever du soleil en Grande-Bretagne, mais pas ailleurs en Europe? Est-ce parce qu'elles s'attaquent au campagnol agreste (*Microtus agrestis*) en Grande-Bretagne, mais au campagnol des champs (*M. arvalis*) sur le continent? Les campagnols agrestes sont peut-être plus actifs que les campagnols des champs durant les heures d'ensoleillement. Ou alors est-ce parce qu'il n'y a pas d'obscurité totale au milieu de l'été dans les régions septentrionales de Grande-Bretagne? Il reste tant de questions sans réponse.

La chasse de jour peut être plus fréquente : lorsque la nourriture est rare, en particulier en hiver; lorsque les conditions météorologiques sont défavorables; lorsque la chasse de nuit ne suffit pas à satisfaire les besoins alimentaires de la nichée; ou lorsque les nuits ne sont pas assez longues. Malheureusement, aucune donnée quantitative n'est disponible pour évaluer ces différentes hypothèses. Ce que nous savons aujourd'hui, c'est que certains individus sont plus actifs que d'autres durant la journée, et qu'un individu donné peut voler pendant une journée et ne pas reproduire ce comportement le lendemain. En hiver, une étude a montré que sur 9 effraies des clochers anglaises, 8 étaient des chasseurs diurnes réguliers, apparaissant en moyenne 79 minutes avant le coucher du soleil et continuant à voler jusqu'à 139 minutes après le lever du soleil. Un mâle reproducteur a chassé durant la journée pendant 24 jours sur 60 (40 %), et sa femelle pendant 37 jours sur 69 (54 %). Ce comportement est intéressant et mérite de plus amples recherches.

## LE VENTRE VIDE

Avoir l'estomac rempli de nourriture peut ne pas être optimal si l'objectif est de voler lentement et furtivement. Pour contourner ce problème, les effraies des clochers mâles apportent les proies nécessaires pour répondre aux besoins de toute la famille en début de nuit et se nourrissent ensuite eux-mêmes en fin de nuit. Si manger après tous les autres peut apparaître comme un acte de pure dévotion à sa famille, ce comportement réduit les coûts de vol associés à la recherche de nourriture et améliore ainsi le taux de réussite de la chasse. Les nouvelles proies sont livrées au nid avant que les précédentes aient toutes été consommées. La nourriture s'accumule donc dans le nid, ce qui permet aux oisillons d'étaler leurs repas sur 24 heures, mangeant le jour et la nuit. Ainsi, les petites chouettes peuvent organiser les horaires de leurs repas.

L'accumulation de proies en un lieu avant de les manger n'a jamais été observée en dehors de la saison de reproduction, probablement parce que le risque que d'autres individus ou animaux volent la nourriture stockée est trop élevé. Si la création d'une réserve de nourriture n'est pas une option, les effraies des clochers peuvent ajuster finement l'heure à laquelle elles reprennent la chasse en fonction de la digestion de leur dernier repas. Parmi les effraies des clochers retrouvées mortes le long des routes de France, les individus les plus grands avaient plus de nourriture dans l'estomac que les petits. Cela suggère que seuls les individus les plus grands peuvent se permettre de voler avec ce poids supplémentaire. Ces oiseaux avaient jusqu'à 50 grammes de nourriture dans l'estomac, ce qui représente 16 % de leur masse corporelle.

## LE TEMPS DE SOMMEIL

Les effraies d'Amérique captives sont actives principalement lorsque la lumière ambiante a une intensité de 0,2 à 0,4 lux, ce qui correspond à des nuits de pleine lune. En comparaison, la chevêche d'Athéna, chouette nocturne et diurne, s'active entre 4,6 à 155 lux. Le pic d'activité de l'effraie des clochers a lieu en début de nuit, lorsqu'elles partent à la recherche de nourriture, probablement parce qu'elles jeûnent durant la journée. Les raisons d'un deuxième pic d'activité juste avant le lever du soleil et de l'activité relative des adultes captifs vers midi ne sont pas claires. Ces résultats, ainsi que le fait que 15 % des vols se déroulent de jour, indiquent que les effraies des clochers sont souvent éveillées pendant la journée.

D'autres recherches ont formellement démontré l'état d'éveil durant la journée chez un groupe de chouettes adultes en surveillant leur activité cérébrale grâce à des électroencéphalogrammes, utilisant une méthode peu invasive dérangeant peu les oiseaux. Cette approche a mis en évidence que, bien que nocturnes, les chouettes adultes sont néanmoins éveillées cérébralement 29,5 % du temps pendant la journée et endormies 13,6 % du temps durant la nuit. Cependant, la journée semble être leur principale période de sommeil, car les phases de sommeil étaient plus longues le jour que la nuit, tandis que les phases d'éveil étaient plus longues la nuit que le jour. Cela indique qu'en dépit d'une certaine activité diurne, les effraies des clochers dorment principalement pendant la journée.

Chez les effraies des clochers comme chez les autres oiseaux, le sommeil est assez fragmenté. Alors que l'homme a généralement 4 ou 5 cycles de sommeil paradoxal (ou sommeil REM) la nuit, on a détecté en moyenne 370 épisodes de sommeil REM sur une période de 24 heures chez chacune des quatre effraies d'Amérique adultes mesurées. La durée d'une seule période d'éveil n'était habituellement que de 12 minutes, la plus courte étant de 4 secondes et la plus longue d'une heure. La durée des périodes de sommeil, quant à elle, était en moyenne de 1 minute, la plus courte de 4 secondes et la plus longue de 27 minutes. Il semble donc que les effraies des clochers captives peuvent accomplir ce qu'elles ont à faire pendant des périodes de seulement 12 minutes, et peuvent récupérer grâce à des phases de sommeil d'une minute seulement. La fonction d'une telle architecture du sommeil n'est pas claire, et l'effraie commune est sûrement un organisme intéressant pour l'étude d'un tel sujet.

## Futures recherches

- La question de savoir si les effraies des clochers sont plus susceptibles de chasser pendant la journée dans le nord que dans le sud de la Grande-Bretagne devrait être étudiée. Le fait de comprendre si la propension à chasser pendant la journée est liée aux conditions d'alimentation en hiver, aux besoins en nourriture et aux activités de reproduction devrait également être investiguée.
- Les phases de recherche de nourriture durant et en dehors de la saison de reproduction en fonction de facteurs tels que l'intensité lumineuse, le vent et l'abondance de nourriture, devraient être étudiées.
- Les cycles de sommeil des effraies des clochers adultes vivant en liberté devraient être enregistrés.

## Pour aller plus loin


Bunn, D. S., Warburton, A. B. and Wilson, R. D. S. 1982. *The Barn Owl*. Calton: T. & A. D. Poyser.

Charter, M., Leshem, Y., Izhaki, I. and Roulin, A. 2015. Pheomelanin-based colouration is correlated with indices of flying strategies in the barn owl. *J. Ornithol.* **156**: 309–312.

Durant, J. M., Hjermann, D. Ø. and Handrich, Y. 2013. Diel feeding strategy during breeding in male barn owls (*Tyto alba*). *J. Ornithol.* **154**: 863–869.

Erkert, H. G. 1969. Die Bedeutung des Lichtsinnes für Aktivität und Raumorientierung der Schleiereule (*Tyto alba guttata* Brehm). *Z. Vgl. Physiol.* **64**: 37–70.

Gerkema, M. P., Davies, W. I. L., Foster, R. G., Menaker, M. and Hut, R. A. 2013. The nocturnal bottleneck and the evolution of activity patterns in mammals. *Proc. R. Soc. Lond. B* **280**: 20130508.

Halle, S. and Lehmann, U. 1992. Cycle-correlated changes in the activity behavior of field voles, *Microtus agrestis*. *Oikos* **64**: 489–497.

Jaksic, F. M. 1982. Inadequacy of activity time as a niche difference: the case of diurnal and nocturnal raptors. *Oecologia* **52**: 171–175.

Roulin, A. 2004. The function of food stores in bird nests: observations and experiments in the barn owl *Tyto alba*. *Ardea* **92**: 69–78.

Scriba, M. F., Harmening, W. M., Mettke-Hofmann, C., Vyssotski, A. L., Roulin, A., Wagner, H. and Rattenborg, N. C. 2013. Evaluation of two minimally invasive techniques for electroencephalogram recording in wild or free behaving animals. *J. Comp. Physiol. A* **199**: 183–189.

# Le repos du guerrier

Une jeune effraie des clochers dormant dans son nid.

## Les sites de repos

**Les oiseaux se perchent dans des endroits sûrs qui les protègent des conditions météorologiques défavorables et des prédateurs. Si la plupart des Tytonidés utilisent une large variété de lieux de repos, allant des arbres — sur les branches ou dans des troncs creux — aux structures artificielles d'origine humaine, en passant par les anfractuosités rocheuses de toutes natures, les effraies du Cap et de prairie, quant à elles, dorment exclusivement au sol, parfois en groupes pouvant atteindre 12 individus.**

Les chouettes et hiboux se perchent dans des lieux précis, hors de portée des prédateurs et des petits oiseaux qui les harcèlent. Ces endroits sûrs les préservent également contre le vent et la pluie et fournissent une isolation contre le froid et la chaleur. Chaque espèce de Tytonidés a une préférence particulière en fonction de son habitat. De plus, les perchoirs sélectionnés varient selon leurs disponibilités et les habitats exploités. Alors que les effraies ombrées et piquetées se reposent exclusivement dans les arbres et les grottes, et que les effraies de prairie et du Cap choisissent le sol parmi les herbes, les effraies communes (*Tyto alba*, l'effraie des clochers, *T. furcata*, l'effraie d'Amérique, et *T. javanica*, l'effraie d'Australasie) sont plus éclectiques dans le choix de leurs perchoirs.

### LES PERCHOIRS DIURNES

La plupart des effraies communes se perchent dans des constructions humaines, bien qu'elles soient également fréquemment observées dans les arbres, comme au Royaume-Uni par exemple. Comme on l'a constaté en Allemagne, au Canada et en Inde, 70 à 90 % des lieux de repos utilisés se trouvent dans des fermes, des temples et d'autres bâtiments, généralement entre 4 et 27 mètres au-dessus du sol. Contrairement aux perchoirs situés dans les arbres, ceux à l'intérieur des bâtiments permettent d'économiser beaucoup d'énergie, surtout les jours de pluie et de vent. Cet avantage peut expliquer pourquoi les effraies des clochers ne se perchent qu'occasionnellement dans les arbres. En France et en Suisse, des perchoirs forestiers ont été observés en de

Une effraie des clochers perchée dans un palmier.

## À propos du *roosting* : un point de vocabulaire

En anglais, le terme « *roost* » désigne, pour les oiseaux, le fait de se percher pour se reposer, habituellement durant la journée en ce qui concerne les chouettes. Il arrive également que la chouette se repose quelques heures au même endroit pendant la nuit. Rester perché durant la nuit peut aussi être un comportement de chasse lorsque la chouette ne dort pas, mais surveille les alentours pour plonger sur une proie qui survient. La limite entre se percher pour se reposer et pour attendre la prochaine proie à capturer peut alors être ténue. Le mot anglais « *roosting* » est néanmoins généralement associé aux longues périodes de repos de la journée. Dans ce chapitre, les termes et expressions comme « sites de repos », « lieux de repos » et « se percher » désignent ce comportement et sont synonymes de *roost* et de *roosting*.

rares occasions jusqu'à 600 mètres de la lisière. Dans le monde entier, on peut également voir des effraies communes au repos dans des grottes, des crevasses, des tunnels de lave, au sol, ou même sous terre, en particulier dans des endroits dépourvus d'arbres et d'habitations, comme sur l'île d'Alegranza, aux Canaries. À Curaçao et au Cap-Vert, les sites rocheux sont également utilisés comme perchoirs. On observe parfois des lieux de repos insolites comme les roselières.

Les données détaillées sur l'utilisation de sites de repos — de *roosting*, en anglais ; voir encadré ci-dessus — sont rares, excepté pour les grandes effraies ombrées, piquetées et masquées. Ces données sont importantes car ces grandes chouettes sont menacées par les activités humaines, et toute information sur leur mode de vie peut être essentielle pour leur conservation. Les effraies ombrées et piquetées se perchent de préférence dans les forêts tropicales denses, dans des endroits sombres et abrités, les femelles rarement dans le feuillage, préférant les arbres creux ou les grottes, alors que l'on observe l'inverse chez les mâles. Cette différence entre les sexes peut s'expliquer par le fait que les femelles, plus grandes, sont plus visibles lorsqu'elles se perchent dans des endroits exposés. Les mâles, qui peuvent chasser assez loin de leur nid, sont, quant à eux, plus souples dans le choix de leurs perchoirs. Les perchoirs cavernicoles s'observent un peu plus fréquemment dans des falaises que dans des gorges, avec une préférence pour les falaises sombres et ombragées, orientées à l'opposé du soleil. Celles-ci offrent sans doute de meilleures conditions climatiques et une protection plus efficace contre les perturbations.

Bien que l'effraie masquée d'Australie se perche habituellement seule dans l'épais feuillage des ravins denses et dans des eucalyptus creux, elle peut aussi dormir dans des grottes et des crevasses de falaises, mais apparemment jamais dans les bâtiments. Les perchoirs qu'elle choisit sont situés à une hauteur de 3 à 20 mètres. Par ailleurs, un individu a été observé utilisant le même perchoir durant 24 jours consécutifs. Les conditions climatiques influencent probablement le choix des lieux de repos. Ceci expliquerait pourquoi ces comportements diffèrent entre la Tasmanie et l'Australie continentale. Dans une étude tasmanienne, on a constaté que les effraies masquées choisissaient de se percher dans les arbres dans 50 % des cas, habituellement sur une branche possédant un feuillage dense, et plus rarement dans un tronc creux. Elles ne se perchaient qu'occasionnellement dans des bâtiments (17 %) et des falaises (37 %). L'effraie des Célèbes (*Tyto rosenbergii*) est également éclectique dans son choix de sites de *roosting* : elle peut se percher aussi bien dans des cultures légèrement boisées, sur de grands arbres morts, dans des plantations de cocotiers, dans des grottes et parfois autour de villages.

### LES FRÉQUENCES D'UTILISATION

Certaines effraies des clochers se perchent au même endroit pendant de longues périodes, comme on l'a observé en Allemagne, où quatre mâles ont utilisé le même perchoir pendant 78 jours d'affilée. Chez les effraies communes, qui se perchent habituellement dans des sites anthropiques, les changements de lieux de repos sont probablement provoqués par des

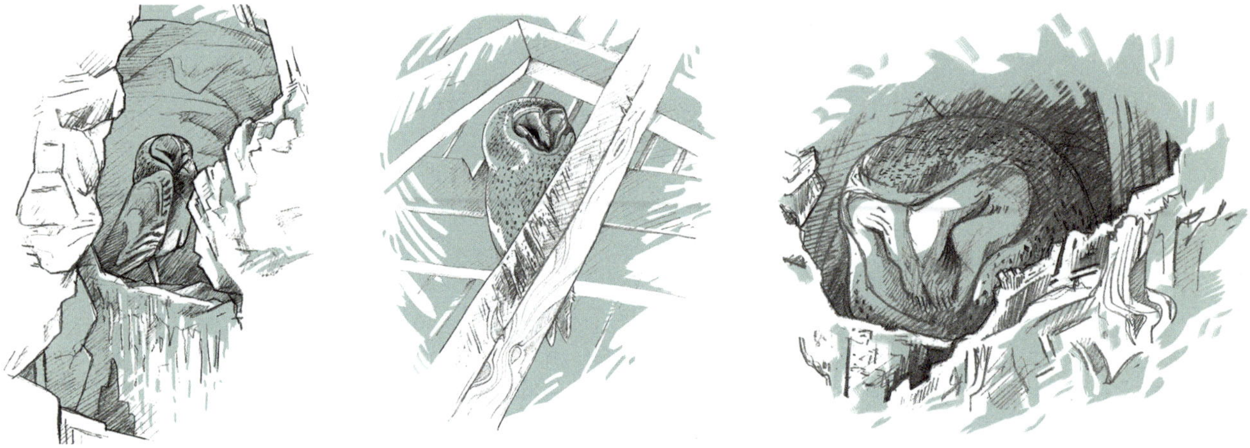

Sites de repos de l'effraie commune : dans une anfractuosité rocheuse, à l'intérieur d'une grange et dans un arbre creux.

perturbations humaines. En effet, bien que ces chouettes préfèrent généralement un lieu de repos unique, elles alternent souvent entre plusieurs sites. En Allemagne, une femelle non reproductrice a été observée utilisant six endroits différents pour dormir sur une période de 128 jours, et un mâle a utilisé trois perchoirs en l'espace de 16 jours. Les observations réalisées sur les effraies ombrées, piquetées et masquées en Australie sont fondamentalement différentes, car ces oiseaux changent régulièrement de perchoirs pour éviter les prédateurs ou le harcèlement. On a constaté que des effraies ombrées et piquetées suivies par télémétrie sur plusieurs mois utilisaient entre 6 et 13 perchoirs. Bien qu'il soit rare d'observer ces oiseaux revenir au même endroit au cours de nuits consécutives, certains lieux de repos sont utilisés par le même individu pendant plusieurs années. Les grottes particulièrement appropriées peuvent même être utilisées pendant des milliers d'années par plusieurs générations de chouettes.

## LA DISTANCE DU NID

Les mâles se perchent habituellement plus loin du nid que les femelles. Ces dernières doivent en effet rester près de leur progéniture pour couver et assurer le nourrissage, alors que les mâles chassent loin du nid. Une fois que les oisillons sont en âge de maintenir leur propre chaleur corporelle et de se nourrir sans l'aide de la mère, celle-ci va se percher plus souvent à l'extérieur du nid, habituellement dans un rayon de 1 km.

Tant que les effraies communes adultes s'occupent de leur progéniture, elles se perchent soit avec leurs petits à l'intérieur de la cavité du nid, soit jusqu'à 3 à 8 km du nid, comme on l'observe en Europe et en Amérique. Dans une étude allemande, 41 % des perchoirs utilisés étaient situés à moins de 500 mètres du nid, et pas nécessairement à proximité de riches sites de chasse. Cela indique que les propriétés du perchoir lui-même sont plus importantes que la qualité de l'habitat environnant. Ainsi, la distance entre le perchoir et le nid dépendra principalement de la proximité des perchoirs appropriés. Les observations réalisées sur les effraies du Cap et de prairie, en Afrique et en Asie, donnent des résultats différents car ces chouettes se reposent au sol, dans des prairies ouvertes et homogènes. Elles peuvent donc trouver des sites de *roosting* appropriés assez proches de leurs nids.

## LES DORTOIRS : DES PERCHOIRS SOCIAUX

Habituellement, durant la journée, les Tytonidés se perchent seuls pour défendre leur site de reproduction, parfois toute l'année. Chez l'effraie des clochers, le seul perchoir social, ou dortoir, signalé est celui d'un couple d'oiseaux écossais qui a été observé ensemble pendant la saison de reproduction, avec des jeunes âgés d'un an et ne faisant pas partie de leur famille. Des perchoirs communautaires ont également été observés en Australie. Le hibou moyen-duc, en revanche, se perche régulièrement en groupes de plusieurs dizaines d'individus, parfois même jusqu'à une centaine. C'est peut-être parce qu'ils chassent dans les champs avoisinants leurs perchoirs, où les campagnols sont particulièrement abondants et où la concurrence pour la nourriture est faible. Ce hibou est peut-être grégaire parce qu'il se reproduit dans de vieux nids de corneilles, lesquels sont nombreux et n'ont donc pas besoin d'être défendus en hiver. De même, les effraies de prairie et du Cap sont plus sociables, avec des couples d'oiseaux se perchant parfois ensemble à tout moment de l'année, et même près des hiboux du Cap, comme observé en Afrique du Sud. Des petits groupes d'effraies de prairie, allant jusqu'à 5 individus, ont été vus se reposant ensemble au même endroit durant la journée en Afrique. En Australie, ces groupes peuvent même atteindre 12 individus. Comme pour les hiboux moyens-ducs, c'est très probablement parce que la disponibilité des sites de nidification (ces effraies nichent au sol) n'est pas un facteur limitant pour les chouettes. Par conséquent, il n'est pas nécessaire de défendre son site de reproduction toute l'année.

## Futures recherches

- Étudier la fréquence d'utilisation des divers types de perchoirs entre les populations. C'est nécessaire pour éclairer les pratiques de conservation.
- Rechercher si certains sites de repos sont utilisés principalement parce qu'ils offrent une protection contre les prédateurs ou parce qu'ils offrent un abri contre les intempéries.
- Identifier les différences saisonnières dans le choix des lieux de repos.
- Est-ce que les chouettes blanches et rousses utilisent des perchoirs différents ? Cela pourrait être le cas si la coloration du plumage joue un rôle dans le camouflage.

## Pour aller plus loin

Bilney, R. J., Cooke, R. and White, J. G. 2010. Underestimated and severe: small mammal decline from the forests of south-eastern Australia since European settlement, as revealed by a top-order predator. *Biol. Conserv.* **143**: 52–59.

Bilney, R. J., Cooke, R. and White, J. G. 2011. Potential competition between two top-order predators following a dramatic contraction in the diversity of their prey base. *Anim. Biol.* **61**: 29–47.

Brandt, T. and Seebass, C. 1994. *Die Schleiereule: Ökologie eines heimlichen Kulturfolgers.* Wiesbaden: Aula Verlag.

Fitzsimons, J. A. 2010. Notes on the roost sites of the Sulawesi masked owl *Tyto rosenbergii*. *Forktail* **26**: 142–145.

McCafferty, D. J., Moncrieff, J. B. and Taylor, I. R. 2001. How much energy do barn owls (*Tyto alba*) save by roosting. *J. Therm. Biol.* **26**: 193–203.

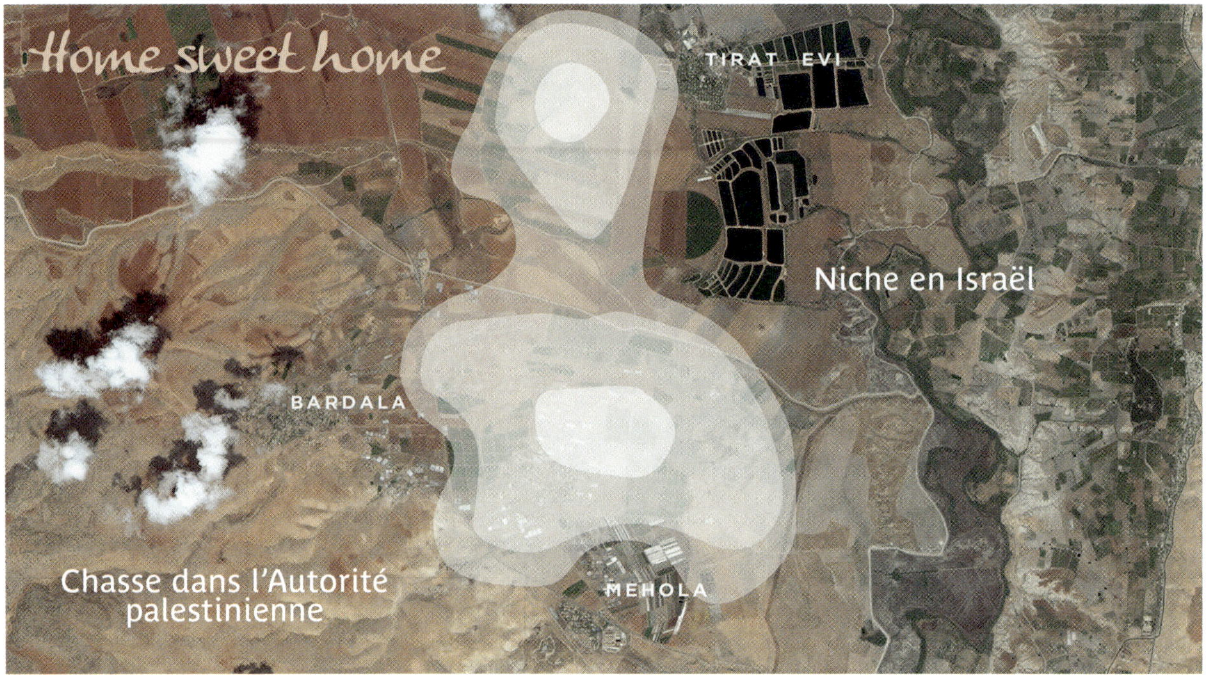


Domaine vital d'une effraie des clochers mâle se reproduisant en Israël et chassant principalement sur le territoire de l'Autorité palestinienne. Les parties plus blanches représentent les régions où la chouette passait plus de temps. © Motti Charter

# Le domaine vital

**Les superprédateurs, c'est-à-dire les animaux situés au sommet de la chaîne alimentaire, exploitent généralement les ressources sur de grandes superficies. Cependant, même si les effraies des clochers peuvent voler sur de longues distances lorsque les rongeurs ou autres proies sont rares, leur domaine vital peut présenter un rayon limité à quelques centaines de mètres autour de leur nid lorsque la nourriture est abondante. Les chouettes parcourent habituellement des habitats spécifiques, où leurs proies sont détectables et facilement accessibles. Alors que la plupart des effraies des clochers exploitent les milieux agricoles, plusieurs espèces de *Tyto* chassent et se reproduisent dans les prairies ou les forêts.**

Le **domaine vital** est défini comme la zone régulièrement utilisée par un animal pour rechercher sa nourriture et se reposer. Connaître la taille du domaine vital est utile pour déterminer le nombre d'individus pouvant s'établir dans une région donnée. Lorsque les ressources sont rares ou lorsque les perturbations humaines sont courantes, les animaux étendent leur domaine vital pour se reproduire et survivre. Comparativement, le

**territoire** est la zone défendue par les individus reproducteurs. Selon le comportement social, le territoire d'un oiseau peut être identique à son domaine vital (comme chez la chouette hulotte), limité aux environs de son aire de nidification (comme chez la chevêche d'Athéna) ou restreint au site de nidification lui-même (comme chez les oiseaux formant des colonies). Grâce aux appareils de télémétrie et aux dispositifs GPS, les connaissances sur les mouvements des animaux s'accumulent rapidement. Alors qu'un domaine vital peut être facilement identifié et quantifié en enregistrant les mouvements dans l'espace des chouettes, déterminer la taille d'un territoire nécessite une évaluation d'éventuels comportements territoriaux, ce qui n'a pas encore été fait chez les Tytonidés.

## LA TAILLE DU DOMAINE VITAL

Les mâles reproducteurs peuvent chasser dans une aire allant de 0,9 $km^2$, pour les effraies de Malaisie, jusqu'à 35 $km^2$ pour les effraies ombrées. L'effraie des clochers peut parfois chasser très loin de son nid : 4,2 km en Allemagne, 4,5 km en Écosse, 5,6 km aux États-Unis et 7,4 km dans le cas de l'effraie ombrée. En Suisse, les mâles couvrent en moyenne 5 km en une heure pour nourrir leurs petits et, en une nuit, ils peuvent parcourir entre 5 et 75 km. En chasse, ils volent à une vitesse d'environ 18 km à l'heure (5 m/s) et, après avoir capturé une proie, ils la ramènent au nid à une vitesse de 25 km à l'heure (7 m/s).

Tant que les effraies des clochers trouvent leur nourriture sans trop de difficulté, elles peuvent tolérer des congénères dans la zone de leur domaine vital. Les domaines vitaux des partenaires de reproduction mâle et femelle peuvent se chevaucher, comme on l'a observé en France, en Écosse et en Suisse. Pendant la saison de reproduction, les femelles ont des domaines vitaux plus petits que ceux des mâles. En effet, les mâles doivent parcourir de plus grandes zones que les femelles afin de trouver la nourriture qui est redistribuée ensuite par les femelles aux oisillons. Chez l'effraie ombrée, on peut trouver des domaines vitaux de partenaires mâle et femelle de respectivement 30,25 et 9,94 $km^2$.

L'objectif de tout animal est d'élever une grande famille en bonne santé et de bonne qualité génétique sans avoir à parcourir de longues distances pour trouver de la nourriture. Ainsi, seuls les couples qui ont accès à une grande quantité de nourriture près de leur nid devraient pouvoir produire une grande famille. Des observations réalisées en Suisse ont montré que les couples produisant de grandes couvées exploitaient des domaines vitaux plus petits que les couples moins performants. Par ailleurs, en Écosse, les effraies des clochers mâles capturaient leurs proies plus près de leur nid pendant les bonnes années à campagnols que pendant les années moins riches en micromammifères.

Les effraies des clochers restent souvent fidèles à leur domaine vital pendant plusieurs années, se reproduisant régulièrement au même endroit. Ces chouettes exploitent-elles leur territoire différemment pendant et hors de la saison de reproduction ? Lorsque les effraies sont libérées de leurs fonctions parentales, elles

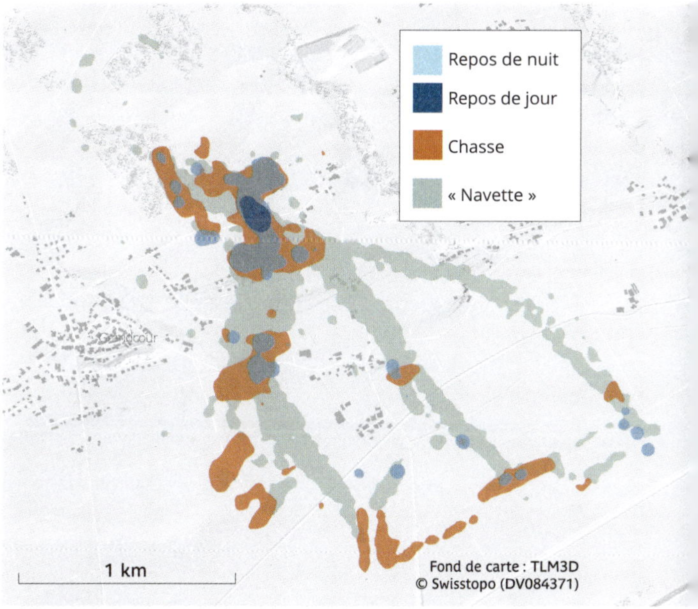


Activité d'un mâle reproducteur d'effraie des clochers, en Suisse, déterminée grâce à un dispositif GPS. Pendant la journée, cette chouette se perchait principalement près de son nid (en bleu foncé), tandis que la nuit, elle se perchait dans différents endroits (en bleu clair). Une fois qu'une proie était capturée (lieux de chasse en orange), l'oiseau utilisait principalement 3 chemins pour retourner à son nid (en gris, « navette »).

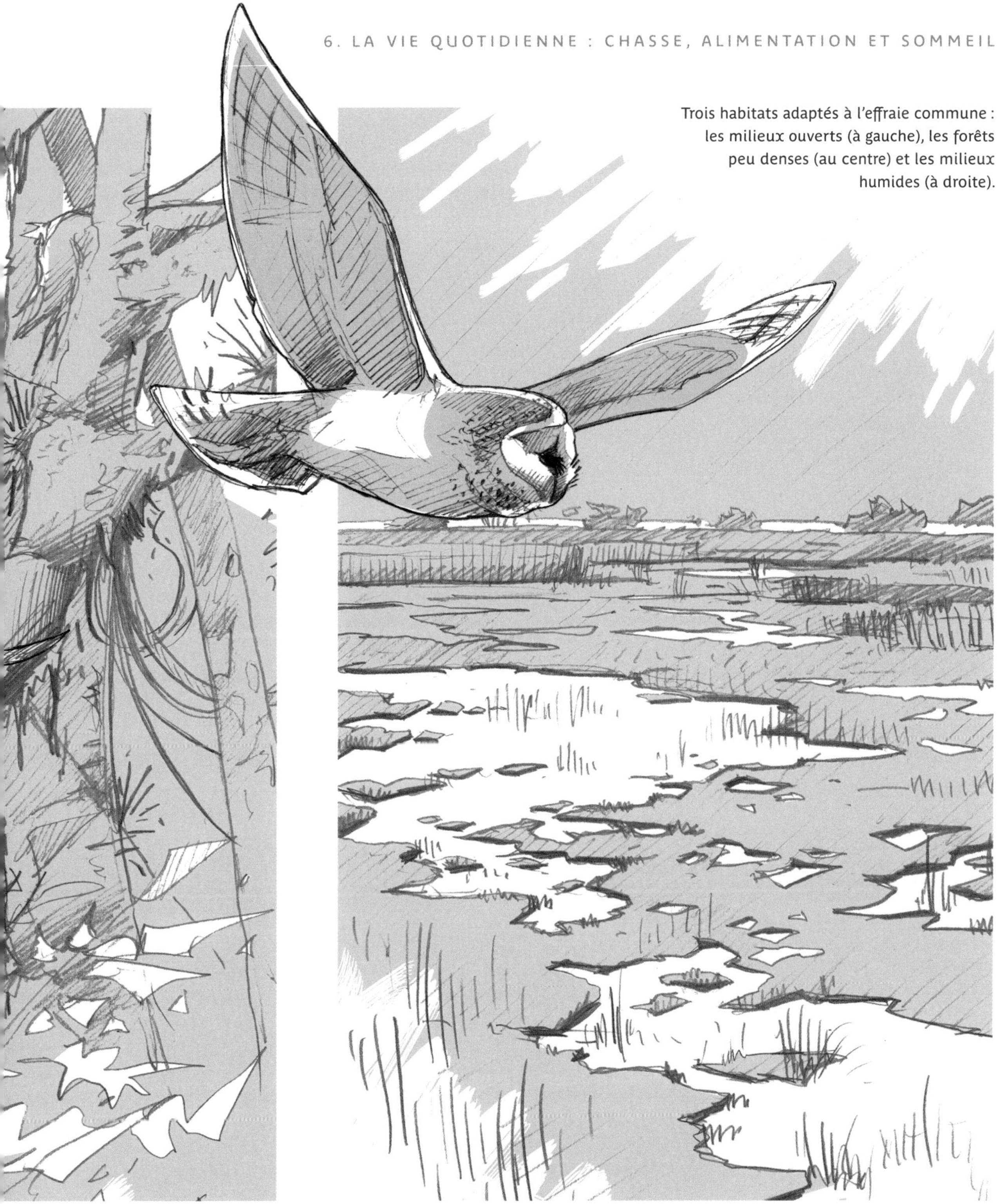

Trois habitats adaptés à l'effraie commune : les milieux ouverts (à gauche), les forêts peu denses (au centre) et les milieux humides (à droite).

peuvent agrandir leur domaine vital. Les petits n'étant plus au nid, les liens qui attachaient les adultes à leur site de nidification se desserrent. De plus, hors saison de reproduction, les proies sont moins abondantes, poussant ainsi les chouettes à élargir leurs terrains de chasse. En Écosse, 90 % des observations ont été effectuées à moins d'un kilomètre du nid en été, contre seulement 40 % en hiver. En Allemagne, une femelle ne s'éloignait en moyenne que de 0,637 km de son nid (maximum 3,5 km) pendant la saison de reproduction, alors que, celle-ci terminée, elle allait jusqu'à 2,164 km en moyenne (maximum 4,175 km), augmentant ainsi son domaine vital de 4,62 à 6,93 km$^2$ entre juin et novembre. Des résultats similaires s'appliquent à l'effraie ombrée, la taille du domaine vital étant de 1,5 à 2,2 fois plus petite chez les femelles reproductrices que chez les femelles non reproductrices.

## LA ZONE DE CHASSE

Étant donné les habitudes nocturnes des chouettes, il n'est pas aisé d'identifier avec précision l'habitat dans lequel elles chassent. Quelques individus ont fait l'objet d'un suivi télémétrique afin de récolter des informations sur les endroits où ils chassent. L'effraie des clochers sélectionne ses zones de chasse, préférant les lieux où ses proies sont facilement détectables et accessibles, comme les champs fauchés assez courts. Dans les habitats arides, les chouettes évitent les buissons épineux, plus dangereux, et préfèrent les milieux ouverts pour chasser.

Les habitats favoris des effraies des clochers suivies par télémétrie en Suisse étaient, par ordre de préférence : les champs de céréales, les prairies, les lisières de forêt, les zones urbaines, les rives, les champs de tabac, de maïs, d'autres cultures et les zones de jachère. Des méthodes de suivi similaires utilisées aux États-Unis dans le New Jersey et l'Ohio ont démontré que les prairies et les marais sont préférés aux champs céréaliers. À Madagascar, une femelle effraie de Soumagne évitait les forêts denses et concentrait ses activités le long des lisières de forêt (50 % des localisations enregistrées), dans les rizières (36 %) et dans les autres champs cultivés (14 %). À la fin de la saison de reproduction, une effraie masquée d'Australie chassait principalement entre la forêt et les bois clairsemés. Un autre individu suivi par télémétrie chassait 23,6 % du temps dans le bush, 68,9 % du temps dans les zones résidentielles, 7,5 % du temps en rase campagne et seulement rarement dans les milieux semi-arides. Une effraie ombrée mâle chassait principalement dans des forêts de gorges gréseuses, dans des bois sur des crêtes gréseuses, dans des zones habitées et même au-dessus d'étendues d'eau.

Une forte préférence pour certains habitats de chasse pendant la saison de nidification peut être dictée par la nécessité de capturer des proies nombreuses pendant une courte période. Une fois la progéniture indépendante, les chouettes sont moins contraintes par la performance à la chasse et peuvent exploiter leur territoire d'une manière plus homogène. Ainsi, pendant la saison de reproduction, en Allemagne, six effraies des clochers ont été observées le plus souvent dans des champs ouverts (51 %), dans des haies (38 %), dans des bâtiments (4 %) et dans des jardins et des forêts (< 5 %). En automne et en hiver, elles passaient plus de temps dans les jardins (29 %) et autour des bâtiments (28 %), et beaucoup moins dans les champs ouverts (25 %) et dans les haies (20 %). Il est possible que les villages soient plus fréquemment visités en hiver que pendant la période de reproduction. Les chouettes peuvent y trouver un endroit où se cacher, se réchauffer et chasser.

## DES SPÉCIALISTES DE L'AGRICULTURE, DES PRAIRIES, DES MARAIS ET DES FORÊTS

On peut définir 4 grandes catégories de Tytonidés. La majorité des effraies (les effraies communes, regroupant principalement *Tyo alba* en Europe et en Afrique, *Tyto furcata* en Amérique du Nord et du Sud, et *Tyto javanica* en Asie et en Océanie) exploitent les terres agricoles associées à l'homme. Ces chouettes vont encore étendre leurs aires de répartition en raison de la déforestation et de la propagation des petits mammifères introduits, comme on l'a observé il y a 100 ans dans le nord des États-Unis, et plus récemment en Malaisie.

Les effraies du Cap (*Tyto capensis*), que l'on trouve en Afrique, et les effraies de prairie (*T. longimembris*), en Asie et en Océanie, préfèrent également les milieux ouverts, mais pas nécessairement agricoles. En effet, elles évitent les environnements humains : on les observe plutôt chasser dans les prairies et les marais. Elles exploitent généralement des zones où les graminées ou les laîches varient de 60 à 200 centimètres de haut et couvrent de façon dense et homogène de vastes territoires, habituellement secs pendant la saison de reproduction, et régulièrement inondés à d'autres périodes de l'année. Les effraies de prairie et du Cap sont donc spécialisées dans un type d'habitat bien précis. De ce fait, elles sont très sensibles aux perturbations anthropiques qui consistent à convertir en terres de culture de nombreux marais et prairies.

Une autre catégorie d'effraies, que l'on trouve principalement en Australasie, exploite de vieilles forêts intactes. C'est le cas des effraies piquetées (*Tyto multipunctata*) et des effraies ombrées (*T. tenebricosa*) qui vivent dans des forêts humides non exploitées et dotées de sous-bois hauts et denses. Parmi les autres spécialistes des forêts, citons l'effraie de Minahassa (*T. inexspectata*) à Sulawesi, l'effraie dorée (*T. aurantia*) sur l'île de Nouvelle-Bretagne, l'effraie de Soumagne (*T. soumagnei*) à Madagascar, l'effraie d'Alma (*T. almae*) et les phodiles (*Phodilus* spp.) vivant en Asie et en Afrique centrale.

Un certain nombre de Tytonidés sont des généralistes, exploitant à la fois des forêts et des milieux ouverts. Les effraies masquées d'Australie et de Tasmanie (*Tyto novaehollandiae* et *T. n. castanops*) ont en effet besoin de forêts d'eucalyptus pour se percher et nicher, et de lisières de forêts ainsi que de milieux ouverts pour chasser. Parmi les autres généralistes, mentionnons encore l'effraie des Célèbes (*T. rosenbergii*) et l'effraie des clochers de Madagascar (*T. alba hypermetra*).

## Futures recherches

- Comment les individus d'une même espèce se répartissent-ils les domaines vitaux entre eux ?
- Les nids se trouvent-ils habituellement au milieu du domaine vital ?
- Comment les mâles et les femelles se répartissent-ils leur territoire ? Chassent-ils aux mêmes endroits ?
- Le domaine vital de base, où la majeure partie des activités sont réalisées, doit être différencié de l'ensemble du domaine vital, et le territoire doit être différencié du domaine vital.

## Pour aller plus loin


Almasi, B., Roulin, A. and Jenni, L. 2013. Corticosterone shifts reproductive behaviour towards self-maintenance in the barn owl and is linked to melanin-based coloration in females. *Horm. Behav.* **64**: 161–171.

Arlettaz, R., Krähenbühl, M., Almasi, B., Roulin, A. and Schaub, M. 2010. Wildflower areas within revitalized agricultural matrices boost small mammal populations but not breeding barn owls. *J. Ornithol.* **151**: 553–564.

Brandt, T. and Seebass, C. 1994. *Die Schleiereule: Ökologie eines heimlichen Kulturfolgers*. Wiesbaden: Aula Verlag.

Embar, K., Raveh, A., Burns, D. and Kotler, B. P. 2014. To dare or not to dare? Risk management by owls in a predator-prey foraging game. *Oecologia* **175**: 825–834.

Finck, P. 1990. Seasonal variation of territory size with the little owl (*Athene noctua*). *Oecologia* **83**: 68–75.

Sunde, P. and Bølstad, M. S. 2004. A telemetry study of the social organization of a tawny owl (*Strix aluco*) population. *J. Zool.* **263**: 65–76.

# La loi du silence

L'effraie des clochers : l'art du vol en majesté.

## La mécanique du vol

**L'effraie des clochers est tellement silencieuse que même les meilleurs micros détectent à peine les sons qu'elle produit en vol. Percevoir le moindre bruit provoqué par les petits mammifères sans se faire entendre de ces derniers est une nécessité absolue pour les oiseaux nocturnes qui chassent en volant. Pour planer lentement près du sol, les chouettes ont besoin de portance, une force ascendante qui agit en opposition à la gravité. Pour la générer, elles ont développé de nombreuses adaptations. L'effraie des clochers est d'ailleurs une source d'inspiration pour les ingénieurs de l'aéronautique.**

Pour pouvoir nourrir ses nombreux oisillons, l'effraie des clochers a besoin de méthodes efficaces de recherche de nourriture. L'acuité visuelle et la sensibilité au contraste étant, chez elle, limitées, cet oiseau nocturne utilise des informations acoustiques pour localiser ses proies. Toutefois, les perchoirs étant rares dans les habitats ouverts, il n'est pas toujours possible pour les chouettes de se poster et d'attendre qu'un petit mammifère émette un bruit en se déplaçant dans son milieu. Une solution consiste à quadriller silencieusement, en vol à basse vitesse (2,5-7 mètres par seconde) et près du sol, les vastes champs ouverts. Cette tactique nécessite la capacité de planer et de voler en battant des ailes à raison de 5,6 mouvements par seconde, sans toutefois perdre la manœuvrabilité nécessaire pour tourner rapidement et fondre sur sa proie. Si l'effraie des clochers peut réaliser cette prouesse, c'est grâce à ses ailes qui génèrent une forte portance, deux fois plus élevée que chez la buse variable, mais qui reste bien plus faible que chez les albatros, qui traversent l'océan Austral sans effort.

L'adaptation la plus importante pour voler lentement est la réduction de la masse corporelle. Elle a été possible en diminuant la longueur de l'intestin grêle et la profondeur du bréchet, dans la région du sternum, auquel les deux muscles pectoraux sont attachés. Voler à basse vitesse, juste au-dessus du sol, en battant lentement des ailes est relativement facile avec une bonne portance. Pour cela, les muscles pectoraux n'ont pas besoin d'être très puissants. Chez l'effraie des clochers, les muscles dédiés au vol ne représentent qu'environ 10 % de la masse corporelle, comparativement à 30 % chez les pigeons, qui doivent décoller très rapidement pour échapper aux prédateurs.

Des ailes élargies sont nécessaires pour réduire la charge supportée par chaque centimètre carré de la surface de l'aile. À titre de comparaison, les ailes des effraies des clochers sont 2,5 fois plus grandes que celles d'oiseaux de taille semblable, comme les pigeons, et la **charge alaire** (rapport de la masse corporelle à la surface des ailes) est 3 fois inférieure.

## POUR GÉNÉRER LA PORTANCE

Grâce à la portance, générée par l'air circulant plus rapidement au-dessus qu'en dessous des ailes, l'effraie peut planer lentement au-dessus des champs. Le mouvement plus rapide de l'air sur la face dorsale des plumes réduit la pression sur le dessus des ailes et agit donc comme une aspiration. C'est le même principe qui permet aux avions de voler.

Les **plumes à forte cambrure** de l'effraie des clochers, particulièrement à leur extrémité, sont essentielles à ce processus aérodynamique, surtout à basse vitesse. Elles agissent un peu comme la paume de la main d'un nageur olympique. Pour maintenir cette capacité à des vitesses plus élevées, la **surface veloutée** de la partie supérieure de l'aile assure une circulation d'air stable et augmente les performances de vol. Ceci améliore les propriétés aérodynamiques des plumes en empêchant la perturbation du flux d'air.

En vol, il est difficile de plonger sur une proie, car cela nécessite des changements rapides de vitesse (accélération et décélération élevées) et des virages serrés. Chez l'effraie des clochers, c'est néanmoins possible grâce à la **souplesse des plumes des ailes** qui peuvent être ployées activement indépendamment les unes des autres. Lors du mouvement de remontée de l'aile, la résistance à l'air qui s'écoule entre les plumes est atténuée par la souplesse du vexille interne, très large,

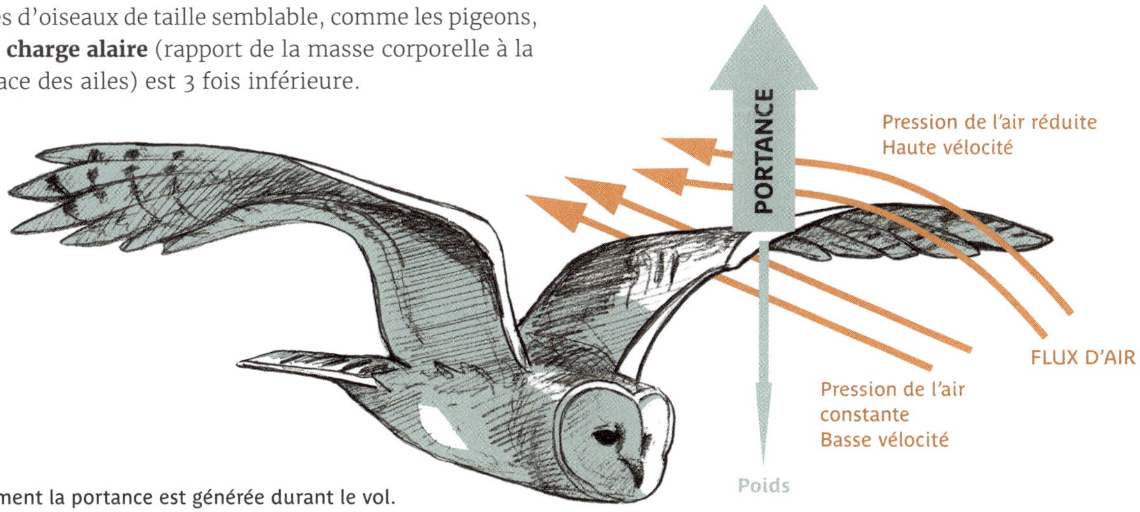


Comment la portance est générée durant le vol.

tandis que le vexille externe, étroit, renforce le bord d'attaque.

Pour transmettre aux os, aux muscles et aux tendons la force qui agit sur l'extrémité des plumes pendant le vol, il faut un ancrage solide des plumes dans l'aile. C'est la fonction du **calamus très rigide** (base dépourvue de barbes de la plume), qui est d'une longueur similaire chez l'effraie des clochers et chez le pigeon. Le calamus est néanmoins proportionnellement plus long chez le pigeon, représentant 23 % du rachis (l'axe central de la plume), contre 16 % chez l'effraie. Un calamus long et très ancré dans la peau n'est pas nécessaire chez l'effraie des clochers, car elle ne bat pas des ailes aussi souvent et aussi fort qu'un pigeon.

## LA RÉDUCTION DU BRUIT

Pour l'effraie des clochers, avoir un vol silencieux est tout aussi important que la portance et la manœuvrabilité. L'adaptation la plus connue pour réduire le bruit en vol est la présence de **dentelures** sur le vexille externe de la dixième rémige primaire (la plus extérieure) et de la dixième couverture primaire. Seules ces deux plumes ont des dentelures, car elles sont les seules à former le bord d'attaque de l'aile. Chez le grand-duc ascalaphe, la chouette hulotte et le hibou moyen-duc, les dentelures s'étendent jusqu'à la neuvième rémige primaire, qui fait également partie du bord d'attaque de l'aile. La plupart des hiboux et chouettes nocturnes possèdent ces dentelures, l'exception étant formée par

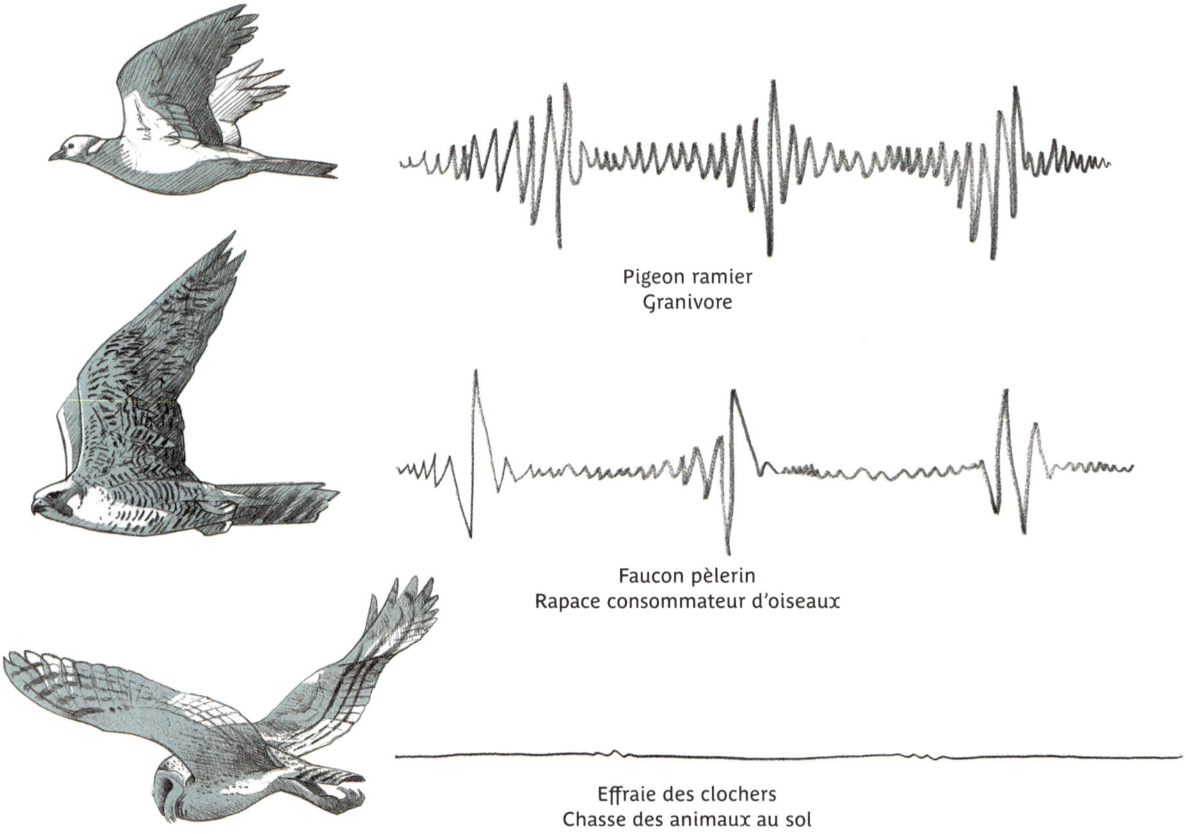


Comme le montrent les pics sonores sur les sonogrammes, l'effraie des clochers ne produit presque aucun bruit en vol, contrairement au pigeon ramier et au faucon pèlerin.

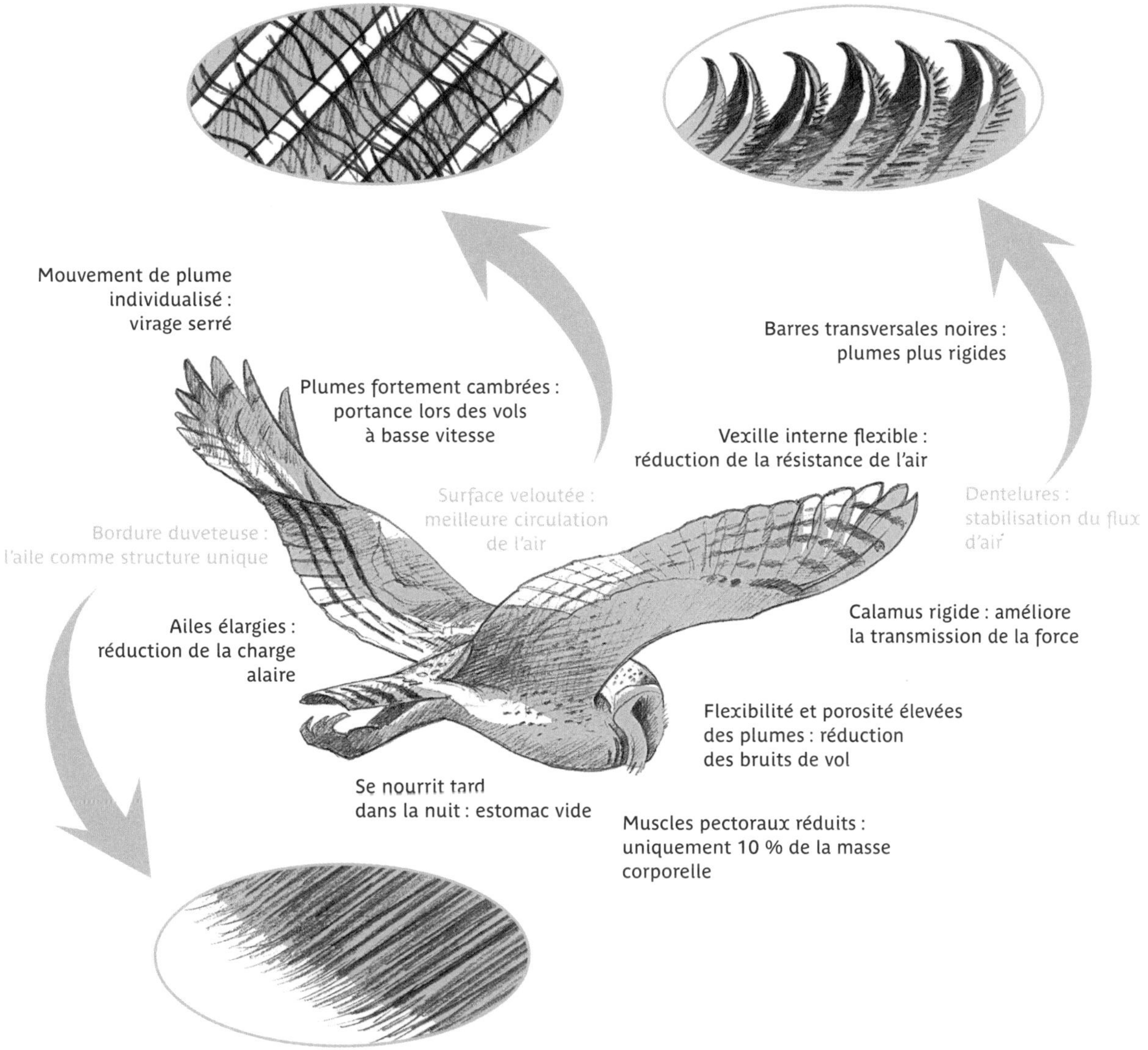


**L'effraie des clochers dispose de nombreuses adaptations pour générer de la portance et réduire le bruit en vol.**

des espèces telles que les kétoupas (*Ketupa* spp.), essentiellement piscivores, que leurs proies aquatiques ne peuvent entendre approcher. Les dentelures sont des barbes qui se séparent et se plient vers le haut pour former une série de petits poils, semblables aux dents d'un peigne. Elles stabilisent le flux d'air autour de l'aile de sorte que celui-ci est maintenu près de l'aile, non seulement pour diminuer le bruit, mais également pour induire plus de portance. Grâce à cette portance accrue, les chouettes n'ont pas besoin de battre des ailes très fréquemment, ce qui réduit le bruit de 4 à 8 décibels, surtout au décollage et à l'atterrissage. En outre, la surface veloutée empêche les barbes de deux plumes superposées d'entrer en contact entre elles. Cela réduit

Le calamus rigide et les vexilles interne et externe, nettement asymétriques, d'une plume d'effraie des clochers.

le bruit généré par l'air et les plumes elles-mêmes lorsqu'elles se frottent les unes contre les autres. Le besoin de voler lentement et silencieusement explique probablement pourquoi les vexilles internes des plumes des effraies des clochers sont 3 fois plus larges que celles des oiseaux qui volent beaucoup plus vite et peuvent se permettre d'être bruyants. La grande **flexibilité des plumes** et leur **porosité** aident également à atténuer le bruit en vol.

Les rémiges (plumes du vol) des oiseaux qui n'ont pas besoin de réduire le bruit qu'ils produisent en vol ont le bord des vexilles interne et externe nets, alors que celles des rapaces nocturnes, comme l'effraie des clochers, présentent des **franges duveteuses sur le bord de fuite** (arrière). Les barbes de ces franges ne sont pas reliées entre elles, en raison de l'absence de barbules, et peuvent donc s'enrouler autour des vexilles des plumes voisines. Pour assurer les vols planés, l'aile doit constituer une structure uniforme et ininterrompue sur laquelle l'air circule en douceur. Lors des virages serrés, au contraire, ainsi qu'au décollage, l'oiseau doit effectuer des ajustements fréquents, et dans ces circonstances, l'aile ne doit pas constituer une structure uniforme. Durant le mouvement ascendant de l'aile, lorsque les plumes s'écartent, les franges souples contribuent là encore à réduire le bruit en diminuant la turbulence de l'air circulant à travers l'aile.

## LES BANDES TRANSVERSALES NOIRES

Chez de nombreux hiboux, chouettes et rapaces diurnes, les plumes des ailes et de la queue présentent des bandes transversales noires qui ont suscité peu d'intérêt. Chez les effraies des clochers françaises, la proportion de la dixième rémige primaire recouverte par ces bandes est de 8 % en moyenne et elle varie de 0,4 % à 20,9 %. La fonction de ces bandes transversales, dont la couleur sombre est due à la présence accrue de mélanine, est peut-être de renforcer les plumes, un peu comme des barres de fer stabilisant un balcon ou des poutres soutenant le toit d'une maison. Il est possible que les plumes longues aient besoin d'être plus renforcées que les plumes courtes, car elles doivent résister à des contraintes de pression plus fortes. Il se trouve, en effet, que les plumes longues présentent une surface accrue de bandes sombres. Les femelles étant en moyenne plus lourdes que les mâles, elles arborent des bandes plus larges que ces derniers, celles-ci couvrant

Détails des plumes de l'aile d'une effraie des clochers : le bord dentelé de la dixième rémige primaire (à gauche) et la surface veloutée d'une plume (à droite). © Michael Todd et Laurent Willenegger

8,1 % de leurs plumes, contre 6,6 %, respectivement. Par ailleurs, les chouettes d'un an présentent plus de barres que les adultes plus âgés (8,4 % contre 6,4 %).

### UNE INSPIRATION POUR LES INGÉNIEURS DE L'AÉRONAUTIQUE

Les ingénieurs accordent beaucoup d'intérêt à la capacité à voler silencieusement. L'effraie nous enseigne que la taille de l'aile, la cambrure, la forme des bords et la texture de la surface de l'aile jouent un rôle essentiel dans la production de la portance et la réduction du bruit de vol. De légers changements dans ces valeurs influencent considérablement les caractéristiques de vol, et les ingénieurs les ajustent pour optimiser les performances en vol. Cela a donné naissance à de nouveaux concepts, qui ne requièrent pas nécessairement des bords nets et des ailes droites. Par exemple, on construit actuellement des avions aux ailes courbes, munies d'ailettes à leur extrémité, et dont les tuyères d'éjection ont des bordures ondulées.

## Futures recherches

- La quantité de bandes transversales noires doit être mesurée chez plusieurs taxons du genre *Tyto*, afin d'identifier les variables biogéographiques clés qui auraient pu favoriser leur évolution.
- Les prochaines étapes de l'étude de la biologie du vol devraient consister à étudier les processus dynamiques tels que les battements d'ailes en vol et le contrôle actif de la forme des ailes. Cela comprend une étude de la façon dont les chouettes réagissent aux turbulences pour réduire activement les bruits de vol.
- Les logiciels modernes de reconstruction 3D et l'imagerie à haute vitesse pourraient aider à modéliser l'aile d'une effraie des clochers en vol en trois dimensions. Un logiciel de simulation pourrait alors être utilisé pour étudier les phénomènes d'écoulement d'air autour de l'aile.
- L'utilisation de nouvelles technologies, comme les accéléromètres miniatures associés à des dispositifs GPS, permettra de déterminer comment les effraies des clochers alternent le vol battu et le vol plané en fonction de divers facteurs, notamment la masse corporelle et les caractéristiques du paysage.

## Pour aller plus loin

Bachmann, T. and Wagner, H. 2011. The three-dimensional shape of serrations at barn owl wings: towards a typical natural serration as a role model for biomimetic applications. *J. Anat.* **219**: 192–202.

Bachmann, T., Klän, S., Baumgartner, W., Klaas, M., Schröder, W. and Wagner, H. 2007. Morphometric characterisation of wing feathers of the barn owl *Tyto alba pratincola* and the pigeon *Columba livia*. *Front. Zool.* **4**: 23.

Bachmann, T., Mühlenbruch, G. and Wagner, H. 2011. The barn owl wing: an inspiration for silent flight in the aviation industry? *Proc. SPIE – Bioinspiration, Biomimetics, and Bioreplication* 7975.

Bachmann, T., Emmerlich, J., Baumgartner, W., Schneider, J. M. and Wagner, H. 2012. Flexural stiffness of feather shafts: geometry rules over material properties. *J. Exp. Biol.* **215**: 405–415.

Bachmann, T., Wagner, H. and Tropea, C. 2012. Inner vane fringes of barn owl feathers reconsidered: morphometric data and functional aspects. *J. Anat.* **221**: 1–8.

Barton, N. W. H. and Houston, D. C. 1994. Morphological adaptation of the digestive tract in relation to feeding ecology of raptors. *J. Zool.* **232**: 133–150.

Roulin, A., Mangel, J., Wakamatsu, K. and Bachmann, T. 2013. Sexually dimorphic melanin-based color polymorphism, Feather melanin content and wing feather structure in the barn owl (*Tyto alba*). *Biol. J. Linn. Soc.* **109**: 562–573.

Une effraie des clochers fondant sur sa proie.

# Les méthodes de chasse

**Les effraies des clochers utilisent différentes stratégies de chasse à des degrés divers : vol lent près du sol, affût sur un perchoir attendant qu'une proie passe, vol stationnaire comme un faucon crécerelle. En raison du risque élevé de prédation, les petits mammifères ont développé diverses stratégies pour échapper à leurs prédateurs. La course aux armements entre les effraies des clochers et leurs proies a favorisé l'évolution de tactiques de chasse sophistiquées et adaptées à chaque situation, notamment les attaques par surprise qui laissent peu de chances aux proies de s'échapper.**

Les effraies des clochers recourent à différentes techniques de chasse. Les effraies ombrées, piquetées et masquées, grandes et lourdes, chassent principalement en se perchant et en attendant qu'une proie passe. Cette méthode appelée *sit-and-wait* en anglais (littéralement, « s'asseoir et attendre », et que l'on peut traduire par l'« affût ») est une stratégie typique de « faible coût/faible bénéfice ». En effet, attendre sur un perchoir est énergétiquement peu coûteux, mais le temps nécessaire pour capturer un petit mammifère peut être long. La méthode du vol stationnaire, comme celle qu'utilise le faucon crécerelle, en revanche, est une stratégie à « coût élevé/bénéfice élevé ». Suivre un petit mammifère en battant des ailes pour rester dans une position fixe tel un hélicoptère est particulièrement fatigant, mais la probabilité de capturer la proie est élevée. La recherche de nourriture en vol lent juste au-dessus du sol est un bon compromis : elle est plus efficace que la stratégie du *sit-and-wait* et moins coûteuse qu'un vol stationnaire.

L'effraie de prairie chasse principalement en vol, alors que l'effraie des clochers utilise ces trois méthodes (bien que le vol stationnaire soit rarement observé). Une méthode encore plus rare consiste à battre des ailes contre les buissons pour effrayer les passereaux qui s'y perchent. Quelle que soit la technique employée, les Tytonidés préfèrent attaquer leurs proies par surprise, soit en vol, soit tranquillement installés sur un perchoir, plutôt que de les poursuivre activement.

La capacité d'adaptation de l'effraie des clochers à différents contextes et environnements est frappante. L'anatomie de cette chouette est particulièrement bien adaptée à la patrouille en vol et à la chasse depuis un perchoir, mais moins au vol stationnaire. Lorsqu'elle est perchée sur un poteau, la chouette peut tourner la tête et suivre ses proies grâce à son ouïe et sa vision affûtées. Par ailleurs, son vol est silencieux. Ces deux stratégies de recherche de nourriture permettent à l'effraie des clochers de lancer des attaques surprises, alors qu'en vol stationnaire, elle est susceptible d'engendrer suffisamment de turbulences pour être repérée par la proie.

La propension de l'effraie des clochers à chasser en vol est très variable et possiblement propre à chaque population. Des chercheurs ont signalé, par exemple, que les chouettes chassaient en volant en Californie et en se perchant au Texas. Cela dépend très probablement des paramètres environnementaux et des caractéristiques de l'habitat, comme les conditions météorologiques et la disponibilité des perchoirs.

## EN VOL OU POSÉE ?

Chez les effraies des clochers, les parents doivent apporter beaucoup de nourriture à leur famille au cours d'une période brève. À cette fin, ils chassent souvent en vol. En hiver, lorsqu'il n'est pas nécessaire de capturer de grandes quantités de proies chaque nuit, les effraies des clochers peuvent se rabattre plus souvent sur la tactique du *sit-and-wait*. Cependant, lorsque, étant donné la faible reproduction des rongeurs pendant l'hiver, les proies se font rares, elles peuvent se montrer plus actives et chasser en vol. Une étude réalisée en Écosse a montré que, durant la saison de reproduction, les chouettes écossaises chassaient de jour depuis un perchoir dans 54 % des cas, contre 87 % des cas par les sombres nuits d'hiver. L'utilisation fréquente du *sit-and-wait* en Écosse peut être due aux nuits courtes que l'on constate durant la saison de reproduction estivale. Ces brèves périodes d'obscurité poussent les effraies des clochers à étendre leur période de chasse durant les longues journées. Les résultats ne sont pas les mêmes en Suisse, où l'on a observé des mâles reproducteurs chassant des proies en vol à 22 reprises (92 %) et seulement deux fois (8 %) à l'affût, au cours de nuits de 7 à 8 heures. Cela soulève la possibilité intéressante que les chouettes écossaises dorment moins, utilisant la méthode du *sit-and-wait* plus économique en énergie, alors que sur le continent européen, les effraies des clochers doivent se reposer plus longtemps parce que leur méthode de recherche de nourriture est plus coûteuse.

Les petits rongeurs sont effrayés par une chouette aperçue en vol, mais sont moins susceptibles de remarquer la présence du prédateur tranquillement installé sur un perchoir. Par conséquent, il est possible qu'il existe des environnements dans lesquels les effraies des clochers soient plus performantes avec le *sit-and-wait*. Une pluie bruyante, par exemple, réduit la capacité de la chouette à détecter ses proies, et les plumes poreuses et mouillées deviennent trop lourdes pour voler. Les temps pluvieux pourraient donc pousser les chouettes à préférer les perchoirs. De plus, la végétation peut restreindre les possibilités de chasse en vol. Ainsi, si les perchoirs sont abondants, il peut être plus rentable de les utiliser pour la chasse. C'est peut-être ce qui se passe pour les effraies à ailes courtes, comme celles des

Séquence montrant une effraie des clochers utilisant la méthode de chasse du *sit-and-wait*.

D'après Warren Photographic.

îles Galápagos, où, aux cours d'observation de plus de 8,5 heures, les chouettes ont été vues chassant depuis un perchoir 72 % du temps.

Cependant, tous les perchoirs ne conviennent pas. Les chouettes doivent être assez près du sol pour voir clairement les petits mammifères, mais assez loin pour ne pas être détectées. Cela explique pourquoi on a observé des effraies utiliser des perchoirs de hauteur variée dans différentes régions du monde : en Inde, elles utilisent de préférence des perchoirs de 2,7 mètres de haut (préférentiellement à 2,1 et 1,5 mètres), tandis qu'en Écosse, elles se perchent à 1-1,5 mètre, et en Malaisie, elles utilisent de perchoirs plus élevés, de 3 à 5 mètres, pour capturer de grosses proies.

## À L'ATTAQUE !

Avant de fondre sur sa proie, l'effraie des clochers doit évaluer la distance entre son point de départ et l'emplacement exact du petit mammifère qu'elle vise. Plus cette distance est faible, plus l'attaque a de chances de réussir. Dans les volières, les attaques couronnées de succès sont amorcées à une distance moyenne de 0,57 mètre et les attaques qui échouent à 0,71 mètre. Ces distances sont si courtes que la vitesse de vol (4,5 mètres par seconde en moyenne) n'est pas un facteur déterminant pour le succès d'une attaque.

Moins la proie est active, mieux c'est. Au total, 90 % des attaques de proies statiques réussissent, contre seulement 21 % des attaques de proies en mouvement. Ainsi, la plupart des campagnols sont attaqués quand ils cessent de se déplacer ou juste après avoir recommencé à se déplacer, mais pas lorsqu'ils sont en plein mouvement.

Les chouettes ne lancent pas une attaque à la hâte : il leur faut anticiper le point d'impact. Elles fixent leur regard sur la proie pour estimer la direction dans laquelle celle-ci est susceptible de se déplacer afin d'anticiper la position probable du point d'impact. Si, en cours d'attaque, le petit mammifère immobile se met soudainement en mouvement, la probabilité de capture est réduite : elle est de 50-55 % s'il s'éloigne dans la direction opposée à l'attaque, 18-37 % si la proie se déplace en direction de la chouette, et 23 % si le déplacement est latéral.

L'oiseau doit effectuer des corrections en vol car, lors de la moitié des attaques d'effraie des clochers, les proies s'enfuient au dernier moment. Si la fuite est perpendiculaire à l'axe de l'attaque, la chouette doit effectuer une manœuvre très difficile pour s'ajuster à celle de la proie, et elle est généralement forcée d'atterrir et de lancer une deuxième attaque. Si la chouette manque un rongeur qui s'éloigne ou se rapproche directement d'elle, elle ajuste sa trajectoire de vol pour attraper la proie en mouvement dans 70 % des cas, retourne à son perchoir dans 23 % des cas ou atterrit à l'endroit où la proie était initialement située dans 7 % des cas. La décision de poursuivre une attaque ou de l'abandonner dépend du moment où la proie tente de s'échapper. Les effraies des clochers peuvent ajuster avec succès leur trajectoire de vol si le mouvement de fuite de la proie se produit peu après le lancement de l'attaque. Si cela se produit lorsque la chouette est parvenue très près de sa proie, elle n'a plus le temps d'adapter son mouvement.

Le prédateur doit également adapter sa stratégie de chasse aux espèces proies. Les effraies des clochers d'Israël utilisent des méthodes différentes pour capturer les campagnols et les souris épineuses, deux types de proies qui ont des comportements différents face à un prédateur. À la vue d'une chouette, les souris fuient à la recherche d'un refuge, tandis que les campagnols s'immobilisent pour éviter de faire du bruit, comptant sur le camouflage de leur fourrure brune, ou bien fuient si la chouette a repéré leur emplacement. Ainsi, quand une chouette manque une souris, elle continue à la poursuivre, alors que lorsqu'elle manque un campagnol, elle retourne à son perchoir et attend que celui-ci reprenne son activité. Ces comportements différents expliquent pourquoi, en captivité, il faut 16 minutes à une chouette pour capturer une souris, mais 31 minutes pour attraper un campagnol.

## CAPTURER, TUER, MANGER

La manière dont les effraies des clochers tuent leurs proies n'a été étudiée que sur des chouettes italiennes captives. Lors des attaques observées, en 54 occasions, elles ont atterri directement sur leur proie, le plus souvent sur une seule patte (67 % du temps), et en 7 autres occasions, elles ont atterri près de la proie et l'ont poursuivie à pied avant de l'attraper. Elles ont ensuite saisi la proie par la tête, habituellement avec deux serres, et l'ont tuée en lui tordant le cou, plutôt qu'avec un coup de bec comme chez la chevêche d'Athéna, la chouette hulotte et le hibou moyen-duc.

## Futures recherches

- Les facteurs environnementaux et les conditions physiologiques dans lesquels les effraies des clochers utilisent les différentes stratégies de chasse (*sit-and-wait* ou chasse en vol) devraient être étudiés. Des études descriptives sont également nécessaires pour déterminer si ces méthodes sont utilisées à différentes heures du jour et de la nuit et si leur fréquence varie selon les régions.
- Étant donné la variation prononcée de la coloration du plumage entre les individus, on peut se demander si les chouettes roux foncé et les chouettes blanches obtiennent des résultats différents avec la chasse en vol et la stratégie du *sit-and-wait*, et si elles diffèrent dans leur propension à utiliser l'une ou l'autre technique.
- Le taux de réussite d'une attaque est de proche de 100 % lorsque la proie est immobile, mais il diminue fortement lorsque la proie s'enfuit. Ainsi, le succès de la capture dépend principalement du fait que la proie remarque ou non la chouette, ce qui suggère que le camouflage du prédateur pourrait être très important. L'étude du rôle de la variation de la coloration du plumage sur la probabilité que la proie détecte la présence d'une effraie des clochers fournirait des renseignements importants sur les interactions proies-prédateurs.

## Pour aller plus loin


Abramsky, Z., Strauss, E., Subach, A., Kotler, B. P. and Riechman, A. 1996. The effect of barn owls (*Tyto alba*) on the activity and microhabitat selection of *Gerbillus allenbyi* and *G. pyramidum*. *Oecologia* **105**: 313–319.

Brown, J. S., Kotler, B. P., Rosemary, J. S. and Wirtz, W. O. 1988. The effects of owl predation on the foraging behavior of heteromyid rodents. *Oecologia* **76**: 408–415.

Csermely, D. and Sponza, S. 1995. Role of experience and maturation in barn owl predatory behavior. *Boll. Zool.* **62**: 153–157.

Csermely, D., Casagrande, S. and Sponza, S. 2002. Adaptive details in the comparison of predatory behaviour of four owl species. *Ital. J. Zool.* **69**: 239–243.

Edut, S. and Eilam, D. 2004. Protean behavior under barn-owl attack: voles alternate between freezing and fleeing and spiny mice flee in alternating patterns. *Behav. Brain Res.* **15**: 207–216.

Fux, M. and Eilam, D. 2009. How barn owls (*Tyto alba*) visually follow moving voles (*Microtus socialis*) before attacking them. *Physiol. Behav.* **98**: 359–366.

Fux, M. and Eilam, D. 2009. The trigger for barn owl (*Tyto alba*) attack is the onset of stopping or progressing of the prey. *Behav. Processes* **81**: 140–143.

Hausmann, L., Platchta, D. T. T., Singheiser, M., Brill, S. and Wagner, H. 2008. In-flight corrections in free-flying barn owls (*Tyto alba*) during sound localization tasks. *J. Exp. Biol.* **211**: 2976–2988.

Ilany, A. and Eilam, D. 2008. Wait before running for your life: defensive tactics of spiny mice (*Acomys cahirinus*) in evading barn owl (*Tyto alba*) attack. *Behav. Ecol. Sociobiol.* **62**: 923–933.

Shifferman, E. and Eilam, D. 2004. Movement and direction of movement of a simulated prey affect the success rate in barn owl *Tyto alba* attack. *J. Avian Biol.* **35**: 111–116.

# L'appétit vient en mangeant

Une effraie des clochers dévorant un mulot.

## La sélection des proies

**Les effraies des clochers choisissent-elles leurs proies, ou les capturent-elles de façon opportuniste en fonction de leur disponibilité ? Leur stratégie consiste à exploiter des habitats sélectionnés où la probabilité de capturer des proies spécifiques est élevée. Bien que tout petit mammifère rencontré soit susceptible d'être capturé, certaines espèces sont plus souvent attrapées que d'autres en raison de leur comportement qui les rend très vulnérables. Cependant, lorsque les probabilités de capture sont les mêmes pour différentes espèces proies, on constate que les effraies des clochers en choisissent certaines plutôt que d'autres. Par conséquent, on peut se demander si, lorsque la nourriture est abondante, les effraies des clochers se permettent de faire les difficiles et de choisir le repas qu'elles préfèrent.**

Les prédateurs doivent limiter les coûts de la chasse en réduisant le temps nécessaire pour atteindre une proie, le nombre de tentatives de capture et le temps de manipulation pour la consommer. Lorsqu'elles chassent en vol, les effraies des clochers disposent de peu de temps pour décider si une proie rencontrée vaut la peine d'être capturée. La meilleure stratégie consiste donc à rechercher de la nourriture dans les milieux ouverts qu'elles préfèrent, où leurs proies de prédilection sont abondantes, et à capturer toute proie potentielle qu'elles rencontrent. Une fois qu'un animal est capturé, la chouette peut décider ce qu'elle doit faire ensuite. Par exemple, cela ne vaut parfois pas la peine de transporter une petite musaraigne jusqu'au nid sur une longue distance, comme l'a conclu une étude allemande. La chouette trouve alors meilleur compte à la consommer sur place avant de reprendre la chasse. D'un autre côté, si une proie est trop grosse pour être mangée facilement, les oisillons peuvent l'ignorer et attendre que les parents apportent des proies plus petites et plus faciles à manipuler. Les grosses proies sont parfois perdues, car elles pourrissent rapidement à des températures ambiantes élevées.

## UNE OPPORTUNISTE GOURMANDE

Lorsqu'une proie devient plus abondante, elle représente habituellement une plus grande partie du régime alimentaire de l'effraie des clochers. Une étude menée en France sur une période de 8 ans a mis en évidence que la proportion du campagnol des champs dans le régime alimentaire des effraies était directement liée à son abondance. Une augmentation de sa disponibilité a également mené à une augmentation de la proportion de campagnols terrestres dans le régime alimentaire des effraies, indiquant que, lorsque les chouettes recherchent des campagnols des champs, elles rencontrent également des campagnols terrestres. En revanche, la proportion de Soricinés — une sous-famille de musaraignes à dents rouges — n'a augmenté que lorsque les campagnols sont devenus moins abondants. Ainsi, ce n'est que quand les proies les plus communes deviennent rares que les chouettes se rabattent sur d'autres espèces qui sont autrement laissées de côté, même si elles sont relativement abondantes. Il apparaît donc que l'inclusion d'espèces moins communément consommées dans le régime alimentaire des effraies des clochers françaises ne dépend pas de leur propre abondance, mais plutôt de l'abondance de l'espèce proie la plus rentable, à savoir le campagnol des champs.

Toutes les proies ne sont pas aussi vulnérables les unes que les autres. Une étude réalisée en Argentine a montré que les chouettes s'attaquaient aux grands rongeurs. Une autre menée en Espagne a révélé qu'elles s'attaquaient aux grands mâles de grenouilles rieuses, à des taux plus élevés que l'abondance de ces proies sur le terrain ne le laissait prévoir. Lorsqu'elles prennent soin de leur progéniture au plus profond d'un terrier, les femelles de rongeurs sont hors de portée des prédateurs. Cela explique pourquoi, en Argentine et au pays de Galles, elles sont moins souvent relevées pendant leur saison de reproduction qu'en automne et en hiver dans les repas des chouettes. Il est, par ailleurs, intéressant de noter qu'au Chili, les rongeurs adultes sont capturés de manière disproportionnée, tandis qu'au Brésil, les juvéniles sont plus souvent la proie des chouettes. Enfin, en Espagne, les souris d'Afrique du Nord présentant des déformations osseuses sont particulièrement sensibles à la prédation.

Quelles sont les causes de ces modèles non aléatoires de prédation ? La capture de certaines proies plus fréquemment que ne le prévoit leur abondance a souvent lieu parce que leur comportement les rend particulièrement vulnérables. Dans des conditions contrôlées, en volière, des effraies d'Amérique captives ont montré qu'elles capturaient deux fois plus de campagnols des prés que de souris à pattes blanches, qui sont plus vives et donc plus difficiles à attraper. D'autres observations réalisées en Australie ont montré que les femelles juvéniles de souris grise sont particulièrement exposées à la prédation des effraies communes parce que les souris adultes forcent les juvéniles à se mettre en danger en quittant les zones protégées. Il se peut aussi que les petits individus souffrent de leur incapacité à s'échapper très rapidement, que les mâles soient désavantagés par leurs caractères sexuels secondaires qui les rendent plus voyants, et les juvéniles par leur inexpérience et leur tendance à s'éloigner de la végétation dense en se dispersant.

Tout cela nous porte à croire que les effraies des clochers ne capturent pas leurs proies de façon sélective, mais plutôt de façon opportuniste. Mais est-ce vraiment le cas ? Car si la prédation opportuniste, où les proies sont capturées en proportion de leur disponibilité et de leur vulnérabilité, prévaut, il existe des situations où les chouettes peuvent ignorer une proie potentielle et en attendre une autre. Des observations détaillées en volière montrent que les effraies captives choisissent leurs proies lorsqu'on leur en offre la possibilité. En Inde, elles ont été observées capturant de préférence des proies de poids moyen plutôt que des proies plus légères ou plus lourdes. En Allemagne, elles consommaient des souris mortes et vivantes pesant 10 grammes plutôt que 3 grammes ; lorsqu'on leur offrait des animaux morts, elles préféraient des individus pesant 40 grammes plutôt que 10 grammes, et lorsqu'on leur offrait des proies vivantes, elles capturaient et consommaient celles pesant 40 grammes, mais laissaient de côté celles pesant 160 grammes. Les grosses proies peuvent être attrayantes, mais elles sont difficiles, non seulement à maîtriser, car elles se défendent, mais aussi à manipuler pour les manger.

En conclusion, bien que les effraies des clochers soient habituellement des chasseuses opportunistes, elles peuvent, si le choix leur est offert, sélectionner la proie à capturer.

## Futures recherches

- Les oisillons ont-ils des préférences alimentaires ? Ceci pourrait être testé en offrant simultanément différentes espèces proies.

## Pour aller plus loin


Bellocq, M. I. 1998. Prey selection by breeding and nonbreeding barn owls in Argentina. *Auk* **115**: 224–229.

Bernard, N., Michelat, D., Raoul, F., Quéré, J.-P., Delattre, P. and Giraudoux, P. 2010. Dietary response of barn owls (*Tyto alba*) to large variations in populations of common voles (*Microtus arvalis*) and European water voles (*Arvicola terrestris*). *Can. J. Zool.* **88**: 416–426.

Derting, T. L. and Cranford, J. A. 1989. Physical and behavioral correlates of prey vulnerability to barn owl (*Tyto alba*) predation. *Am. Midl. Nat.* **121**: 11–20.

Dickman, C. R., Predavec, M. and Lyman, A. J. 1991. Differential predation of size and sex classes of mice by the barn owl, *Tyto alba*. *Oikos* **62**: 67–76.

Embar, K., Mukherjee, S. and Kotler, B. P. 2014. What do predators really want? The role of gerbil energetic state in determining prey choice by barn owls. *Ecology* **95**: 280–285.

Ille, R. 1991. Preference of prey size and profitability in barn owls *Tyto alba guttata*. *Behaviour* **116**: 180–189.

Pribbernow, M. 1996. Nahrungsökologische Untersuchungen an Schleiereulen (*Tyto alba*, Scopoli 1769) in der Uckermark. Diplom-Arbeit, Humboldt Universität, Berlin.

Roulin, A. 2004. The function of food stores in bird nests: observations and experiments in the barn owl *Tyto alba*. *Ardea* **92**: 69–78.

Vanitha, V. and Kanakasabai, R. 2009. Prey selection by the barn owl *Tyto alba* (Scopoli, 1769) in captivity. *J. Threat. Taxa* **1**: 361–365.

Le régime alimentaire de l'effraie des clochers est principalement composé de petits mammifères.

# De fins gourmets

## Le régime alimentaire

**Les petits mammifères sont les proies principales des effraies communes. Il s'agit majoritairement de petits rongeurs, comme des espèces de la famille des Muridés. Ces dernières sont présentes dans le régime alimentaire des effraies communes de tous les continents. Des mammifères insectivores sont capturés en grand nombre en Asie et en Europe, et des marsupiaux sont parfois consommés en Amérique et en Océanie. Le régime alimentaire des autres Tytonidés (effraies ombrées et piquetées, effraies masquées et effraies du Cap) est plus diversifié que celui des effraies communes et des effraies de prairie. En Europe, l'abondance des invertébrés et des animaux insectivores (musaraignes, taupes, oiseaux, chauves-souris) a diminué au cours du siècle dernier.**

Contenant des restes de petits mammifères (parfois jusqu'à 15 proies), une pelote de réjection peut atteindre 11 centimètres de long. Il s'agit d'une source d'information hors du commun sur le régime alimentaire d'un prédateur et sur son écologie. Les pelotes peuvent également fournir des renseignements précieux sur les communautés de mammifères présentes dans une région donnée.

### LE RÉGIME ALIMENTAIRE DES EFFRAIES COMMUNES

Dans le monde entier, le régime alimentaire de l'effraie commune est composé de 72 à 99 % de petits mammifères, le reste étant constitué d'oiseaux, d'invertébrés, d'amphibiens et de reptiles. Une analyse portant sur les pelotes de réjection et réunissant un total de 4,8 millions de micromammifères identifiés a permis

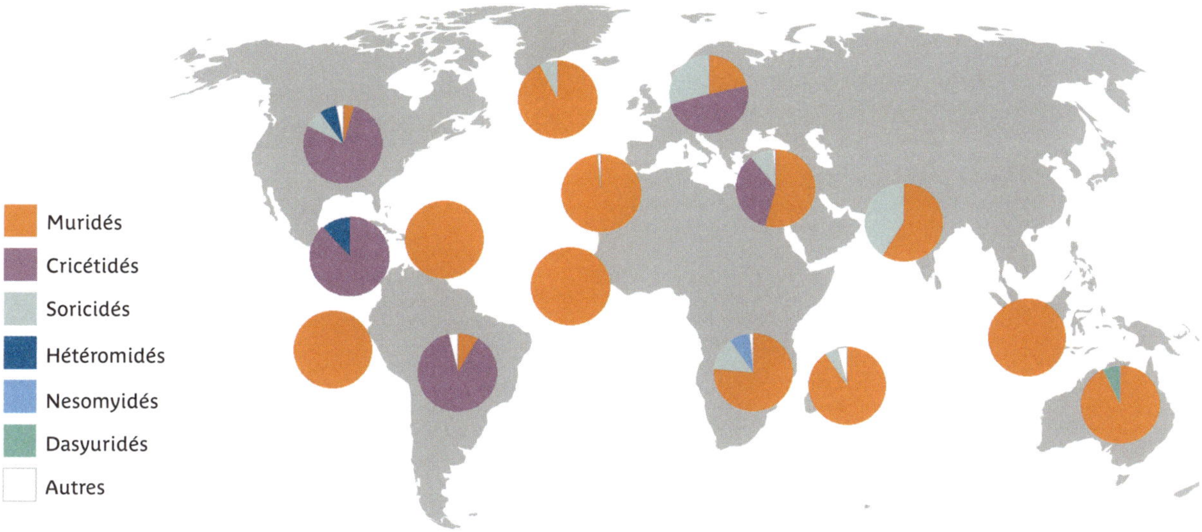


Proportions des familles de petits mammifères les plus abondantes en tant que proies des effraies communes. Cette figure est basée sur les résultats de 1 240 études publiées entre 1860 et 2016, et totalisant 4 769 542 micromammifères identifiés.

de déterminer que les rongeurs, principalement des Muridés (type souris) et des Cricétidés, Hétéromidés et Nésomidés (type campagnol) sont les proies les plus fréquemment capturées, suivis des petits mammifères insectivores (principalement les musaraignes, Soricidés) et des marsupiaux en Australie et Amérique du Sud. Alors que les Muridés sont présents en grand nombre dans le régime alimentaire des effraies communes partout dans le monde, les Cricétidés ne sont capturés qu'en Europe, au Moyen-Orient et en Amérique. Les Soricidés sont capturés en Europe, en Afrique du Nord, au Moyen-Orient et en Amérique du Nord.

La seule famille de proies capturées sur tous les continents est donc la famille des Muridés, les souris du genre *Mus* étant particulièrement abondantes en Australie, en Afrique du Nord, au Moyen-Orient, dans la péninsule Ibérique et à Madagascar. Les rats du genre *Rattus* sont également présents sur tous les continents, et sont particulièrement consommés en Asie du Sud-Est, dans les îles des Caraïbes, dans le nord de l'Amérique du Sud et à Madagascar.

L'**indice de Shannon** indique dans quelle mesure l'alimentation d'un animal est diversifiée en tenant compte à la fois du nombre d'espèces et de la fréquence de ces espèces dans le régime alimentaire. Plus le régime est spécialisé, plus la valeur de l'indice est proche de 0 (il n'y a pas de valeur maximale théorique). Selon cet indice, l'alimentation des effraies communes semble plus diversifiée sur les continents que dans les îles (en moyenne 1,44 et 1,17 respectivement) et plus diversifiée en Amérique du Sud et en Europe continentale qu'au Moyen-Orient, en Afrique, en Amérique du Nord, en Asie et en Australie, comme le montrent les tableaux de la page 134 et les cartes de la page 135. Le régime alimentaire des effraies communes est particulièrement diversifié en Afrique du Sud, au centre de l'Amérique du Nord, dans le sud de l'Amérique du Sud et en Europe de l'Est. En Australie, en Afrique du Nord et de l'Ouest et dans les parties nord de l'Amérique du Nord et du Sud, il est plus spécialisé, centré sur quelques espèces clés.

## EN EUROPE

Une analyse de 907 articles a permis d'identifier 4,54 millions de proies, et a montré des changements temporels prononcés dans la composition du régime alimentaire des effraies des clochers entre 1860 et 2016. Les rongeurs sont de loin les proies les plus fréquentes

Pourcentage des divers types de proies et indice de Shannon chez les effraies communes et les effraies du Cap et de prairie, les effraies masquées d'Australie et les effraies ombrées

| | effraies communes (*Tyto alba, T. furcata, T. javanica*) | | | | | | | | |
|---|---|---|---|---|---|---|---|---|---|
| | Europe | Royaume-Uni | Afrique | Madagascar | Moyen-Orient | Amérique du Nord | Amérique du Sud | Asie | Australie |
| **Nombre de proies** | 3 193 542 | 609 191 | 87 578 | 6 360 | 34 447 | 332 546 | 76 448 | 17 480 | 15 370 |
| **Nombre d'études** | 493 | 52 | 54 | 5 | 25 | 111 | 64 | 9 | 17 |
| **Indice de Shannon** | 1,9 | 1,76 | 1,69 | 1,13 | 1,72 | 1,57 | 1,9 | 1,35 | 0,98 |
| **Mammifères** | | | | | | | | | |
| Rongeurs | 68,8 | 72,31 | 68,9 | 58,78 | 66,23 | 89,6 | 82,05 | 79,2 | 67,48 |
| Insectivores | 27,46 | 26,45 | 7,64 | 5,13 | 21,69 | 7,82 | 0,05 | 16 | |
| Marsupiaux | | | | | | 0,01 | 0,9 | | 6,06 |
| Primates | | | 0,23 | 1,13 | | | | | |
| Carnivores | 0,01 | | | | | 0,01 | | | |
| Chauves-souris | 0,14 | 0,03 | 0,32 | 7,1 | 1,56 | 0,14 | 1,62 | | 0,12 |
| **Non-mammifères** | | | | | | | | | |
| Oiseaux | 2,64 | 1,04 | 13,29 | 6,25 | 6,08 | 2,15 | 4,5 | 1,52 | 3,33 |
| Reptiles | 0,05 | 0,003 | | | 0,48 | 0,02 | 0,64 | 0,15 | 16,85 |
| Amphibiens | 0,55 | 0,13 | 2,31 | 19 | 0,08 | 0,005 | 2,69 | 0,22 | 1,98 |
| Invertébrés | 0,35 | 0,02 | 7,31 | 3,57 | 3,88 | 0,25 | 7,54 | 1,95 | 4,17 |
| Crustacés | 0,00003 | | | | | 0,01 | | | |
| Poissons | 0,00059 | 0,0003 | | | 0,01 | 0,02 | | | |
| Gastéropodes | 0,00059 | | | | | | | | |

| | Autres Tytonidés | | | |
|---|---|---|---|---|
| | Effraies du Cap et de prairie | | Effraie masquée d'Australie | Effraie ombrée |
| | *Tyto capensis* | *Tyto longimembris* | *Tyto novaehollandiae* | *Tyto tenebricosa* |
| **Nombre de proies** | 1 666 | 1 117 | 2 562 | 7 797 |
| **Nombre d'études** | 8 | 9 | 9 | 11 |
| **Indice de Shannon** | 2,26 | 1,39 | 2,01 | 2,21 |
| **Mammifères** | | | | |
| Rongeurs | 91,24 | 88,63 | 61,59 | 18,47 |
| Insectivores | 7,02 | 2,78 | | |
| Marsupiaux | | 1,97 | 27,71 | 79,29 |
| Primates | | | | |
| Carnivores | | | 0,04 | |
| Chauves-souris | | | 0,31 | 0,1 |
| **Non-mammifères** | | | | |
| Oiseaux | 1,74 | 4,21 | 7,65 | 1,72 |
| Reptiles | | 0,09 | 0,16 | 0,33 |
| Amphibiens | | | | |
| Invertébrés | | 2,33 | 2,54 | 0,08 |
| Crustacés | | | | 0,01 |
| Poissons | | | | |
| Gastéropodes | | | | |

Seules les études dans lesquelles les chercheurs n'ont pas limité les analyses du régime alimentaire aux mammifères ont été prises en compte, ce qui explique les différences de taille des échantillons entre ces tableaux et le texte. Les données proviennent d'articles scientifiques publiés entre 1860 et 2016.

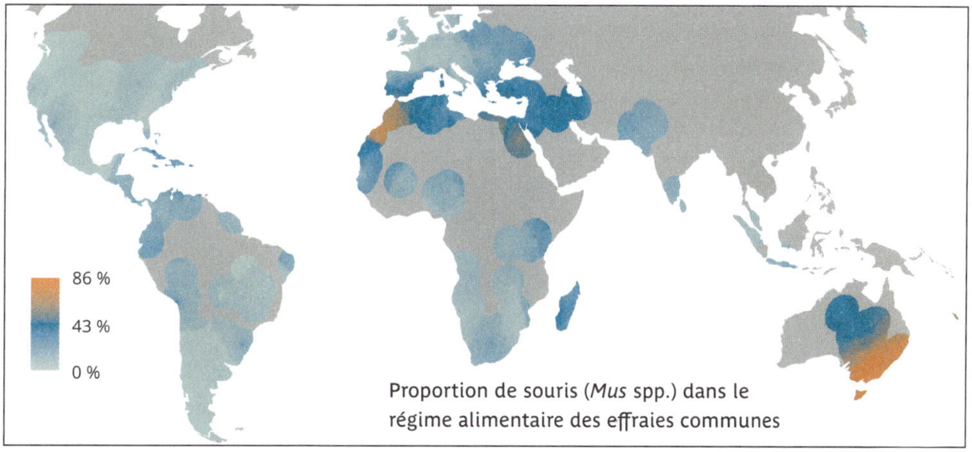


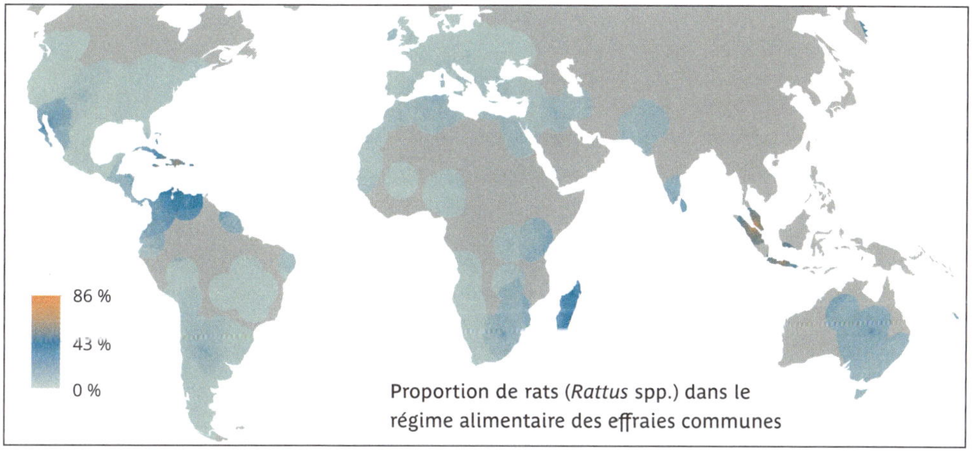


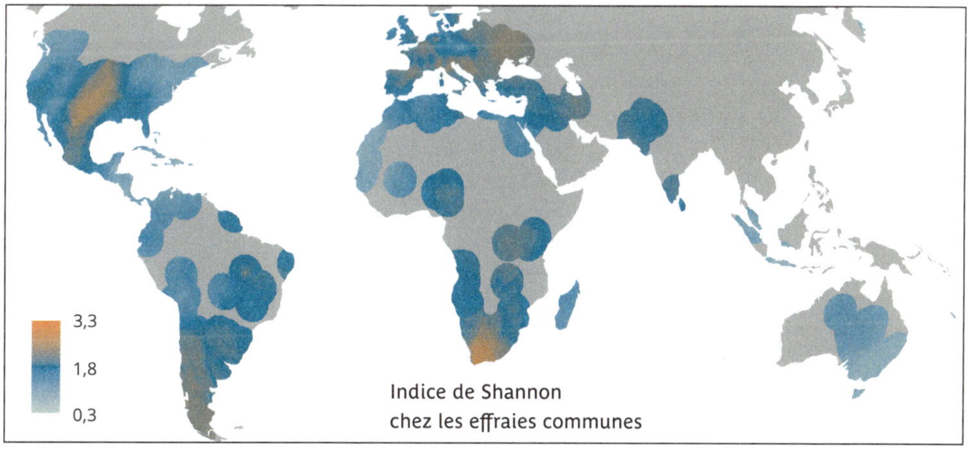


**Cartes du haut et centrale**
Proportions des souris du genre *Mus* et des rats du genre *Rattus* dans le régime alimentaire des effraies communes. En Australie par exemple, le régime alimentaire de l'effraie d'Australasie peut comprendre jusqu'à 87 % de souris. Ces données ont été obtenues de plusieurs articles scientifiques publiés entre 1860 et 2016.

**Carte du bas**
L'indice de Shannon indique combien le régime alimentaire des effraies communes est diversifié. Une valeur élevée (en orange) signifie que le régime alimentaire des chouettes est composé de nombreuses espèces de proies différentes, capturées à des fréquences comparables. Les valeurs basses (en bleu) indiquent quant à elles que le régime alimentaire ne comprend que quelques espèces. Cette figure est basée sur les résultats de 1 274 articles publiés entre 1860 et 2016 en ne prenant en compte que les proies mammaliennes.

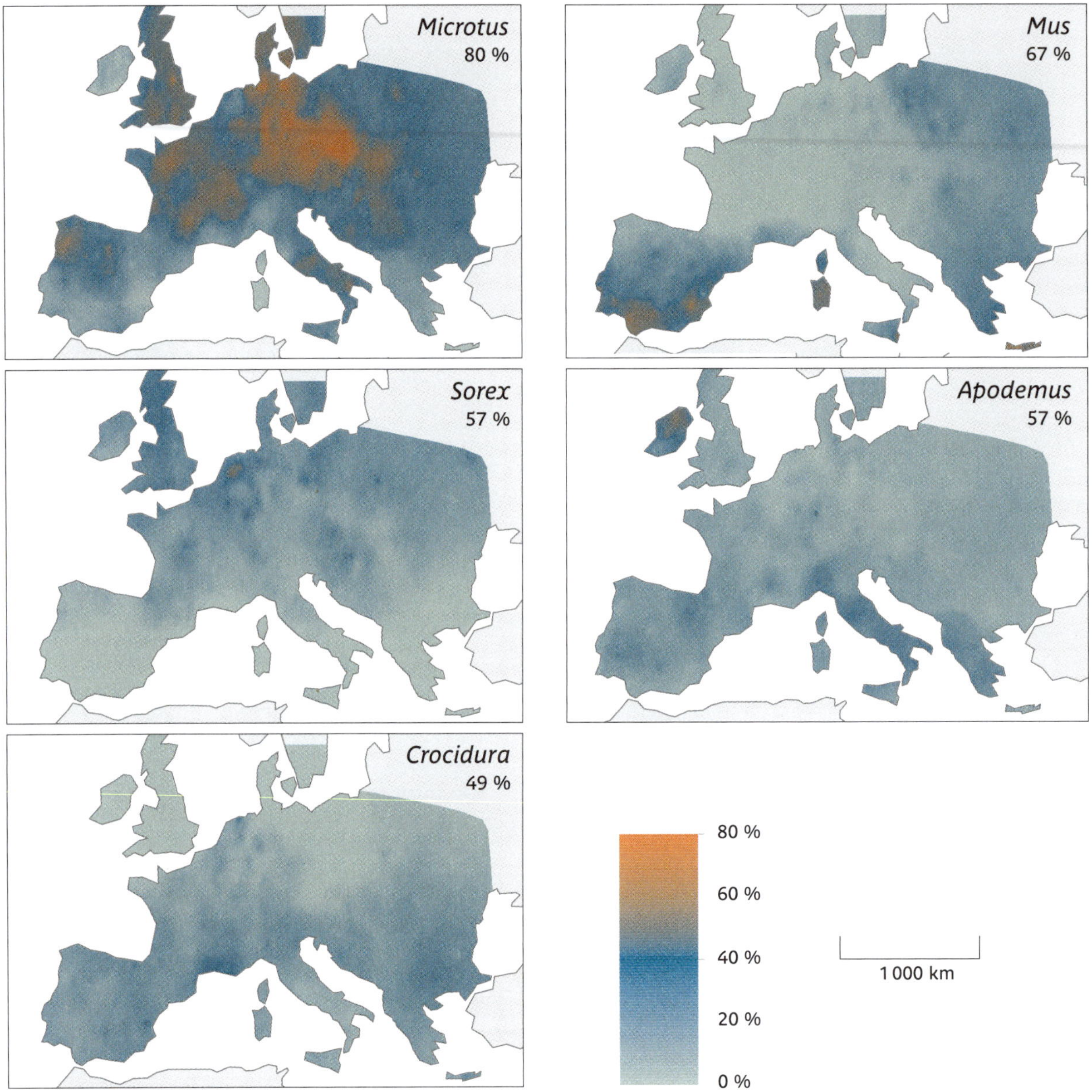


Répartition géographique des proportions de campagnols (15 espèces du genre *Microtus*), de souris (4 espèces du genre *Mus*), de mulots (6 espèces du genre *Apodemus*), de musaraignes Soricidés (7 espèces du genre *Sorex*) et de musaraignes à dents blanches (6 espèces du genre *Crocidura*) dans le régime alimentaire des effraies des clochers européennes. Les pourcentages sur chaque carte indiquent la proportion du genre dans le régime alimentaire. Le genre *Microtus* représente, par exemple, jusqu'à 80 % du régime alimentaire des effraies des clochers en Europe. Ces cartes sont basées sur les résultats de 897 articles scientifiques publiés entre 1860 et 2016.

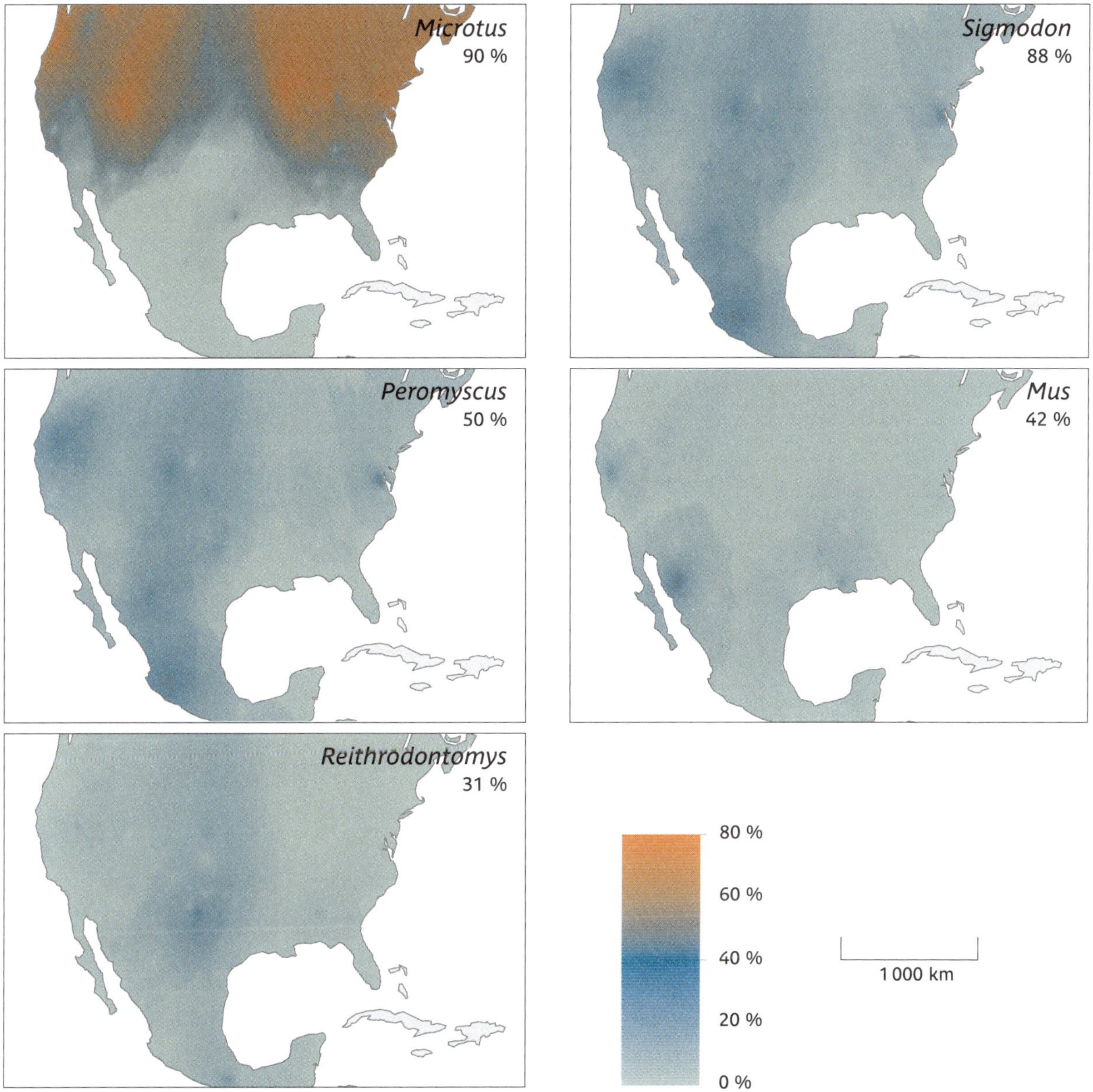


Répartition géographique des proportions de campagnols (9 espèces du genre *Microtus*), de rats et souris du Nouveau Monde (6 espèces du genre *Sigmodon*), de souris à pattes blanches (8 espèces du genre *Peromyscus*), de souris (2 espèces du genre *Mus*) et de souris des moissons d'Amérique (6 espèces du genre *Reithrodontomys*) dans le régime alimentaire des effraies d'Amérique du Nord. Ces cartes sont basées sur les résultats de 124 articles scientifiques publiés entre 1924 et 2016.

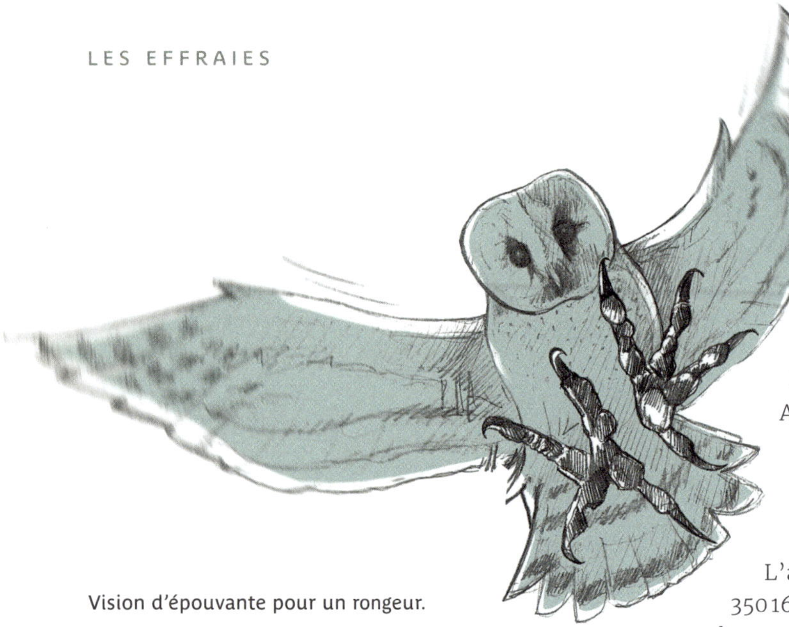

Vision d'épouvante pour un rongeur.

Les effraies des clochers européennes capturent peu de reptiles diurnes. Les amphibiens peuvent être très actifs durant les nuits pluvieuses et sont donc capturés 10 fois plus souvent que les reptiles par les prédateurs nocturnes. Il est intéressant de noter que les effraies des clochers évitent les Bufonidés, Alytidés et Salamandridés, toxiques. Les gastéropodes, les écrevisses et les poissons sont rarement consommés.

en Europe, représentant en moyenne 71,6 % des mammifères capturés. Les petits mammifères insectivores constituent le deuxième groupe le plus important (28,4 % sans compter les chauves-souris), comprenant 7 espèces de musaraignes Soricinés (le pourcentage médian de petits mammifères appartenant au genre *Sorex* est de 12,5 %), 6 espèces de Crocidurinés (*Crocidura*, 7,7 %), ou musaraignes à dents blanches, le pachyure étrusque (*Suncus etruscus*, 2,5 %), 2 espèces de musaraignes aquatiques (*Neomys*, 0,4 %) et 6 espèces de taupes (*Talpa*, moins de 0,0001 %). La consommation de ces mammifères insectivores a diminué au cours du siècle dernier, de même que celle des chauves-souris, qui sont moins chassées dans les îles, et également moins soumises à la prédation des effraies en Europe occidentale qu'en Europe de l'Est, et dans le nord de l'Europe que dans le sud du continent. Les oiseaux sont capturés relativement souvent, en particulier dans les îles, et dans le sud et l'est de l'Europe. La consommation d'oiseaux, en particulier de moineaux domestiques (65,7 % de tous les oiseaux capturés), a également diminué au cours du siècle dernier, surtout en Europe du Nord et de l'Est. Le déclin au cours du temps de l'abondance des musaraignes, des taupes, des chauves-souris et des oiseaux dans le régime alimentaire des effraies communes est probablement le corollaire du fort déclin des populations d'invertébrés qui constituent leur régime alimentaire de base.

## EN AMÉRIQUE DU NORD

L'analyse de 124 études a permis de recenser 350160 proies. La famille de petits mammifères la plus communément capturée en Amérique du Nord est celle des Cricétidés, avec les campagnols (*Microtus* spp.) représentant 38,1 % de tous les micromammifères et étant particulièrement abondants dans les parties septentrionales du continent. Le deuxième genre le plus représenté est *Sigmodon* (10,6 % des petits mammifères capturés), particulièrement le long du golfe du Mexique. Les souris des moissons d'Amérique (*Reithrodontomys* spp., 3,9 %) sont capturées principalement dans le centre du continent. Les autres familles représentant plus de 1 % des proies mammaliennes sont les souris à pattes blanches (*Peromyscus* spp., 9,8 %), les rats du riz (*Oryzomys* spp., 6,2 %), les souris à poches (*Perognathus* spp., 3.3 % ; *Chaetodipus* spp., 2,8 %), les rats-kangourous (*Dipodomys* spp., 3,1 %), les souris (*Mus* spp., 3,6 %), les musaraignes d'Amérique (*Blarina* spp., 2,9 %), des musaraignes du genre *Cryptotis* (2,6 %) et les musaraignes à dents rouges (*Sorex* spp., 1,5 %).

## EN AMÉRIQUE DU SUD

L'analyse de 75 études a permis d'identifier 95551 proies. Comparativement aux autres continents, les invertébrés sont plus souvent capturés en Amérique du Sud. Parmi les petites proies mammaliennes, la famille des Cricétidés constitue l'essentiel du régime alimentaire (87,7 %) des effraies d'Amérique, suivie des Muridés (8,3 %) et des Didelphidés (1,4 %), tandis que chacune des autres familles (Ctenomidés, Cavidés, Abrocomidés,

Octodontidés, Echimidés, Microbiotherlidés) représente moins de 1 % du régime alimentaire. Les espèces les plus fréquemment capturées sont *Oligoryzomys flavescens* (12,2 % de toutes les proies mammaliennes), l'akodon d'Azara (*Akodon azarae*, 8,7 %), la souris grise (*Mus musculus*, 6,2 %), *Calomys laucha* (5,6 %), le rat pygmée de rizière à longue queue (*Oligoryzomys longicaudatus*, 3,1 %), *Phyllotis darwini* (2,6 %) et *Reithrodon auritus* (2,6 %).

## EN AFRIQUE

L'analyse de 76 études a permis de répertorier 218 209 proies. La famille la plus souvent capturée est celle des Muridés, en particulier en Afrique du Nord. Deux autres familles régulièrement consommées sont les Soricidés et les Nesomidés. Les autres familles comprennent les Bathyergidés, les Chrysochloridés, les Dipodidés, les Érinacéidés, les Gliridés, les Macroscélididés et les Spalacidés. Par rapport aux autres continents, les oiseaux et les invertébrés sont capturés en grand nombre.

Une effraie commune avalant sa proie.

## AU MOYEN-ORIENT

L'analyse de 32 études a permis d'identifier 41 220 proies. Les effraies des clochers du Moyen-Orient ont un régime alimentaire semblable à celui des chouettes d'Europe, excepté en ce qui concerne la fréquence des Muridés, et en particulier des souris (*Mus* spp.), qui est beaucoup plus élevée au Moyen-Orient.

## EN ASIE

L'analyse de 11 études a permis de recenser 19 408 proies. La proportion de Muridés est encore plus élevée en Asie qu'au Moyen-Orient, en particulier dans les îles d'Asie du Sud-Est. En effet, 3 études menées en Indonésie ont démontré que la majeure partie du régime alimentaire des effraies communes locales était composée de rats.

## EN AUSTRALIE

L'analyse de 20 études a permis de répertorier 17 620 proies. Au cours des 200 dernières années, des extinctions et des déclins considérables de populations de mammifères ont entraîné la disparition d'espèces historiquement importantes dans l'alimentation de l'effraie d'Australasie, et ce, depuis que les Européens se sont établis sur le continent. Ceci a pu être déterminé grâce à des données provenant d'études effectuées sur des pelotes subfossiles retrouvées dans des grottes servant de lieux de reproduction. Les espèces introduites, principalement la souris grise (*Mus musculus*), composent actuellement la majorité du régime alimentaire dans de nombreuses régions. Les études des dernières décennies révèlent, sans surprise, que les Muridés constituent l'essentiel de l'alimentation avec 5 genres (*Leggadina forresti*, *Mus musculus*, 4 espèces de *Notomys*, 4 espèces de *Pseudomys* et 4 espèces de *Rattus*). Viennent ensuite 5 genres de Dasyuridés (marsupiaux, avec 2 espèces d'*Antechinomys*, 2 espèces d'*Antechinus*, 4 espèces de *Sminthopsis*, 5 espèces de *Planigale* et *Ningaui ridei*), le phalanger pygmée (*Cercartetus nanus*) et de nombreux reptiles.

## LE RÉGIME ALIMENTAIRE DES AUTRES TYTONIDÉS

L'étude du régime alimentaire des effraies d'Australasie et de leurs proches parents peut fournir des informations importantes sur les modifications de la biodiversité dans le passé. Les Européens se sont installés en Australie en 1788 et en Tasmanie en 1803, entraînant des changements dramatiques dans la flore et la faune locales. Actuellement, les effraies masquées d'Australie consomment principalement des animaux introduits, qui constituent jusqu'aux trois quarts de leur alimentation. L'appauvrissement du régime alimentaire résultant de l'arrivée des colons européens a donc probablement été encore plus marqué chez les effraies masquées et les effraies ombrées et piquetées que chez les effraies d'Australasie (effraie commune).

La comparaison des régimes alimentaires préhistoriques et actuels de l'effraie ombrée, réalisée grâce à l'analyse de dépôts de pelotes subfossiles accumulées dans des grottes, a révélé que plus de 75 % des espèces de proies originelles ont décliné. Cette grande chouette vit dans les forêts et a donc un régime alimentaire très différent de celui des autres effraies. Elle se nourrit principalement de marsupiaux, parmi lesquels de grands opossums et phalangers pesant jusqu'à 1,5 kg. Les effraies masquées d'Australie et de Tasmanie sont également très grandes, mais elles chassent dans les paysages ouverts et les bois, comme l'effraie commune. À l'instar des effraies ombrée et piquetée, le régime alimentaire de l'effraie masquée d'Australie contient beaucoup plus de marsupiaux que celui de l'effraie d'Australasie. Les effraies du Cap, en Afrique, et de prairie, en Australasie, consomment de nombreux rongeurs, mais en Australasie, leur alimentation n'est pas aussi diversifiée. En revanche, les effraies ombrées et piquetées, les effraies masquées et les effraies du Cap ont une alimentation plus diversifiée que les effraies des clochers (voir tableau à la page 134).

## Futures recherches

- La liste complète de toutes les espèces proies (y compris les oiseaux et les invertébrés) devrait être publiée, même si les chercheurs s'intéressent principalement à un groupe particulier de proies, comme les petits mammifères.
- De nombreux chercheurs analysent les pelotes des effraies communes, mais la plupart des données ne sont pas accessibles. En raison d'un manque de données sur de vastes zones géographiques, des cartes de l'abondance des proies n'ont pu être établies que pour l'Europe et l'Amérique du Nord.

## Pour aller plus loin

Bilney, R. J., Cook, R. R. and White, J. 2006. Change in the diet of sooty owls (*Tyto tenebricosa*) since European settlement: from terrestrial to arboreal prey and increased overlap with powerful owls. *Wild. Res.* **33**: 17–24.

Roulin, A. 2016. Strong decline in the consumption of invertebrates by barn owls from 1860 to 2012 in Europe. *Bird Study* **63**: 146–147.

Roulin, A. 2016. Shrews and moles are less often captured by European barn owls nowadays than 150 years ago. *Bird Study* **63**: 559–563.

Roulin, A. and Christe, P. 2013. Geographic and temporal variation in the consumption of bats by European barn owls. *Bird Study* **60**: 561–569.

Roulin, A. and Dubey, S. 2012. The occurrence of reptiles in barn owl diet in Europe. *Bird Study* **59**: 504–508.

Roulin, A. and Dubey, S. 2013. Amphibians in the diet of European barn owls. *Bird Study* **60**: 264–269.

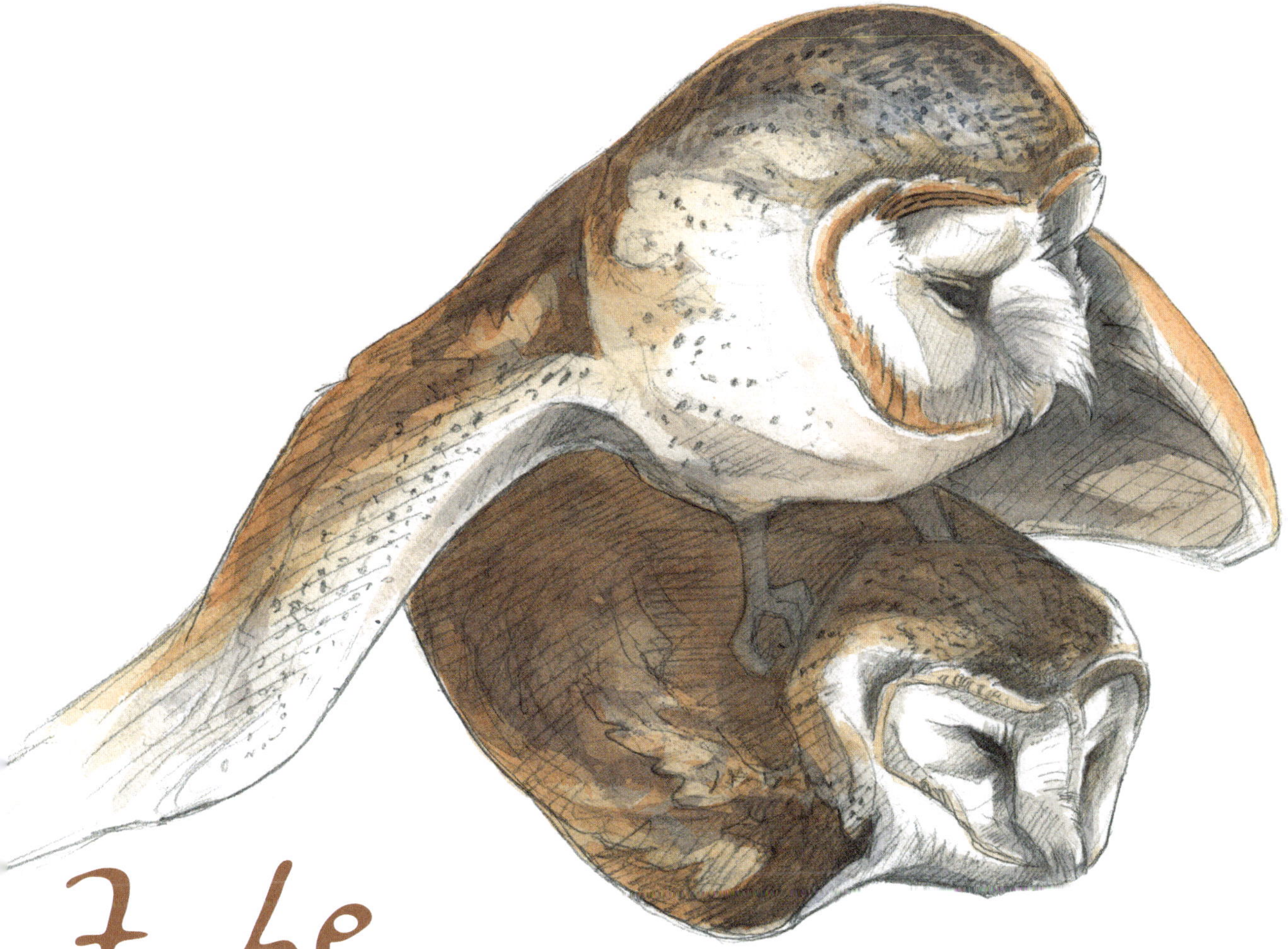

# 7. Le comportement sexuel

- La parade nuptiale et la copulation
- La stratégie de reproduction
- Fidélité et séparation

Parade nuptiale chez l'effraie des clochers, le mâle offrant une proie à sa compagne.

# La parade nuptiale et la copulation

**Les effraies des clochers ont une vie sexuelle exigeante. En Europe, elles recherchent un site de nidification et un partenaire au début de l'hiver. Dans les régions tempérées du Nord, elles peuvent se reproduire de février à novembre. Les individus les plus actifs sexuellement peuvent donc consacrer la majeure partie de l'année à des activités liées à la reproduction. Les relations sexuelles sont ritualisées : les mâles offrent de la nourriture aux femelles pour leur faire la cour, le couple émet des vocalisations pendant la copulation, et quand les œufs sont pondus, les chouettes peuvent copuler plus d'une fois par heure. Les effraies des clochers peuvent donc s'accoupler des centaines de fois pour ne produire qu'une seule couvée.**

Le comportement sexuel de l'effraie des clochers en Europe a été décrit en détail.

## LA SAISON DE REPRODUCTION

C'est en hiver que les membres de l'espèce, en particulier les adultes les plus âgés et les plus expérimentés, commencent à rechercher des sites de nidification. Les mâles défendent un territoire ; les femelles explorent plusieurs sites et rendent visite à différents partenaires avant de décider où et avec qui elles vont s'établir. Une effraie des clochers femelle peut ainsi rejeter de nombreux prétendants. Les mâles font des avances aux femelles en leur offrant des proies, ce qui leur permet de les approcher. Les femelles peuvent refuser ces offrandes et quitter le site sans consommer les proies, qui se décomposent et finissent par se dessécher. Lors d'une étude en Suisse, nous avons relevé 240 nichoirs contenant une nichée et 27 autres ne renfermant que des proies desséchées, ce qui signifie qu'au moins 10 % des parades nuptiales n'ont pas donné lieu à couvée. Dans un site, nous avons même trouvé 76 proies desséchées. Comme les effraies des clochers ne font pas de réserve de nourriture, contrairement aux geais ou aux écureuils dans les forêts, ces proies ont été offertes en vain. Cela se produit souvent les bonnes années de reproduction, où tous les individus sexuellement matures essaient de procréer. Durant de telles années, un mâle peut tenter d'attirer plusieurs femelles avant de trouver son âme sœur. Et il y a parfois tellement de mâles prêts à se reproduire que les femelles peuvent passer beaucoup de temps auprès de chacun avant de choisir un partenaire.

Les mâles attirent une partenaire en émettant jusqu'à 500 cris par nuit et en tournant en rond autour de leur nid. Ils invitent les femelles à y entrer et ils en grattent le sol, comme pour leur montrer où elles peuvent déposer leurs œufs. Paradoxalement, lorsque la parade nuptiale se passe bien, les deux partenaires peuvent

**Une effraie des clochers mâle offrant une proie avant la copulation. Les photographies ont été prises avec un piège photographique.** © Robin Séchaud & Kim Schalcher

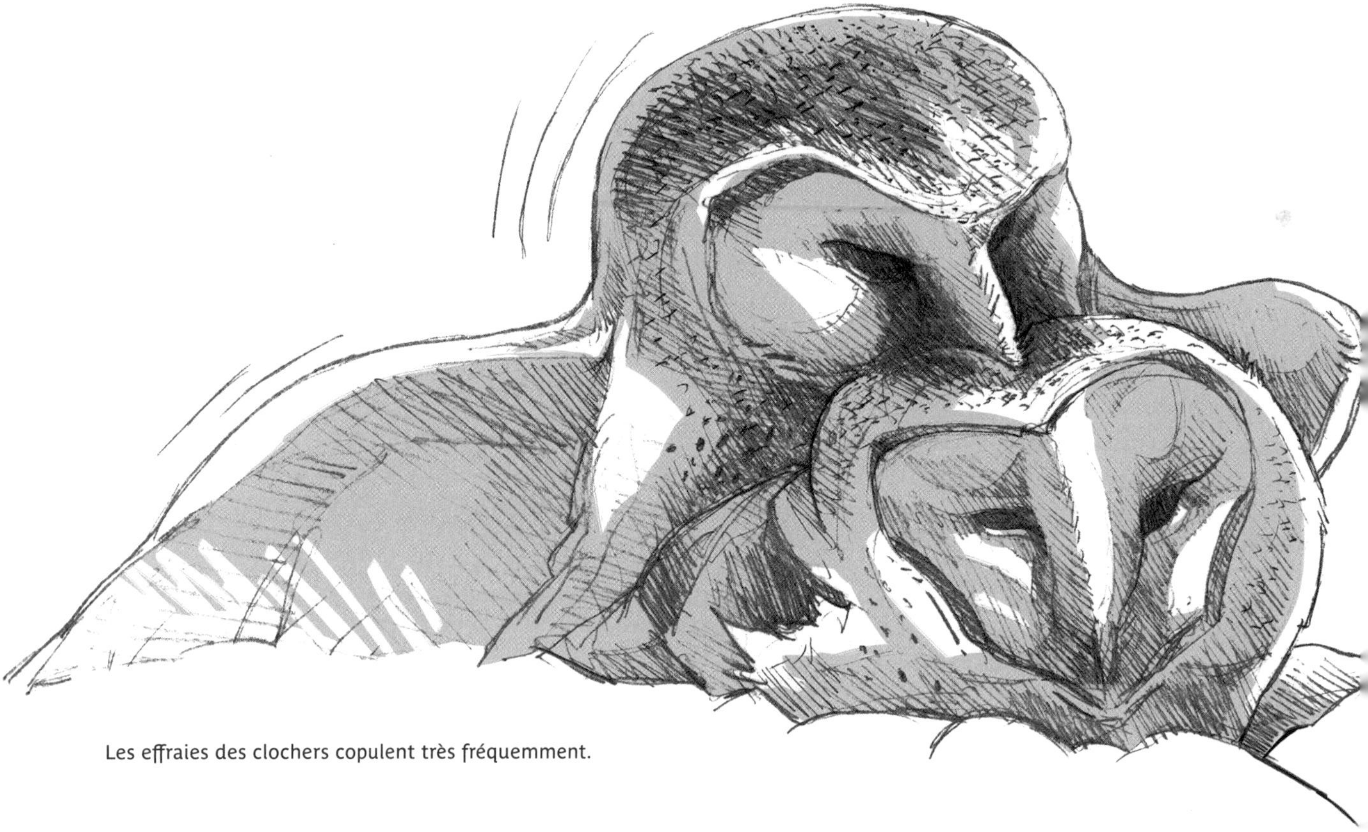

Les effraies des clochers copulent très fréquemment.

être agressifs l'un envers l'autre. On peut constater de violentes batailles de becs, des soulèvements d'ailes en signe de peur, des empoignades et des coups de griffes et de becs, et la femelle chassant le mâle pour prendre la proie qu'il lui a offerte.

Pendant la longue période précédant la ponte, qui, en Europe, s'étend de l'hiver au printemps, les femelles viennent se reposer dans la cavité du nid plus souvent que les mâles. Au fur et à mesure que la saison avance, les deux s'observent de plus en plus fréquemment ensemble dans les nids et se font de plus en plus entendre vocalement. Le mâle présente plus souvent son nid à la femelle et la courtise en lui offrant de plus en plus de proies. Ces offrandes sont essentielles, car les femelles ont besoin de stocker beaucoup d'énergie pour produire des œufs. Elles deviennent si lourdes qu'elles peuvent à peine chasser. Un mâle doit donc nourrir généreusement sa partenaire s'il veut une nichée. Un mois avant la ponte, les mâles apportent donc au nid en moyenne 2 campagnols par jour, et jusqu'à 5 par jour environ 5 jours avant la ponte, période pendant laquelle les deux partenaires passent tous deux leur temps de repos au nid pour copuler. Une étude en Allemagne a montré qu'un mâle apportait plus de proies par jour pendant la ponte des œufs (5,7 par jour en moyenne), l'éclosion (8,4) et les 5 premiers jours de croissance (15,8) que pendant l'incubation (4,8). Le nombre de proies apportées par le mâle coïncide donc avec les besoins alimentaires, mais la fréquence de ce nourrissage de parade ne permet pas de prédire la taille de la couvée.

Chez les effraies des clochers, l'accouplement suit souvent un rituel particulier. Dans une étude en France, juste avant la copulation, le mâle offrait une proie à la femelle dans 40 % des cas. Mais les mâles ne sont pas toujours généreux, car sur une période de 24 heures, le nombre de copulations peut dépasser le nombre de ces offrandes. Par ailleurs, les femelles ne consomment pas toujours la proie offerte. Avant 90 % des copulations, la femelle produit des cris puissants. Les deux partenaires émettent des cris avant et pendant la copulation et, à la fin de l'acte, le mâle produit un ronflement extatique. En Allemagne, les effraies des clochers peuvent copuler à n'importe quel moment entre février — deux mois avant la ponte — et novembre, qui marque la fin de la saison de reproduction. Cela étant, la période des accouplements n'est pas aussi longue chez tous les individus, et la copulation commence généralement 20 à 50 jours avant la première ponte de l'année et 17 à 33 jours avant la deuxième. La plupart des actes de copulation ont lieu au nid dès que le mâle entre dans la cavité, et les chouettes n'hésitent pas à s'y livrer en présence de leur progéniture. La durée de l'acte copulatoire est relativement longue comparée à celle connue chez d'autres oiseaux, avec 29 secondes en moyenne et un maximum observé de 1 minute, sans égaler toutefois le record de 24 minutes constaté chez le phragmite aquatique.

## LA SURVEILLANCE DU PARTENAIRE

La règle sociale qui prévaut chez les effraies des clochers est la monogamie sociale, les individus s'associant à un partenaire à la fois. Cela étant, les mâles essaient souvent de copuler en dehors du couple, mais ils n'apprécient pas d'être eux-mêmes « cocufiés ». Chez les chouettes et les hiboux, le mâle est le principal pourvoyeur de nourriture. Par conséquent, pour éviter de gaspiller de l'énergie à s'occuper de la progéniture d'autrui, il suivra sa partenaire d'aussi près que possible afin de s'assurer qu'elle ne copule pas avec un autre mâle. Cette stratégie est décrite comme « la surveillance du partenaire » (*mate guarding*, en anglais). Un suivi télémétrique réalisé sur quatre mâles en Écosse a montré que, juste avant et pendant la ponte, ceux-ci passaient 74 % de la nuit près du nid, tandis qu'une fois l'accouplement terminé, et donc le risque de « tromperie » négligeable, les mêmes mâles ne passaient plus que 28 % de leur temps près de leur partenaire.

## LA FRÉQUENCE DE COPULATION

Un seul acte de copulation est potentiellement suffisant pour féconder tous les œufs d'une couvée, mais les effraies des clochers peuvent copuler des centaines de fois en une seule tentative de nidification. Pourquoi cela ? En copulant si souvent avec sa partenaire, le mâle s'assure que le sperme d'un éventuel intrus sera grandement dilué, l'empêchant ainsi de féconder ne serait-ce qu'un seul ovule. Vingt jours avant la ponte, les couples copulent au moins une fois par jour pour atteindre un pic, juste avant la ponte, de plus d'une copulation par heure (le maximum enregistré étant de 70 copulations en 24 heures). Dès le début de la ponte, le taux diminue jusqu'à environ une copulation par heure. Pendant l'incubation, les oiseaux peuvent encore copuler plus de 14 fois par jour. Ils continuent pendant l'éclosion et l'élevage des poussins, mais une fois que la mère commence à chasser pour sa progéniture, la copulation est susceptible de prendre fin, à moins qu'il y ait une nouvelle tentative de nichée. Un mâle peut donc continuer à copuler une fois la première nichée menée à bien, ce qui semble motiver la femelle à produire une deuxième nichée annuelle avec lui plutôt qu'avec un autre mâle. On constate que les couples en charge d'une grande couvée copulent plus souvent chaque jour que ceux qui ont une couvée plus petite, mais que l'approvisionnement en nourriture ne semble pas affecter la fréquence des copulations. Ces tendances semblent généralisables à tous les hiboux, chouettes et autres rapaces.

## L'ÂGE DE LA MATURITÉ SEXUELLE

Les animaux ayant une vie courte commencent habituellement à se reproduire plus tôt que ceux jouissant d'une longévité plus grande. Ainsi, la caille des blés peut se reproduire dès 60 jours, alors que le gypaète barbu ne commence à procréer avec succès qu'à partir de 11 ans au moins. Connaître l'âge de la maturité sexuelle est important car celui-ci influence la trajectoire de vie et ses grands rythmes, comme la survenue du vieillissement, et la survie d'une façon générale. Chez l'effraie des clochers, la maturité sexuelle est atteinte très tôt, habituellement au cours de la première année. Tous les Tytonidés, y compris les grandes effraies ombrées, piquetées et de prairie, peuvent procréer dès cet âge. Ainsi, aux États-Unis et en Europe, plus de 95 % des effraies des clochers se reproduisent pour la première fois au cours de leur première année, seuls quelques individus attendant d'avoir 2 ans pour s'y mettre. Le début de la reproduction peut être reporté si un oiseau est incapable d'attirer un partenaire ou si les conditions environnementales sont mauvaises au cours de sa première année de vie, comme le montre une étude réalisée aux Pays-Bas. En Suisse, un suivi effectué sur 283 effraies des clochers se reproduisant au cours de leur première année de vie a montré que le premier œuf était pondu en moyenne à 332 jours, le plus jeune individu n'ayant que 180 jours et le plus vieux 438 jours. Il est intéressant de noter que cela ne varie pas d'un sexe à l'autre.

## Futures recherches

- Les variations interindividuelles dans le comportement, la morphologie, la physiologie devraient être étudiées afin de comprendre quels individus sont susceptibles de se reproduire plus tôt dans leur vie.
- Identifier les variables (par exemple la température, la date, l'heure de la journée, la morphologie) qui peuvent expliquer les variations d'offrandes de proies et de copulation.
- Étudier si l'activité sexuelle diffère d'un individu à l'autre, et pourquoi.

## Pour aller plus loin


Antor, R. J., Margalida, A., Frey, H., Heredia, R., Lorente, L. and Sesé, J. A. 2007. First breeding age in captive and wild bearded vultures *Gypaetus barbatus*. *Acta Ornithol.* **42**: 114–118.

Béziers, P. and Roulin, A. *In press*. Sexual maturity varies with melanic plumage traits in the barn owl. *J. Avian Biol.* https://doi.org/10.1111/jav.02715

Bruijn, O. de. 1994. Population ecology and conservation of the barn owl *Tyto alba* in farmland habitats in Liemers and Achterhoek (the Netherlands). *Ardea* **82**: 1–109.

Durant, J. M., Gendner, J.-P. and Handrich, Y. 2010. Behavioural and body mass changes before egg laying in the barn owl: cues for clutch size determination? *J. Ornithol.* **151**: 11–17.

Epple, W. 1985. Ethologische Anpassungen im Fortpflanzungssystem der Schleiereule (*Tyto alba* Scop., 1769). *Ökol. Vögel* **7**: 1–95.

Marti, C. D. 1997. Lifetime reproductive success in barn owls near the limit of the species' range. *Auk* **114**: 581–592.

Møller, A. P. 1987. Copulation behaviour in the goshawk, *Accipiter gentilis*. *Anim. Behav.* **35**: 755–763.

Muller, Y. 1981. Une chouette effraie (*Tyto alba*) se reproduit dès l'âge de 7 mois. *Ciconia* **2–3**: 143–146.

Platz, M. 1996. Untersuchungen zur Brutbiologie eines Schleiereulenpaares (*Tyto alba*) unter besonderer Berücksichtigung des Nahrungserwerbs in der Agrarlandschaft. Diplomarbeit Freie Universität/ Humboldt Universität Berlin.

Roulin, A. 1996. Balz und Paarbildungserfolg bei der Schleiereule *Tyto alba*. *Ornithol. Beob.* **93**: 184–189.

Roulin, A. 1998. Formation des couples en hiver chez l'effraie des clochers *Tyto alba* en Suisse. *Nos Oiseaux* **45**: 83–89.

Schulzehagen, K., Leisler, B., Birkhead, T. R. and Dyrcz, A. 1995. Prolonged copulation, sperm reserves and sperm competition in the aquatic warbler *Acrocephalus paludicola*. *Ibis* **137**: 85–91.

Stearns, S. C. 1992. *The Evolution of Life Histories*. Oxford: Oxford University Press.

Comportement rituel entre un mâle et une femelle.

# La stratégie de reproduction

**Les effraies des clochers sont généralement des nicheurs solitaires et, par conséquent, elles n'ont habituellement qu'un partenaire à la fois (monogamie sociale), comme chez la plupart des oiseaux. Quelques mâles peuvent être polygynes, leurs deux femelles nichant dans des nids souvent distants de plusieurs kilomètres, rarement dans la même cavité. En revanche, peu de femelles produisent une couvée avec deux mâles (polyandrie). Les effraies de prairie et du Cap, et occasionnellement les effraies communes, peuvent être grégaires et former des colonies « lâches », où elles peuvent s'accoupler avec plusieurs compagnons. Environ un oisillon sur 50 n'est pas engendré par le mâle qui le nourrit, et 1 % des couples reproducteurs sont incestueux.**

La connaissance du nombre de partenaires sexuels des animaux — la « stratégie de reproduction », ou *mating system*, en anglais — est importante pour évaluer si les descendants d'une population résultent de la reproduction de quelques individus ou de la plupart d'entre eux. La polygynie, c'est-à-dire lorsqu'un mâle se reproduit avec plusieurs femelles durant une même période, est fréquente chez les mammifères. En effet, les petits étant alimentés au lait maternel, les femelles n'ont pas besoin d'aide pour élever leur progéniture. Ainsi, les mâles rivalisent pour copuler avec autant de femelles que possible. Chez les oiseaux, la monogamie sociale est plus fréquente, car l'élevage de la progéniture exige habituellement que les deux parents se consacrent à la recherche de la nourriture. Chez les chouettes et les hiboux, le mâle apporte la majorité des proies pour les petits, tandis que la femelle couve les œufs, élève les oisillons et leur distribue la nourriture jusqu'à ce qu'ils puissent manger par eux-mêmes. Comme on l'a parfois observé, un mâle peut utiliser son temps libre pour attirer d'autres femelles lorsque sa première partenaire s'occupe des œufs. En revanche, une femelle n'a le temps de séduire d'autres mâles que lorsque sa progéniture est en capacité de maintenir sa chaleur corporelle d'elle-même et n'a plus besoin d'aide pour manger la nourriture apportée au nid.

## LA DENSITÉ DE REPRODUCTION

La stratégie de reproduction est étroitement liée au comportement social. En effet, par rapport aux espèces qui pratiquent la monogamie sociale, les oiseaux coloniaux et grégaires, par exemple, ont plus d'occasions de rencontrer des partenaires potentiels et de devenir polygames. Pour la plupart, les Tytonidés se reproduisent en solitaire, probablement parce que les petits mammifères qui leur servent de proies ne sont pas assez abondants pour nourrir des groupes nombreux, mais ils peuvent parfois former des colonies « lâches ». Chez l'effraie du Cap, en Afrique, les nids peuvent se trouver à 150 mètres de distance les uns des autres, et chez les effraies de prairie d'Australie, 40 à 50 couples ont été observés dans des rizières en jachère de 40 hectares. Si les ornithologues européens considèrent généralement que l'on ne trouve qu'un couple reproducteur d'effraies des clochers par village, les densités peuvent facilement augmenter si de nombreux sites de nidification potentiels sont disponibles, comme l'ont montré les observations suivantes :

- en Afrique du Sud, 2 nids espacés de seulement 20 mètres ;
- au Zimbabwe, 5 nids trouvés dans une décharge minière de 100 mètres de long ;
- au Mali, jusqu'à 40 couples nicheurs recensés sur une superficie de 250 hectares ;
- en France, 3 femelles se reproduisant dans la même église ;
- aux îles Canaries, 3 cavités contenant chacune une famille d'effraies des clochers dans un rayon de 40 mètres ;
- aux États-Unis, 9 nids espacés de 4,5 à 140 mètres trouvés dans une station-service abandonnée ;
- sur les îles Galápagos, 2 nids distants de seulement 4 mètres et un troisième se trouvant à 60 mètres ;
- en Angleterre, 3 femelles s'étant reproduites avec 2 mâles sous le toit d'une même ferme.

Les plus grands Tytonidés d'Australie, quant à eux, sont moins grégaires. Chez l'effraie masquée d'Australie, la distance la plus courte entre 2 nids est normalement de un kilomètre, et jusqu'à 9 couples d'effraies ombrées ont été trouvés dans une zone de 300 à 700 $km^2$.

## L'ÉLEVAGE EN COMMUN

Comme le suggèrent les exemples ci-dessus, les effraies communes peuvent tolérer leurs congénères. Deux femelles peuvent ainsi se reproduire très près l'une de l'autre, parfois à l'intérieur du même nichoir avec un seul mâle, comme on l'a signalé aux États-Unis et en Europe. L'exemple le plus extraordinaire vient d'Israël, où un mâle a copulé avec deux femelles qui ont placé leurs pontes l'une à côté de l'autre, dans un même nichoir. Le mâle s'accouplait fréquemment avec une femelle tandis que l'autre couvait ses œufs. Les deux femelles ont pondu un total de 20 œufs dans le même site de reproduction, dont 19 ont éclos, et sur lesquels 16 oisillons ont pris leur envol.

## LA POLYGYNIE

Il n'est pas rare qu'un mâle se reproduise avec 2 femelles simultanément dans 2 sites différents. En Écosse, 7 cas de ce type ont été enregistrés sur 419 cas de nidification (1,7 %). La polygynie se produit principalement les années durant lesquelles les effraies des clochers produisant deux nichées annuelles successives sont nombreuses, comme on l'a vu en Allemagne.

**Y a-t-il des comportements jaloux ?** Les femelles se rendent compte parfois que leur mâle a une « amante » sans, apparemment, interférer dans l'affaire. C'est ce qui ressort clairement de l'exemple israélien, où deux femelles se sont accouplées très près l'une de l'autre.

Un nid communautaire d'effraie des clochers en Israël. *En haut* : le mâle apporte une proie à l'une de ses deux partenaires. *Au centre* : le mâle copule avec l'une des deux femelles. *En bas :* les deux femelles couvent leurs petits.

Dessins d'après des photos d'Ezra Hadad.

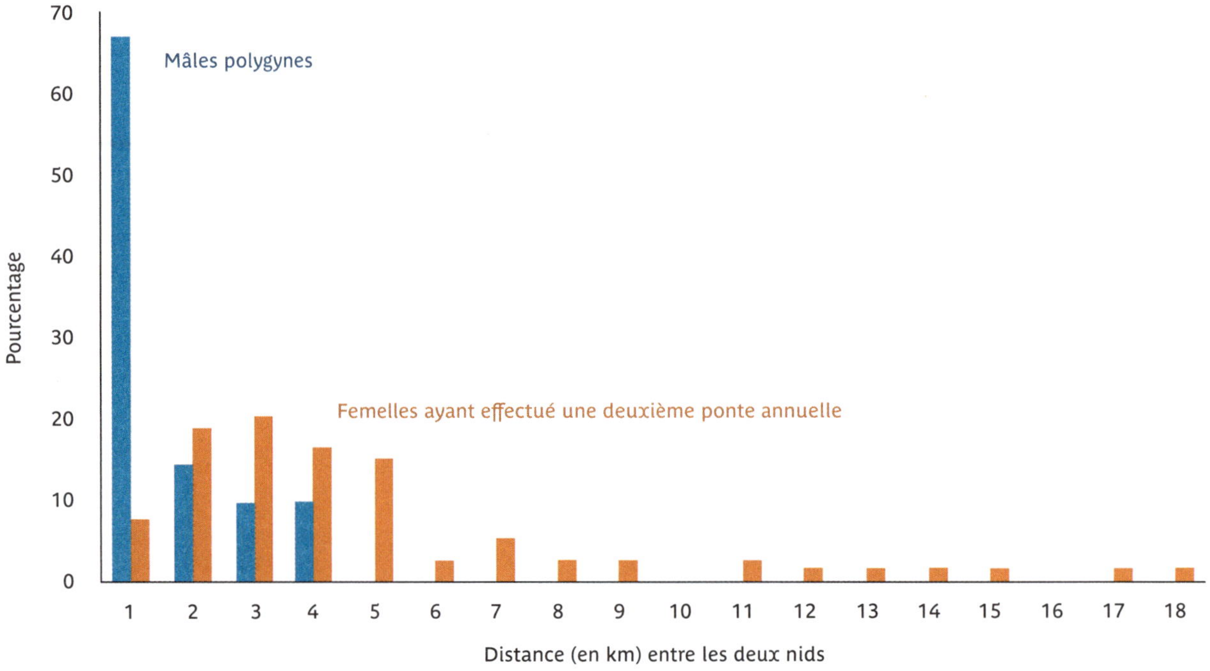


Répartition de la fréquence des distances entre les deux nids de mâles polygynes et les deux nids de femelles ayant changé de partenaire et de site de reproduction pour produire une deuxième nichée annuelle. Comme le père de la nichée capture la plupart des proies pour toute la famille, les mâles polygynes, lorsqu'ils élèvent deux familles avec des partenaires différentes, le font dans des sites relativement proches l'un de l'autre. Pour les femelles, en revanche, la situation est différente. Une fois que les oisillons peuvent se nourrir seuls et peuvent réguler leur température corporelle sans l'aide de leur mère, les femelles peuvent abandonner leur famille et commencer une deuxième tentative de nichée annuelle avec un nouveau partenaire assez loin de leur premier nid. Le premier mâle continue à s'occuper seul des premiers oisillons.

Elles ont apparemment toutes les deux accepté la situation sans montrer aucune volonté de devenir la compagne préférée du mâle. Il s'agissait peut-être de deux sœurs, ce qui pourrait expliquer leur tolérance. Cependant, en Suisse, un cas similaire de deux femelles se reproduisant avec un seul mâle dans le même nichoir a été observé, et les deux femelles n'étaient pas sœurs. En utilisant des méthodes moléculaires, il a été possible de prouver qu'elles ont toutes les deux produit des descendants avec succès.

Lorsque des oisillons sont mélangés au sein d'un nid commun, les adultes sont incapables de déterminer à quelle mère appartient quel petit. En effet, les effraies des clochers ne font même pas la différence entre les oisillons de faucon crécerelle et leur propre progéniture. On a, en effet, observé des effraies des clochers femelles incuber des œufs de faucon crécerelle avec leurs propres œufs, et nourrir ensuite les jeunes oisillons des deux espèces jusqu'à leur envol.

**Y a-t-il une favorite?** Aucune étude exhaustive n'a déterminé si les mâles polygynes consacrent plus d'efforts à l'élevage d'une de leurs deux couvées.

**Y a-t-il des partenaires secrets?** Les effraies des clochers sont-elles adeptes des relations libres? Apparemment non. Souvent, les deux femelles d'un mâle polygyne déposent leurs œufs assez loin l'une de l'autre (jusqu'à 4 km) pour que chacune puisse ignorer que son mâle entretient une autre partenaire.

## LA POLYANDRIE ET LA REPRODUCTION COOPÉRATIVE

Une femelle se reproduisant avec deux mâles simultanément n'a été observée qu'en captivité, dans un cas où deux mâles et deux femelles étaient détenus dans une volière. Bien que les deux mâles aient nourri les deux femelles et ne se soient pas montrés agressifs l'un envers l'autre, l'un d'eux a copulé avec les deux femelles, dont une seule a pondu, tandis que l'autre mâle a copulé avec une seule femelle. Dans un autre groupe de quatre individus, un mâle a empêché l'autre mâle de copuler. Dans ces deux cas, une seule femelle s'est reproduite, et les deux mâles et l'autre femelle ont participé à l'alimentation de cette femelle et de sa progéniture. Des observations similaires ont été faites chez des effraies de prairie australiennes captives, où une femelle a produit une couvée et une autre femelle l'a aidée à élever les petits. Dans la nature, trois observations ont montré qu'une femelle nourrissait la nichée d'une autre femelle, ce qui suggère que la reproduction coopérative peut également se produire dans des conditions naturelles. Nous n'en savons pas assez pour déterminer si ces comportements sont courants ou s'ils sont caractéristiques des individus ne pouvant se débrouiller seuls. Nous avons même observé un faucon crécerelle nourrir une nichée d'effraies des clochers en Suisse !

## LA FÉCONDATION EXTRACONJUGALE

Chez les êtres vivants monogames, qui se reproduisent avec un seul partenaire à la fois, les mâles peuvent augmenter leur succès reproductif en copulant avec de multiples partenaires. Les femelles, quant à elles, peuvent copuler avec des mâles hors couple si leur partenaire n'est pas d'une qualité génétique suffisante ou n'est pas génétiquement compatible. Chez les oiseaux monogames sociaux, l'existence possible de **progéniture extraconjugale** a été trouvée chez environ 90 % des espèces, et chez certaines, plus de 11 % des rejetons peuvent être le produit d'un mâle extérieur. Cependant, comme chez d'autres rapaces diurnes et nocturnes, les effraies des clochers copulent si souvent au sein du couple que la probabilité qu'un autre mâle féconde un œuf est faible. L'appareil reproducteur de la femelle renferme tellement de sperme de son partenaire social que la quantité de sperme transférée par un concurrent est comme une goutte d'eau dans un océan. Ainsi, en Suisse, sur 1403 petits, on en a relevé seulement 27 (1,9 %) engendrés par des mâles autres que celui qui s'occupait d'eux. L'accouplement hors couple social afin d'augmenter son succès reproducteur n'est donc pas une stratégie efficace chez l'effraie des clochers.

## L'INCESTE

Se reproduire avec un partenaire étroitement apparenté peut être nuisible pour la progéniture. L'inceste entraîne une consanguinité, c'est-à-dire des troubles génétiques résultant de l'homozygotie. La consanguinité augmente en effet le risque de développer des caractères nuisibles codés par de rares allèles récessifs. Si une famille possède de tels allèles récessifs, les individus peuvent ne pas être affectés tant qu'ils restent porteurs d'une copie de l'allèle non nuisible dominant. Cependant, dès que des individus apparentés se reproduisent ensemble, la probabilité qu'ils donnent naissance à des descendants possédant deux copies d'un allèle récessif devient non négligeable.

Comme pour la plupart des oiseaux, chez qui les unions consanguines ne représentent que 0 à 6 % de tous les accouplements, la probabilité de s'accoupler avec un individu apparenté est faible chez l'effraie commune. En Écosse et en Suisse, respectivement, un seul sur 157 couples (0,6 %), et 10 sur 830 couples (1,2 %) étudiés ont révélé des partenaires étroitement apparentés. Aux États-Unis et en Europe, on a observé 8 couples reproducteurs de frères et sœurs nés dans la même couvée, ainsi que 1 couple de frère et sœur nés durant des années différentes, 4 couples mère-fils, 2 couples père-fille, 1 couple grand-mère-petit-fils et 1 couple tante-neveu. Ces couples consanguins étaient cantonnés à une distance de quelques kilomètres de leur site de naissance, soulignant que la meilleure façon d'éviter la reproduction consanguine est de se disperser loin de son site natal. Reconnaître les membres de sa propre famille pour éviter de se reproduire avec des parents peut être une autre solution, bien qu'on n'ait pas connaissance d'un tel mécanisme chez les Tytonidés.

Copulation à l'intérieur de la cavité du nid.

## Futures recherches

- La fréquence de la polygynie devrait être évaluée en suivant les mâles grâce à des dispositifs GPS. Cela permettrait de vérifier si les mâles nourrissent une ou deux familles.
- Lorsque des mâles polygynes sont détectés, des analyses génétiques (ou les bagues) pourraient aider à déterminer si les deux femelles de ces mâles sont étroitement apparentées.
- Le succès reproductif des mâles polygynes doit être surveillé dans les deux nids afin d'examiner si une famille est plus nourrie que l'autre. Il serait également intéressant de déterminer pourquoi le mâle polygyne peut préférer une famille plutôt qu'une autre.
- Dans les petites populations, comme celles qui vivent sur les îles, le niveau de consanguinité pourrait être élevé, car la probabilité de rencontrer des parents proches est vraisemblablement plus grande. Le degré de consanguinité devrait donc être surveillé dans les petites et les grandes populations. Ceci aurait des implications importantes pour la conservation de l'espèce.
- Le taux de paternité hors couple, bien qu'il soit généralement faible chez l'effraie des clochers, pourrait être plus élevé dans les populations denses où la possibilité de s'accoupler hors du lien de couple est élevée. Il serait donc intéressant d'étudier les possibilités d'une paternité extraconjugale dans des populations aux densités variées.
- Bien que le taux de paternité hors couple soit faible, on ne connaît rien des taux de copulation hors couple. Des études comportementales devraient être effectuées pour déterminer si les effraies des clochers doivent copuler très fréquemment hors couple pour engendrer au moins un oisillon extraconjugal.
- Pour éviter la consanguinité, il est possible que les chouettes soient capables de reconnaître leurs parents et éviter de se reproduire avec eux. Des expériences comportementales devraient être menées pour vérifier si les chouettes ont de telles capacités.

## Pour aller plus loin


Ducret, V., Gahier, A., Simon, C., Goudet, J. and Roulin, A. 2016. Sex-specific allelic transmission suggests sexual conflict at *MC1R*. *Mol. Ecol.* **25**: 4551–4563.

Dunlop, R. and Pain, P. 2016. Reproduction, social behavior and captive husbandry in the eastern grass owl (*Tyto longimembris*). *J. Zoo Aquar. Res.* **4**: 169–173.

Epple, W. 1985. Ethologische Anpassungen im Fortpflanzungssystem der Schleiereule (*Tyto alba* Scop., 1769). *Ökol. Vögel* **7**: 1–95.

Greenwood, P. J. 1980. Mating systems, philopatry and dispersal in birds and mammals. *Anim. Behav.* **28**: 1140–1162.

Griffith, S. C., Owens, I. P. F. and Thuman, K. A. 2002. Extra pair paternity in birds: a review of interspecific variation and adaptive function. *Mol. Ecol.* **11**: 2195–2212.

Hadad, E., Roulin, A. and Charter, M. 2015. A record of communal nesting in the barn owl (*Tyto alba*). *Wilson J. Ornithol.* **127**: 114–119.

Marti, C. D. 1990. Same-nest polygyny in the barn owl. *Condor* **92**: 261–263.

Ralls, K., Harvey, P. H. and Lyles, A. M. 1986. Inbreeding in natural populations of birds and mammals. *In* Soulé, M. E. (ed) *Conservation Biology: the Science of Scarcity and Diversity*. Sunderland, MA: Sinauer Associates, pp. 35–56.

Roulin, A., Müller, W., Sasvári, L., Dijkstra, C., Ducrest, A.-L., Riols, C., Wink, M. and Lubjuhn, T. 2004. Extra-pair paternity, testes size and testosterone level in relation to colour polymorphism in the barn owl *Tyto alba*. *J. Avian Biol.* **35**: 492–500.

Les effraies des clochers peuvent se montrer très attentives envers leur partenaire.

# Fidélité et séparation

**La fidélité et la séparation sont les deux faces d'une même médaille, l'objectif étant d'obtenir un succès de reproduction élevé. Les effraies communes recherchent l'âme sœur, un processus qui prend du temps. Ceci pourrait expliquer pourquoi les mâles d'un an sont plus susceptibles que les mâles plus âgés de se séparer de leur partenaire. Lorsque le succès de reproduction est faible, la tentation est forte de blâmer le partenaire et de le quitter pour tenter de rétablir son succès de reproduction avec un autre partenaire. En moyenne, 20 % des adultes se séparent, mais une fois qu'un partenaire approprié a été trouvé, les effraies des clochers demeurent fidèles, ce qui améliore la coordination des activités de reproduction au fil du temps.**

Les albatros s'accouplent avec le même partenaire tout au long de leur vie. Les hirondelles de fenêtre se séparent après chaque entreprise de reproduction. De grandes variations des taux de séparation (les Anglais disent « *divorce* ») existent chez les oiseaux. On ne parvient pas encore à expliquer ces différences, mais quelques pistes s'offrent à nous. Les animaux tirent profit d'une bonne connaissance de la région où ils vivent, et un partenariat à long terme contribue à améliorer la coordination des activités de reproduction. Lorsqu'un partenaire n'est pas d'une qualité suffisante, ou si la combinaison de gènes hérités du père et de la mère est préjudiciable à la progéniture, réduisant ainsi ses chances de survie, une solution est de se séparer et de trouver un nouveau partenaire. Cette solution peut aussi nécessiter un changement de site de nidification, en particulier pour les femelles qui, chez la plupart des espèces, sont moins territoriales que les mâles.

Un faible succès reproductif entraîne souvent la séparation du couple.

## LA FIDÉLITÉ AU SITE DE NIDIFICATION

Même si un site de nidification est occupé par des chouettes depuis de nombreuses années, il n'accueille pas en permanence les mêmes individus. Les agriculteurs sont toujours surpris d'apprendre que, d'année en année, des effraies différentes se reproduisent dans le nichoir installé dans leur ferme. Ainsi, sur une période de 8 ans, en France, un même nichoir a vu 6 femelles distinctes venir nidifier. Dans le New Jersey, aux États-Unis, d'une année à l'autre, des « assemblages » différents de mâles et de femelles ont réoccupé les mêmes nichoirs dans 33 % et 65 % des cas, respectivement. Ce roulement élevé des individus nicheurs augmente avec la mortalité et l'immigration,

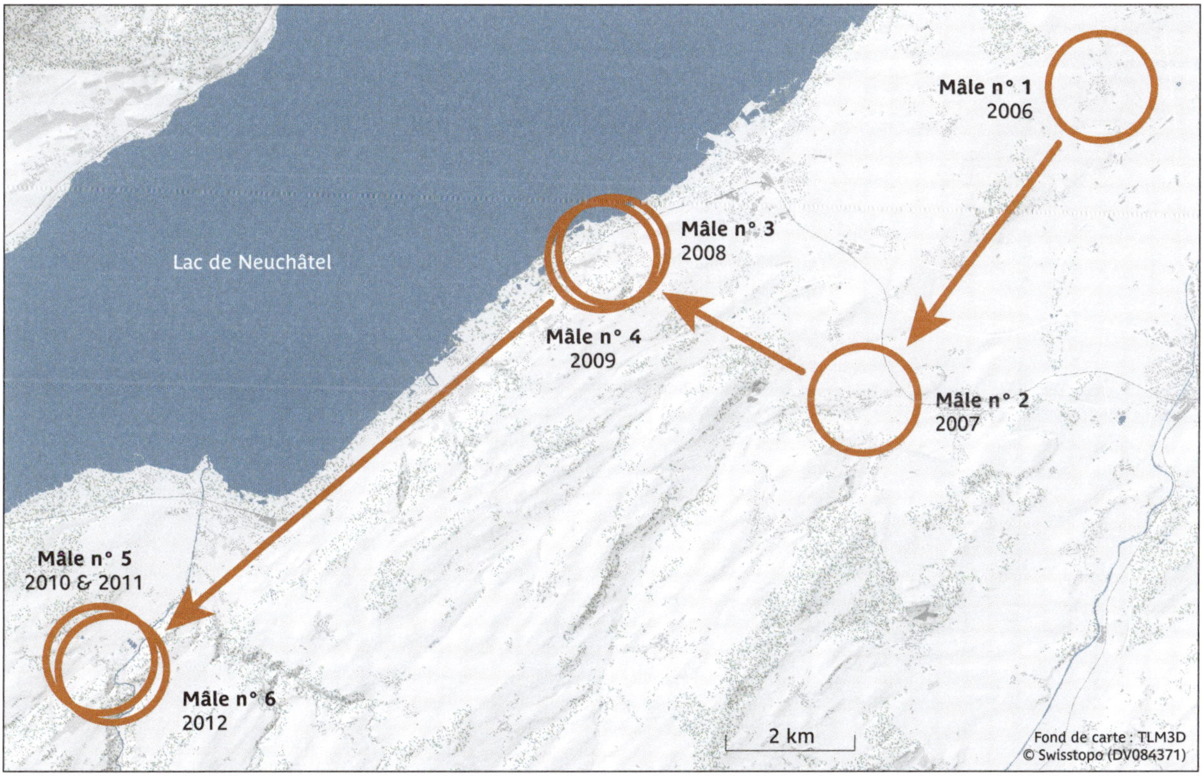


En Suisse, une femelle a niché avec 6 mâles entre 2006 et 2012.

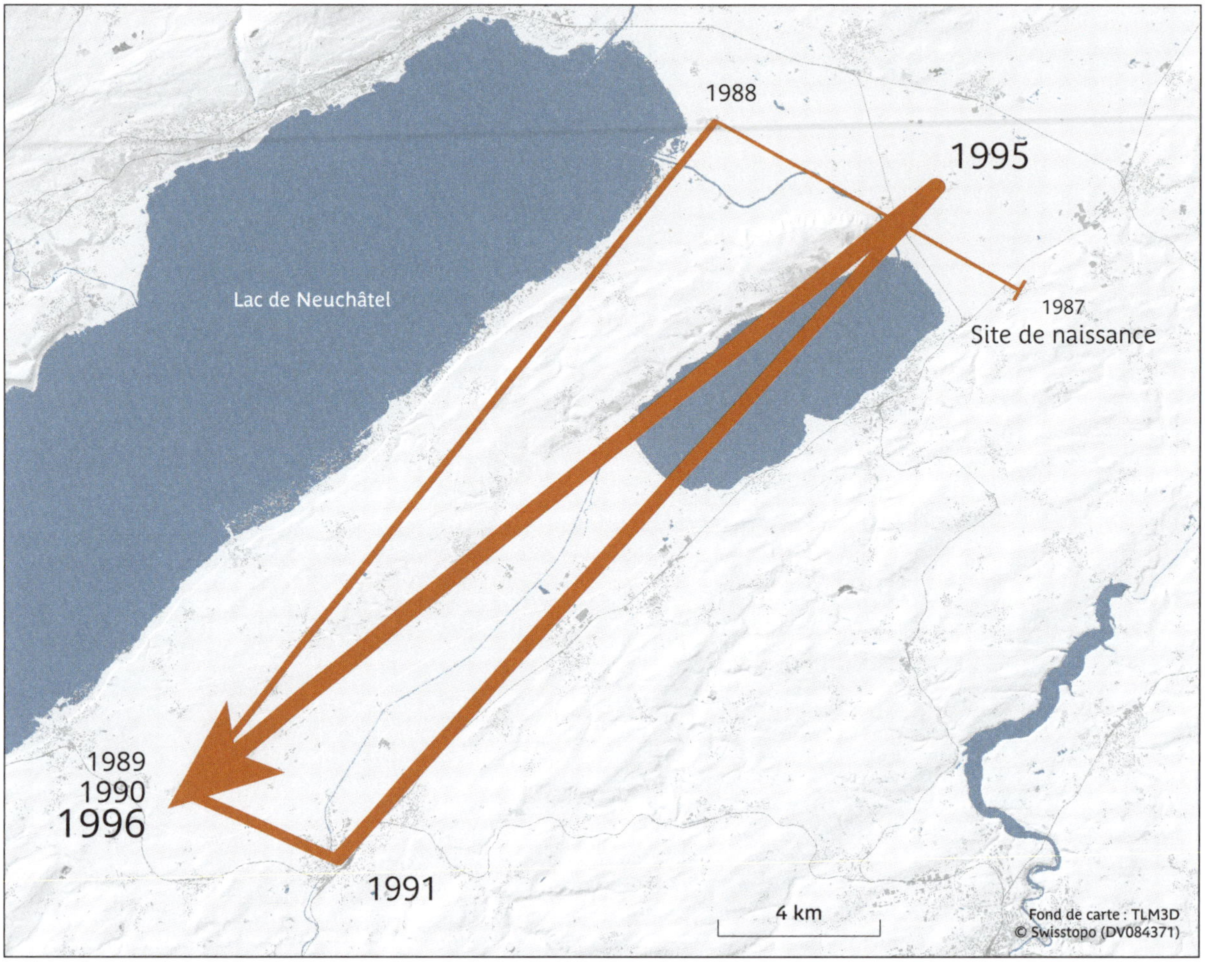


En Suisse, une femelle s'est reproduite dans 4 sites de nidification différents au cours de sa vie. Née en 1987, cette femelle a niché assez près de son lieu de naissance l'année suivante. Elle s'est ensuite déplacée sur une distance relativement longue pour se reproduire dans 2 nichoirs 3 ans d'affilée (1989, 1990 et 1991), avant de retourner près de son lieu de naissance en 1995 et finalement revenir en 1996 au même nichoir qu'en 1989 et 1990.

ainsi qu'avec l'abondance des sites de nidification. En effet, plus il y a de sites disponibles, plus il y a d'occasions offertes aux oiseaux résidents de se déplacer vers un site voisin. Dans les régions où les cavités sont rares, les oiseaux n'ont pas d'autre choix que de rester au même endroit. C'est peut-être la raison pour laquelle, dans une étude écossaise, 99 % des mâles reproducteurs et 95 % des femelles reproductrices se sont révélés fidèles à leur site de nidification. Cela expliquerait également la situation en Allemagne, où l'on a vu des femelles se reproduire dans le même nichoir jusqu'à 7 années de suite.

Les mâles défendent généralement un site de nidification pour attirer les femelles qui, quant à elles, rendent visite à plusieurs partenaires potentiels avant de prendre la décision de s'établir. Les mâles fidèles à leur site de nidification peuvent rompre sans avoir à déménager vers un nouveau site : ils n'ont qu'à expulser leur partenaire

Rester ou partir ? L'éternelle question, même pour l'effraie commune (*Tyto javanica sertens*, Inde). © Jim Parkås.

de leur territoire et attendre qu'une nouvelle femelle vienne les voir. En revanche, les femelles qui veulent la séparation doivent quitter leur nid pour briser le couple. Toutefois, chez les oiseaux comme chez les autres animaux, les femelles accordent beaucoup plus d'attention que les mâles au choix de leur partenaire. De ce fait, les femelles choisissent plus souvent la séparation que les mâles, mais ce point n'a pas encore été confirmé chez les Tytonidés. En Suisse, une étude a relevé que seulement 40 % des mâles séparés ont déménagé vers un autre site, situé en moyenne à seulement 1,1 km du site précédent. Ceci pourrait indiquer que les mâles défendent un territoire comprenant plusieurs sites potentiels de nidification. En revanche, 96 % des femelles séparées ont produit une nichée ultérieure dans un nouveau site, par ailleurs relativement éloigné du site précédent (2,3 km en moyenne). Par comparaison, seulement 22 % des femelles restées fidèles à leur partenaire ont changé de site pour leur nouvelle nichée. Cela indique que les femelles sont moins fidèles au site de nidification que les mâles et que, si elles veulent se reproduire avec un autre mâle, elles doivent changer de territoire. Des comportements similaires ont été observés en Allemagne.

## LE CHANGEMENT DE PARTENAIRE

Les animaux peuvent changer de partenaire soit parce que l'un ou l'autre choisit la séparation, soit parce que l'un ou l'autre meurt. Ainsi, le lien du couple n'est pas si fort. On a vu en Allemagne, sur une période de 3 ans, une effraie des clochers femelle produire 5 nichées réussies, chaque fois avec un partenaire différent et dans un nichoir différent. Dans une population suisse, 60 % des mâles et 50 % des femelles ont changé de partenaire sur 2 années successives. Sur 758 couples différents, 634 (83,6 %) se sont accouplés pendant un an seulement, 82 (10,8 %) pendant 2 ans, 27 (3,6 %) pendant 3 ans, 12 (1,6 %) pendant 4 ans, 2 (0,3 %) pendant 5 ans et 1 seul (0,1 %) pendant 6 ans. Les ruptures entre deux années consécutives sont relativement fréquentes, 23,5 % et 18,5 % des couples se séparant en Suisse et en Allemagne, respectivement.

## LES CAUSES DE SÉPARATION

La séparation se définit comme un changement de partenaire alors que l'ex-conjoint est encore en vie. Sa principale fonction est de rechercher un partenaire de meilleure qualité ou plus compatible que le compagnon précédent. Cet aspect a été étudié dans une population suisse durant 26 ans. Deux facteurs ont été associés à la séparation : le faible succès reproductif et le manque d'expérience du mâle.

- **Le faible succès reproductif.** La séparation était particulièrement fréquente après l'échec complet d'une tentative de reproduction ; 10 % des couples séparés n'avaient pas produit d'oisillons l'année précédente, alors que seulement 2 % des couples restés fidèles avaient échoué dans leur tentative de reproduction. Parmi les couples ayant produit au moins un oisillon, ceux qui avaient plus de petits (4,7 oisillons en moyenne) étaient moins susceptibles de se séparer l'année suivante que ceux qui en avaient moins (3,5 oisillons en moyenne).

- **Le manque d'expérience du mâle.** Trouver l'âme sœur est un long processus qui nécessite de tester plusieurs partenaires potentiels avant de décider lequel est le plus approprié. C'est particulièrement vrai chez les mâles puisque les couples sont plus susceptibles de rompre si le mâle est un jeune d'un an, tandis que l'âge de la femelle n'a aucune incidence sur la rupture.

## COÛTS ET BÉNÉFICES DE LA SÉPARATION

Comme cela a été démontré en Suisse, la séparation chez l'effraie des clochers est bénéfique parce qu'elle permet à des individus malchanceux de restaurer leur succès reproductif. Le but de se séparer de son partenaire est donc de trouver un nouveau conjoint de meilleure qualité que le précédent, ou bien particulièrement compatible. En effet, les couples fraîchement séparés produisaient plus de descendants avec leur nouveau partenaire que l'année précédant la rupture et produisaient plus d'œufs que les couples restés fidèles. Cependant, la séparation n'est pas gratuite. La conquête d'un nouveau partenaire peut prendre du temps. Ainsi, les individus séparés s'accouplent avec leur nouveau partenaire plus tard dans la saison l'année suivante que les individus restés fidèles. Les chouettes qui se séparent risquent d'avoir peu d'options dans le choix d'un nouveau conjoint, simplement parce que les meilleurs partenaires potentiels sont déjà pris et fidèles à leurs partenaires de grande qualité. On a constaté que les nouvelles femelles des mâles séparés portaient des taches noires plus petites à l'extrémité de leurs plumes ventrales — un signe de faible qualité — et elles étaient également plus jeunes et donc moins expérimentées que les femelles avec lesquelles ces mâles s'étaient accouplés l'année précédant leur séparation. Enfin, les individus séparés doivent souvent quitter leur site de nidification pour trouver un nouveau partenaire et sont donc relégués à des sites de moindre qualité.

## LES BÉNÉFICES À LONG TERME DE LA MONOGAMIE

Bien que la séparation puisse être la meilleure option lorsqu'une effraie des clochers s'est reproduite avec un partenaire de mauvaise qualité ou non compatible, la monogamie à long terme améliore la coordination entre les partenaires pour les activités reproductrices. La probabilité qu'un oisillon parvienne à l'âge de l'envol augmente avec le nombre d'années pendant lesquelles ses parents ont niché ensemble. On a même vu des partenaires fidèles devenir si efficaces qu'ils parvenaient à réduire la taille de leur ponte afin de réduire la mortalité juvénile, réduisant ainsi les dépenses énergétiques inutiles. Par conséquent, les effraies des clochers recherchent une relation à long terme pour améliorer la coordination entre mâle et femelle. Mais pour atteindre cet objectif, elles doivent parfois quitter un partenaire si celui ou celle avec lequel elles forment un couple n'est pas le plus approprié.

## Futures recherches

- Il faudrait étudier l'importance relative de l'immigration et de la disponibilité des sites de nidification dans la détermination des séparations et des changements de site de nidification.
- La question de savoir si ce sont les mâles ou les femelles qui amorcent la séparation devrait être étudiée.

## Pour aller plus loin

Choudhury, S. 1995. Divorce in birds: a review of the hypotheses. *Anim. Behav.* **50**: 413–429.

Dreiss, A. N. and Roulin, A. 2014. Divorce in the barn owl: securing a compatible or better mate entails the cost of re-pairing with a less ornamented female mate. *J. Evol. Biol.* **27**: 1114–1124.

Kniprath, E. 2011. Scheidung und Partnertreue bei der Schleiereule *Tyto alba*. *Eulen-Rundblick* **61**: 76–86.

# 8. La reproduction

- Les sites de nidification
- La compétition interspécifique sur les sites de nidification
- La saison de reproduction
- La formation des œufs
- Le nombre d'œufs par ponte
- L'incubation
- L'éclosion
- Le nombre d'oisillons par nichée
- La croissance des oisillons
- Les deuxième et troisième nichées annuelles
- L'abandon des jeunes

Une effraie des clochers à l'entrée de son nid, situé sous les combles d'une habitation.

# Un petit nid douillet

## Les sites de nidification

**Les effraies communes (*Tyto alba*, *T. furcata* et *T. javanica*) sont surtout connues pour leur propension à se reproduire dans des structures artificielles, bien que, naturellement, elles déposent aussi leurs œufs dans des cavités de toutes sortes, dans les arbres, les falaises, les grottes, les berges et même les terriers. Cette souplesse dans le choix des sites de reproduction pourrait être une des raisons qui leur a permis de coloniser le monde. D'autres Tytonidés, plus spécialisés dans le choix du site de nidification, ont beaucoup moins de succès. Par exemple, les effraies de prairie et du Cap se reproduisent exclusivement au sol, parmi les herbes. Quant aux effraies masquées, ombrées et piquetées, elles nichent principalement dans les cavités des arbres, rarement dans des grottes, et jamais dans des structures artificielles.**

Il est important de savoir où les Tytonidés se reproduisent afin de mettre en place des mesures de conservation ciblées qui protègent les éléments essentiels de l'habitat de ces espèces. Comme beaucoup d'autres animaux, les chouettes subissent des pressions considérables en raison de la perturbation et de la disparition de leur habitat. Les espèces de chouettes nichant exclusivement dans un type de site sont vulnérables si ces sites déclinent à cause d'interventions anthropiques. Par exemple, la gestion forestière ne favorise pas la préservation des vieux arbres creux, pourtant si utiles à la nidification de nombreuses espèces animales. En outre, en Europe du moins, la plupart des bâtiments sont maintenant hermétiques, ce qui empêche les chouettes de trouver des sites où pondre leurs œufs.

Bien que les effraies communes, partout dans le monde, aient l'habitude de nicher dans des constructions humaines, il existe des différences régionales prononcées. Les effraies d'Amérique du Nord, par exemple, se reproduisent plus souvent dans des cavités naturelles, comme celles d'arbres creux, que les effraies des clochers européennes. Dans le Nouveau Monde, en effet, de vastes étendues dépourvues de structures artificielles peuvent obliger les effraies à trouver d'autres sites de nidification. Partout où les constructions sont rares, cette chouette se perche et se reproduit régulièrement dans des cavités arboricoles, comme on l'observe également sur les îles d'Asie du Sud-Est, du Pacifique, de São Tomé et de Mayotte. Dans les régions sans nichoirs, comme dans l'État du New Jersey ou au Pakistan, les trois quarts des couples se reproduisent dans les arbres et un quart dans des structures artificielles. En Europe, la reproduction dans les arbres est rare sur le continent, mais fréquente au Royaume-Uni. Enfin, là où les constructions humaines et les arbres sont tous deux rares, les effraies communes se reproduisent dans les cavités naturelles des falaises, dans les grottes, dans les parois des tunnels de lave et même au sol, comme on l'a observé à Madère, à Tenerife, en Sardaigne, au Cap-Vert et sur les îles Galápagos.

Dans la plupart des régions du monde, l'utilisation des nids d'autres oiseaux est rare. En Amérique du Nord, par exemple, on n'a recensé que quelques cas d'effraies d'Amérique nichant dans de vieux nids de balbuzard pêcheur, de pigeon ou de corvidés. En Afrique, cependant, les effraies des clochers s'emparent souvent des nids des ombrettes africaines et des républicains sociaux, comme le montrent certaines études. Ainsi, au Mali, chacune des 178 pontes d'effraies des clochers détectées se trouvait dans un nid d'ombrette africaine. En Afrique du Sud, 53 pontes sur 107, et 11 sur 28 au Zimbabwe, ont été trouvées dans des nids de ce même oiseau.

## POURQUOI LES EFFRAIES COMMUNES SE REPRODUISENT-ELLES DANS DES STRUCTURES ARTIFICIELLES ?

Comme les moineaux domestiques et les pigeons domestiques, l'effraie commune s'est bien adaptée au développement humain. Avant que les hommes ne commencent à leur fournir des sites de nidification, la plupart se reproduisaient probablement dans les cavités des arbres et des falaises, jusqu'à 450 mètres au-dessus du sol, comme en Écosse. On peut trouver une certaine ressemblance entre les falaises et les hauts murs de nos maisons, granges ou temples, mais pourquoi les chouettes préfèrent-elles généralement se reproduire dans ces structures artificielles plutôt que dans des sites naturels ? Plusieurs explications, qui ne s'excluent pas mutuellement, sont plausibles.

- **La protection thermorégulatrice.** Il se peut que les effraies communes choisissent de se reproduire (et de se reposer) dans des structures artificielles parce que ces sites sont mieux isolés du froid ou de la chaleur.

Les Tytonidés peuvent utiliser divers sites de nidification. *À gauche* : une effraie de prairie nichant au sol à Taïwan. *À droite* : une effraie d'Australasie se reproduisant dans le creux d'un arbre sur l'île de Sumba, en Indonésie.

© Yi-Shuo Tseng (à gauche), et Thierry Quelennec (à droite)

Une effraie des clochers femelle incubant ses œufs sous le toit d'un bâtiment agricole.

Une effraie des clochers niche dans un nichoir fixé à l'intérieur d'une grange, juste derrière le mur. Bien qu'il fasse encore nuit, un faucon crécerelle visite le nichoir moins d'une minute après que l'effraie des clochers y soit entrée. Photographies prises avec un piège photographique en Suisse. © Robin Séchaud & Kim Schalcher

Ainsi, au Royaume-Uni, où le climat est plus doux en hiver et au début de la saison de reproduction que sur le continent, les chouettes nichent plus souvent dans les arbres. En Californie, les températures ambiantes peuvent être élevées, et la reproduction dans les bâtiments, juste sous le toit, peut être risquée. En effet, ces endroits sont sujets à des températures extrêmement hautes. Cela pourrait en partie expliquer pourquoi, en Californie, les effraies d'Amérique ne se reproduisent que 28 % du temps dans des sites artificiels, préférant les sites naturels.

- **La protection contre les précipitations.** Dans une étude menée au Royaume-Uni, on a constaté que, dans les régions où les précipitations dépassent 1000 millimètres par an, 90 % des effraies des clochers se reproduisaient dans des bâtiments, alors que, dans les endroits où les précipitations n'excèdent pas 550 millimètres par an, 70 % des effraies des clochers nichaient dans les arbres. En effet, l'eau s'écoule le long des troncs d'arbre et peut s'accumuler dans les cavités des nids, où les œufs et les poussins peuvent être submergés.
- **Les sites artificiels sont plus stables au cours du temps.** Les cavités servant de lieux de reproduction sont habituellement une ressource limitée, et la concurrence pour occuper ces sites peut être intense.

Étant donné que les sites naturels comme les vieux arbres sont souvent détruits par les vents violents ou se désintègrent après de fortes pluies, les individus qui se reproduisent dans ce type de cavités peuvent éprouver plus de stress pour trouver un nouveau site de reproduction. Par exemple, aux États-Unis et au Canada, environ 35 % des arbres accueillants des nids d'effraies d'Amérique ont été détruits en 4 ans, alors qu'au cours de la même période, seulement 6 % des structures de nidification artificielles ont disparu. Une seule tempête en Grande-Bretagne et en Irlande a détruit 19 % des nids d'effraies des clochers situés dans des arbres.

- **La protection contre les prédateurs.** Il est possible que les structures artificielles soient moins occupées par les prédateurs et les oiseaux qui ont l'habitude de houspiller les effraies. Cependant, étant donné que ces chouettes peuvent souffrir des perturbations anthropiques, on peut se demander si le niveau global de perturbations est plus faible dans les nids situés dans des structures artificielles ou dans des cavités naturelles.
- **La réduction de la compétition interspécifique pour les sites de nidification.** La concurrence pour les cavités dans les arbres peut être plus intense que pour les sites de nidification situés dans les bâtiments agricoles. En effet, il existe plus d'espèces se reproduisant et s'abritant dans les arbres que dans les structures artificielles. Les effraies communes ont donc peut-être trouvé là un moyen d'échapper à la compétition interspécifique en se reproduisant plus près de l'homme. Par ailleurs, si de nombreuses espèces d'oiseaux nichent dans les falaises, l'effraie commune est l'une des rares qui se soient adaptées aux constructions humaines.
- **La proximité des lieux de chasse.** Souvent, les structures humaines appropriées à la nidification sont construites à proximité de terres agricoles sur lesquelles les effraies communes peuvent trouver leur nourriture. Les chouettes qui se reproduisent à l'intérieur de ces structures artificielles peuvent donc être plus près de leurs sites de chasse que les chouettes qui se reproduisent dans d'autres sites, comme les falaises.

Si de nombreux oiseaux se reproduisent dans les falaises, comment l'effraie des clochers a-t-elle réussi à coloniser des structures artificielles pour se reposer et se reproduire ? Est-elle particulièrement résistante aux perturbations humaines ? Il est possible que sa taille moyenne et ses habitudes nocturnes lui permettent d'être peu détectée par l'homme. En outre, l'espèce pourrait être plus résistante au stress que d'autres oiseaux et serait donc en mesure de mieux faire face à la présence humaine. Même si c'est le cas, les perturbations humaines peuvent tout de même entraîner des coûts. Une étude a montré qu'en Suisse, l'effraie des clochers est physiologiquement stressée par la présence humaine. En outre, au Canada, en Israël, au Portugal, en Espagne, en Suisse et au Royaume-Uni, les sites de nidification situés au sein de réseaux routiers denses, au trafic abondant, sont occupés moins souvent que ceux situés loin des routes. Les effraies communes sont donc attirées par les sites offerts par l'homme, mais pas par l'homme lui-même !

## UNE PRÉFÉRENCE POUR LES NICHOIRS ARTIFICIELS

Dans la plupart des régions du monde (sauf en Australie), les effraies communes se reproduisent traditionnellement dans des structures artificielles allant des églises, des temples ou des minarets, aux granges, fermes et ruines, et plus récemment dans des nichoirs. Ces derniers sont fixés contre les granges, contre les arbres ou sur des poteaux au milieu des champs, et sont souvent si bien adoptés par les effraies communes qu'elles les préfèrent aux sites de reproduction traditionnels, qui sont donc abandonnés. En République tchèque, la proportion de chouettes nichant dans les églises est passée de 51 % en 1940 à 2 % en 2007. Dans une population allemande, le pourcentage de couples nichant dans les nichoirs est passé de 17 % en 1977 à 100 % en 1987. Des phénomènes similaires ont été observés dans d'autres pays européens. C'est probablement parce que la tendance est à empêcher les oiseaux d'avoir accès aux clochers des églises. Mais il se trouve aussi que les effraies des clochers apprécient les nichoirs bien conçus, qui offrent des conditions de reproduction idéales. La préférence pour ces structures s'explique par le fait que la reproduction y est souvent plus réussie que dans d'autres sites artificiels, comme cela a été observé aux États-Unis, en Argentine et aux Pays-Bas, pour peu qu'ils soient installés à l'abri des prédateurs, bien au-dessus du sol (généralement au-dessus de 5 mètres), à l'ombre et non exposés à la pluie et au vent.

### SITES DE NIDIFICATION DES AUTRES TYTONIDÉS

Si les effraies communes sont des généralistes dans leur choix de site de nidification, les autres Tytonidés sont plutôt des spécialistes. Les effraies du Cap et de prairie se reproduisent exclusivement au sol, dans une végétation herbacée dense, loin des arbres. Les effraies ombrées et piquetées choisissent, quant à elles, de grands creux dans les arbres, jusqu'à 40 mètres au-dessus du sol et toujours dans des forêts denses. Les effraies masquées d'Australie et de Tasmanie élisent domicile dans les eucalyptus des régions boisées ouvertes, ceux des forêts fermées et même certains eucalyptus isolés des paysages agricoles. Pour les autres Tytonidés, les données sont disparates. Les effraies de Minahassa vivent dans des forêts denses de montagne, et un nid a été trouvé dans la cavité d'un arbre. Deux nids d'effraies des Célèbes ont été découverts dans des arbres creux non loin d'un village, et un autre a été trouvé dans une grotte à 10 mètres du sol. Enfin, la très rare effraie de Soumagne se reproduit dans les arbres creux des forêts denses et persistantes de Madagascar.

### LA CONSTRUCTION DU NID

Comme chez les autres espèces de chouettes et hiboux, la préparation du nid est rudimentaire chez les Tytonidés. Les parents n'apportent aucun matériel pour construire ou consolider leur nid, mais la mère disloque des pelotes de réjection pour constituer une litière dans laquelle elle forme un petit creux où elle pondra ses œufs. Cependant, dans les sites de nidification nouvellement utilisés, les pelotes sont rares. Par conséquent, les ornithologues ajoutent souvent un substrat approprié à l'intérieur des nichoirs. Dans les régions où les cavités sont rares, ou celles où les températures ambiantes sont élevées, les chouettes peuvent fournir beaucoup d'efforts pour construire un refuge. Les effraies communes peuvent creuser un long tunnel (jusqu'à 132 centimètres de long) en grattant le sol de leurs serres dans les berges verticales des cours d'eau et les arroyos, un comportement relativement fréquent en Amérique du Nord.

## Futures recherches

- Il est encore nécessaire d'étudier pourquoi les effraies communes se reproduisent plus souvent dans les arbres creux dans certaines régions que dans d'autres. Des analyses devraient être effectuées pour vérifier si la propension à utiliser différents types d'arbres est liée aux variables climatiques ou aux activités humaines.
- Les impacts négatifs des prédateurs, des perturbations causées par l'homme, des concurrents et autres animaux sont-ils moins prononcés dans les sites de reproduction situés dans des structures artificielles que dans les sites naturels ?

## Pour aller plus loin

Almasi, B., Béziers, P., Roulin, A. and Jenni, L. 2015. Agricultural land-use and human presence around breeding sites increase stress-hormone levels and decrease body mass in barn owl nestlings. *Oecologia* **179**: 89–101.

Blaker, G. B. 1933. The barn owl in England. *Bird Notes and News* **15**: 207–211.

Shawyer, C. R. 1987. *The Barn Owl in the British Isles: its Past, Present and Future*. London: The Hawk Trust.

Les tadornes casarca peuvent se reproduire dans les nichoirs spécialement préparés et installés pour les effraies des clochers. Photographie prise avec un piège photographique en Suisse. © Robin Séchaud & Kim Schalcher

# La compétition interspécifique sur les sites de nidification

**Les animaux rivalisent intensément pour protéger leur site de nidification, qui est une ressource souvent rare. La compétition avec d'autres rapaces nocturnes ou diurnes ou des prédateurs pour sécuriser un site de nidification peut être dangereuse et prendre beaucoup de temps. Elle peut avoir un coût énergétique élevé. C'est peut-être la raison pour laquelle l'effraie des clochers tolère souvent la présence d'autres animaux se reproduisant près d'elle.**

Dès qu'une effraie des clochers investit une cavité, elle en refuse l'accès à d'autres, à moins que le site soit assez grand pour être partagé. Tolérer la présence d'autres animaux a un coût : cela peut augmenter la détectabilité du site par les prédateurs, favoriser la propagation des parasites, générer des interférences et perturber les activités de repos et de sommeil. Mais la défense collective que cela procure pourrait compenser ces inconvénients, et les effraies des clochers pourraient aussi tirer profit de prédateurs avec lesquels

Plusieurs oiseaux, même ceux qui ne se reproduisent pas dans des cavités, comme la corneille noire (*à gauche*), peuvent être assez curieux pour visiter les nichoirs des effraies des clochers. Les fouines (*à droite*) entrent dans les nichoirs pour consommer les œufs et les poussins d'effraies des clochers. Photographies prises avec un piège photographique en Suisse. © Robin Séchaud & Kim Schalcher

elles partagent un site de reproduction, car ils peuvent faire peur ou attaquer leurs congénères ou d'autres animaux. Cependant, jusqu'à présent, aucun bénéfice clair n'a été signalé chez les Tytonidés concernant la reproduction à proximité d'autres oiseaux.

La taille de l'entrée d'une cavité détermine qui peut l'occuper. Les animaux plus petits que l'effraie des clochers, comme le petit-duc scops, le choucas des tours, le moineau domestique et les rats, ne sont pas assez puissants pour tenir tête à l'effraie des clochers, et ils ne peuvent donc occuper de grands nichoirs que si l'entrée est assez petite pour empêcher les chouettes d'entrer, comme on l'a observé en Israël. En revanche, le faucon crécerelle, avec ses griffes et son bec acérés, est en mesure de blesser une effraie des clochers et, parfois, lui ravir un site de nidification. Néanmoins, c'est habituellement la chouette qui a le dessus sur le faucon. Être attaqué la nuit par une effraie des clochers est stressant pour le faucon crécerelle, diurne, qui ne voit quasiment rien dans le noir. On a relevé, en Israël, 22 % de faucons crécerelles ayant abandonné la couvée qu'ils avaient placée dans un nichoir à cause des dérangements causés par les chouettes.

Si ces observations suggèrent des relations tendues entre faucon crécerelle et effraie des clochers, les deux espèces peuvent coexister. En France, en Allemagne, en Israël, en Suisse et au Royaume-Uni, on a observé des couples de faucons crécerelles et d'effraies des clochers nichant simultanément dans le même nichoir avec succès. On voit même parfois le faucon pondre ses œufs près de l'ouverture du nid dans un étroit passage, et tolérer que, la nuit, les chouettes lui marchent dessus pour entrer et sortir. Le partage réussi de la cavité de nidification a également été observé avec un couple de chouettes hulottes, de pigeons domestiques, de choucas des tours et même avec des frelons européens.

Bien que l'effraie des clochers et les espèces proches soient équipées de griffes et de becs acérés, les individus préfèrent le plus souvent éviter des conflits coûteux. Ainsi, le grand-duc d'Europe pourrait se nourrir d'effraies des clochers. Pourtant, les deux espèces nidifient parfois à quelques mètres l'une de l'autre, peut-être parce que, dans certains cas, l'effraie des clochers est attirée par la protection contre d'autres prédateurs que peut leur apporter ce grand hibou. Les effraies du Cap sont également très tolérantes à l'égard d'autres espèces et peuvent nicher à moins de 20 à 50 mètres de hiboux du Cap ou de busards grenouillards.

## Futures recherches

- Les coûts et les bénéfices liés à la reproduction à proximité d'autres oiseaux devraient être identifiés afin de comprendre pourquoi les effraies des clochers préfèrent parfois lutter pour l'exclusivité d'une cavité, ou choisissent de tolérer la présence de congénères ou d'autres animaux.
- Il est possible que les effraies des clochers qui partagent une cavité avec d'autres animaux soient moins audacieuses que celles qui rivalisent férocement pour monopoliser un site de nidification. La personnalité des effraies des clochers pourrait être évaluée sur le terrain et mise en relation avec le fait de tolérer ou non la présence d'autres animaux.

## Pour aller plus loin

Charter, M., Izhaki, I. and Leshem, Y. 2010. Effects of the risk of competition and predation on large secondary cavity breeders. *J. Ornithol.* **151**: 791–795.

Hasenclever, H. and Tiemeyer, V. 1991. Brutgemeinschaft des Turmfalken (*Falco tinnunculus*) und der Schleiereule (*Tyto alba*) in einem Brutkasten. *Charadrius* **27**: 14–18.

Kniprath, E. 2003. Breeding site competition between barn owl (*Tyto alba*) and kestrel (*Falco tinnunculus*): a product of bird protection? *Eulen-Rundblick* **51/52**: 15–17.

Une famille communautaire de 16 oisillons produits par un mâle et deux femelles en Israël. © Ezra Hadad

# La saison de reproduction

**Pour élever une famille avec succès, il est essentiel de savoir quand se reproduire. Les effraies communes, les effraies ombrées et piquetées, et dans une moindre mesure les effraies masquées, de prairie et du Cap, sont très souples quant au moment de la nidification. En pouvant entreprendre une nichée à n'importe quel mois de l'année, un individu peut adapter finement ses investissements dans les soins parentaux en fonction des conditions environnementales locales, de sa santé et de ses antécédents reproductifs.**

Dans les régions tempérées, les températures ambiantes et la disponibilité alimentaire varient fortement d'une saison à l'autre. Sous l'équateur ou les tropiques, c'est souvent l'alternance de la saison humide et de la saison sèche qui affecte la ressource alimentaire. Dans un tel contexte, où la reproduction est généralement très saisonnière, les espèces d'oiseaux capables de se reproduire tout au long de l'année bénéficient d'avantages en termes de réduction de la concurrence avec les congénères. Elles ont, en outre, la possibilité d'élever plusieurs nichées chaque année. Par exemple, en Europe centrale, l'effraie des clochers, qui exploite des milieux ouverts, a une période de reproduction deux fois plus longue que celle de la chouette hulotte, qui vit en forêt. Sa saison de reproduction plus étendue donne à l'effraie la possibilité de produire deux nichées par an et de remplacer une couvée qui échouerait, ce qui est rare chez la chouette hulotte. La connaissance de la phénologie de la reproduction est un bon indicateur de la souplesse avec laquelle les animaux décident du moment et de la fréquence de leur reproduction.

## LA PÉRIODE DE REPRODUCTION DES EFFRAIES COMMUNES

Ce groupe d'espèces peut se reproduire toute l'année dans les régions où le climat est clément. Même dans les régions tempérées, où les hivers peuvent être rudes, on trouve encore des nichées et des poussins en hiver, comme en Amérique du Nord (dans les États de Colombie-Britannique, Californie, Caroline du Nord et du Sud, Delaware, Kentucky, Illinois, Ohio, Utah, Texas, Washington), en Europe (Croatie, République tchèque, France, Allemagne, Sardaigne, Suisse) et en Argentine. Bien que la reproduction hivernale soit très rare, ces cas démontrent la capacité qu'ont les effraies communes à se reproduire dans la plupart des conditions environnementales, ce qui n'est pas le cas de tous les rapaces nocturnes ayant une écologie similaire.

Cette grande flexibilité a bien sûr ses limites. Dans les pays où les hivers sont extrêmement rigoureux, comme en Suède et dans la plupart des régions du Canada, ou bien dans les régions où les températures estivales peuvent être très élevées, comme en Israël, les effraies communes réduisent leur période de reproduction pour

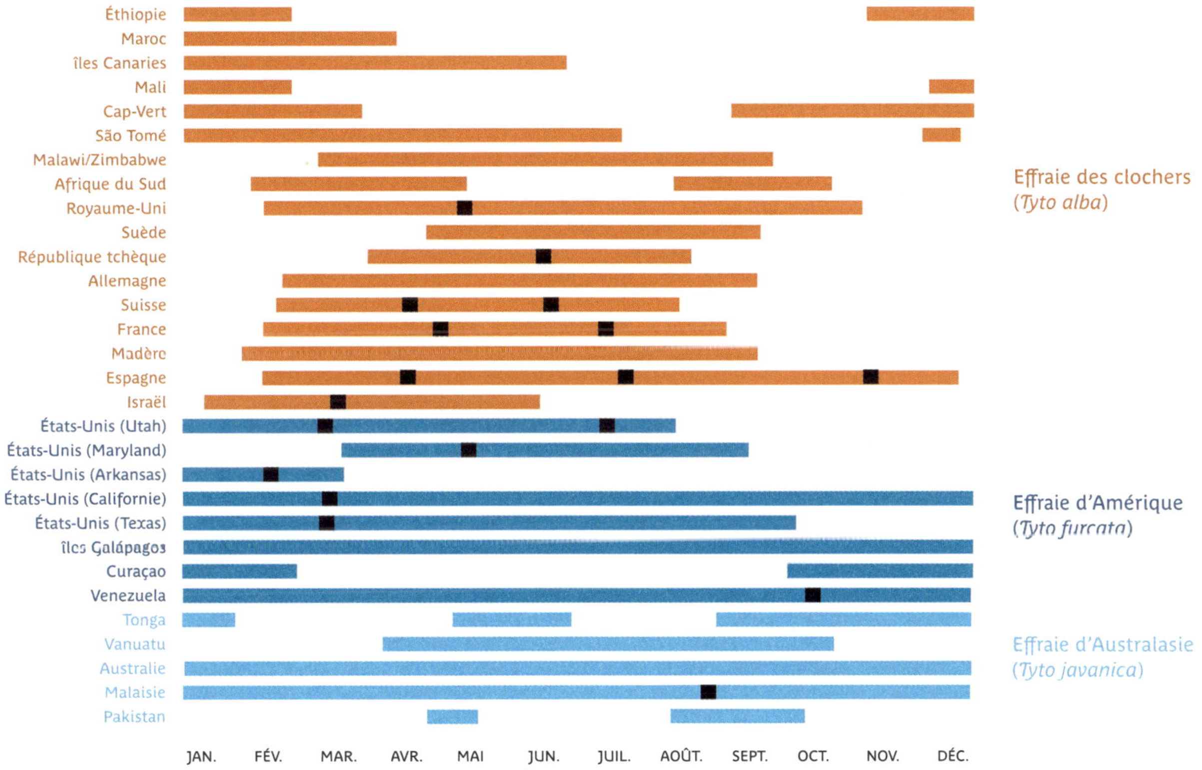


Comparaison des périodes de reproduction de l'effraie des clochers (*Tyto alba*), de l'effraie d'Amérique (*T. furcata*) et de l'effraie d'Australasie (*T. javanica*). Les cases noires indiquent la période principale de ponte (ou « les » périodes, si on connaît plus d'une période principale). L'absence de case noire indique que la principale période de ponte n'a pas été décrite dans la littérature. On constate, par exemple, que les effraies communes de Malaisie peuvent se reproduire à tout moment dans l'année, avec un pic de pontes en août, alors que les chouettes des Tonga ont deux saisons de reproduction distinctes dans l'année.

Une femelle incubant ses œufs.

l'adapter à celle où les conditions environnementales sont les plus favorables. Pour la même raison, les effraies communes connaissent deux périodes majeures de nidification au Pakistan, en Afrique du Sud et aux Tonga, pour éviter la saison très chaude et celles où les pluies sont trop abondantes, et profiter ainsi de la meilleure disponibilité alimentaire.

## LES ÉLÉMENTS DÉTERMINANT LA PÉRIODE DE PONTE DES EFFRAIES COMMUNES

Même si la disponibilité de la nourriture et les conditions météorologiques sont des facteurs importants qui expliquent les variations interannuelles des dates de ponte, leurs effets diffèrent selon les populations. Après des hivers enneigés, les effraies d'Amérique de l'État de l'Utah pondent leurs œufs plus tard dans la saison. En France, au Royaume-Uni et dans l'Utah, les chouettes entreprennent leurs activités reproductrices dès le début du printemps à la suite d'hivers chauds. En revanche, après des hivers plus froids, elles entament leur saison de nidification plus tard. De tels ajustements n'ont pas été observés en Suisse, où la neige et les températures hivernales ne semblent pas influencer le timing de la saison de reproduction.

Ces différences régionales de l'impact du climat peuvent être dues aux effets relatifs d'autres facteurs cumulés, comme la disponibilité de la nourriture, qui permettrait aux chouettes, les années durant lesquelles les petits mammifères sont plus abondants, d'entamer plus tôt leur reproduction. On a en effet constaté, dans des conditions naturelles, que des effraies des clochers écossaises déposaient leur première ponte en moyenne le 23 mai les années de faible abondance en campagnols, mais dès le 10 avril durant les années de pléthore. Cela a été démontré expérimentalement en Allemagne et au Royaume-Uni, où les effraies des clochers pondaient leurs œufs un mois plus tôt lorsqu'on leur fournissait de la nourriture supplémentaire. Cependant, on ne sait toujours pas quel mécanisme déclenche la ponte à une date donnée. La date exacte à laquelle les œufs seront déposés semble déterminée environ 18 jours à l'avance, lorsque les fréquences de visite du site de nidification et de copulation augmentent, comme on a pu l'observer en France.

### LA PÉRIODE DE REPRODUCTION CHEZ LES AUTRES TYTONIDÉS

Malheureusement, on sait peu de choses sur les éléments déterminant les dates de ponte chez les autres Tytonidés. Seules quelques données sur la phénologie de la reproduction ont été publiées. Mais d'autres informations pertinentes, tel ce qui détermine cette phénologie, font défaut. Chez l'effraie piquetée d'Australie, il semble qu'il existe un léger pic d'oisillons prêts à l'envol au printemps, probablement en raison de la disponibilité des proies qui se reproduisent de façon saisonnière. Les effraies masquées d'Australie pondent leurs œufs entre février et début octobre, avec un pic entre mars et juillet, tandis qu'un pic est observé en octobre chez les effraies masquées de Tasmanie. Les effraies de prairie australiennes peuvent se reproduire pendant toute l'année, bien que la période principale de ponte se situe entre mars et juin, tandis que les effraies du Cap, en Afrique, pondent de novembre à juin. À Madagascar, l'effraie de Soumagne commence à se reproduire à la fin de la saison des pluies pour que les petits puissent être volants à la saison sèche.

## Futures recherches

- D'autres données sont nécessaires pour comprendre la phénologie de reproduction des Tytonidés autres que les effraies communes.

## Pour aller plus loin

Baudvin, H. 1986. La reproduction de la chouette effraie (*Tyto alba*). *Le Jean le Blanc* **25**: 1–125.

Chausson, A., Henry, I., Ducret, B., Almasi, B. and Roulin, A. 2014. Tawny owl *Strix aluco* as a bioindicator of barn owl *Tyto alba* breeding and the effect of winter severity on barn owl reproduction. *Ibis* **156**: 433–441.

Durant, J. M., Gendner, J.-P. and Handrich, Y. 2010. Behavioural and body mass changes before egg laying in the barn owl: cues for clutch size determination. *J. Ornithol.* **151**: 11–17.

Shaw, G. 1994. A ten year study of barn owl conservation in conifer forest. *Scot. Birds* **17**: 187–191.

# De longue haleine

Les œufs de l'effraie des clochers sont blancs, mais ils deviennent rapidement brunâtres, surtout lorsque la cavité du nid est humide.

## La formation des œufs

**Les effraies communes produisent de petits œufs, ce qui suggère que l'investissement initial dans chaque petit est relativement faible. L'avantage offert est la possibilité de pondre de grandes couvées, ce qui permet de réduire la taille des nichées par la suite si la nourriture disponible est insuffisante. La petite taille initiale des oisillons explique, du moins en partie, pourquoi leur croissance est si longue.**

Plus un œuf est gros, plus il contient de ressources. De ce fait, éclore d'un gros œuf peut conférer un avantage durant les premiers jours de la vie. Cet avantage initial disparaît cependant rapidement, car la quantité de nourriture fournie par les parents devient vite le facteur le plus important pour la croissance et la survie de l'oisillon. Les connaissances au sujet de la taille des œufs fournissent des renseignements sur la façon dont les parents investissent des ressources dans leur progéniture, de la conception à l'indépendance.

### LA PÉRIODE PRÉCÉDANT LA PONTE

Contrairement aux « reproducteurs à capital » (*capital breeders*, en anglais) comme les oies des neiges, qui accumulent des ressources durant une longue période avant de produire leurs œufs, les effraies des clochers sont des « reproducteurs à revenus » (*income breeders*, en anglais), qui accumulent les besoins énergétiques nécessaires à la reproduction juste avant la ponte. Cela explique pourquoi les effraies communes dénutries peuvent se rétablir rapidement et produire une nouvelle ponte, à une date similaire, et comptant un nombre d'œufs semblable à celle des individus qui n'ont pas souffert d'un appauvrissement alimentaire. Chez les reproducteurs à revenus, la production d'œufs est sensible aux conditions environnementales qui prévalent au moment de la ponte plutôt qu'aux conditions régnant bien avant la reproduction. Même si les effraies communes souffrent de conditions environnementales difficiles, comme celles qu'elles rencontrent durant les hivers enneigés, elles ont la capacité de rattraper rapidement leur retard lorsque les conditions s'améliorent. Cette capacité leur permet sans doute d'être de bons reproducteurs à revenus.

Comment les effraies communes parviennent-elles à rassembler les ressources nécessaires à la production d'œufs juste avant la ponte, sachant notamment que les femelles n'augmentent pas sensiblement leur consommation de nourriture entre la période précédant la ponte et celle de ponte, comme cela a été démontré en France ? On a pu constater une augmentation rapide

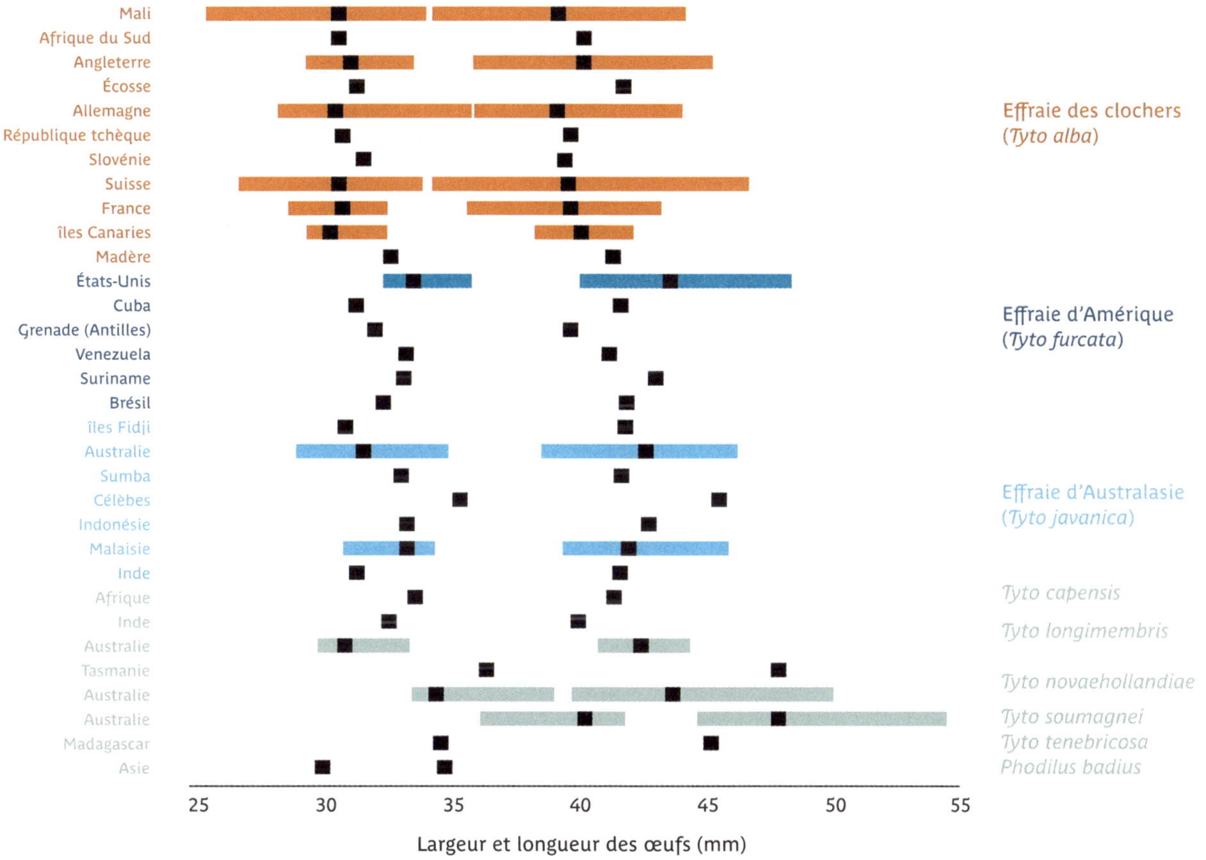


Les cases noires indiquent la largeur moyenne et la longueur moyenne des œufs, les barres de couleur horizontales représentant la variabilité de ces deux valeurs lorsqu'elle est connue, en fonction des pays, pour les effraies communes (complexe *Tyto alba* : effraies des clochers, d'Amérique et d'Australasie), les effraies du Cap et de prairie (*Tyto capensis* et *T. longimembris*), l'effraie masquée d'Australie (*T. novaehollandiae*), l'effraie de Soumagne (*T. soumagnei*), l'effraie ombrée (*T. tenebricosa*) et la phodile calong (*Phodilus badius*).

de la masse corporelle des femelles avant la période de ponte. Cette augmentation résulte cependant en grande partie de l'accumulation d'eau à l'intérieur des tissus due au métabolisme des protéines, et non au stockage des protéines et des lipides dérivés des aliments. Les femelles pondeuses accumulent 1,27 fois plus d'eau que les femelles non pondeuses, ainsi que 1,19 fois plus de minéraux et 1,11 fois plus de protéines, mais la teneur en lipides de l'organisme d'une femelle pondeuse ne représente que 63 % de celle d'une femelle non pondeuse. L'hydratation prononcée des femelles reproductrices leur permet de produire des œufs essentiellement composés d'eau (77 %). Viennent ensuite les protéines (9 %, dont 70 % sont stockées dans l'albumine), les minéraux (8 %, dont 91 % dans la coquille) et les lipides (6 %, principalement présents dans le jaune).

La production d'œufs, ou vitellogenèse, c'est-à-dire l'accumulation de nutriments pour former le jaune dans l'ovocyte, est rapide chez les oiseaux par rapport à celle d'autres vertébrés ovipares, chez qui il faut habituellement entre un et deux mois. Les pigeons ont besoin de 5 à 8 jours pour produire des œufs de 18 grammes. Le faucon crécerelle produit des œufs de 20 grammes en 9 jours, le cormoran huppé en 13,5 jours pour des œufs de 40 grammes. En France, et peut-être ailleurs également, l'effraie des clochers met 14 jours pour produire des œufs pesant environ 17 grammes, ce qui indique que, comparativement aux autres oiseaux, le taux d'accumulation du jaune est relativement lent chez cette espèce. Ceci est dû au fait que la formation du jaune s'effectue dans plusieurs œufs en même temps. Comme environ 6 ovules se développent simultanément à l'intérieur de l'ovaire, la demande énergétique la plus élevée pour produire des ovules survient au moment de la formation des 6 premiers œufs, c'est-à-dire dans la période allant de 1,5 jour avant la ponte du premier œuf jusqu'au moment de la ponte du troisième.

## LA TAILLE DES ŒUFS

Chaque œuf d'effraie des clochers représente 4,9 % du poids de la femelle, ce qui est peu en comparaison avec d'autres espèces de chouettes de taille similaire. Compte tenu de la taille de l'oiseau, ses œufs devraient peser 25 grammes au lieu de leur poids réel, qui est d'environ 17 grammes. Les œufs de cette espèce contiennent également moins d'énergie que ceux du faucon crécerelle ou du hibou moyen-duc, ce qui pourrait être une adaptation pour pouvoir pondre de grandes couvées. Un inconvénient potentiel, cependant, est la petite taille des poussins à la naissance et, par la suite, le faible taux de croissance des oisillons.

La production d'œufs de petite taille mais nombreux indique que l'investissement initial des femelles dans chaque oisillon n'est pas très important. Il est compensé par une longue période d'élevage. La stratégie de reproduction des Tytonidés consiste donc à étaler l'investissement parental sur une longue période au lieu de travailler très dur sur une période plus courte. En comparaison, les oisillons de chouette hulotte, qui sont plus gros que les oisillons d'effraie à l'éclosion et à l'envol, ont une période d'élevage d'un mois seulement, contre deux chez les Tytonidés. Lorsqu'il s'agit d'élever leurs petits, les effraies communes peuvent donc être considérées non pas comme des sprinters, mais comme des coureurs de fond. Cela peut expliquer pourquoi l'effraie commune est si prolifique, puisqu'elle peut produire plusieurs grandes couvées par année. Mais la saison de reproduction très longue signifie que les effraies communes disposent de peu de temps pour se remettre de leurs activités de reproduction. Le faible coût de production des nouveau-nés peut également expliquer la facilité avec laquelle les parents semblent prêts à les sacrifier, par exemple en les laissant mourir de faim lorsque la nourriture est rare.

Comme on peut le constater en Suisse, le volume des œufs est moins variable que la taille de la ponte et dépend fortement de l'identité de la femelle (80 % de la variance est expliquée par l'identité de la mère). Certaines effraies des clochers pondent en effet constamment des petits œufs et d'autres de plus gros œufs tout au long de leur vie. Cela suggère que la taille des œufs a une forte détermination génétique et dépend de la taille de la femelle, alors que l'environnement a une influence faible, quoique significative. En Suisse, en République tchèque et au Mali, la longueur des œufs diminue au fur et à mesure que la saison de reproduction avance (en Suisse, la longueur moyenne des œufs est de 39,7 millimètres le 1er mars et de 39,0 millimètres le 1er août). En Suisse et en République tchèque, les œufs sont, en moyenne, légèrement plus larges dans les grandes couvées que dans les petites (30,7 millimètres pour les couvées de 10 œufs et 30,4 millimètres pour celles de 2 œufs).

## Futures recherches

- La taille des œufs doit être mesurée par rapport à l'ordre de ponte, afin de vérifier si les femelles investissent plus de ressources dans les œufs pondus en premier ou en dernier.
- La taille des œufs devrait être mesurée dans les populations du monde entier afin d'étudier les variations géographiques. Cela pourrait se faire à la fois dans les populations sauvages et dans les musées d'histoire naturelle qui possèdent des collections d'œufs.

## Pour aller plus loin


Altwegg, R., Schaub, M. and Roulin, A. 2007. Age-specific fitness components and their temporal variation in the barn owl. *Am. Nat.* **169**: 47–61.

Chausson, A., Henry, I., Almasi, B. and Roulin, A. 2014. Barn owl (*Tyto alba*) breeding biology in relation to breeding season climate. *J. Ornithol.* **155**: 273–281.

Durant, J. M., Massemin, S., Thouzeau, C. and Handrich, Y. 2000. Body reserves and nutritional needs during laying preparation in barn owls. *J. Comp. Physiol. B* **170**: 253–260.

Durant, J. M., Massemin, S. and Handrich, Y. 2004. More eggs the better: egg formation in captive barn owls (*Tyto alba*). *Auk* **121**: 103–109.

Meijer, T. and Drent, R. 1999. Re-examination of the capital and income dichotomy in breeding birds. *Ibis* **141**: 399–414.

# Des pontes prolifiques

Une couvée de 8 œufs d'effraie des clochers.

## Le nombre d'œufs par ponte

**L'apport en nourriture et les conditions climatiques ont une forte influence sur le nombre d'œufs que pondent les effraies des clochers. Cela contraste avec la taille des œufs, qui est principalement déterminée génétiquement. Les changements environnementaux actuels, qui affectent la qualité de l'habitat, pourraient expliquer pourquoi la taille des pontes a augmenté en Europe au cours des cinquante dernières années.**

Comparées aux chouettes et aux hiboux de taille similaire, les effraies communes sont prolifiques et produisent de grandes pontes de 2 à 12 œufs. Les effraies masquées, ombrées et piquetées, les phodiles et, dans une moindre mesure, les effraies de prairie produisent, quant à elles, des pontes relativement petites de seulement 2 à 4 œufs. Cela pourrait expliquer en partie pourquoi les effraies communes en particulier, mais non toutes les espèces du genre *Tyto*, ont colonisé le monde avec succès.

### LA VARIATION DE LA TAILLE DES PONTES

Contrairement à la taille des œufs, la taille des pontes varie grandement au sein des populations d'effraies communes et entre les différentes populations. Ce n'est pas toujours le cas chez les oiseaux. Certaines espèces pondent en effet un nombre d'œufs fixe, comme le manchot Adélie qui produit généralement un seul œuf par couvée. D'autres, comme le faucon crécerelle, ne présentent que de légères variations dans la taille des couvées, alors qu'il occupe des habitats similaires à l'effraie des clochers. Chez une population allemande d'effraies des clochers, on a pu constater des différences d'une année à l'autre : les couvées ne contenaient en moyenne que 3 œufs durant une année, mais jusqu'à 7 œufs au cours d'une autre.

Bien que le nombre record d'œufs par nichée, constaté en Allemagne et en République tchèque, soit de 18, les effraies des clochers pourraient potentiellement pondre encore plus d'œufs. Les femelles produisent environ 25 follicules ovariens, dont certains seulement sont fécondés. Les follicules surnuméraires sont résorbés, ce qui suggère que les femelles peuvent « décider » de pondre des œufs supplémentaires plus tard, par exemple si certains des œufs pondus sont accidentellement perdus. En prélevant les œufs les uns après les autres, des chercheurs français ont incité une femelle à pondre 18 œufs dans une seule couvée. Cela signifie que la taille des couvées peut être influencée par des facteurs environnementaux intervenant non seulement avant la ponte, mais aussi pendant la période de ponte.

## LES FACTEURS DÉTERMINANT LA TAILLE DE LA PONTE

Chez l'effraie commune, la taille de la ponte varie souvent selon les saisons, et les couvées sont plus grandes lorsque la période de ponte débute tôt dans l'année. En France et en Suisse, la taille moyenne des premières pontes annuelles augmente de février à juin, tandis que la taille de la deuxième couvée ne diminue que

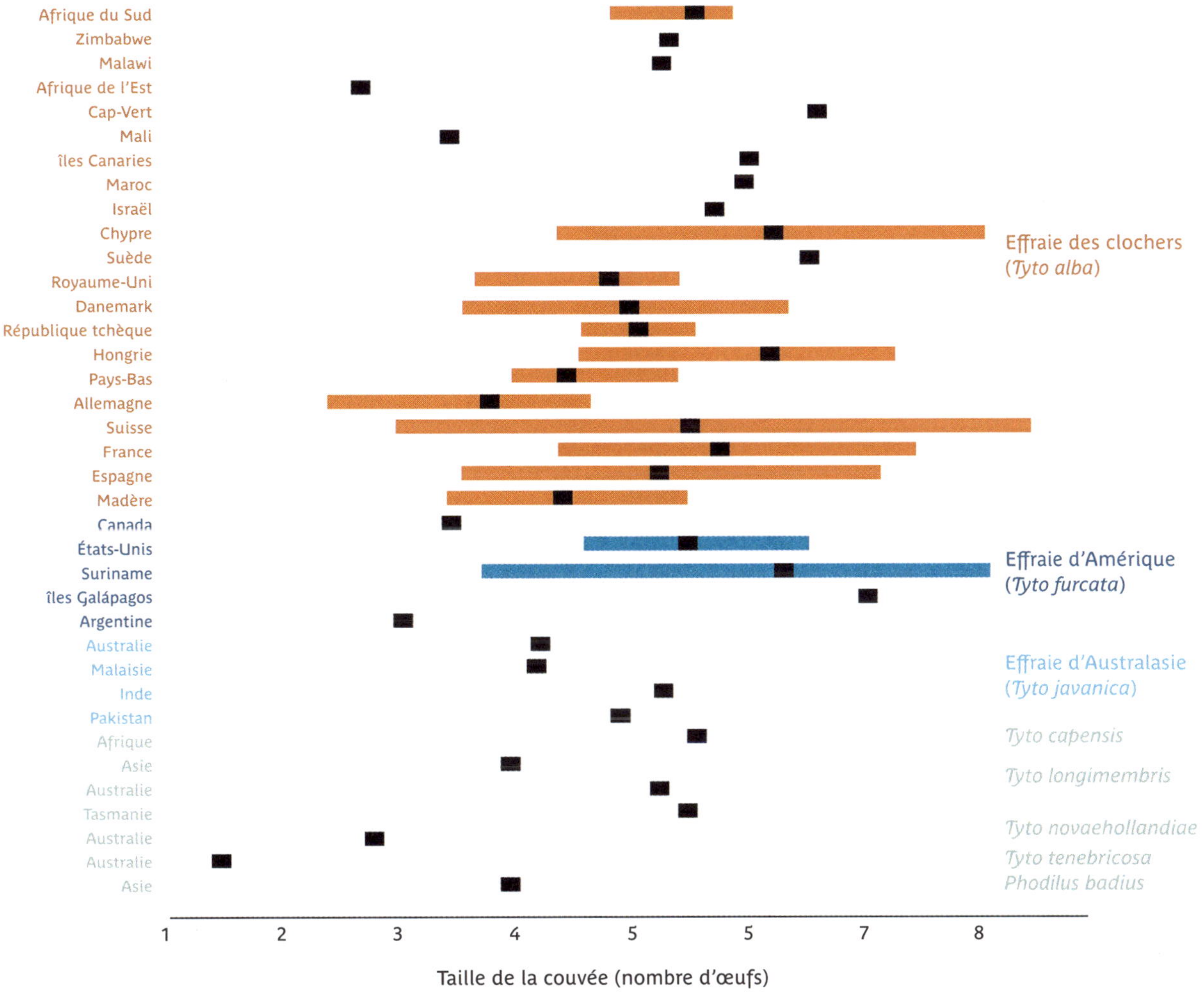


Les cases noires indiquent la taille moyenne des nichées, et les barres colorées horizontales indiquent la variabilité de la taille moyenne annuelle des nichées (selon différentes études), lorsque celle-ci est connue, pour les effraies communes (complexe *Tyto alba* : effraies des clochers, d'Amérique et d'Australasie), les effraies du Cap et de prairie (*Tyto capensis* et *T. longimembris*), l'effraie masquée d'Australie (*T. novaehollandiae*), l'effraie ombrée (*T. tenebricosa*) et la phodile calong (*Phodilus badius*).

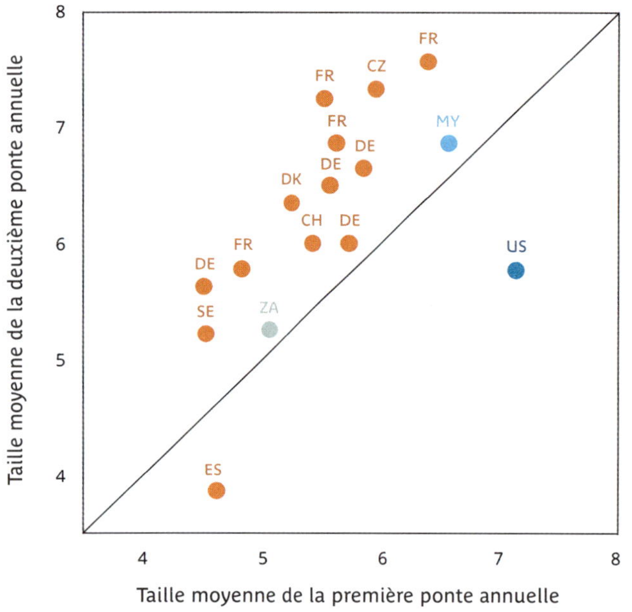


Tailles moyennes des premières et deuxièmes pontes annuelles (en nombre d'œufs) dans les populations d'effraies communes en Europe (points oranges), en Malaisie (point bleu clair), aux États-Unis (point bleu foncé) et en Afrique du Sud (point gris). Un point placé au-dessus de la diagonale indique que les deuxièmes pontes annuelles sont, en moyenne, plus grandes que les premières pontes de l'année. On constate la situation inverse en Espagne et aux États-Unis, avec des points se situant en dessous de cette diagonale.

CH = Suisse
CZ = République tchèque
DE = Allemagne
DK = Danemark
ES = Espagne
FR = France
MY = Malaisie
SE = Suède
US = États-Unis
ZA = Afrique du Sud

légèrement de mai à août. Ceci concorde avec l'observation selon laquelle les secondes pontes sont en moyenne plus grandes que les premières dans la plupart des populations étudiées (République tchèque, Danemark, France, Allemagne, Suède, Suisse, Malaisie et Afrique du Sud ; voir figure ci-dessus), y compris dans une population captive d'Allemagne à qui des aliments ont été fournis *ad libitum*.

Les deux seules exceptions ont été constatées dans des populations d'Espagne et dans l'Utah, aux États-Unis, où les secondes pontes étaient plus petites que les premières, peut-être parce que dans ces deux lieux, la disponibilité alimentaire diminue durant la saison de reproduction. Dans la région méditerranéenne espagnole, en effet, la densité de population des mulots sylvestres diminue du début de l'été à l'hiver à mesure que la végétation s'assèche, épuisant les ressources alimentaires des petits mammifères. En Europe centrale, en revanche, où les deuxièmes pontes sont plus grandes que les premières, les campagnols des champs se reproduisent au début du printemps ; leur nombre est donc au plus haut en été, pour ne diminuer qu'en automne. Cela signifie que la différence de taille entre les premières et deuxièmes pontes annuelles est due à un effet saisonnier plutôt qu'à des niveaux d'investissement des parents différents entre les deux pontes. En d'autres termes, dans une population donnée, on peut s'attendre à ce que deux effraies des clochers qui pondent, l'une sa première couvée, l'autre sa deuxième, à une date similaire, produisent un nombre d'œufs similaire.

Le rôle central de la disponibilité de la nourriture dans l'explication de la variation de la taille des pontes chez l'effraie des clochers a été démontré en Europe et en Afrique. Les chouettes pondent plus d'œufs lors des années riches en campagnols, et en Écosse et en Suisse, les femelles plus lourdes pondent plus d'œufs que les femelles plus légères. Le rôle du climat dans la détermination de la taille des pontes a également été signalé, mais on ne sait toujours pas si les conditions climatiques influencent la reproduction des effraies des clochers directement ou indirectement, par un effet sur la disponibilité alimentaire. Les connaissances actuelles suggèrent qu'en Suisse, en France, au Royaume-Uni et aux États-Unis, la taille des couvées est plus petite après des hivers rigoureux qu'après des hivers doux. En Suisse et au Royaume-Uni, les pontes sont plus grandes les années où la période de ponte coïncide avec des précipitations plus abondantes, en particulier quand il pleut plus fortement 3 semaines avant la ponte. La pluie peut stimuler la croissance de la végétation et, à son tour, les populations de petits mammifères. Des précipitations plus abondantes peuvent également accroître l'activité des rongeurs et les rendre plus vulnérables à la prédation.

L'environnement a donc des effets évidents sur la taille des pontes, mais les facteurs génétiques jouent également un rôle, quoique plus faible, 20 % de la variation de la taille des couvées étant expliquée par l'identité de la femelle. Ceci contraste avec la taille des œufs, dont 80 % de la variation s'explique par l'identité de la mère. Ainsi, bien qu'une femelle donnée ponde des œufs de taille similaire, le nombre d'œufs peut varier considérablement entre ses différentes tentatives de reproduction.

## Futures recherches

- Il faudrait évaluer l'importance relative des facteurs génétiques et écologiques dans la détermination de la taille des pontes.
- Des études sont nécessaires pour déterminer si les femelles peuvent prévoir et ajuster la taille de leurs couvées en fonction de l'abondance des proies auxquelles les petits seront exposés pendant la période de soins parentaux et après.
- Il est nécessaire de déterminer pourquoi la taille des pontes en Europe a augmenté au cours des cinquante dernières années.

## Pour aller plus loin

Béziers, P. and Roulin, A. 2016. Double brooding and offspring desertion in the barn owl (*Tyto alba*). *J. Avian Biol.* **47**: 235–244.

Chausson, A., Henry, I., Almasi, B. and Roulin, A. 2014. Barn owl (*Tyto alba*) breeding biology in relation to breeding season climate. *J. Ornithol.* **155**: 273–281.

Durant, J. M., Massemin, S. and Handrich, Y. 2004. More eggs the better: egg formation in captive barn owls (*Tyto alba*). *Auk* **121**: 103–109.

Moreno, S. and Kufner, M. B. 1988. Seasonal patterns in the wood mouse population in Mediterranean scrubland. *Acta Theriol.* **33**: 79–85.

Pinot, A., Gauffre, B. and Bretagnolle, V. 2014. The interplay between seasonality and density: consequences for female breeding decisions in a small cyclic herbivore. *BMC Ecol.* **14**: 17.

Roulin, A. 2002. Short- and long-term fitness correlates of rearing conditions in the barn owl. *Ardea* **90**: 259–267.

Toms, M. P. 1996. An eye to the future. *BTO News* **207**: 12–13.

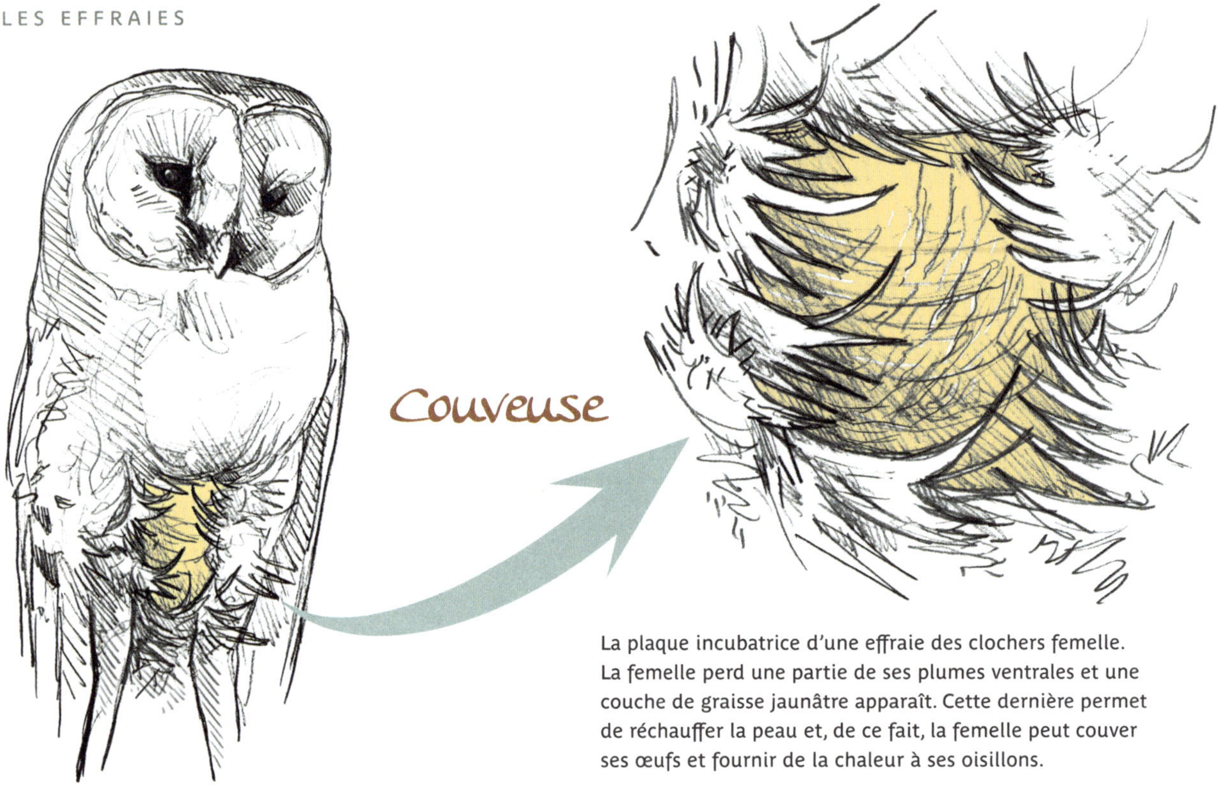


La plaque incubatrice d'une effraie des clochers femelle. La femelle perd une partie de ses plumes ventrales et une couche de graisse jaunâtre apparaît. Cette dernière permet de réchauffer la peau et, de ce fait, la femelle peut couver ses œufs et fournir de la chaleur à ses oisillons.

# L'incubation

**Chez l'effraie des clochers, mâle et femelle jouent un rôle spécifique dans la reproduction. La femelle couve les œufs, réchauffe la progéniture et distribue aux oisillons la nourriture rapportée par le mâle. Les œufs de Tytonidés doivent être incubés pendant environ 32 jours avant leur éclosion.**

## LA DURÉE D'INCUBATION

Pour que l'œuf d'un oiseau éclose, il doit être incubé pendant une période allant de 13 jours (chez le canari) à 81 jours (chez l'albatros royal). Chez les effraies communes, cette incubation dure en moyenne 32 jours (de 27 à 36 jours) ; chez les effraies de prairie et du Cap, 29 à 31 jours ; et chez les effraies masquées, 33 jours en moyenne. La période d'incubation chez l'effraie commune est d'environ 5 jours plus longue que chez des rapaces de taille semblable, tels que le hibou des marais et le hibou moyen-duc. Est-ce parce que les pontes des effraies communes contiennent, en moyenne, plus d'œufs et nécessitent donc plus d'énergie et de temps pour l'incubation ? Ou est-ce que les mères des effraies communes produisent moins de chaleur pour incuber leurs œufs, mais couvent plus longtemps ? Peut-être les femelles fournissent-elles moins de ressources pour les œufs, ce qui empêche les embryons d'effraies communes de grandir aussi vite que ceux d'autres rapaces nocturnes ? Quelle qu'en soit la raison, la durée d'incubation par la mère chez les effraies communes n'est pas limitée dans le temps. Si aucun des œufs de sa couvée n'éclôt, elle continuera à les couver pendant trois, voire six mois.

## LA PLAQUE INCUBATRICE ET LE COMPORTEMENT D'INCUBATION

Chez les Tytonidés, seule la femelle développe une plaque incubatrice, c'est-à-dire une zone sur le ventre où les plumes se détachent spontanément avant la ponte, de sorte que les œufs et les petits soient en contact direct avec la peau. Par conséquent, c'est uniquement la femelle qui couve les œufs, même si le mâle peut, en de rares occasions, aider en s'asseyant dessus. Mais sans plaque incubatrice, l'aide paternelle n'est pas très efficace.

Pendant l'incubation, la femelle reste habituellement à l'intérieur de la cavité du nid, ne sortant en moyenne que 2,5 fois par jour. Grâce au mâle, qui lui fournit toute la nourriture dont elle a besoin pour son alimentation et l'incubation des œufs, elle passe la majorité de son temps à couver. Chez les effraies communes, les femelles investissent beaucoup d'énergie pour réchauffer leurs œufs, comme le démontre le fait que 70 % des lipides présents dans la peau des chouettes sont concentrés dans la plaque incubatrice. Après l'éclosion du premier œuf, la mère quitte son nid plus régulièrement. La qualité de l'incubation peut donc diminuer au fil des éclosions. Les œufs éclosent à quelques jours d'écart les uns des autres. Les derniers pondus sont donc peut-être couvés de façon moins assidue. Cette idée est soutenue par des travaux menés en Écosse, révélant que 83 % des œufs n'ayant pas éclos étaient les derniers ou avant-derniers pondus. Cet effet peut être encore plus prononcé dans les grandes pontes. La plaque incubatrice de l'effraie commune est relativement petite (environ 12,8 $cm^2$) et n'est pas toujours assez grande pour incuber tous les œufs simultanément. Cela pourrait expliquer, au moins en partie, pourquoi, en Suisse, la probabilité qu'un œuf n'éclose pas est plus grande dans les grandes couvées que dans les petites couvées.

L'incubation n'est donc pas un processus passif, et les femelles doivent surveiller comment elles prennent soin de chacun de leurs œufs. C'est probablement ce qu'elles font, car elles changent leur position d'incubation de 180 degrés régulièrement, l'intervalle pouvant varier d'une minute à une heure. L'effraie commune femelle est très attentive à ses œufs.

## Futures recherches

- La durée et l'efficacité d'incubation ont rarement été mesurées avec précision pour chaque œuf séparément. On ne sait donc pas si la durée est corrélée avec la température ambiante, la température corporelle des femelles, la taille des couvées, la date de ponte ou la séquence de ponte des œufs.
- Le comportement d'incubation, y compris l'assiduité avec laquelle les femelles couvent leurs œufs et le temps qu'elles investissent dans l'incubation, devrait être étudié.

## Pour aller plus loin

Boersma, P. D. 1982. Why some birds take so long to hatch. *Am. Nat.* **120**: 733–750.

Durant, J. M., Massemin, S., Thouzeau, C. and Handrich Y. 2000. Body reserves and nutritional needs during laying preparation in barn owls. *J. Comp. Physiol. B* **170**: 253–260.

Durant, J. M., Massemin, S. and Handrich, Y. 2004. More eggs the better: egg formation in captive barn owls (*Tyto alba*). *Auk* **121**: 103–109.

Durant, J. M., Gendner, J.-P. and Handrich, Y. 2010. Behavioural and body mass changes before egg laying in the barn owl: cues for clutch size determination? *J. Ornithol.* **151**: 11–17.

Epple, W. and Bühler, P. 1981. Eiwenden, Eirollen und Positionswechsel der brütenden Schleiereule *Tyto alba*. *Ökol. Vögel* **3**: 203–211.

# Le petit oiseau va sortir

Un oisillon d'effraie des clochers en train d'éclore.

## L'éclosion

**Chez les Tytonidés, les œufs éclosent tous les 2 à 3 jours, produisant une hiérarchie de taille prononcée parmi les oisillons, l'aîné ayant jusqu'à un mois de plus que son plus petit frère. Les premiers-nés ont ainsi un accès prioritaire aux ressources parentales et, par conséquent, leurs plus jeunes frères et sœurs risquent davantage de mourir lorsque la nourriture est insuffisante. Par ailleurs, environ 10 à 20 % des œufs n'éclosent pas en raison de l'infertilité du mâle ou d'une mort embryonnaire précoce.**

### LE PROCESSUS D'ÉCLOSION

Deux jours avant l'éclosion, le poussin commence à émettre des cris à l'intérieur de l'œuf, probablement pour indiquer un besoin imminent de nourriture. Les proies ne sont apportées au nid que durant la nuit, mais les nouveau-nés ont besoin de repas répartis sur 24 heures. Les oisillons crient dans l'œuf dans le but d'informer leurs parents du moment de l'éclosion, afin de s'assurer l'accès à de la nourriture dès leur sortie. L'éclosion elle-même dure entre 12 et 36 heures. Les pères y réagissent en rapportant plus de proies. Le poussin casse la coquille à l'aide du diamant, ou « dent de l'œuf », une petite protubérance pointue située à l'extrémité du bec, et la mère l'aide souvent en enlevant les gros morceaux de coquille. Ces morceaux sont consommés par la mère ou retirés par le père, probablement pour empêcher les prédateurs d'en trouver tombés du nid. Il n'est cependant pas rare de voir des coquilles d'œufs dans les nids, ce qui indique que ces comportements parentaux ne sont pas essentiels et pourraient dépendre d'éléments contextuels, par exemple des indices de présence de prédateurs.

## LE SUCCÈS DE L'ÉCLOSION

Les données d'études en Suisse, au Mali et en Malaisie montrent que dans les couvées dont au moins un œuf a éclos, respectivement 93 %, 83 % et 80 % des œufs ont éclos. En Suisse, dans seulement 7 nids sur 993, aucun œuf n'a éclos.

L'infertilité des mâles peut être une cause majeure d'échec de l'éclosion. C'est ce que suggère une étude néerlandaise dans laquelle 55 % des œufs ne montrant aucun signe de développement embryonnaire présentaient des spermatozoïdes collés à la membrane de la coquille. Les mâles ont donc pu transférer des spermatozoïdes qui, apparemment, n'étaient pas capables de féconder les ovules. L'infertilité des mâles peut être plus fréquente à un âge plus avancé. Une étude de cas a montré que jusqu'à l'âge de 9 ans, un mâle s'est reproduit 9 fois avec 6 femelles différentes, engendrant un total de 55 œufs, dont 51 ont éclos (93 %). Cependant, à partir de l'âge de 10 ans, le même mâle a produit 7 couvées, soigneusement incubées par deux nouvelles partenaires, mais un seul des 44 œufs a éclos (2 %). Une étude plus approfondie menée en Suisse a montré que le succès de l'éclosion diminue effectivement avec l'âge des mâles, ce qui suggère une baisse de la fécondité en vieillissant.

Les embryons peuvent aussi mourir, soit parce que la coquille de l'œuf se brise accidentellement, soit à cause de problèmes génétiques. Ces décès ne sont apparemment pas dus aux variations dans la qualité du

Une nichée de 6 oisillons d'effraie des clochers, présentant des différences de taille prononcées dues à l'éclosion asynchrone.

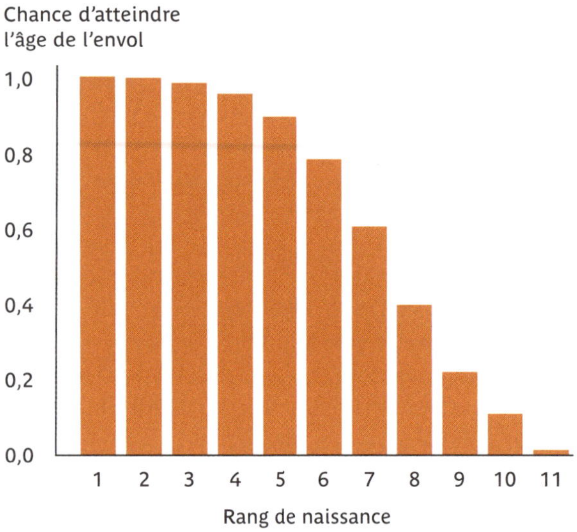


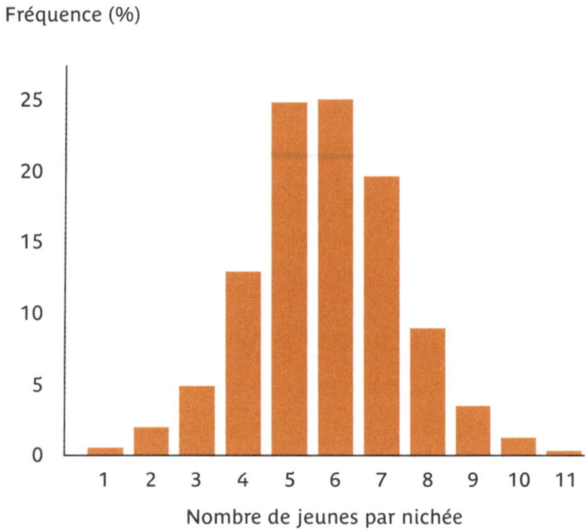


Graphe de gauche : probabilité pour un jeune d'atteindre l'âge de l'envol par rapport à son rang dans la séquence d'éclosions au sein de la nichée. Le numéro 1 est attribué au premier oisillon à éclore dans un nid, 2 au deuxième, 3 au troisième, et ainsi de suite. Graphe de droite : répartition des fréquences des nichées de différentes tailles. Les données proviennent de Suisse.

comportement d'incubation de la mère en lien avec les conditions environnementales. En Suisse, on a constaté que la sévérité de l'hiver n'influe pas sur le succès des éclosions de la saison de reproduction suivante. On a constaté aussi que les températures ambiantes, l'intensité des précipitations et la disponibilité alimentaire pendant la saison de reproduction ne permettent pas de prédire le sort des œufs.

## L'ÉCLOSION ASYNCHRONE

L'éclosion asynchrone, c'est-à-dire le fait que les œufs n'éclosent pas simultanément, résulte de ce que la femelle commence à couver ses œufs avant de les avoir tous pondus. L'éclosion synchrone, à l'inverse, correspond à l'éclosion simultanée de tous les œufs, due au fait que la femelle ne commence à couver qu'une fois toute la ponte déposée. Elle prévaut chez les oiseaux **nidifuges**, comme le gibier à plumes et les canards, dont tous les œufs d'une couvée éclosent quasi simultanément. Les poussins sortent de l'œuf déjà bien développés et peuvent quitter le nid pour s'aventurer tous ensemble dans leur habitat. Chez les oiseaux **nidicoles** (la plupart des passereaux, ainsi que les hiboux, les chouettes, nombre de rapaces diurnes et bien d'autres), l'éclosion synchrone n'a pas de caractère essentiel, les oisillons restant au nid un certain temps : de quelques jours chez les petits passereaux, à plusieurs semaines dans le cas des effraies. En fait, chez la plupart des nidicoles, les œufs éclosent tout de même plus ou moins en même temps parce que leur incubation ne commence qu'une fois la ponte achevée. Chez les rapaces diurnes et nocturnes, en revanche, l'éclosion asynchrone est la norme.

Certains oiseaux, comme la chouette hulotte et le faucon crécerelle, attendent que quelques œufs aient été pondus avant de commencer à les couver, mais chez l'effraie des clochers, l'incubation débute dès le premier œuf déposé. Cela explique pourquoi le degré d'asynchronisme des éclosions est plus prononcé chez l'effraie commune que chez de nombreux autres rapaces diurnes et nocturnes. Chez cette espèce, la différence d'âge entre frères et sœurs dépend principalement du temps écoulé entre la ponte des différents œufs.

Chez les effraies communes étudiées en Argentine, en République tchèque, en France, dans les îles Galápagos, en Allemagne, en Inde, en Malaisie et aux

États-Unis, ainsi que chez les effraies de prairie d'Australie et les effraies masquées de Tasmanie, les œufs sont généralement pondus tous les 1 à 4 jours, et en moyenne tous les 2 à 3 jours. Néanmoins, une couvée peut être déposée en deux cycles, avec un intervalle allant parfois jusqu'à 1 à 2 semaines, causant des différences d'âge extrêmes entre frères et sœurs. Malgré l'étalement des dates de ponte, il y a peu de variations dans la durée d'incubation. On a vu en Allemagne, par exemple, chacun des 7 œufs d'une couvée incubé pendant une durée similaire, allant de 31 jours à 32 jours et 7 heures.

Plusieurs hypothèses peuvent expliquer l'apparition de l'éclosion asynchrone, celle de la **réduction de la nichée** étant certainement la plus largement admise. Elle consiste à supposer que, pendant les périodes durant lesquelles la nourriture est moins abondante, ou lorsque les parents ont des difficultés à rapporter de la nourriture, les derniers poussins qui ont éclos, qui sont plus faibles que leurs frères et sœurs plus âgés, sont affamés et meurent de faim. L'effet de l'ordre d'éclosion sur la croissance et, par voie de conséquence, sur la survie est plus prononcé pendant la phase de croissance la plus rapide, entre l'éclosion et le 35e jour. Du point de vue des parents, la mort du ou des plus jeune(s) oisillon(s) est la meilleure chose qui puisse arriver dans une telle situation, car ils auront alors moins de bouches à nourrir, ce qui leur permettra de prendre soin des oisillons restants. On a constaté, en Suisse, que dans des nichées dont au moins un oisillon est mort, les poussins ayant perdu la vie étaient, dans 95 % des cas, ceux qui avaient éclos le plus tard, donc les plus jeunes, et dans seulement 5 % des cas, les individus les plus âgés. Si les œufs avaient éclos simultanément, les frères et sœurs auraient tous eu le même âge et auraient tous eu la même capacité de compétition, ce qui aurait augmenté le risque qu'ils meurent tous de faim. Sacrifier une partie de la famille pour ajuster la taille de la nichée à la disponibilité alimentaire assure qu'au moins quelques petits puissent atteindre l'âge de l'envol. Cela a été observé à de nombreuses reprises chez des effraies communes partout dans le monde, ce qui indique que l'éclosion asynchrone a une fonction adaptative claire chez ce groupe d'oiseaux.

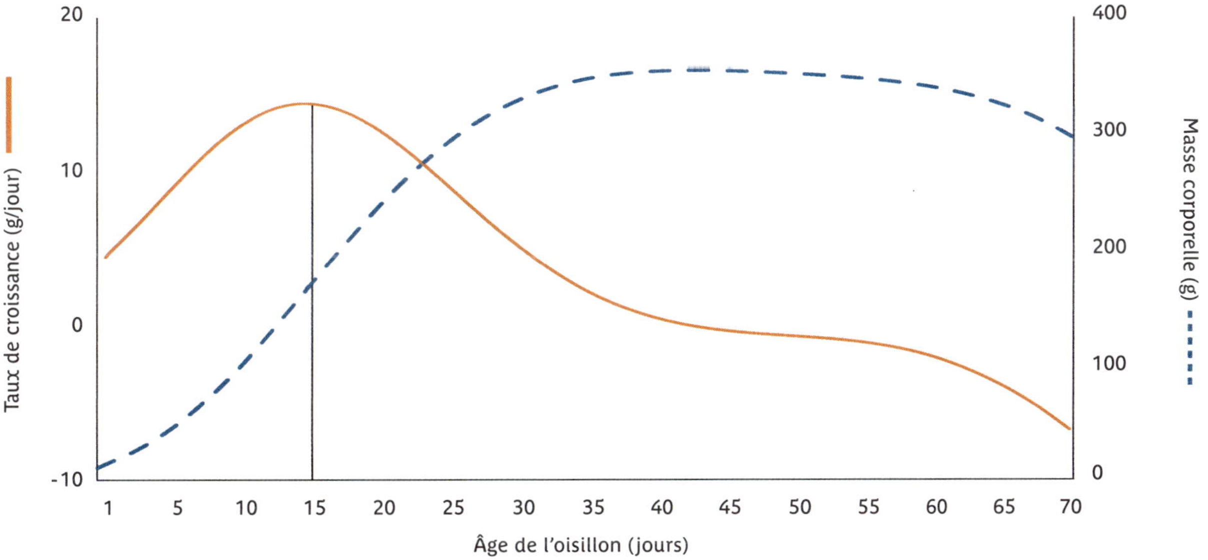


Taux de croissance de l'oisillon en grammes gagnés par jour (ligne orange ininterrompue), et masse corporelle de l'oisillon (ligne pointillée bleue) en Suisse. Le taux de croissance maximal, qui intervient à l'âge de 15 jours, est indiqué par la ligne noire verticale.

Si l'éclosion asynchrone procure des avantages sélectifs aux parents lorsque la nourriture est rare, elle est susceptible, dans ce domaine, d'avoir un coût dans des conditions d'alimentation optimales. Lorsque les parents parviennent à trouver suffisamment de nourriture pour éviter la réduction de la nichée, la supériorité physique des jeunes les plus âgés leur permet de monopoliser une plus grande partie des ressources parentales aux dépens de leurs frères et sœurs plus jeunes. Cela peut accroître la disparité des conditions physiques de la progéniture, ce qui, au bout du compte, peut avoir une incidence sur l'intérêt des parents. En effet, du point de vue des parents, il est sans doute préférable que tous leurs oisillons aient un départ similaire dans la vie, plutôt que l'aîné des poussins soit en bonne condition et le cadet dans un état comparativement plus mauvais à l'envol. Les coûts et les bénéfices de l'éclosion asynchrone devraient être examinés du point de vue de la valeur sélective des parents, ainsi que de celle des oisillons les plus âgés et des plus jeunes.

D'autres hypothèses ont été proposées pour expliquer la fonction adaptative de l'éclosion asynchrone. Lorsque les frères et sœurs ont des âges différents, leur demande alimentaire maximale, qui survient vers l'âge de 15 jours, est atteinte de façon séquentielle. Par conséquent, la concurrence entre frères et sœurs est réduite et la charge de travail des parents est répartie dans le temps. Des éclosions décalées peuvent également réduire le temps que les parents passent au nid, minimisant ainsi le risque de prédation. Tous ces aspects n'ont cependant pas encore été évalués chez les Tytonidés.

## Futures recherches

- Des données sur le moment de l'éclosion dans la journée sont nécessaires.
- Il faudrait étudier l'impact du comportement de quémande des poussins sur le taux de chasse des mâles.
- Le degré d'éclosion asynchrone devrait être relevé dans plusieurs populations.

## Pour aller plus loin

Bühler, P. 1970. Schluphilfe-Verhalten bei der Schleiereule (*Tyto alba*). *Vogelwelt* **91**: 121–130.

Chausson, A., Henry, I., Ducret, B., Almasi, B. and Roulin, A. 2014. Tawny owl *Strix aluco* as a bioindicator of barn owl *Tyto alba* breeding and the effect of winter severity on barn owl reproduction. *Ibis* **156**: 433–441.

Roulin, A. 2002. Short- and long-term fitness correlates of rearing conditions in the barn owl. *Ardea* **90**: 259–267.

Stenning, M. J. 1996. Hatching asynchrony, brood reduction and other rapidly reproducing hypotheses. *Trends Ecol. Evol.* **11**: 243–246.

Excusez du peu !

Une nichée
de sept oisillons
d'effraie des clochers.

# Le nombre d'oisillons par nichée

**Contrairement aux effraies masquées, piquetées et ombrées, les effraies communes produisent de grandes nichées. La disponibilité alimentaire et les conditions météorologiques sont des éléments clés du succès de la reproduction. Lorsque le risque de prédation est élevé ou lorsque la compétition pour les sites de nidification est intense, les parents peuvent abandonner leur nid, particulièrement au cours des stades de la ponte et de l'incubation. Si une tentative de reproduction échoue, de nombreux couples d'effraies communes produisent une ponte de remplacement, surtout lorsque la nourriture abonde et quand la saison de reproduction a commencé depuis peu.**

## LA VARIATION DE LA TAILLE DES NICHÉES

La taille de la nichée varie considérablement d'une population à l'autre et d'une année à l'autre. Le nombre maximum de petits dans une nichée est de 12. Ce nombre a été observé en France et en Afrique du Sud. La taille moyenne de la nichée est de 4 oisillons chez les effraies d'Amérique, des clochers et d'Australasie, mais beaucoup plus petite chez les effraies masquées, ombrées et piquetées, qui ont en moyenne 1 à 2 oisillons.

## LES EFFETS SAISONNIERS SUR LA TAILLE DES NICHÉES

Les pertes d'œufs et de petits sont fréquentes chez l'effraie commune. À titre d'exemple, une étude réalisée

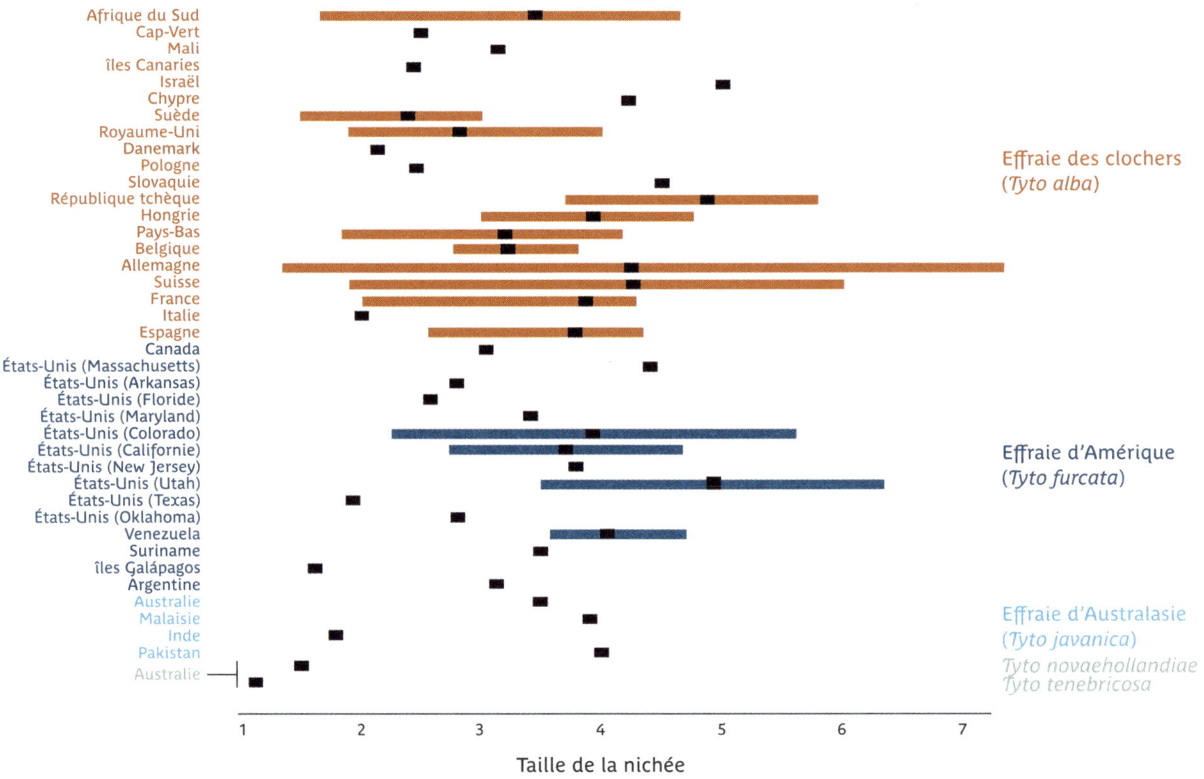


Les cases noires indiquent la taille moyenne des nichées, les barres de couleur représentant la variabilité de la taille moyenne des nichées de différentes études, lorsque ces données sont connues. La taille de la couvée semble varier davantage d'une année à l'autre en Allemagne que dans d'autres pays. Toutefois, cette conclusion peut être biaisée par le nombre plus élevé de résultats publiés en Allemagne.

dans l'Utah, aux États-Unis, a montré que tous les œufs avaient éclos et que tous les jeunes avaient atteint l'âge de l'envol dans seulement 16 % des nids étudiés. En Europe, si la taille des pontes augmente habituellement au cours de la saison, celle des nichées diminue. Il semble que le nombre d'œufs par couvée corresponde aux disponibilités alimentaires au moment de la ponte et non aux conditions prévalant quelques mois plus tard, durant la période d'élevage des oisillons. Au début de la saison de reproduction en Suisse (vers le 1er mars), les couples pondent en moyenne 5,6 œufs, car la nourriture n'est pas encore disponible en grande quantité. Mais sa disponibilité augmente rapidement, ce qui explique pourquoi pas moins de 5,2 de ces 5,6 œufs donnent des oisillons qui parviennent à l'âge de l'envol 3 mois plus tard. Dès cette époque et jusqu'à la fin de l'été, les conditions de disponibilité de la nourriture sont meilleures, et les dernières couvées, pondues début août, contiennent en moyenne 7,2 œufs. En automne cependant, la disponibilité de la nourriture se réduit rapidement. La pluie est plus abondante et les températures ambiantes sont plus basses, ce qui explique pourquoi seulement 2,8 des 7,2 œufs produisent des oisillons atteignant l'âge de l'envol. Dans les régions arides comme en Israël, le succès de reproduction diminue également tout au long de la saison, car la sécheresse ralentit la reproduction des rongeurs, principales proies des effraies.

Une famille de 7 oisillons d'effraie des clochers en Israël. © Amir Ezer

## LES CONDITIONS MÉTÉOROLOGIQUES : LEUR IMPACT SUR LA TAILLE DES NICHÉES

Comme cela a été montré en Suisse, bien que la mortalité des petits soit plus fréquente dans les grandes nichées que dans les petites, la probabilité qu'au moins un oisillon se reproduise l'année suivante est tout de même plus élevée dans les grandes couvées que dans les petites. La sélection naturelle favorise donc les parents optimistes qui produisent de grosses pontes, même s'ils ne peuvent pas prévoir à ce moment-là dans quelle mesure ils parviendront à nourrir leur progéniture. Par exemple, les parents chassent très peu pendant les périodes de fortes pluies, ce qui est particulièrement préjudiciable aux jeunes oisillons qui ne sont pas encore assez forts pour survivre quelques jours sans nourriture. Les précipitations sont donc un élément clé du succès de la reproduction. Cependant, l'effet du temps peut varier géographiquement, surtout en ce qui concerne les températures ambiantes. En Suisse, les oisillons ont de plus grandes chances de survie durant les années chaudes que durant les fraîches. Par des températures ambiantes élevées (30 °C), ils peuvent facilement maintenir une température corporelle de 40 °C. En revanche, lorsque la température ambiante se maintient autour de 15 °C, les jeunes oisillons peinent à se réchauffer et leur température cloacale est en moyenne de 34,5 °C seulement. En Israël, le problème des oisillons n'est pas la fraîcheur de la température ambiante, mais plutôt les vagues de chaleur au cours desquelles ils peuvent mourir de surchauffe. La vie d'un jeune oiseau n'est pas facile, où qu'il ait éclos dans le monde.

## LES ÉCHECS DE REPRODUCTION

Une étude réalisée au Mali a révélé que seulement 57 % des couples reproducteurs produisaient au moins un oisillon atteignant l'âge de l'envol. En Amérique du Nord, au Moyen-Orient et en Europe, entre 71 % et 95 % des couples parviennent à le faire. Plus des deux

Un oisillon d'effraie des clochers affamé.

tiers des échecs de reproduction surviennent au stade de l'incubation, parce que les parents sont plus susceptibles d'abandonner des œufs que des oisillons, surtout avant la fin de la ponte. L'échec au stade de l'incubation résulte de la compétition avec les congénères et d'autres espèces pour sécuriser les rares cavités à l'abri des incursions diurnes des prédateurs animaux et humains. La présence de l'homme au moment de la ponte est considérée comme un risque, et les parents peuvent abandonner leur couvée pour trouver un endroit plus sûr où ils pourront faire une ponte de remplacement.

L'abandon du nid est particulièrement fréquent les années durant lesquelles les conditions environnementales sont si mauvaises que la progéniture a peu de chance de survie. Par exemple, en Écosse, seulement 5 à 10 % des oisillons meurent dans les années riches en campagnols, par opposition à 45 % dans les années pauvres. L'abandon du nid par la femelle est également plus fréquent les années précédant une saison difficile, lors de laquelle seuls quelques oisillons parmi ceux qui ont survécu jusque-là se reproduiront. Cela signifie que les parents peuvent prévoir, au moins dans une certaine mesure, si les conditions d'élevage seront optimales et si la nourriture sera abondante l'année suivante. De nombreux rongeurs, principales proies des effraies des clochers, suivent des courbes d'abondance caractéristiques au cours d'une année et d'une année à l'autre. Par exemple, si l'abondance des rongeurs diminue au cours d'une année, les chouettes peuvent s'attendre à ce que les conditions d'alimentation l'année suivante soient encore pires. Dans de telles conditions, la valeur de la progéniture de la saison en cours est plutôt faible et les parents y sont donc moins attentifs.

La mort du père est la plus grande menace pour la survie des jeunes oisillons. Sans le mâle, principal pourvoyeur de nourriture, la nichée risque fort d'échouer. S'il meurt alors que les oisillons sont encore jeunes et qu'ils ont encore besoin de leur mère pour les réchauffer et pour préparer leurs proies, la mère ne peut pas laisser la progéniture sans surveillance pour aller chasser. Si le mâle meurt lorsque les oisillons sont plus âgés, et donc capables de se thermoréguler par eux-mêmes et de manger sans l'aide de leur mère, ils risquent encore de mourir de faim. En effet, ils peuvent être en danger si leur mère n'augmente pas le taux de nourrissage ou si elle a déjà abandonné la famille pour commencer une deuxième nichée, souvent à grande distance du premier nid, en comptant sur le premier mâle pour élever les petits.

## LES PONTES DE REMPLACEMENT

Après une tentative de reproduction infructueuse, les chouettes peuvent soit attendre l'année suivante pour se reproduire, soit produire une ponte de remplacement une ou deux semaines plus tard. Chez les espèces capables de produire deux nichées par an, comme l'effraie des clochers, le remplacement d'une première couvée équivaut à la production d'une deuxième couvée annuelle. Par conséquent, la fréquence de reproduction après un échec de ponte est similaire à la fréquence des deuxièmes couvées, qui est de 14 à 56 % en France. Ces chiffres sont toutefois sous-estimés. Les pontes de remplacement sont souvent produites avec un autre partenaire et dans un site différent de celui où la ponte infructueuse a eu lieu. Ce deuxième site peut se trouver jusqu'à 85 km de distance du premier, comme observé en Allemagne. De nombreuses pontes de remplacement interviennent donc à l'extérieur des zones d'étude, ce qui fait qu'elles échappent aux ornithologues qui, n'en ayant pas forcément connaissance, ne les enregistrent pas. Les pontes de remplacement ne sont pas particulièrement efficaces. Une étude aux États-Unis a montré que seulement 50 % des couples qui produisaient une ponte de remplacement parvenaient à élever au moins un jeune jusqu'à l'âge de l'envol.

Deux facteurs sont particulièrement importants dans la décision de produire une ponte de remplacement : le temps — chronologique — et la disponibilité de la nourriture. En France et en Allemagne, les pontes sont plus souvent remplacées les années durant lesquelles les premières pontes ont été pondues en début de saison. Ceci explique pourquoi les effraies des clochers sont 15 fois plus susceptibles de tenter une nouvelle ponte après un échec ayant eu lieu lors de la première tentative de reproduction que lors de la deuxième tentative de l'année.

## Futures recherches

- Les mesures de la taille des nichées devraient suivre une méthodologie standardisée afin de permettre des comparaisons entre les populations d'effraies communes. La comparaison de la taille des nichées entre les populations est sujette à des erreurs pour trois raisons. Premièrement, la mortalité des oisillons diffère grandement d'une année à l'autre. Cela signifie que la taille d'une nichée estimée à partir du suivi des populations à long terme reflète mieux la tendance générale que celle estimée à partir du suivi à court terme. Deuxièmement, la taille de la nichée enregistrée peu après l'éclosion surestime le nombre de petits qui atteignent l'âge de l'envol. Comme l'âge auquel les oisillons sont comptés est rarement mentionné, la comparaison de la taille des nichées entre les études n'est pas précise. Enfin, pour calculer la taille moyenne des nichées, les chercheurs distinguent rarement les couples qui n'ont pas réussi à élever un seul oisillon de ceux qui en ont élevé au moins un.

## Pour aller plus loin


Altwegg, R., Schaub, M. and Roulin, A. 2007. Age-specific fitness components and their temporal variation in the barn owl. *Am. Nat.* **169**: 47–61.

Baudvin, H. 1986. La reproduction de la chouette effraie (*Tyto alba*). *Le Jean le Blanc* **25**: 1–125.

Chausson, A., Henry, I., Almasi, B. and Roulin, A. 2014. Barn owl (*Tyto alba*) breeding biology in relation to breeding season climate. *J. Ornithol.* **155**: 273–281.

Chausson, A., Henry, I., Ducret, B., Almasi, B. and Roulin, A. 2014. Tawny owl *Strix aluco* as a bioindicator of barn owl *Tyto alba* breeding and the effect of winter severity on barn owl reproduction. *Ibis* **156**: 433–441.

Dreiss, A. N., Séchaud, R., Béziers, P., Villain, N., Genoud, M., Almasi, B., Jenni, L. and Roulin, A. 2016. Social huddling and physiological thermoregulation are related to melanism in the nocturnal barn owl. *Oecologia* **180**: 371–381.

Kniprath, E. and Stier, S. 2008. Schleiereule *Tyto alba*: Mehrfachbruten in Südniedersachsen. *Eulen-Rundblick* **58**: 41–54.

Marti, C. D. 1994. Barn owl reproduction: patterns and variation near the limit of the species' distribution. *Condor* **96**: 468–484.

Roulin, A. 2002. Short- and long-term fitness correlates of rearing conditions in the barn owl. *Ardea* **90**: 259–267.

Rytkönen, S. 2002. Nest defence in great tit *Parus major*: support for parental investment theory. *Behav. Ecol. Sociobiol.* **52**: 379–384.

# Bébé prend son envol

Cette jeune effraie des clochers effectuera sous peu ses premières tentatives de vol.

## La croissance des oisillons

**Comparés aux espèces de taille semblable, les oisillons des effraies communes grandissent lentement. Curieusement, ils accumulent un excès de masse corporelle qu'ils perdent naturellement avant de prendre leur envol. Une fois qu'ils commencent à se percher à l'extérieur de leur nid, ils y reviennent encore pour manger et dormir. Les jeunes quittent définitivement le nid à l'âge de 2 à 3 mois et deviennent indépendants de leurs parents entre 3 et 4 mois.**

### SURPOIDS ET PERTE DE POIDS

Entre 40 et 45 jours après l'éclosion, l'oisillon d'effraie commune présente une masse corporelle supérieure à celle des adultes. En Suisse, la masse corporelle maximale des mâles est de 470 grammes chez les oisillons et de seulement 412 grammes chez les adultes. La masse corporelle maximale des oisillons varie d'une population à l'autre : 447 grammes en Inde, 455 grammes au Royaume-Uni, 475 grammes en France, 550 grammes au Venezuela, 632 grammes en Malaisie et 650 grammes aux États-Unis. Après avoir atteint une telle masse, les oisillons perdent naturellement leur embonpoint. Par exemple, un oisillon en France perd en moyenne 73 grammes, pour atteindre 315 grammes à l'envol.

Pourquoi accumuler un surpoids pour le perdre deux semaines plus tard ? Au départ, les ornithologues supposaient que l'excès de masse corporelle constituait une réserve de graisse en cas de pénurie alimentaire, mais des découvertes ont montré qu'il s'agissait en fait d'une accumulation d'eau. Néanmoins, il a été prouvé que la perte de poids avant l'envol résultait d'une réduction de la consommation de nourriture, plutôt que d'une perte d'eau. Il devient donc difficile de comprendre la fonction adaptative de la masse corporelle excédentaire. Est-ce une façon de remplir le corps d'eau comme un réservoir ? Ou de réduire la consommation de nourriture juste avant l'envol ? Ou est-ce une réserve pour stimuler la maturation des plumes, des organes, des tissus ou des fonctions physiologiques, telles que le système immunitaire ? Ce que nous savons avec certitude, c'est qu'au moment de l'envol, toute la masse corporelle excédentaire a été utilisée. De plus, bien que les oisillons mieux nourris gagnent plus de masse corporelle excédentaire que les oisillons mal nourris, ils s'envolent tous avec une masse corporelle relativement faible. La meilleure situation pour un oisillon est donc d'accumuler de la masse corporelle supplémentaire et d'être mince au moment de l'envol.

## LES FACTEURS DÉTERMINANT LA MASSE CORPORELLE DES OISILLONS

L'abondance des proies des effraies communes est l'élément le plus déterminant de la masse corporelle des oisillons. Cette dernière varie d'une année à l'autre en fonction de la disponibilité de la nourriture. Les couples qui se reproduisent en début de saison ont également accès à plus de nourriture que ceux qui nidifient plus tard. C'est le cas au Mali et en Suisse, où des oisillons du même âge pèsent en moyenne 371 grammes le 15 avril et seulement 343 grammes le 15 septembre. En Suisse, on a constaté que les parents qui pondent de grandes couvées sont plus à même de nourrir chaque oisillon que les parents qui produisent des petites couvées. Cela signifie que dans les habitats de haute qualité, c'est-à-dire ceux offrant des milieux ouverts cultivés de manière moins intensive et sans bétail, les parents ont accès à des ressources suffisantes pour produire de nombreux descendants de haute qualité. Ce n'est pas le cas en Malaisie, où les oisillons grandissant dans de larges nichées s'en tirent moins bien que ceux des petites couvées.

Bien que l'abondance de la nourriture ne varie généralement pas d'un jour à l'autre, les parents peuvent parfois avoir de la difficulté à attraper leurs proies. En Suisse, la quantité de pluie qui est tombée durant la dernière nuit affecte négativement la masse corporelle des oisillons. Cette prévision n'est pas valable pour la nuit de l'avant-veille. Cela suggère que les parents peuvent rapidement compenser l'impact négatif d'une nuit pluvieuse. Par exemple, ils peuvent augmenter leur taux de nourrissage après une période de mauvaises conditions de chasse.

## L'ENVOL

Les effraies communes quittent leur nid pour la première fois à l'âge d'environ 55 jours en Europe, entre 59 et 65 jours en Malaisie, à 61 jours au Venezuela et entre 62 et 67 jours aux États-Unis et en Argentine. Bien qu'elle soit beaucoup plus grande que l'effraie commune, l'effraie masquée d'Australie prend son envol à un âge similaire, soit entre 60 et 65 jours.

Certains individus sont plus désireux que d'autres d'explorer le monde extérieur. En Suisse, des jeunes suivis par télémétrie se sont perchés en dehors du nid pour la première fois à des âges allant de 54 à 105 jours, la moyenne étant de 74 jours. Ces activités peuvent être considérées comme des excursions, car les juvéniles partent en exploration jusqu'à 4 km de leur nid, et les deux tiers de ces voyageurs, qui se perchent un ou plusieurs jours à l'extérieur de leur nid, y reviennent régulièrement pour se reposer. Ils le quittent définitivement entre l'âge de 60 et celui 113 jours (à 79 jours en moyenne), et abandonnent la zone entourant le nid à 90 jours en moyenne.

## L'ÉMANCIPATION

Les oisillons demandent plus d'attention que ce que les parents sont prêts à donner. Ces derniers peuvent, par exemple, abandonner leur progéniture avant que les plus jeunes aient appris à chasser. Pour expulser leurs petits, ils chuintent et les attaquent, surtout si mâle et femelle entreprennent une deuxième tentative de reproduction. Un tel comportement peut s'avérer nécessaire, car les oisillons agités sont bruyants, dérangeant leur mère pendant la ponte et l'incubation. Ils peuvent même dérober les proies rapportées par leur père et destinées à la couveuse. Si les parents ne prévoient pas une deuxième couvée, ils peuvent tolérer et nourrir leur progéniture plus longtemps, jusqu'à 2 mois après l'envol des jeunes chez l'effraie des clochers et jusqu'à 3 à 5 mois chez les effraies ombrées. Lorsque la mère prévoit une deuxième tentative de reproduction annuelle, elle cesse de nourrir la progéniture du premier nid 3 semaines avant la ponte de la deuxième couvée.

## Futures recherches

- Le taux d'excédent de masse corporelle devrait être quantifié dans différentes populations réparties dans divers écosystèmes afin d'identifier les facteurs environnementaux qui ont pu favoriser l'évolution du surpoids à court terme.
- Les parents et leur progéniture devraient être suivis à l'aide de dispositif GPS pour déterminer l'âge exact auquel les soins parentaux cessent.
- Le fait que les femelles abandonnent parfois leur progéniture pour produire une deuxième ponte annuelle avec un autre partenaire augmente la probabilité que les femelles cessent de prendre soin de leur progéniture avant les mâles. Cet élément devrait être confirmé par des recherches.
- Le taux de nourrissage devrait être répertorié avant, pendant et après les nuits pluvieuses afin d'étudier comment les parents compensent l'impact négatif d'une réduction du taux de nourrissage à la suite de fortes précipitations.

## Pour aller plus loin

Almasi, B. and Roulin, A. 2015. Signalling value of maternal and paternal melanism in the barn owl: implication for the resolution of the lek paradox. *Biol. J. Linn. Soc.* **115**: 376–390.

Almasi, B., Béziers, P., Roulin, A. and Jenni, L. 2015. Agricultural land-use and human presence around breeding sites increase stress-hormone levels and decrease body mass in barn owl nestlings. *Oecologia* **179**: 89–101.

Bendel, P. R. and Therres, G. D. 1993. Differential mortality of barn owls during fledging from marsh and off-shore nest sites. *J. Field Ornithol.* **64**: 326–330.

Bühler, P. 1980. Die Lautäusserungen der Schleireule (*Tyto alba*). *J. Ornithol.* **121**: 36–70.

Chausson, A., Henry, I., Almasi, B. and Roulin, A. 2014. Barn owl (*Tyto alba*) breeding biology in relation to breeding season climate. *J. Ornithol.* **155**: 273–281.

Csermely, D. and Sponza, S. 1995. Role of experience and maturation in barn owl predatory behavior. *Boll. Zool.* **62**: 153–157.

Durant, J. M. and Handrich, Y. 1998. Growth and food requirement flexibility in captive chicks of the European barn owl (*Tyto alba*). *J. Zool.* **245**: 137–145.

Durant, J. M., Landys, M. M. and Handrich, Y. 2008. Composition of the body mass overshoot in European barn owl nestlings (*Tyto alba*): insurance against scarcity of energy or water? *J. Comp. Physiol. B* **178**: 563–571.

Epple, W. 1985. Ethologische Anpassungen im Fortpflanzungssystem der Schleiereule (*Tyto alba* Scop., 1769). *Ökol. Vögel* **7**: 1–95.

Plutôt deux fois qu'une

Une mère effraie des clochers couvant les œufs de sa deuxième tentative annuelle de ponte. En arrière-plan se trouvent les oisillons de sa première couvée.

# Les deuxième et troisième nichées annuelles

**Bien que la production d'une seule nichée prenne environ quatre à six mois, les effraies communes peuvent en entreprendre deux ou trois par an. Ce taux de reproduction sensationnel est unique chez les rapaces nocturnes et diurnes. En moyenne, 20 % des effraies des clochers en Europe produisent deux nichées par an. La deuxième ponte est généralement effectuée avant même que la progéniture de la première n'ait pris son envol. Les individus en pleine forme ne peuvent produire une deuxième nichée annuelle que s'ils ont du temps et de la nourriture en suffisance et s'ils n'ont pas déjà une grande première nichée à leur charge.**

Mener à bien deux nichées successives est habituellement réservé aux oiseaux qui disposent de suffisamment de temps dans la saison pour produire plusieurs couvées, c'est-à-dire des petites espèces ayant de courtes périodes de soins parentaux. Les doubles nichées sont donc rares chez les rapaces diurnes et nocturnes… l'effraie commune constituant une exception. Compte tenu de sa très longue période de soins parentaux, cette espèce de taille moyenne est même une véritable bizarrerie dans le monde aviaire.

## LE POTENTIEL DE REPRODUCTION

En captivité, les effraies communes peuvent produire jusqu'à cinq ou six nichées consécutives, les effraies masquées d'Australie et de Tasmanie, jusqu'à trois, et les effraies ombrées et piquetées jusqu'à deux. Dans la nature, il est rare d'élever trois nichées l'une après l'autre au cours d'une même année, et les effraies qui pondent trois couvées successives le font souvent parce que la première et/ou la deuxième n'a donné aucun oisillon parvenant à l'envol. Des cas de réussite de deux

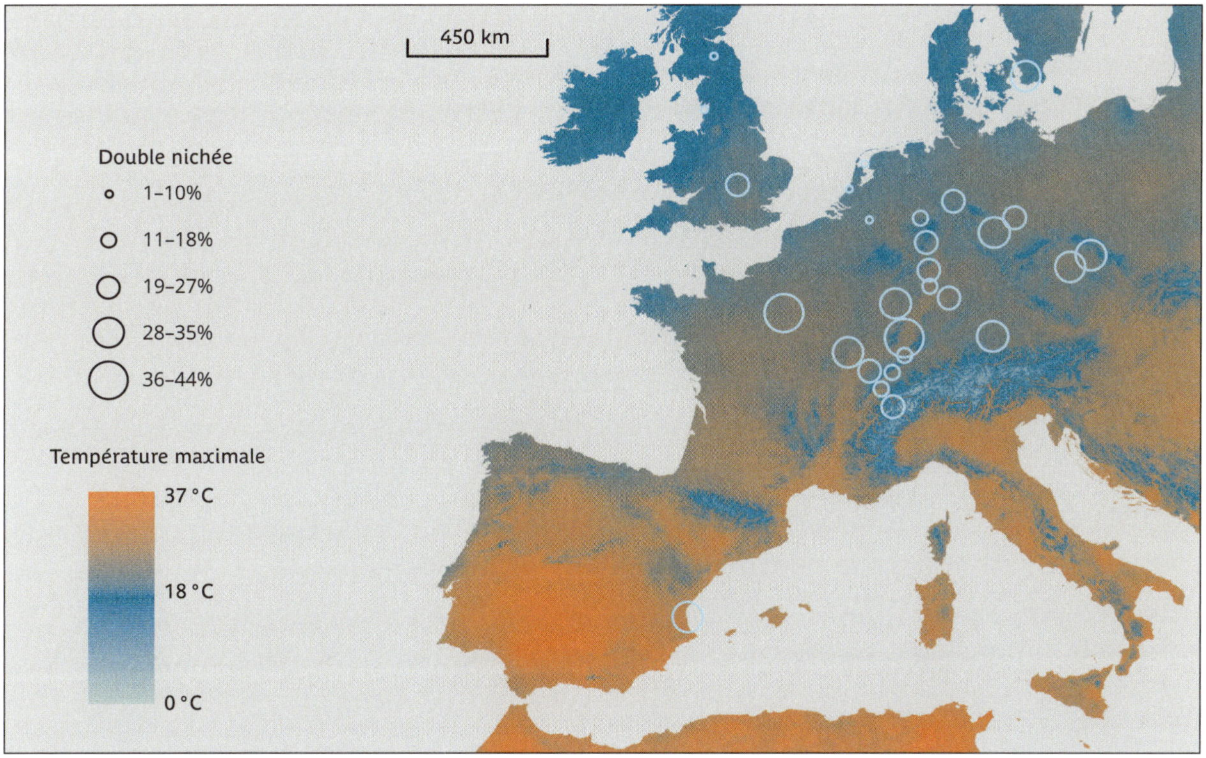


Fréquence moyenne des doubles nichées chez l'effraie des clochers européenne. Par exemple, un pourcentage de 36-44 % indique qu'en moyenne, 36 à 44 % des couples reproducteurs produisent une deuxième nichée dans l'année.

nichées annuelles successives ont cependant été observés dans le monde entier. Selon une étude, 78 % des couples observés ont réussi à produire deux couvées en un an en Malaisie, 56 % en Californie, 32 % au Venezuela et 11 % dans l'Utah, aux États-Unis. En Allemagne et en Suisse, jusqu'à 65 % des effraies nicheuses peuvent produire une deuxième nichée durant certaines années, mais moins d'un quart des chouettes le font au moins une fois dans leur vie.

L'effraie des clochers dispose à peu près du même potentiel de ponte que les poules ! En deux ou trois nichées annuelles, les femelles produisent jusqu'à 32 œufs en Malaisie, 28 en Allemagne, 24 en France et 23 en Suisse. Bien que les deuxièmes tentatives annuelles de reproduction soient généralement moins réussies que les premières, les couples qui tentent une double nichée parviennent à emmener, au total, plus de jeunes jusqu'à l'envol que les couples qui n'effectuent qu'une seule ponte. À titre d'exemple, des couples ayant entrepris une double nichée étudiés en Suisse ont produit, en moyenne, 7,3 oisillons (somme des oisillons ayant atteint l'âge de l'envol issus des première et deuxième couvées), contre 3,9 pour les couples n'ayant eu qu'une nichée annuelle, et en France et en République tchèque, ils ont élevé au maximum 17 oisillons.

La double nichée est donc une stratégie visant à augmenter le nombre total de descendants élevés en une année. Il ne s'agit pas simplement de compenser le faible succès reproducteur d'une première tentative de nidification. En fait, le nombre de petits de la première tentative de nidification n'influence pas la production d'une deuxième ponte par les femelles, même si cela peut, en revanche, avoir un effet sur les mâles. De plus, le fait de s'engager dans une deuxième tentative de reproduction ne compromet pas le succès du premier nid en cours, mais les pères qui ont à leur charge une double nichée doivent partager leurs proies entre deux familles, ce qui entraîne une légère réduction de la masse corporelle des petits dans le premier nid.

## LES FACTEURS DÉTERMINANT LA PRODUCTION DE DOUBLES NICHÉES

Quatre éléments expliquent la variation de la propension à produire plusieurs couvées par année.

- **La disponibilité alimentaire.** Les chouettes produisent plus souvent une deuxième nichée annuelle lors des années riches en nourriture. Une étude en France a montré que, les années durant lesquelles de nombreux couples ont entrepris deux nichées, leur première couvée annuelle contenait en moyenne 4,3 oisillons, alors que, durant les années sans deuxième nichée, l'unique nichée annuelle ne contenait que 3,0 oisillons. Ceci indique une plus faible abondance alimentaire. De même, seuls les meilleurs sites, disposant d'une forte disponibilité en nourriture, pouvaient subvenir aux besoins de deux nichées annuelles. Cela explique pourquoi les sites où deux couvées sont produites en une année sont plus souvent réutilisés l'année suivante que ceux où il n'y a eu qu'une seule couvée annuelle.
- **Le temps (chronologique).** L'élevage de deux nichées d'affilée prend beaucoup de temps et, par conséquent, seuls les couples qui produisent leur première ponte tôt dans la saison ont une chance d'engendrer une deuxième couvée. En France, en Suisse et au Royaume-Uni, les chouettes qui produisent des doubles nichées pondent leur première couvée un mois plus tôt, en moyenne, que les chouettes qui n'en font qu'une.
- **Les devoirs parentaux.** Comme les deuxièmes couvées sont pondues avant que la progéniture de la première nichée ne soit indépendante, la capacité du mâle à s'occuper de deux nichées simultanément peut limiter la probabilité d'entreprendre une nouvelle tentative de reproduction. Comme cela a été montré en Suisse, avoir une famille nombreuse empêche les mâles de produire une deuxième couvée, car la nourriture qu'ils rapportent doit être partagée entre deux familles, ce qui ralentit le développement de la progéniture dans le premier nid. Alors que les mâles sont obligés de s'occuper d'une première grande couvée, les femelles peuvent sans problème abandonner leur première nichée, qui n'est pas encore indépendante, aux bons soins de leur premier partenaire, pour produire une deuxième couvée avec un autre mâle dépourvu d'obligation.
- **La qualité des femelles.** Les femelles de meilleure qualité et en meilleure santé sont plus susceptibles de pondre une deuxième couvée annuelle que les femelles de mauvaise qualité. Ainsi, en Allemagne, en Suisse et dans l'Utah, aux États-Unis, les femelles produisant des doubles nichées ont un taux de survie plus élevé que celles qui n'en produisent qu'une. Elles sont également supérieures sur le plan de la reproduction, produisant de plus grandes premières pontes annuelles.

## L'INTERVALLE ENTRE DEUX NICHÉES ANNUELLES

En Europe, les premières et deuxièmes couvées sont pondues à un intervalle de 100 jours en moyenne. Certains couples réduisent cet intervalle à 45 jours, tandis que d'autres attendent jusqu'à 185 jours. Cependant, le temps est compté puisque les petits doivent atteindre l'âge de l'envol et devenir indépendants avant que le climat ne devienne trop rude et que les ressources alimentaires ne s'épuisent. La nécessité de ne pas produire une deuxième nichée trop tard dans la saison a favorisé des comportements qui peuvent accélérer le processus d'une nouvelle tentative de reproduction.

- **Le flirt précipité.** Dans une population d'effraies des clochers captives en Allemagne, la parade nuptiale du mâle a commencé en moyenne 29 jours avant la ponte de la première couvée (entre 1 et 41 jours), mais seulement 18 jours avant la ponte de la seconde (de 10 à 23 jours), probablement parce que le site de nidification était déjà établi.
- **Le changement de site.** En déménageant dans un autre site de reproduction, les couples économisent deux semaines. C'est ce qui a été observé en Suisse et au Royaume-Uni, où un grand nombre de nichoirs ont été installés, facilitant le changement de site de

nidification. Si la mère reste dans le même nid, elle doit souvent attendre que les premiers petits s'envolent avant de recommencer une ponte, car l'espace est trop restreint pour accueillir tout le monde. Pour les couples qui ne se séparent pas pour entreprendre une deuxième tentative annuelle de reproduction, le nouveau site peut être proche du premier nid (à quelques mètres) ou relativement éloigné de celui-ci (jusqu'à 3 km).

- **Le changement de partenaire.** Si un deuxième site de nidification n'est pas disponible près du premier nid, ou si le partenaire n'est pas encore prêt à se lancer dans une deuxième couvée, la dernière possibilité pour une femelle d'entreprendre une deuxième ponte est d'abandonner sa première famille et de trouver un nouveau partenaire qui n'a pas de nichée à sa charge. Ainsi, une femelle peut pondre une deuxième couvée 10 jours plus tôt que si elle avait dû attendre que son premier partenaire ait moins de travail de chasse pour nourrir la famille. En Suisse, environ la moitié des femelles choisissent cette option.
- **Le compromis avec la première couvée.** Élever des jeunes jusqu'à ce qu'ils atteignent l'âge de l'envol prend du temps. Cela explique pourquoi l'intervalle de temps entre deux nichées annuelles est plus court dans le cas où le premier nid contient peu de petits.

## Futures recherches

- Le réchauffement climatique conduit les chouettes à se reproduire plus tôt dans l'année. Cela pourrait augmenter la durée de la saison de reproduction et, par conséquent, offrir aux effraies communes plus de possibilités de produire plusieurs nichées au cours d'une même année. Cet aspect devrait être étudié, en particulier dans les régions où les ornithologues possèdent déjà des estimations à long terme du nombre de couples qui produisent deux nichées annuelles.

## Pour aller plus loin

Baudvin, H. 1986. La reproduction de la chouette effraie (*Tyto alba*). *Le Jean le Blanc* **25**: 1–125.

Béziers, P. and Roulin, A. 2016. Double brooding and offspring desertion in the barn owl (*Tyto alba*). *J. Avian Biol.* **47**: 235–244.

Kniprath, E. and Stier, S. 2008. Schleiereule *Tyto alba*: Mehrfachbruten in Südniedersachsen. *Eulen-Rundblick* **58**: 41–54.

Marti, C. D. 1997. Lifetime reproductive success in barn owls near the limit of the species' range. *Auk* **114**: 581–592.

# Flirt avec des petits jeunes

Une mère effraie des clochers
abandonnant son nid pour produire
une deuxième nichée annuelle avec un autre partenaire.

## L'abandon de la nichée

**Abandonner sa famille avant que la progéniture ne soit indépendante et laisser le mâle s'acquitter seul des tâches parentales permet à la femelle d'accélérer la production d'une deuxième nichée annuelle. Pour une nouvelle tentative de reproduction, les femelles attirent un nouveau compagnon, souvent inexpérimenté, parfois à grande distance de sa première nichée.**

Chez les mammifères, une gestation interne suivie de la lactation signifie que les femelles sont forcées de s'occuper de leur bébé, contrairement aux mâles. Il est donc plus facile pour les mâles d'abandonner la famille quand leurs soins ne sont pas ou plus nécessaires. Chez les effraies communes, ainsi que chez quelques oiseaux polyandres comme certains limicoles et le moineau soulcie, c'est la situation inverse qui est plus répandue. Les mâles n'ont d'autre choix que de s'occuper de leur progéniture, alors que la présence de la mère n'est pas toujours obligatoire en fin de période d'élevage. Par conséquent, lorsque le partenaire mâle est incapable de subvenir aux besoins d'une deuxième couvée après la première, la femelle peut abandonner sa famille à la recherche de nouvelles occasions de reproduction. La décision de rester ou de partir dépend de la probabilité de trouver un nouveau partenaire et de la nécessité de la présence de la femelle pour élever les petits du premier nid avec succès.

## POURQUOI LES FEMELLES ABANDONNENT-ELLES LEUR PROGÉNITURE ?

En Allemagne, on a constaté que les deux tiers des effraies des clochers femelles qui produisent deux pontes annuelles le font avec le même partenaire, tandis que celles du tiers restant abandonnent leur première nichée aux soins du mâle pour se reproduire au sein d'un nouveau couple. En Suisse, la situation est assez similaire puisque la moitié des femelles et un quart des mâles qui produisent deux nichées annuelles changent, pour cela, de partenaire. Les mâles peuvent donc changer de partenaire, mais contrairement aux femelles, ils n'abandonnent pas le premier nid durant la période d'élevage. L'abandon des nids donne donc aux femelles plus d'occasions de produire une deuxième nichée annuelle. En moyenne, 13 % des femelles produisent une deuxième nichée annuelle, contre 8 % des mâles.

Les femelles qui abandonnent leur nichée et celles qui ne le font pas sont de qualité intrinsèque similaire, et ce sont donc principalement des facteurs extrinsèques qui déterminent si un individu abandonne ou non sa famille.

- **Les contraintes de temps.** Une femelle peut rechercher un mâle libre de toute responsabilité parentale pour entreprendre rapidement une deuxième tentative de reproduction, plutôt que d'attendre que son compagnon ait moins de travail avec la première nichée. Comme les conditions environnementales se détériorent à la fin de la saison de reproduction, les femelles qui se sont reproduites tardivement sont plus susceptibles d'abandonner leur nichée que celles qui se sont reproduites tôt. Elles peuvent ainsi amorcer la production d'une deuxième couvée avant qu'il ne soit trop tard.
- **Une famille nombreuse.** Les mâles, qui sont chargés de la majeure partie de l'alimentation de la progéniture, sont encore plus astreints au travail lorsqu'ils produisent une première nichée comptant de nombreux oisillons. Une femelle impatiente peut alors abandonner sa famille pour gagner du temps et trouver un nouveau mâle libre de responsabilités parentales. En Suisse, on a constaté que, chez les femelles qui produisent des doubles nichées, celles qui quittaient leur nid avaient en moyenne 4,5 petits dans le premier nid, tandis que celles qui attendaient et n'abandonnaient pas leur famille avaient 3,8 petits en moyenne.
- **Pour empêcher les mâles de répartir leur investissement entre deux familles.** Du point de vue de la femelle, il est préférable que son mâle ne soit pas impliqué dans deux nids, pour éviter de partager la nourriture entre deux familles. En abandonnant son nid, une femelle peut ainsi s'assurer que son premier mâle consacre toute son énergie à sa première couvée. Cela semble être une stratégie efficace, car moins de 23 % des mâles dont la partenaire a abandonné la famille ont l'occasion d'élever une deuxième famille avec une autre femelle.
- **Une progéniture gênante.** La progéniture du premier nid peut déranger les parents pendant qu'ils copulent en vue d'une deuxième nichée. De plus, ils harcèlent le père pour obtenir les proies destinées à leur mère. Ces éléments pourraient inciter la mère à abandonner le nid pour commencer tranquillement une deuxième couvée ailleurs.
- **La tentation.** Les mâles qui n'ont pas réussi à attirer une femelle pour se reproduire tôt dans la saison peuvent être désespérément à la recherche d'une partenaire. Si les mâles sans conjointe sont nombreux, une femelle peut avoir plus d'occasions d'abandonner sa première famille.

## QUI EST L'HEUREUX ÉLU CHOISI PAR UNE MÈRE QUI A ABANDONNÉ SON NID ?

Trouver un nouveau mâle peut prendre du temps, et une femelle peut parcourir de longues distances, allant et revenant à son premier nid. En Suisse, on a vu une femelle partir pour parcourir 60 km, et revenir à son nid deux jours plus tard, n'ayant pas trouvé de nouvel élu. Les femelles cherchent généralement à attirer un nouveau mâle libre de toute responsabilité parentale

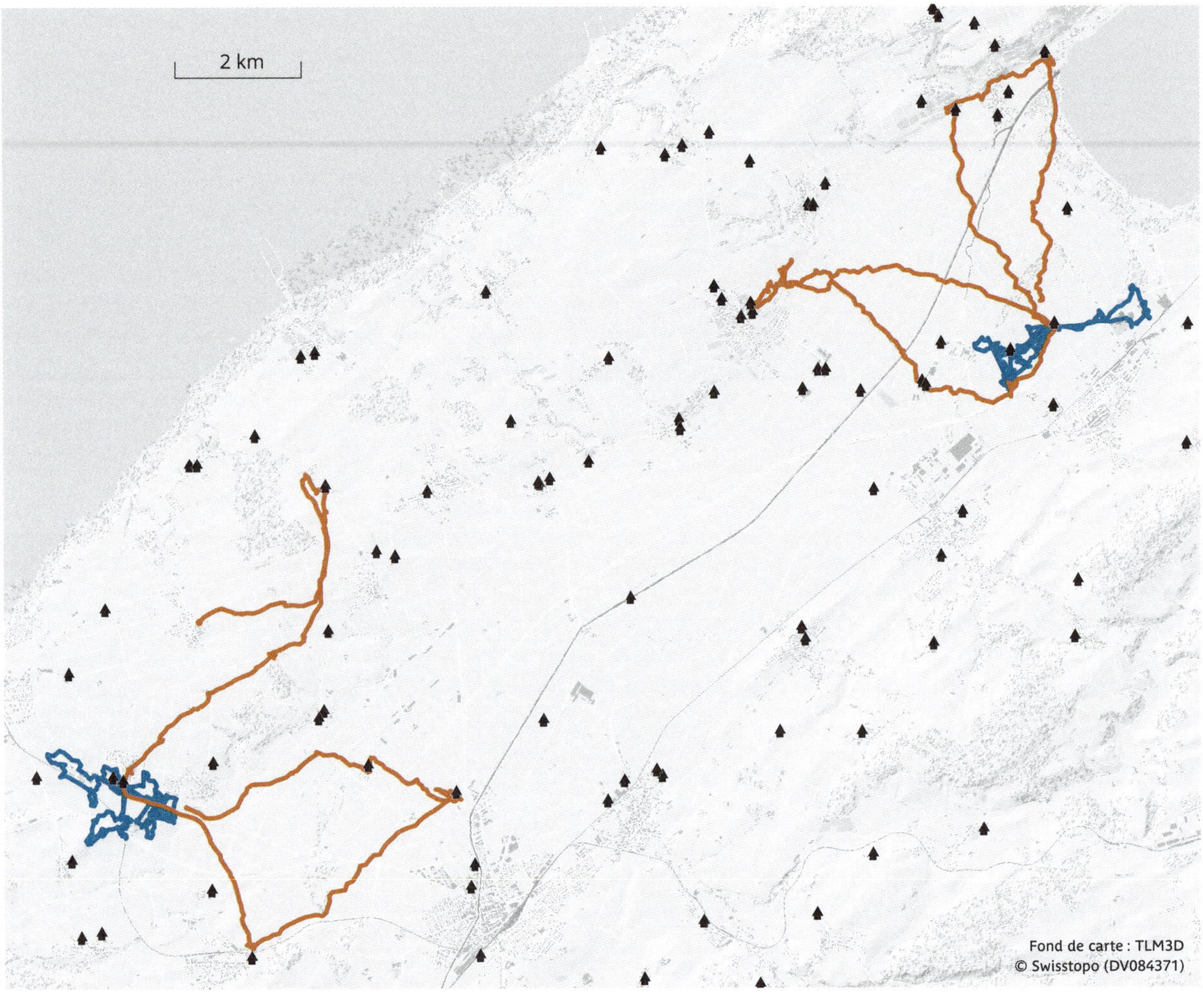


Mouvements des mâles (lignes bleues) et des femelles (lignes orange) dans deux nids contenant des jeunes âgés d'un mois en Suisse. Les deux mâles chassent relativement près de leur nid, tandis que les femelles visitent d'autres nichoirs (triangles noirs) à la recherche d'un autre site et d'un partenaire potentiel pour entreprendre une deuxième ponte annuelle. Données obtenues à l'aide de dispositifs GPS fixés sur le dos d'effraies des clochers reproductrices.

puisque, dans 77 % des cas, la deuxième nichée de la femelle est la première du mâle. Dans 5 % des cas, il s'agit d'une ponte de remplacement après un échec de sa première nichée. Ce n'est que dans 18 % des cas qu'il s'agit de la deuxième couvée annuelle du nouveau mâle. La situation est, dans ce dernier cas, prometteuse pour la femelle qui abandonne son nid car cela signifie que son nouveau partenaire est à la fois expérimenté et libéré de ses tâches précédentes et qu'il peut consacrer toute son énergie et tout son temps à la nouvelle couvée. Une femelle qui délaisse son premier nid doit faire un compromis entre abandonner un mâle expérimenté (83 % des mâles ont déjà niché au cours des années précédentes) pour séduire un jeune mâle inexpérimenté (50 % d'entre eux ne se sont jamais reproduits auparavant).

## LES CONSÉQUENCES DE L'ABANDON DU NID SUR LA VALEUR SÉLECTIVE

L'abandon de la femelle implique que le mâle va devoir remplir seul les devoirs parentaux envers leur première nichée. L'abandon se produit souvent lorsque la progéniture est encore très jeune, les derniers oisillons éclos n'ayant que 22 jours, âge auquel un petit dépend encore fortement de sa mère pour se réchauffer et se nourrir. Étonnamment, ces tâches sont, en partie, assumées par les oisillons les plus âgés qui réchauffent leurs plus jeunes frères et sœurs en se blottissant contre eux et en les nourrissant. L'égoïsme maternel a-t-il favorisé l'apparition de comportements coopératifs chez les jeunes frères et sœurs ?

Abandonner les poussins est principalement une question de gain de temps. Le nombre de jours entre la ponte de la première et de la deuxième couvée est de 83 jours chez les femelles qui abandonnent leur première nichée, de 91 jours chez les femelles qui ne l'abandonnent pas, mais qui ont changé de nichoir pour pondre leur deuxième couvée annuelle, et de 103 jours chez les femelles qui n'abandonnent pas leur famille et restent dans le même nichoir. Bien que les femelles ayant abandonné le nid produisent plus d'œufs, lors de leur deuxième ponte, que celles n'ayant pas abandonné leur famille, le nombre et la masse corporelle des oisillons de la deuxième nichée restent semblables chez les deux groupes de femelles. Ainsi, les femelles abandonnent leur couvée non pas parce que leur premier partenaire est de mauvaise qualité, mais simplement pour accélérer la production de la deuxième nichée annuelle. Cette affirmation est étayée par le fait que la moitié des femelles qui abandonnent leur couvée pour se lancer dans une deuxième tentative de reproduction reviennent auprès de leur ancien compagnon pour leur première nichée annuelle l'année suivante. Sans rancune !

## L'ABANDON IMPLIQUE UN CHANGEMENT DE SITE

Le site de nidification et le territoire environnant appartiennent au mâle (bien qu'une fois la femelle installée et décidée à y pondre ses œufs, elle occupe le site de nidification avec ténacité, tandis que le mâle occupe plutôt le territoire environnant). Par conséquent, lorsque la première et la deuxième nichées annuelles se déroulent dans un seul et même site, elles appartiennent toujours au même mâle, mais pas nécessairement à la même femelle. Dans un quart des cas, le mâle qui produit sa deuxième nichée annuelle change de partenaire. Est-ce parce que sa femelle précédente a abandonné le premier nid et n'était donc pas disponible pour la deuxième couvée ?

Qu'un mâle change ou ne change pas de partenaire, dans plus de la moitié des cas, il produit ses deux nichées annuelles dans des sites de nidification différents. Le nouveau site se trouve toujours sur son territoire, non loin du premier nid (de quelques mètres à 3,3 km) où sa progéniture, qui n'est pas encore indépendante, a encore besoin de nourriture. Les femelles, en revanche, parcourent de plus longues distances pour se reproduire avec un nouveau mâle. Il est possible que le nouveau couple soit contraint de nicher relativement loin du premier mâle (en moyenne 4,6 km, avec un maximum de 41 km). Néanmoins, il arrive parfois qu'un mâle permette à sa compagne infidèle d'entreprendre une deuxième ponte avec un autre mâle à moins de 40 mètres de son nid. Cette tolérance est-elle échangée contre une aide continue de la femelle au premier nid ? Ou le premier mâle accepte-t-il le nouvel arrangement si la femelle qui l'a abandonné lui rend visite pour copuler ?

## L'ACCOUPLEMENT AVEC LA FEMELLE QUI ABANDONNE LE NID

Si un mâle ne peut pas empêcher sa partenaire d'abandonner les oisillons, il lui reste la possibilité d'essayer d'engendrer une partie de la nouvelle progéniture de cette femelle. Les couples copulent souvent durant l'élevage des oisillons de la première couvée, ce qui fait que 8 % des deuxièmes nichées de femelles ayant abandonné leur premier nid contiennent des jeunes engendrés par le premier mâle. Ces femelles se reproduisent relativement près de leur premier nid (jusqu'à 1500 mètres), ce qui suggère qu'elles ont continué à visiter leur premier mâle, comme on l'a observé une fois en Suisse. Il est possible également que le premier mâle ait rejoint sa première femelle près du deuxième nid où elle s'était établie. Pour les mâles qui ne peuvent subvenir aux besoins d'une deuxième couvée annuelle, l'abandon de la femelle peut être l'occasion d'engendrer quelques petits supplémentaires dans le deuxième nid de leur ex-partenaire. Les femelles peuvent également en bénéficier si le premier mâle est de meilleure qualité génétique que leur nouveau compagnon.

## Futures recherches

- Les femelles abandonnent-elles leur premier nid pour produire une deuxième couvée annuelle avec un nouveau compagnon (polyandrie en série) plus souvent que les mâles ne réussissent à attirer deux femelles simultanément (polygynie)?
- Quand une femelle a entrepris une deuxième ponte annuelle avec un nouveau mâle, continue-t-elle néanmoins à s'occuper de la progéniture de son premier nid?

## Pour aller plus loin


Béziers, P. and Roulin, A. 2016. Double brooding and offspring desertion in the barn owl (*Tyto alba*). *J. Avian Biol.* **47**: 235–244.

Dreiss, A. N. and Roulin, A. 2014. Divorce in the barn owl: securing a compatible or better mate entails the cost of re-pairing with a less ornamented female mate. *J. Evol. Biol.* **27**: 1114–1124.

Henry, I., Antoniazza, S., Dubey, S., Simon, C., Waldvogel, C., Burri, R. and Roulin, A. 2013. Multiple paternity in polyandrous barn owls (*Tyto alba*). *PLoS One* **8**: e80112.

Kniprath, E. and Stier, S. 2008. Schleiereule *Tyto alba*: Mehrfachbruten in Südniedersachsen. *Eulen-Rundblick* **58**: 41–54.

Kniprath, E. and Stier, S. 2011. Umstände des Partnerwechsels für eine Zweitbrut der Schleiereule *Tyto alba*. *Vogelwarte* **49**: 75–77.

Kokko, H. and Jennions, M. D. 2008. Parental investment, sexual selection and sex ratios. *J. Evol. Biol.* **21**: 919–948.

Roulin, A. 2002. Offspring desertion by double-brooded female barn owls *Tyto alba*. *Auk* **119**: 515–519.

# 9. Les soins parentaux

- La quête de nourriture par les parents
- Le comportement des parents au nid
- La masse corporelle des adultes
- Les réserves de nourriture
- L'adoption

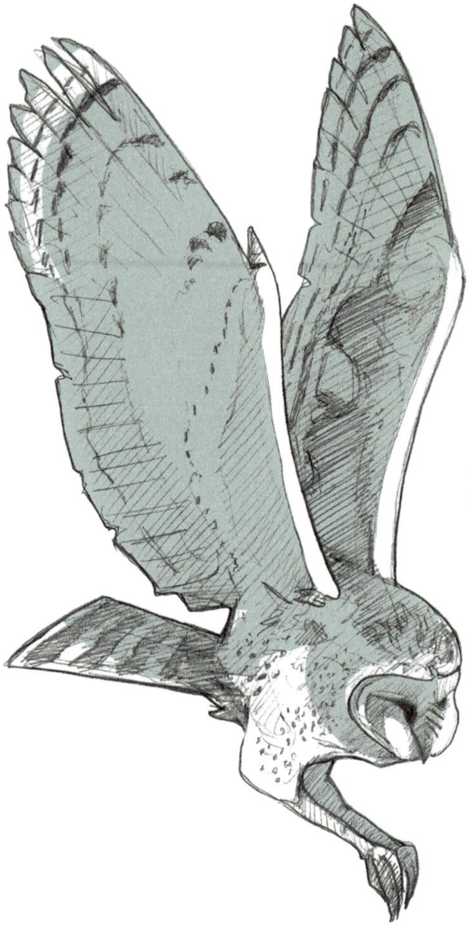

# La chasse est ouverte

## La quête de nourriture par les parents

**Comme chez les autres chouettes et rapaces, dans le nid de l'effraie des clochers, le mâle est le principal pourvoyeur de nourriture. Pendant la première moitié de la période d'élevage des jeunes, la mère répartit les proies rapportées par le père entre les oisillons. Une fois la progéniture plus âgée, la mère doit décider si elle aide ou non le père. Habituellement, elle chasse environ un quart des proies mais, dans certaines familles, elle ne participe pas du tout à la chasse.**

Ce campagnol n'en a plus pour très longtemps à vivre.

Pourquoi l'un des parents s'investit-il davantage dans la recherche de nourriture pour les oisillons ? Les parents négocient-ils leur investissement respectif ? Peuvent-ils compenser une mauvaise performance de leur partenaire ? Les parents sont-ils sensibles à la quémande de leurs petits ou s'investissent-ils toujours au même niveau dans les soins parentaux, quelle que soit la demande des oisillons ? Ce sont là des questions clés pour comprendre comment les animaux allouent leur temps et leur énergie aux soins parentaux.

### LE TAUX DE NOURRISSAGE DES PARENTS

La chasse peut être très fructueuse chez l'effraie des clochers, comme l'illustre le cas de ce mâle qui, au Royaume-Uni, a rapporté 11 proies au nid en moins d'une heure. Le taux de nourrissage est cependant généralement plus modeste. En Suisse, dans des nichées composées habituellement de 5 oisillons, les parents apportent en moyenne 11 proies par nuit, avec un maximum de 31 proies par nuit. La variation du taux de nourrissage, c'est-à-dire du nombre de proies ramenées au nid par nuit, dépend de nombreux facteurs, comme la qualité de l'habitat, les fluctuations des populations de proies, l'activité des proies, la taille de la nichée et l'efficacité des parents. Lorsqu'une chouette parvient à capturer une proie à un endroit, elle y retourne ensuite généralement pour chasser, comme cela a été observé en France. Les conditions météorologiques ont également un impact important sur la chasse, puisque les mâles se reposent durant plus de 90 % des nuits pluvieuses au lieu de chasser.

Pour brosser un tableau complet de la charge de travail des parents, il faudrait par ailleurs connaître la taille des proies chassées, mais cette approche a rarement été envisagée. Ce paramètre semble toutefois important, comme le montre une étude menée en Inde dans laquelle on a pu observer que les parents qui capturent des rongeurs de petite taille en livrent plus par nuit que ceux qui en capturent de plus gros.

## LES RÔLES PARENTAUX DANS LE NOURRISSAGE

Chez l'effraie des clochers, le mâle fournit la majorité de la nourriture aux oisillons, mais également à la femelle. Les mâles apportent plus de proies à leur partenaire durant la ponte des œufs que pendant leur incubation, probablement parce que la production d'œufs demande plus d'énergie. Une fois que les œufs commencent à éclore, le mâle augmente le nombre de proies qu'il rapporte au nid. Cependant, lorsque les oisillons grandissent et deviennent de plus en plus affamés, le mâle ne peut plus augmenter que légèrement son taux de nourrissage, probablement parce qu'il a atteint le sommet de ses capacités de chasse. En Europe, bien que la mère puisse aussi chasser pour la nichée, c'est toujours le père qui apporte la plupart des proies au nid, soit les trois quarts en moyenne.

Si le père ne parvient pas à répondre à la demande croissante en nourriture, la mère peut commencer à chasser, habituellement 15 jours (entre 14 et 17 jours) après l'éclosion du premier œuf. Pour ce faire, elle doit perdre du poids pour être plus agile, un processus qui s'amorce 6 jours avant son retour à la chasse. En France, une fois que le premier oisillon a en moyenne 27 jours et que le plus jeune en a 20, la mère commence à passer des nuits entières à l'extérieur de la cavité du nid, à l'exception des moments où elle revient délivrer la nourriture. Dans le cas où le mâle peut fournir toute la nourriture nécessaire à la famille, la femelle continue de s'occuper des oisillons les plus jeunes dans le nid au lieu de chasser. En Suisse, sur 103 nids surveillés durant 259 nuits, les femelles n'ont apporté aucune proie au cours de 31 % des nuits, laissant leur partenaire faire le travail. Dans un nid en France, on a observé une famille dans laquelle la femelle n'a jamais chassé, probablement parce que le mâle a pu fournir assez de nourriture pour tous les petits.

## LES HORAIRES DES ACTIVITÉS DE NOURRISSAGE

Le succès de la chasse dépend de l'agilité de l'individu et de la réduction des coûts de vol. Pour livrer de nombreuses proies à leur famille affamée, les effraies des clochers s'efforcent de minimiser leur poids corporel, ce qu'elles font en maîtrisant précisément le moment et la quantité de leurs propres repas. C'est l'une des raisons pour lesquelles le mâle débute ses nuits en apportant de grosses proies à sa progéniture tandis qu'il ne prend lui-même qu'un petit repas ; il se nourrit plus abondamment plus tard dans la nuit. Ce comportement a été observé pendant toute la période d'élevage en Europe et en Amérique du Nord. Au Venezuela, en revanche, les parents ont deux pics d'activité de chasse, livrant leurs proies principalement au début et à la fin de la nuit. De telles différences géographiques pourraient être dues aux différences d'activité des proies. Lorsque les petits ont moins de deux semaines, la mère, comme le père, leur réserve la nourriture en début de nuit, se nourrissant quant à elle plus tard.

## LA RÉPONSE PARENTALE AUX QUÉMANDES DE LA PROGÉNITURE

Chez tous les animaux qui reçoivent des soins parentaux, la progéniture réclame sa nourriture au moyen de comportements de quémande évidents, tels que des cris puissants. Les parents peuvent ajuster le taux de nourrissage en réponse à ce stimulus. Dans le cas de l'effraie des clochers, les sollicitations de la progéniture peuvent motiver la mère à aider le père dans la recherche de nourriture pour la nichée. Cependant, trois observations donnent à penser que la fonction principale du comportement de quémande n'est pas d'inciter les parents à accroître leurs efforts de chasse. Premièrement, les parents fournissent la plupart des proies nécessaires à combler les besoins alimentaires quotidiens pendant les premières heures de la nuit, ce

Comme chez la plupart des rapaces, le mâle chasse et la mère distribue la nourriture aux jeunes.

qui fait que les proies s'accumulent plus rapidement que les oisillons ne peuvent les consommer. Cela suggère que les parents n'ajustent pas le taux de nourrissage aux besoins alimentaires de leur progéniture à un instant donné, mais qu'ils savent d'une façon ou d'une autre quelle quantité de nourriture leur progéniture consommera au cours des 24 heures à venir. Deuxièmement, des parents élevant une nichée qui a été expérimentalement agrandie ou réduite de deux poussins livrent de la nourriture à un rythme similaire avant et après la manipulation de la taille de la couvée. Ainsi, le degré de soins parentaux a probablement été fixé avant la manipulation de la taille de la nichée, impliquant que les parents n'augmentent pas l'effort de chasse même si leur progéniture devient soudainement plus sollicitatrice. Cette interprétation concorde avec une troisième observation : dans les nids où les ornithologues ont ajouté de la nourriture supplémentaire durant une journée, les parents n'ont pas réduit le taux de nourrissage la nuit suivante, ce qui a entraîné l'accumulation de plus grandes réserves alimentaires dans le nid. Les parents apportent parfois plus de nourriture que nécessaire, menant à la perte de ces aliments.

Par conséquent, la principale fonction de la quémande de la progéniture pourrait être d'influencer le parent dans le choix de l'oisillon auquel délivrer la proie rapportée. Cette explication est cohérente car, en Suisse et au Royaume-Uni, on a observé que les petits qui quémandaient plus intensément que leurs frères et sœurs étaient nourris en priorité par les parents, quelle que soit leur proximité de l'entrée du nid, point d'arrivée des parents avec une proie.

## Futures recherches

- Si une femelle ajuste son taux de nourrissage par rapport à celui du mâle, et si le mâle est incapable de fournir suffisamment de nourriture à la nichée, à quelle vitesse cet ajustement est-il effectué? Est-ce une affaire d'heures, d'une journée ou de quelques jours? En nous penchant sur cette question, nous pourrions déterminer si la compensation fournie par la femelle en matière d'approvisionnement en nourriture ne se produit que lorsque le mâle ne peut pas répondre de façon adéquate aux besoins de la nichée pendant toute la période d'élevage, ou si la mère fait également des ajustements temporaires, lorsque le père réduit momentanément son taux de chasse.
- Quels facteurs écologiques et quelles caractéristiques individuelles déterminent le moment où la mère commence à chasser pour la progéniture et cesse de couver et de distribuer la nourriture apportée par le mâle?
- Étant donné que les femelles commencent à participer à la chasse lorsque les derniers-nés sont encore jeunes, une participation maternelle précoce à la chasse est-elle associée à une mortalité accrue des derniers petits éclos? En d'autres termes, la participation maternelle à la chasse est-elle associée à un taux de survie plus élevé de la progéniture la plus âgée au détriment de la survie des poussins les plus jeunes?
- Les parents chassent pour leur nichée durant la première partie de la nuit, avant de se nourrir eux-mêmes. Ce comportement est-il directement lié à la quantité de proies qu'ils doivent attraper? Si les besoins alimentaires de la nichée diminuent, comment les parents répartissent-ils le temps de recherche de nourriture pendant la nuit?
- Au moment de l'indépendance de l'oisillon, la mère cesse-t-elle de s'occuper de la progéniture avant le père?
- La façon dont le père et la mère répartissent la nourriture entre les oisillons devrait être enregistrée. Le mâle prend plus de temps que la mère pour donner un aliment à l'un de ses jeunes. Par conséquent, le mâle et la femelle pourraient favoriser des oisillons différents lors de la distribution de la nourriture.

Le père donne-t-il la priorité aux poussins plus âgés et la mère distribue-t-elle plutôt des proies aux oisillons les plus affamés ? Cet aspect des soins parentaux est encore largement inexploré chez l'effraie des clochers.

## Pour aller plus loin

Almasi, B., Roulin, A., Jenni-Eiermann, S. and Jenni, L. 2008. Parental investment and its sensitivity to corticosterone is linked to melanin-based coloration in barn owls. *Horm. Behav.* **54**: 217–223.

Durant, J. M. 2002. The influence of hatching order on the thermoregulatory behaviour of barn owl *Tyto alba* nestlings. *Avian Sci.* **2**: 167–173.

Durant, J. M., Gendner, J.-P. and Handrich, Y. 2004. Should I brood or should I hunt: a female barn owl's dilemma. *Can. J. Zool.* **82**: 1011–1016.

Durant, J. M., Hjermann, D. Ø. and Handrich, Y. 2013. Diel feeding strategy during breeding in male barn owls (*Tyto alba*). *J. Ornithol.* **154**: 863–869.

Epple, W. 1985. Ethologische Anpassungen im Fortpflanzungssystem der Schleiereule (*Tyto alba* Scop., 1769). *Ökol. Vögel* **7**: 1–95.

Langford, I. K. and Taylor, I. R. 1992. Rates of prey delivery to the nest and chick growth patterns of barn owls *Tyto alba*. *In* Galbraith, C. A., Taylor, I. R. and Percival, S. M. (eds) *The Ecology and Conservation of European Owls*. Peterborough: Joint Nature Conservation Committee, pp. 101–104.

Pande, S. and Dahanukar, N. 2012. Reversed sexual dimorphism and differential prey delivery in barn owls (*Tyto alba*). *J. Rapt. Res.* **46**: 184–189.

Roulin, A. and Bersier, L.-F. 2007. Nestling barn owls beg more intensely in the presence of their mother than in the presence of their father. *Anim. Behav.* **74**: 1099–1106.

Roulin, A., Ducrest, A.-L. and Dijkstra, C. 1999. Effect of brood size manipulations on parents and offspring in the barn owl *Tyto alba*. *Ardea* **87**: 91–100.

Roulin, A., Kölliker, M. and Richner, H. 2000. Barn owl (*Tyto alba*) siblings vocally negotiate resources. *Proc. R. Soc. Lond. B* **267**: 459–463.

Roulin, A., Da Silva, A. and Ruppli, C. A. 2012. Dominant nestlings displaying female-like melanin coloration behave altruistically in the barn owl. *Anim. Behav.* **84**: 1229–1236.

Une effraie des clochers mâle apportant un campagnol à ses petits, proches de l'âge de l'envol, en Israël. © Amir Ezer

# Le comportement des parents au nid

**Le père est le principal responsable de la chasse pour la nichée, tandis que la mère prépare le repas en réduisant les proies en morceaux que ses petits peuvent avaler. Au lieu de délivrer leur nourriture depuis l'entrée du nid au premier oisillon qui se présente, les parents pénètrent habituellement dans la cavité du nid et offrent d'abord de la nourriture à l'oisillon le plus affamé, identifié par son intense quémande. Les deux parents utilisent des règles différentes pour nourrir leur progéniture.**

La progéniture réclame plus d'attention que celle que les parents sont prêts à fournir. Mâle et femelle ne doivent pas travailler jusqu'à l'épuisement, pour éviter de compromettre leur propre survie dans les années futures. Même si les oisillons ont intérêt à ce que leurs parents produisent des frères et sœurs ou des demi-frères et demi-sœurs à l'avenir (ce que l'on appelle la « sélection de parentèle », ou *kin selection* en anglais), leur intérêt premier est d'être en assez bonne condition pour survivre à leur premier hiver et se reproduire l'année suivante.

## L'ARRIVÉE AU NID

Pendant la période d'incubation, le mâle visite le nid fréquemment, mais pas toujours avec une proie. C'est ce qui a été observé en France, où un mâle n'a apporté un rongeur que 4 fois sur ses 8 visites nocturnes. Après l'éclosion des œufs, le mâle rapporte généralement une proie pour ses jeunes à chaque retour au nid. Lorsqu'il revient sans proie — soit jusqu'à 20 % de ses visites —, est-ce pour s'informer sur les besoins alimentaires de sa progéniture ? Ou pour déterminer si la femelle est présente au nid ?

Le transport d'une proie lourde sur de longues distances est fatigant. Des solutions sont donc nécessaires pour réduire le coût énergétique du vol. Afin d'assurer un bon équilibre, durant le vol, la proie est maintenue dans les serres. Une fois la chouette perchée près du nid, la proie est transférée dans le bec et donnée ainsi à un oisillon. Les proies les plus grosses pouvant peser jusqu'à la moitié du poids d'une chouette reproductrice (jusqu'à 120 grammes en Europe), la partie du corps contenant le moins de chair peut être enlevée pour réduire la charge. On a ainsi pu constater, dans une population tchèque, que 33 % des proies étaient décapitées avant d'être apportées au nid, alors qu'en Écosse, elles étaient plus petites et toujours livrées intactes.

La décapitation facilite la consommation de gros rongeurs, mais ce n'est probablement pas pour cette raison que le mâle décapite ses proies. Si tel était le cas, il démembrerait aussi les grosses proies et arracherait la chair pour aider sa progéniture à manger, ce que seule la mère fait. Il se pourrait que les parents livrent des proies décapitées parce qu'ils consomment eux-mêmes la tête contenant les tissus du cerveau riches en protéines, glucides et lipides.

On observe parfois le mâle ramasser une proie présente dans le nid et la donner à un oisillon affamé. On a ainsi constaté, en Suisse, que 14 % des proies offertes par un parent à la progéniture étaient déjà dans le nid, les 86 % restants étant capturés de frais dans la nature. Bien que les oisillons aient la possibilité de prendre eux-mêmes ces proies dans le nid, ce comportement parental encourage la progéniture à manger. Pour stimuler davantage les poussins, on voit parfois les parents ramasser une proie dans le nid, quitter ce dernier et revenir avec elle quelques minutes plus tard !

## LA PRÉPARATION DES REPAS

Lorsque les petits sont encore jeunes, le père chasse et transmet les aliments à la mère, habituellement à l'intérieur de la cavité du nid. Même si certaines proies présentes dans le nid ne sont pas encore consommées, la mère continue à quémander de la nourriture auprès de son partenaire, peut-être pour le motiver à rapporter plus de nourriture afin de la consommer plus tard. La mère prépare le repas en enlevant les viscères et en déchirant des morceaux de chair des proies rapportées par le père. Tout en nourrissant sa progéniture, elle produit des jacassements qui incitent à la quémande. Bien qu'on ne sache pas si elle prend soin de chaque nouveau-né en proportion de son comportement de quémande, il est plausible que ce soit le cas. En effet, elle peut donner jusqu'à 15 morceaux de viande d'affilée à un seul oisillon avant d'en nourrir un autre.

## LA RÉPARTITION PARENTALE DE LA NOURRITURE ENTRE LES OISILLONS

Lorsque les petits ont entre 4 et 8 semaines, dans 70 % des cas, les parents donnent de préférence des proies au jeune qui crie le plus. En effet, à cet âge, les oisillons qui produisent des cris plus nombreux et plus longs sont plus affamés que leurs frères et sœurs moins bruyants. Cependant, les parents peuvent aussi commettre des erreurs et les rectifier. On l'a observé chez une mère qui, juste après avoir donné un aliment à un oisillon, l'a repris et l'a donné à un autre jeune qui quémandait constamment. De telles erreurs peuvent être fréquentes dans les grandes couvées, en raison de la difficulté à identifier avec précision l'oisillon qui fait le plus de bruit. Pour les éviter, il faudrait prendre le temps d'évaluer soigneusement les cris de quémande, ce qui n'est pas vraiment compatible avec les transferts rapides de nourriture. Il est à noter que les petits quémandent plus intensément auprès de la mère qui, de ce fait, transmet sa proie plus rapidement que le père.

Bien que les parents répartissent la nourriture entre les oisillons en fonction de leur comportement de quémande, il leur arrive d'induire une compétition physique pour favoriser les oisillons les plus vieux et les plus forts. La mère et le père transmettent alors les proies sans entrer dans la cavité du nid, lors de 25 % et 12 % des visites respectivement. Ce comportement favorise les oisillons capables de monopoliser l'entrée du nid, sans tomber hors du nid. Si la mère est moins encline que le père à entrer dans la cavité du nid, ce n'est apparemment pas parce que les oisillons se comportent différemment devant l'une et l'autre. En effet, la progéniture ne peut pas prévoir quel parent se présentera lors du prochain nourrissage, car la séquence des arrivées maternelles et paternelles est aléatoire. Ainsi, les oisillons ne bloquent pas l'entrée du nid plus souvent à l'arrivée de la mère qu'à celle du père. En résumé, la mère et le père utilisent des règles différentes pour décider comment ils vont livrer la nourriture, et déterminer quels oisillons auront priorité au nourrissage.

## Futures recherches

- En ce qui concerne les prises, les parents apportent-ils au nid préférentiellement les proies les plus grosses, les moyennes ou les plus petites ? Et consomment-ils les autres eux-mêmes ? Il est possible que les petits rongeurs ne vaillent pas la peine d'être apportés au nid. Par ailleurs, les oisillons peuvent avoir de la difficulté à consommer de grosses proies sans l'aide de leur mère. Les parents choisissent-ils les proies pour leurs jeunes après la capture, décidant de celles qu'ils conservent pour leur consommation personnelle et celles qu'ils rapportent au nid ?
- Pourquoi les mâles retournent-ils parfois au nid sans nourriture ?
- Les parents adoptent-ils des méthodes et des stratégies de chasse différentes lorsque leurs petits ont plus faim ?
- Les parents décapitent-ils les grosses proies en fonction de la distance qui les sépare du nid lors de la capture ?
- Comparativement aux pères, les mères sont-elles plus susceptibles de donner une proie à l'oisillon qui quémande le plus ? Si les oisillons crient moins intensément en présence du père que de la mère, est-ce parce que le père est moins sensible à la quémande des jeunes et nourrit en priorité les petits les plus âgés ? De plus amples renseignements sur la façon dont les parents répartissent la nourriture entre les oisillons sont nécessaires.
- Juste avant d'entrer dans la cavité du nid, le père produit souvent un cri caractéristique, comme on l'observe en Suisse chez l'effraie des clochers, et à Madagascar chez l'effraie de Soumagne. Les oisillons n'ont probablement pas le temps de se déplacer dans le nid entre l'émission du cri et l'entrée du mâle ; pourquoi le père — et non la mère —, prévient-il ostensiblement la famille de son arrivée ? Est-ce pour empêcher la progéniture de quémander aussi fort qu'elle le fait en présence de la mère ? Ceci pourrait être testé expérimentalement en diffusant les cris du père en repasse juste à côté de l'entrée du nid.

## Pour aller plus loin

Bühler, P. 1980. Die Lautäusserungen der Schleireule (*Tyto alba*). *J. Ornithol.* **121**: 36–70.

Roulin, A. and Bersier, L.-F. 2007. Nestling barn owls beg more intensely in the presence of their mother than in the presence of their father. *Anim. Behav.* **74**: 1099–1106.

Roulin, A., Da Silva, A. and Ruppli, C. A. 2012. Dominant nestlings displaying female-like melanin coloration behave altruistically in the barn owl. *Anim. Behav.* **84**: 1229–1236.

Thorstrom, R., Hart, J. and Watson, R. T. 1997. New record, ranging behavior, vocalization and food of the Madagascar red owl *Tyto soumagnei*. *Ibis* **139**: 477–481.

# Le poids du devoir

Une effraie des clochers faisant une pause avant de reprendre les soins parentaux.

## La masse corporelle des adultes

**Les activités de reproduction sont si exigeantes qu'entre le début de la période d'incubation et la fin de l'élevage des oisillons, les femelles perdent en moyenne 114 grammes — soit 27 % de leur poids —, atteignant une masse corporelle inférieure à celle qui est la leur hors saison de reproduction. Les mâles perdent 3 fois moins de poids, soit 30 grammes — 10 % de leur poids. Chez les deux parents, la masse corporelle minimale est atteinte lorsque la progéniture parvient à l'âge de 40 jours, soit environ deux semaines avant l'envol.**

Les effraies des clochers reproductrices adaptent leur masse corporelle à leur cycle de reproduction. En France et en Suisse, les femelles commencent à prendre du poids en moyenne 19 jours avant la ponte du premier œuf, et leur masse corporelle atteint son maximum (environ 430 grammes) lorsque le premier œuf est pondu. Elle diminue ensuite progressivement pour atteindre environ 316 grammes lorsque l'oisillon le plus âgé de la nichée a 42 jours en moyenne, avant de repartir à la hausse continuelle jusqu'à la fin de la période de soins parentaux.

En jeûnant de 7 heures du matin à minuit, les femelles perdent en moyenne 12 grammes. Cette perte quotidienne est plus prononcée pendant l'élevage des oisillons que pendant l'incubation. C'est probablement parce que, pendant la journée, les proies dans le nid sont partagées entre la mère et les jeunes durant l'élevage, alors qu'elles sont mangées uniquement par la mère durant l'incubation. Lorsque des proies sont disponibles dans le nid, les femelles pèsent 12 grammes de plus que lorsqu'il n'y a pas de nourriture à disposition. Les années durant lesquelles les proies sont plus abondantes, les effraies des clochers femelles sont, sans surprise, plus lourdes que les années durant lesquelles la nourriture disponible est insuffisante. Cela pourrait expliquer en partie pourquoi certains individus ont un meilleur succès de reproduction que d'autres. On constate par exemple que les femelles ayant un plus grand nombre de petits sont plus lourdes que celles qui en ont moins.

Élever une famille avec succès impose également des exigences aux mâles, qui fournissent la plupart des proies pour leurs petits. Pour augmenter leur agilité et donc leur succès à la chasse, les mâles doivent perdre du poids. La masse corporelle moyenne des mâles est de 308 grammes pendant la période d'incubation et atteint 278 grammes (une perte de 10 % du poids) lorsque le premier oisillon ayant éclos atteint 40 jours. Il est intéressant de noter que les mâles et les femelles atteignent leur poids le plus bas au même stade de la reproduction.

Évolution de la masse corporelle de 468 mâles et 620 femelles d'effraies des clochers nicheurs, en Suisse, en fonction du stade de la reproduction. Dans chaque nichée, l'oisillon le plus âgé a éclos au jour « 0 » et a pris son envol à environ 55 jours. Les chouettes reproductrices ont été pesées, les mâles en moyenne 2,2 fois (maximum 11 fois), et les femelles 4,4 fois (maximum 38 fois). Leur masse corporelle minimale est indiquée par une ligne noire verticale (en moyenne, 278 grammes chez les mâles lorsque le plus vieil oisillon était âgé de 40 jours, et 316 grammes chez les femelles lorsque le plus vieil oisillon était âgé de 42 jours).

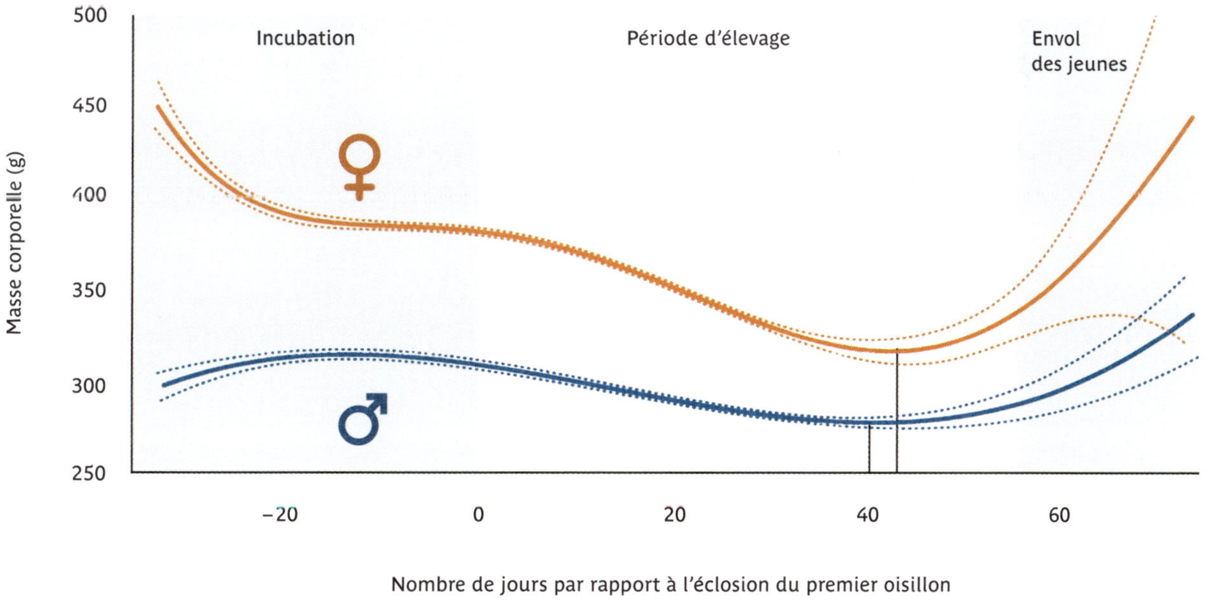

## Futures recherches

- Les facteurs écologiques qui influencent la masse corporelle des adultes devraient être identifiés. Étant donné que les adultes peuvent perdre spontanément de la masse, indépendamment de l'effort investi dans la reproduction, les chercheurs devraient déterminer si la perte de masse corporelle est régulée de façon stratégique (c'est-à-dire si les adultes perdent de la masse corporelle pour améliorer leur performance de chasse). Ou bien, plutôt que d'aider les parents à améliorer l'efficacité de la chasse, la perte de masse corporelle est-elle la conséquence d'un travail très dur pour élever une famille ?
- Si la perte de masse corporelle pendant la période d'élevage est adaptative, elle pourrait être associée au succès de la reproduction. Pour tester cela, la masse corporelle des mâles et des femelles devrait être mesurée de façon répétée tout au long de la saison de reproduction.
- Les femelles plus âgées sont plus lourdes que les plus jeunes (en Suisse, un adulte pèse en moyenne 2,2 grammes de plus qu'un individu d'un an plus jeune). La différence de masse corporelle entre les jeunes et les vieilles chouettes reproductrices est-elle due à l'expérience acquise dans l'amélioration de l'efficacité de la chasse ? Ou à la capacité d'obtenir des territoires de qualité ?
- Les mâles et les femelles atteignent leur masse corporelle la plus faible lorsque leur progéniture a environ 40 jours. Est-ce que cela coïncide avec les besoins alimentaires maximaux de la nichée ? Pour répondre à cette question, la quantité totale de nourriture consommée par les nichées doit être mesurée en fonction de l'âge des oisillons.

## Pour aller plus loin


Baudvin, H., and Jouaire, S. 2001. Breeding biology of the barn owl (*Tyto alba*) in Burgundy (France): a 25 year study (1971–1995). *Buteo* **12**: 5–12.

Durant, J. M., Gendner, J.-P. and Handrich, Y. 2004. Should I brood or should I hunt: a female barn owl's dilemma. *Can. J. Zool.* **82**: 1011–1016.

Durant, J. M., Gendner, J.-P. and Handrich, Y. 2010. Behavioural and body mass changes before egg laying in the barn owl: cues for clutch size determination? *J. Ornithol.* **151**: 11–17.

Durant, J. M., Hjermann, D. Ø. and Handrich, Y. 2013. Diel feeding strategy during breeding in male barn owls (*Tyto alba*). *J. Ornithol.* **154**: 863–869.

Roulin, A. 2009. Covariation between eumelanic pigmentation and body mass only under specific conditions. *Naturwissenschaften* **96**: 375–382.

Croque en stock

# Les réserves de nourriture

Proies non consommées s'accumulant à l'intérieur d'un nid.

**La plupart des rapaces diurnes et nocturnes, ainsi que les pies-grièches cachent de la nourriture pour un usage ultérieur. Bien que de telles réserves soient bénéfiques en cas de détérioration des conditions de chasse, les effraies des clochers ne sont pas aussi prévoyantes. Elles entreposent certes des proies mortes dans leur nid, mais le font dans des conditions optimales de recherche de nourriture, et pas nécessairement au moment où cela pourrait être le plus utile, en prévision de mauvaises conditions météorologiques, par exemple. Les proies s'accumulent dans les nids principalement parce que les oisillons prennent leur repas en différé, mangeant le jour et la nuit.**

L'effraie des clochers ne cache qu'occasionnellement de la nourriture dans ses lieux de repos hivernaux, mais elle accumule souvent des restes de proies dans son nid au moment de la reproduction. Pourquoi ?

## UNE ASSURANCE CONTRE LE MANQUE DE NOURRITURE ?

Les stocks de nourriture s'accumulent naturellement lorsque les chouettes ont soudainement accès à de nombreux petits mammifères. En France et en Suisse, les effraies des clochers stockent plus de proies dans leur nid les années durant lesquelles les couples reproducteurs sont nombreux, c'est-à-dire les années où la nourriture est abondante. Les chouettes stockent-elles de la nourriture durant les périodes où les conditions de chasse sont optimales pour se prémunir contre des événements tels que les intempéries ? Non ! En Suisse, le taux de nourrissage des parents ne diminue pas après

Une effraie des clochers mâle accumulant des proies dans la cavité de son nid.

le stockage de nourriture et le succès de reproduction n'est pas plus élevé si de nombreux restes de proies sont accumulés. En outre, on a observé une chouette captive, donc ne manquant pas de nourriture, tuer 165 souris et en cacher beaucoup dans 9 endroits distincts de sa volière. Cette chouette a donc fait beaucoup de réserves bien qu'elle n'en ait pas eu besoin.

## TOUT CECI NE SERAIT DONC QUE DU GASPILLAGE ?

À moins que les réserves de nourriture ne contiennent un nombre exceptionnellement élevé de restes de proies, celles-ci sont normalement consommées en moins d'une journée. Cependant, certaines proies restent intactes pendant plusieurs jours. Ce sont généralement les plus gros rongeurs, qui ne peuvent pas être avalés entiers et représentent plus d'un repas. Pour être consommées, ces proies doivent être découpées en pièces et des morceaux de chair doivent être arrachés, une opération difficile à réaliser pour les jeunes effraies des clochers. Il arrive parfois, en effet, que des oisillons manipulent une grosse proie pendant 45 minutes sans réussir à en ingérer un seul morceau. Par conséquent, les plus petites proies sont dévorées en premier et les plus grosses sont consommées plus tard, avec l'aide de la mère, ou bien délaissées. On a constaté qu'au cours de l'ensemble de la période d'élevage, moins de 2 proies en moyenne pourrissent dans le nichoir et ne sont jamais mangées. Cette observation indique que les parents ne tuent pas plus de proies que nécessaire chaque jour. Par conséquent, les restes de proies présents dans les nids d'effraies des clochers pendant la journée ne sont pas de la nourriture gaspillée, mais une réserve qui n'a pas encore été consommée.

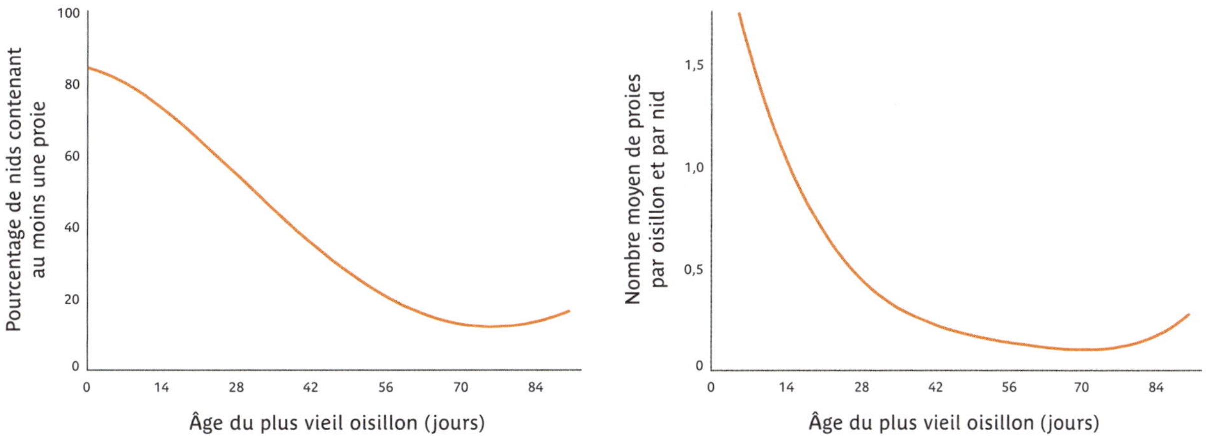


Fréquence des proies non consommées se trouvant dans les nichoirs d'effraies des clochers en Suisse par rapport à l'âge de l'oisillon le plus âgé. Le graphique de gauche montre qu'à l'éclosion du premier oisillon, on trouve, dans plus de 80 % des nids, au moins une proie qui n'a pas encore été consommée. Le pourcentage de nids dans ce cas diminue progressivement pour atteindre une valeur minimale de 15 %. Le graphique de droite montre qu'à l'éclosion du premier oisillon, il y a généralement plus de 1,5 proie non consommée par oisillon.

## LA RÉPARTITION DES REPAS DANS LE TEMPS

Chez l'homme, les bébés sont nourris de lait maternel durant le jour et la nuit. Il en va de même pour les oisillons des effraies des clochers : leur mère les nourrit souvent avec des morceaux de viande de jour comme de nuit. C'est pourquoi, au moment de l'éclosion des premiers œufs, on trouve au moins une proie non consommée dans la plupart des nids (80 %), alors que ce n'est vrai que pour 15 % des nids lorsque les jeunes atteignent l'âge de l'envol. Lors de l'éclosion, on trouve en moyenne 4 proies par nid, mais le nombre de restes de proies peut parfois être ridiculement élevé. Aux États-Unis, par exemple, on a observé un nid contenant 189 proies dans divers états de décomposition. D'autres observations extrêmes ont été enregistrées : en Écosse, un nid renfermant 136 proies, par exemple, ou 79 rongeurs recensés dans un autre nid du Royaume-Uni, ou encore en République tchèque où on a dénombré 60 proies dans un seul nid.

Dès que les oisillons sont capables de s'alimenter sans l'aide de leur mère, leurs besoins alimentaires quotidiens sont comblés avec peu de repas, en moyenne 3 à 4 campagnols par jour en Suisse. En raison de contraintes digestives, les oisillons ne peuvent

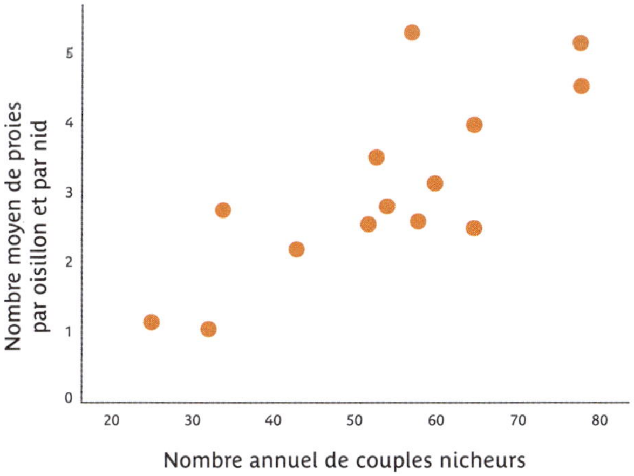


On trouve davantage de restes de proies non encore consommées dans les nids d'effraies des clochers les années durant lesquelles les chouettes reproductrices sont plus nombreuses. Les données ont été collectées en Suisse de 1990 à 2003.

pas consommer les 3 ou 4 campagnols d'affilée pendant la période relativement courte durant laquelle les parents apportent la nourriture. Ceci explique pourquoi de nombreuses proies sont souvent trouvées non consommées dans le nid, de jour comme de nuit. Bien que cette situation prévale chez de nombreux rapaces, elle peut être assez extrême chez l'effraie des clochers. En effet, 50 % de la nourriture est apportée dans les deux premières heures et demie de la nuit. Les oisillons étalent néanmoins leurs repas jusqu'au petit matin. Si certaines proies ne sont pas mangées au lever du soleil, elles sont progressivement consommées avant le soir.

## Futures recherches

- Il n'y a pas que les oisillons qui consomment les restes de proies présents dans le nid, leurs parents le font aussi. La façon dont les restes de proies sont répartis au sein de la famille devrait faire l'objet d'une étude.
- L'heure à laquelle chaque oisillon consomme de la nourriture devrait être enregistrée. En effet, chaque individu mange à des heures différentes du jour et de la nuit, ce qui implique que tous les frères et sœurs ne sont pas en compétition simultanément pour la nourriture fournie par les parents. Cela pourrait réduire la concurrence entre frères et sœurs.

## Pour aller plus loin

Baudvin, H. 1980. Les surplus de proies au site de nid chez la chouette effraie, *Tyto alba*. *Nos Oiseaux* **35**: 232–238.

Kaufman, D. W. 1973. Captive barn owls stockpile prey. *J. Field Ornithol.* **44**: 225.

Roulin, A. 2004. The function of food stores in bird nests: observations and experiments in the barn owl *Tyto alba*. *Ardea* **92**: 69–78

## Romulus et Rémus

Un juvénile non apparenté a rejoint une famille de quatre oisillons plus jeunes. Il est possible que cet individu se soit glissé au sein de cette nichée afin de subtiliser de la nourriture apportée par les parents destinée à la progéniture du couple.

# L'adoption

**Chez diverses espèces d'êtres vivants, on peut voir des parents s'occuper de rejetons ne leur appartenant pas. C'est le cas chez l'homme, par exemple, où des nouveau-nés peuvent être allaités par des nourrices autres que leur mère, et chez qui l'adoption est courante. Chez les oiseaux nidicoles, l'adoption est rare, car les oisillons ne peuvent pas atteindre le nid d'une autre famille avant d'être capables de voler. Dans le cas de l'effraie des clochers cependant, il arrive que des oisillons juvéniles ayant atteint l'âge de l'envol parasitent d'autres nichées, profitant des soins dispensés par des parents adoptifs. Ce comportement est même probablement plus fréquent que ne le laissent entendre les quelques observations signalées.**

Chez les oiseaux nidifuges, comme les canards et les goélands, les oisillons peuvent visiter d'autres nichées en marchant ou en nageant, tandis que chez les oiseaux nidicoles, comme les cigognes et les rapaces, quitter le nid d'origine pour chercher une famille d'accueil exige la capacité de voler. Pourquoi les parents adoptifs nourrissent-ils des oisillons non apparentés, et pourquoi les oisillons visitent-ils d'autres nids ?

## LES PARENTS ACCEPTENT LES OISILLONS SURNUMÉRAIRES

Chez l'effraie des clochers, les nids sont relativement éloignés les uns des autres. Pour cette raison, les petits qui ont atteint l'âge de l'envol de fraîche date ont peu d'opportunités de se déplacer entre les nids. Ainsi, l'adoption d'un individu non apparenté venant d'apprendre à voler a été signalée une fois aux Pays-Bas, une fois dans l'Utah, aux États-Unis, et quatre fois en Allemagne. En Suisse, le contrôle de 257 nids à deux reprises durant la période de l'envol des jeunes a révélé 7 cas de juvéniles se reposant durant la journée dans un nid différent de celui dans lequel ils étaient nés et avaient grandi. L'un de ces jeunes, âgé de deux mois, se trouvait dans un nid contenant des oisillons âgés d'un mois. Il a été observé quittant ce nid environ 30 minutes avant la tombée de la nuit. Est-ce parce que les parents de la nichée d'accueil l'avaient détecté, compte tenu sa différence d'âge importante ? Cela donne à penser que, pour passer inaperçu, un jeune serait contraint de s'introduire dans des familles dont les oisillons ont un âge relativement proche du sien. C'est d'ailleurs ce que l'on observe généralement. Cela suggère qu'une reconnaissance de la parenté basée sur les caractéristiques du plumage ou les vocalisations n'existe pas chez l'effraie des clochers. Pourquoi en est-il ainsi ? Il est possible que le phénomène d'adoption soit trop rare pour créer une force de sélection assez puissante pour promouvoir l'évolution de mécanismes complexes de reconnaissance de la parenté.

Les adoptions ont lieu non seulement lorsque les parents intègrent des oisillons non apparentés, mais également lorsqu'ils adoptent des œufs. Il peut même s'agir d'œufs d'autres espèces que la leur. En effet, en Europe, lorsqu'un couple d'effraies des clochers s'empare d'un site de reproduction occupé par des faucons crécerelles, la femelle chouette est susceptible de couver les œufs des faucons au même titre que les siens. Elle ne les ignore pas et ne les laisse pas de côté, probablement à cause du risque de les confondre avec ses propres œufs. Et lorsque tous les œufs éclosent, les parents d'effraies des clochers élèvent parfois chouettes et faucons avec succès !

## POURRAIT-IL S'AGIR DE PARASITISME ?

Les oisillons peuvent occuper d'autres nids à la recherche d'une aide supplémentaire de la part de parents adoptifs, par exemple lorsque leurs propres parents ne les nourrissent pas convenablement ou sont morts. Cela pourrait expliquer pourquoi des oisillons âgés de 64 jours à peine se retrouvent dans d'autres nids, parfois seulement à quelques centaines de mètres de leur nid d'origine. À cet âge, les oisillons ne sont pas encore indépendants de leurs parents biologiques. L'observation d'un oisillon de 89 jours, blessé, dans un nid qui n'était pas le sien, confirme l'idée que certains individus peuvent désespérément chercher à obtenir des soins extra-parentaux.

Il est possible que des jeunes qui ont rompu les liens avec leurs parents biologiques éprouvent des difficultés à chasser dans les premiers temps de leur indépendance, et qu'ils tentent de prolonger la période de soins parentaux. Pourtant, il arrive que des juvéniles cherchant à occuper un autre nid que le leur soient très « vieux » (jusqu'à 144 jours) et loin de leur nid d'origine (jusqu'à 104 km). Cela suggère qu'il est possible qu'ils recherchent des soins parentaux supplémentaires, même s'ils sont déjà indépendants de leurs parents biologiques. Compte tenu de cette information, on peut se demander s'il est également possible que de jeunes effraies des clochers envisagent de voler de la nourriture à d'autres familles de manière opportuniste, qu'elles soient ou non indépendantes de leurs parents et qu'elles aient ou non besoin de soins parentaux supplémentaires.

## L'ADOPTION ET L'INFANTICIDE SEXUELLEMENT SÉLECTIONNÉ

Les exemples ci-dessus décrivent des situations dans lesquelles de jeunes individus s'introduisent dans une famille autre que leur famille biologique. Il existe également des cas où un mâle non reproducteur tue ou adopte des oisillons pour s'accoupler avec leur mère. En Suisse, deux mâles ont été soupçonnés d'avoir tué une nichée pour se reproduire avec la femelle. N'ayant pas réussi à amener ses oisillons à l'âge de l'envol, la mère n'a peut-être pas eu d'autre choix que d'entreprendre

Les mères d'effraies des clochers prodiguent d'importants soins parentaux, tout particulièrement lorsque leurs petits sont jeunes. Ici, une mère déchire des morceaux de chair pour nourrir son oisillon.

une nouvelle couvée avec le tueur, comme on le voit souvent chez les lions.

Cependant, la volonté de s'assurer une partenaire n'implique pas systématiquement un comportement aussi violent. Pour preuve, l'exemple de cette nichée d'une effraie des clochers, en Allemagne, où la mort du mâle aurait dû sceller le sort de sa progéniture de 5 semaines. Heureusement, un nouveau mâle a adopté les oisillons, les a élevés et a entrepris une nouvelle couvée la même année avec la mère, dans la même cavité.

## Futures recherches

- La reconnaissance de la parenté devrait être testée pour savoir si les parents et les jeunes peuvent identifier les oisillons qui ne leur sont pas apparentés. En particulier, il faudrait déterminer si la capacité de reconnaître un jeune non apparenté dépend de la différence d'âge entre la progéniture d'adoption et la progéniture biologique.
- L'utilisation de dispositifs GPS permet d'obtenir des données sur les déplacements des chouettes. Grâce à ces outils, les chercheurs pourraient surveiller l'activité des oiseaux ayant récemment pris leur envol sur de longues périodes. Cela fournirait des renseignements sur la fréquence et la durée des adoptions et sur l'importance de ces facteurs pour la survie des jeunes chouettes. Si les oisillons visitent d'autres nids principalement la nuit, l'utilisation de dispositifs GPS permettrait aux ornithologues de surveiller correctement la fréquence des changements de nids. Jusqu'à présent, tous les cas d'adoption ont été enregistrés pendant la journée, mais la plupart des jeunes changent probablement de nid durant la nuit afin de subtiliser quelques proies avant de retourner à leur nid d'origine pour dormir pendant la journée.
- Les jeunes qui changent de nid se comportent-ils d'une manière spécifique pour s'infiltrer avec succès dans une autre famille ? Par exemple, ils pourraient éviter de crier pour ne pas être reconnus comme des étrangers.
- Le changement de nid pourrait être un moyen de trouver des ressources alimentaires supplémentaires, un abri ou une protection contre les prédateurs. Cependant, ces fonctions n'ont pas encore été clairement démontrées.

## Pour aller plus loin

Charter, M., Izhaki, I. and Roulin, A. 2018. The presence of kleptoparasitic fledglings is associated with a reduced breeding success in the host family in the barn owl. *J. Avian Biol.* **49**: e01770.

Roulin, A. 1999. Natural and experimental nest-switching in barn owl *Tyto alba* fledglings. *Ardea* **87**: 237–245.

# 10. Les interactions au sein des fratries

- L'emploi du temps des oisillons
- La négociation au sein des fratries
- Le comportement de quémande
- Le vol de nourriture au sein des fratries
- Le partage de nourriture entre frères et sœurs
- Le toilettage mutuel
- La thermorégulation sociale

Une histoire à dormir debout

# L'emploi du temps des oisillons

Jeune effraie des clochers battant des ailes.

**L'effraie des clochers est nocturne, et il serait logique de penser que les oisillons le sont aussi. Cependant, l'étude du comportement des oisillons et de leur activité cérébrale sur une période de 24 heures a révélé un modèle tout à fait différent de celui qui était attendu. D'abord, les oisillons dorment autant la nuit que le jour. De plus, certains comportements — en particulier le toilettage entre frères et sœurs — sont encore plus fréquents le jour que la nuit. Enfin, d'autres comportements présentent deux pics d'activité, au coucher et au lever du soleil.**

Que font les oisillons pendant leurs longues journées ? Mangent-ils la nuit et dorment-ils le jour, comme on pourrait s'y attendre pour un oiseau nocturne, ou ont-ils un ensemble d'activités plus complexes ?

## LES OISILLONS NE SONT PAS STRICTEMENT NOCTURNES

Chez les effraies communes, dans la majeure partie de leur aire de répartition, toute la nourriture qui est apportée par les adultes à leur progéniture l'est au cours de la nuit. Il s'agit donc de chasseuses strictement nocturnes. Les oisillons calquent-ils leurs phases d'activité sur celles de leurs parents ? Ils le font en partie, puisque, comme le montre le graphique page ci-contre, en haut, c'est principalement la nuit qu'ils négocient les ressources alimentaires avec force cris (*négociation entre les jeunes*) et mangent (*alimentation des jeunes*). Ces activités diminuent progressivement depuis le crépuscule

Livraison de nourriture par les parents et activités des jeunes durant la nuit et le jour chez l'effraie des clochers, en Suisse. Les parents apportent de la nourriture la nuit, et c'est principalement durant cette période que les oisillons s'en nourrissent. Il n'est donc pas surprenant de constater que les petits négocient vocalement l'accès à cette nourriture surtout la nuit, même si cette activité commence avant le crépuscule. Bien que les oisillons se déplacent et se lissent les plumes plus souvent la nuit, il arrive fréquemment qu'ils pratiquent ces activités de jour. Le sommeil lent et le toilettage mutuel sont effectués un peu plus souvent le jour que la nuit. Quelques activités sont présentes autant — ou presque — le jour que la nuit : l'état d'éveil des oisillons, l'état de sommeil paradoxal (ou sommeil REM), le fait de donner des coups de bec à leurs frères et sœurs, et les battements d'ailes. D'après Scriba *et al.* 2017.

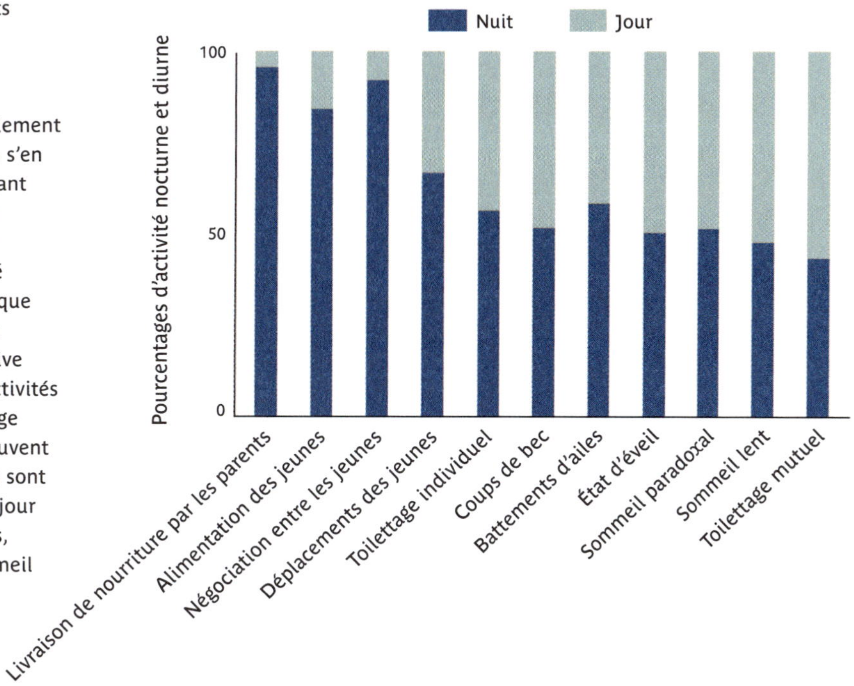


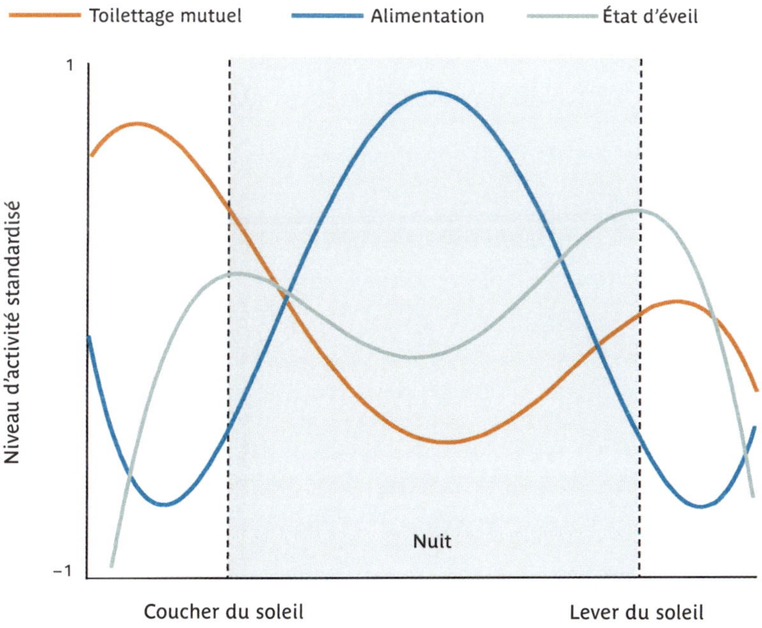


Activité des oisillons d'effraies des clochers en fonction de l'heure du jour et de la nuit. Les niveaux d'activité ont été standardisés afin de pouvoir comparer les différents comportements. Le « toilettage mutuel » désigne le fait que les oisillons utilisent leur bec pour lisser les plumes de leurs frères et sœurs, l'« alimentation » fait référence aux oisillons consommant des proies et l'« état d'éveil » correspond à l'activité cérébrale d'éveil chez les oisillons (en d'autres termes, les oiseaux ne dorment pas). D'après Scriba *et al.* 2017.

jusqu'à l'aube, parallèlement à l'apport en nourriture par les parents (*livraison de nourriture par les parents*). Cependant, des activités comme les déplacements au sein du nid (*déplacements des jeunes*), le nettoyage du plumage (*toilettage*), l'administration de coups de bec à leurs frères et sœurs (*coups de bec*) et les battements d'ailes (*battements d'ailes*) sont pratiquées à peine un peu plus souvent de nuit que de jour. Quant à la toilette mutuelle entre membres de la nichée (*toilettage mutuel*), elle intervient dans la journée un peu plus fréquemment. Pour pouvoir être aussi actifs 24 heures sur 24, les oisillons doivent dormir non seulement le jour, comme on peut l'attendre d'un animal nocturne, mais également la nuit. En effet, on voit que le sommeil (*sommeil paradoxal* et *sommeil lent*) se répartit à peu près de manière égale entre le jour et la nuit. Les oisillons présentent deux pics d'activité aux alentours du lever et du coucher du soleil en ce qui concerne les déplacements, les battements d'ailes pendant l'éveil cérébral et, dans une moindre mesure, le nettoyage des plumes de leurs frères et sœurs, ainsi que les coups de bec mutuels.

## L'ARCHITECTURE DU SOMMEIL

Alors que les humains connaissent plusieurs longues périodes de sommeil la nuit, chez les oiseaux, le sommeil est réparti en périodes plus fréquentes et plus courtes. Ceci a pu être mesuré grâce à des électroencéphalogrammes non invasifs chez les petits d'effraies des clochers. La durée moyenne des périodes d'éveil sur l'ensemble des 24 heures est de 50,7 secondes, celle du sommeil lent est de 17,1 secondes et celle du sommeil paradoxal (ou sommeil REM) de 12,0 secondes. Le sommeil est peut-être entrecoupé ainsi afin d'augmenter la probabilité de détecter un prédateur.

## Futures recherches

- Des études doivent être entreprises pour déterminer la fonction adaptative de l'activité des jeunes pendant la journée.

## Pour aller plus loin

Scriba, M., Ducrest, A.-L., Henry, I., Vyssotski, A. L., Rattenborg, N. and Roulin, A. 2013. Linking melanism to brain development: expression of a melanism-related gene in barn owl feather follicles predicts sleep ontogeny. *Front. Zool.* **10**: 42.

Scriba, M., Dreiss, A. N., Henry, I., Béziers, P., Ruppli, C., Ifrid, E., Ducouret, P., Da Silva, A., des Monstiers, B., Vyssotski, A. L., Rattenborg, N. C. and Roulin, A. 2017. Nocturnal, diurnal and bimodal patterns of locomotion, sibling interactions and sleep in nestling barn owls. *J. Ornithol.* **158**: 1001–1012.

# Diplomatie familiale

De jeunes effraies des clochers négociant vocalement l'accès prioritaire à la prochaine proie livrée par un parent.

## Les négociations au sein des fratries

**Le spectre des interactions sociales que l'effraie des clochers entretient au sein de sa famille est tout à fait unique. Dans le but de monopoliser les proies apportées par les adultes, les jeunes oisillons quémandent à leurs parents et se disputent la nourriture, comme tous les autres animaux chez lesquels sont dispensés des soins parentaux. Fait remarquable néanmoins, les jeunes effraies de la nichée négocient également entre elles, vocalement, afin de déterminer de manière pacifique qui aura la priorité sur le prochain micromammifère livré.**

Avant 1974, les écologistes pensaient que les interactions au sein des familles étaient harmonieuses, mais depuis, les chercheurs sont arrivés à la conclusion qu'elles sont en fait souvent conflictuelles. Cependant, l'idée d'harmonie renaît aujourd'hui : bien que les jeunes frères et sœurs se disputent les ressources parentales, ils peuvent aussi coopérer. Les paradigmes vont et viennent !

## TOUTES LES CONDITIONS ÉTAIENT RÉUNIES POUR QU'APPARAISSE LA NÉGOCIATION AU SEIN DE LA NICHÉE CHEZ L'EFFRAIE DES CLOCHERS

Un sage proverbe arabe dit : « *Moi contre mes frères, mes frères et moi contre mes cousins, et moi, mes frères et mes cousins contre les étrangers.* » De même, dans la nature, les jeunes frères et sœurs encore dépendants de leurs parents coopèrent parfois, assurant la propagation des gènes qu'ils ont en commun. Cependant, les preuves empiriques de la coopération entre jeunes frères et sœurs se limitent à quelques espèces, car les conditions qui favorisent l'apparition de la coopération sont en effet plutôt restrictives.

Chez l'effraie des clochers, les jeunes frères et sœurs, au lieu de se battre sans fin, négocient vocalement l'accès prioritaire aux ressources alimentaires apportées par les parents. Pour autant que l'on sache, c'est tout à fait unique chez les animaux. Pour que cette forme de coopération émerge, six conditions doivent être remplies.

- **Un lien de parenté.** Les animaux peuvent être plus généreux avec les individus qui leur sont apparentés qu'avec les étrangers. Par conséquent, des négociations autour d'une ressource en lieu et place de querelles sont plus probables entre frères et sœurs qu'entre demi-frères et demi-sœurs ou, *a fortiori*, entre individus non apparentés. Chez l'effraie des clochers, les oisillons d'un même nid sont généralement des frères et sœurs à part entière. Par conséquent, l'incitation à négocier avec leurs compagnons de nid peut être élevée.
- **Une compétition coûteuse entre frères et sœurs.** Lorsque la compétition pour les ressources parentales entre frères et sœurs devient fatigante et comporte des risques de blessures, comme c'est probablement le cas chez les rapaces, au bec et aux griffes acérés, il est peut-être préférable de régler les conflits de manière pacifique.
- **Des résultats d'affrontement prévisibles.** Pourquoi ne pas parvenir à un accord lorsque l'on est face à un individu beaucoup plus affamé que vous, et prêt à se battre ? Les effraies des clochers ne consomment que 3 ou 4 proies par nuit, ce qui signifie qu'une fois qu'un oisillon a consommé un repas, il est momentanément rassasié et peu susceptible de monopoliser le prochain rongeur rapporté par les parents. Cet individu sera alors probablement plus enclin à céder la préséance sur la prochaine proie à l'un de ses frères et sœurs affamés.
- **Des aliments contestés de valeur.** Habituellement, une négociation a lieu lorsque la ressource convoitée est précieuse. Les oisillons des effraies ne consomment qu'un petit nombre de repas par jour, mais, un seul de ces repas étant composé d'un petit mammifère, il est beaucoup plus précieux, en termes de valeur nourricière, que l'une des centaines de graines ou d'invertébrés que les passereaux consomment

### La négociation au sein de la fratrie

Un individu rassasié ne rivalisera pas pour des ressources alimentaires indivisibles qu'il a peu de chances d'acquérir, tandis qu'un oisillon affamé confirmera vocalement sa volonté de se battre pour ces ressources. Informés de leurs besoins alimentaires respectifs, les frères et sœurs ajustent finement leurs investissements dans la compétition en se retirant momentanément d'une compétition qu'ils ont peu de chances de remporter. L'oisillon le plus affamé négocie intensément auprès de ses frères et sœurs et, lorsque son tour vient, quémande intensément auprès de ses parents pour qu'ils lui donnent à manger, tandis que les frères et sœurs les moins affamés se font moins entendre et s'abstiennent de faire concurrence et de quémander. Cela laisse le champ libre à l'individu le plus bruyant, qui peut alors obtenir la nourriture sans avoir à se livrer à une compétition trop intense. Le processus de négociation prend du temps, car les frères et sœurs se mettent au défi de déterminer qui est le plus affamé. Identifier le gagnant d'un processus de négociation nécessite de longues interactions vocales.

quotidiennement, par exemple. La négociation est donc plus susceptible de se produire chez l'effraie des clochers, où les parents n'apportent une vingtaine de proies par nuit, que chez les petits passereaux, chez lesquels les parents nourrissent leur progéniture des centaines de fois par jour.

- **Des ressources indivisibles.** S'il est relativement aisé pour plusieurs individus de s'approprier une part d'un gâteau, il peut être, en revanche, beaucoup plus difficile d'accaparer l'entièreté de ce gâteau. Or, à chaque visite, les parents rapportent une proie qui n'est consommable que par un seul petit puisque les oisillons avalent généralement un micromammifère entier d'une seule bouchée. Il s'ensuit que seul l'oisillon bénéficiaire est récompensé de l'effort investi dans la compétition avec ses frères et sœurs. Toutefois, il est difficile d'accaparer une ressource alimentaire, surtout lorsque celle-ci est, comme ici, indivisible, et il pourrait se révéler inutile — voire dangereux — de tenir tête à un oisillon affamé et donc très motivé, prêt à se battre intensément pour la proie. Au lieu de s'affronter pendant des heures sans aucun bénéfice, il est donc préférable de convenir que le jeune le plus affamé mangera le prochain aliment livré, et que les autres attendront leur tour.
- **Des négociations à bon compte.** Les politiciens négocient des cessez-le-feu lorsque la guerre devient trop coûteuse. De même, dans le cas de l'effraie des clochers, la négociation est précieuse à condition que sont coût ne dépasse pas celui de la compétition. Par conséquent, la négociation entre frères et sœurs ne doit pas attirer les prédateurs et doit être énergétiquement abordable, en tout cas moins coûteuse que la compétition physique.

Même dans le cas d'espèces comme l'effraie des clochers, où il y a négociation entre frères et sœurs, il peut y avoir des situations où la négociation n'apporte pas d'avantages supplémentaires. Un oisillon peut, en effet, être prêt à laisser un frère ou une sœur manger avant lui pour peu que les parents reviennent rapidement avec de la nourriture. À l'inverse, si l'approvisionnement alimentaire est insuffisant, un oisillon peut être moins enclin à négocier, car les parents pourraient ne pas livrer d'autre proie avant la nuit suivante. De telles situations exigent une compétition féroce pour les rares proies rapportées, et il n'est plus question, alors, de se montrer gentil avec ses frères et sœurs. Le stress a un effet similaire : lorsque les oisillons sont stressés — une donnée mesurée par une augmentation de la corticostérone, l'hormone du stress circulant dans le sang —, ils sont moins enclins à négocier et vont plutôt entrer dans une compétition physique.

## LE PROCESSUS DE NÉGOCIATION ENTRE MEMBRES DE LA FRATRIE

La négociation nécessite-t-elle toujours une communication vocale, comme chez l'homme ? C'est en tout cas ce que l'on constate chez l'effraie des clochers, dont les oisillons produisent des cris rauques qui n'ont d'autre signification que de signaler à quel point ils ont faim, dans l'espoir que leurs frères et sœurs se retirent de la compétition pour le prochain aliment livré par les parents. Ce processus appelé « négociation au sein de la fratrie » se déroule dans le nid pendant une absence prolongée des parents, occupés à chasser, souvent loin du nid. Lorsqu'un oisillon est très affamé, il informe vocalement ses frères et sœurs de sa motivation à rivaliser intensément pour monopoliser la prochaine proie. Conscients de la difficulté à se procurer cette nourriture face à cet individu déterminé, ses frères et sœurs se retirent momentanément de la compétition, attendant que cet oisillon affamé ait mangé avant de participer à la compétition pour la prochaine proie. Une fois que les parents reviennent avec de la nourriture, les petits quémandent en criant auprès des parents. L'oisillon le plus affamé, qui a négocié le plus intensément en l'absence des parents en émettant des cris plus nombreux et plus longs que ses frères et sœurs moins affamés, quémande plus intensément que les autres oisillons. Grâce à un tel comportement, un oisillon augmente ses chances d'être nourri jusqu'à 70 %, car les parents donnent de préférence la nourriture à l'oisillon le plus volubile. Une fois rassasié, cet individu se tait et cède la place à ses frères et sœurs qui ont manqué leur tentative. Ces derniers, qui étaient moins bruyants pendant la période de négociation précédente et qui s'étaient abstenus de quémander, reprennent une intense négociation vocale. Il s'agit d'une bonne stratégie : les

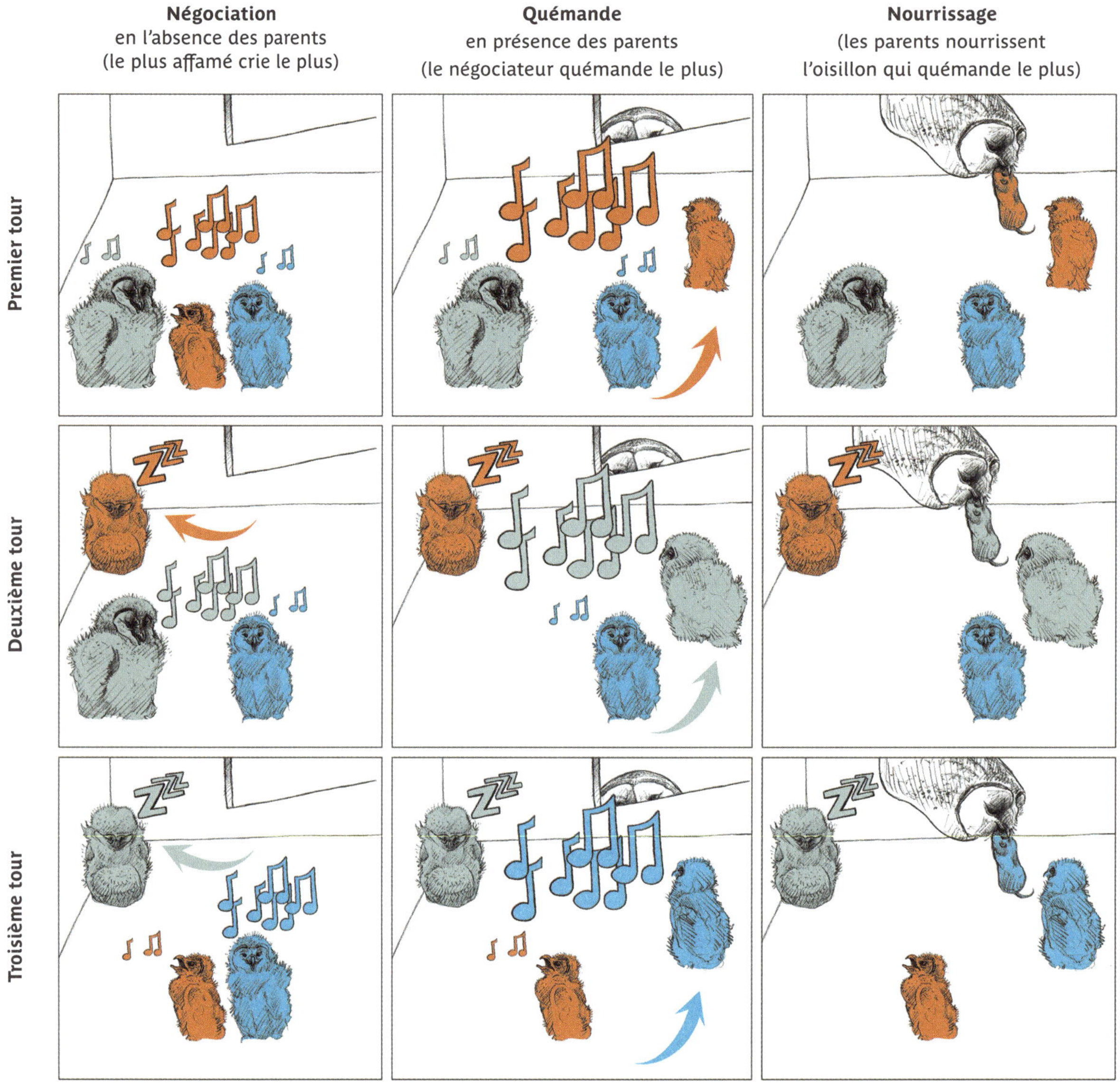


Vue schématique des interactions entre frères et sœurs avant l'arrivée de nourriture et lorsqu'un parent apporte une première proie (indivisible) mangée par l'oisillon orange (premier tour), une deuxième proie mangée par l'oisillon gris (deuxième tour) et une troisième proie mangée par l'oisillon bleu (troisième tour). Avant même qu'un parent n'apporte la première proie, les frères et sœurs négocient vocalement, et c'est l'oisillon orange qui est le plus loquace. Après avoir écouté leur bruyant frère orange, les individus gris et bleu se retirent momentanément de la dispute et s'abstiennent de quémander de la nourriture, tandis que le jeune orange quémande intensément auprès de son parent, qui, par conséquent, le nourrit. Avant la deuxième visite des parents, l'oisillon gris négocie intensément et, à son tour, quémande de la nourriture énergiquement. Enfin, avant la troisième visite parentale, le petit bleu négocie et quémande intensément. Par conséquent, la négociation entre frères et sœurs influence la manière de quémander de chaque petit, et l'intensité du comportement de quémande détermine quel individu reçoit de la nourriture d'un parent.

individus qui n'ont pas réussi à obtenir une proie sont maintenant plus susceptibles d'être nourris lors de la prochaine visite parentale, car leur frère ou leur sœur qui avait faim a déjà mangé.

## LES LARGESSES DES PLUS FORTS ET LA HARGNE DES PLUS FAIBLES

Les plus âgés, donc les plus grands des oisillons, ont tous les avantages et sont assez forts pour disposer de la nourriture comme ils l'entendent. Et pourtant, ils négocient afin de déterminer finement le moment où il sera préférable de déployer leur supériorité et la manière de le faire. Les oisillons les plus petits et les plus faibles n'ont pas les moyens de surpasser physiquement leurs frères et sœurs qui ont éclos plusieurs jours avant eux. Pour ces oiseaux plus jeunes, l'alternative est d'investir plus d'énergie dans les cris et l'écoute de la réaction comportementale de leurs frères et sœurs dominants afin d'obtenir la « permission » de manger le prochain aliment livré. Ce système fonctionne grâce au fait que les oisillons les plus âgés ajustent leur comportement en fonction de la façon dont leurs frères et sœurs négocient. Par exemple, en réaction à l'émission de cris en repasse, les petits plus âgés diminuent davantage l'intensité de leurs cris que leurs frères et sœurs plus jeunes, et sont également plus enclins à retarder leur propre alimentation. Les oisillons plus jeunes sont généralement plus affamés que leurs frères et sœurs plus âgés et sont donc moins enclins à se retirer d'une bataille pour le monopole d'une proie. C'est la raison pour laquelle les derniers nés d'une nichée expriment fortement à quel point ils ont faim en criant beaucoup, quelle que soit l'intensité de la faim de leurs frères et sœurs plus âgés.

## LA NÉGOCIATION PREND BEAUCOUP DE TEMPS

La probabilité qu'un oisillon accapare une proie est plus grande s'il a intensément crié au préalable. Mais pourquoi, alors, les oisillons n'essaient-ils pas tous de crier aussi intensément que possible à tout moment ? D'abord parce que ce comportement est potentiellement fatigant et parce qu'il restera, malgré tout, peu probable, dans ces conditions, d'obtenir une proie car l'oisillon le plus affamé de la nichée redoublera sûrement d'efforts lorsque les parents reviendront au nid avec de la nourriture. En outre, il ne suffit pas d'émettre quelques cris pour démontrer clairement sa motivation dans la compétition. L'individu qui réussit à s'imposer dans le processus de négociation, et qui aura donc plus de chances d'obtenir la prochaine proie, est celui qui vocalise le plus en produisant de longs monologues. Cela explique pourquoi les oisillons passent beaucoup de temps à interagir vocalement pendant que leurs parents sont en quête de nourriture.

Chaque nuit, un oisillon peut donc émettre jusqu'à 4600 cris, dont la moitié se manifeste sous forme de monologues plus ou moins longs. À titre d'exemple, on a observé un individu produire 1591 cris sur une période de deux heures, sans être interrompu par un autre oisillon. L'autre moitié des cris est émise en réponse aux vocalisations de la fratrie, comme dans un dialogue. Pour prendre l'avantage et produire un monologue, un individu doit décider quand interrompre son frère ou sa sœur en train de s'exprimer, et comment il peut alors dominer l'interaction vocale. Pour ce faire, les effraies des clochers utilisent des règles spécifiques qui déterminent qui prendra le prochain tour de parole, tout comme chez les êtres humains.

Pour prendre l'avantage, le premier cri qu'émet un challenger est doux, comme s'il tentait timidement d'interrompre le discours de son frère ou de sa sœur. À mesure que l'interaction vocale progresse, le challenger répond de plus en plus vite à son frère ou à sa sœur, en émettant des cris insistants (c'est-à-dire plus longs) dans le but de le ou la faire taire. Que doit alors faire le challenger une fois qu'il a réussi à clouer le bec à son compétiteur ? Continuer à s'exprimer intensément pour le maintenir dans le silence ? Ou cesser de négocier au risque d'être considéré comme moins affamé qu'il ne l'avait prétendu au départ ? En fait, le challenger réduit légèrement son investissement dans la négociation pour évaluer si son adversaire a vraiment abandonné la compétition et n'essaie pas de recommencer à crier. Si le rival ne renonce pas, il reprend la négociation, et les deux oisillons continuent à interagir vocalement, adaptant la durée de leurs cris de négociation en fonction de ceux de l'autre. Ces défis vocaux aident les frères et

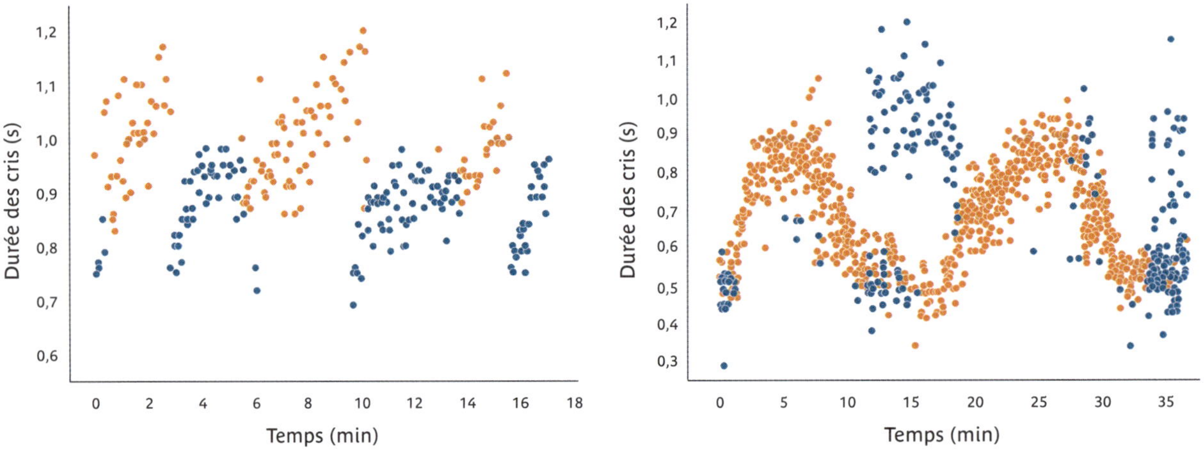


**Deux membres d'une nichée d'effraies des clochers (l'un en bleu et l'autre en orange) interagissent vocalement. Chaque point représente un cri de négociation produit pendant la longue absence des parents partis à la recherche de nourriture. Le graphe de gauche montre que les frères et sœurs ne s'interrompent pas, les deux individus criant l'un après l'autre. Le graphe de droite montre que les frères et sœurs utilisent des règles spécifiques de prise de parole. En effet, la plupart du temps, l'individu bleu recommence à crier seulement après que son frère orange a commencé à produire des cris plus courts.**

sœurs à évaluer les niveaux relatifs de faim des uns et des autres et impliquent un ajustement fin du rythme auquel chacun vocalise. Ces périodes d'alternance de monologues, durant lesquelles un seul individu domine l'interaction vocale, peuvent être très longues, surtout si les rivaux ont le même niveau de faim. Être un diplomate efficace demande du temps, du dévouement et de la persuasion !

Toute négociation est fondée sur la confiance ; c'est le cas chez les diplomates, ça l'est aussi entre effraies des clochers ! Autrement dit, un individu qui prétend être dans le besoin doit l'être réellement. Un seul cri de négociation, énergétiquement négligeable, ne peut suffire à refléter le niveau de faim d'un oisillon. Les jeunes effraies des clochers doivent donc faire preuve de motivation à maintes reprises si elles veulent dissuader leurs frères et sœurs de continuer à participer à la compétition en cours. C'est pourquoi la négociation est chronophage et commence souvent pendant la journée, bien avant la première visite de nourrissage possible des parents. Néanmoins, on peut se demander comment cela fonctionne précisément. Les oisillons comptent-ils les cris émis par un frère ou une sœur entre deux visites parentales pour évaluer à quel point il ou elle a faim ? Cela se révélerait inutile, car de nombreux événements peuvent intervenir au cours de cette période, y compris la consommation de proies. Au lieu de cela, l'information sur les besoins en nourriture est basée sur les cris entendus durant les dernières minutes précédant le ravitaillement. Et comme la progéniture ne peut pas prédire quand un parent arrivera avec de la nourriture, la nichée est donc contrainte de négocier continuellement. Les oisillons doivent sans cesse se répéter, gagnant la négociation par la persévérance !

## LA POLITESSE DE L'EFFRAIE DES CLOCHERS

Il est toujours déplaisant, lorsque l'on parle, d'être interrompu par quelqu'un ! Bien sûr, chez l'homme, ce type de ressenti passe par des mécanismes psychologiques qu'il serait hasardeux de prêter également à l'effraie des clochers. Toujours est-il que, chez cette dernière, les oisillons évitent activement de crier simultanément. Ils se coupent la parole 5 fois moins souvent que ce à quoi l'on pourrait s'attendre de façon aléatoire. Le chevauchement des cris d'un autre membre de la nichée est contre-productif parce que les oisillons ont besoin de s'entendre les uns les autres pour transmettre et obtenir des renseignements fiables sur leurs besoins en nourriture. Si les frères et sœurs crient simultanément, ils doivent produire des cris plus nombreux et plus longs pour s'assurer que l'information est bien comprise. On peut toutefois se demander si un individu ne pourrait pas, délibérément, crier en même temps que les vocalisations d'un frère ou d'une sœur pour tenter de brouiller ses signaux vocaux. Apparemment, ce n'est pas le cas car la propension des autres membres de la fratrie à crier simultanément n'est liée ni au niveau de faim, ni à la hiérarchie sociale. En fait, crier en même temps qu'un frère ou une sœur est socialement punissable. Des expériences de repasse ont montré que, si un individu interrompt un frère ou une sœur, ce dernier répond en criant plus intensément, ce qui réduit au silence la chouette impolie.

## PAS BESOIN DE HURLER

Les jeunes effraies des clochers transmettent des informations sur leur niveau de faim en modulant le nombre et la durée de leurs cris de négociation. Modifient-ils également le volume sonore de leurs cris ? Pour transmettre un message vocalement, en effet, il peut être plus convaincant de crier que de chuchoter. Ce n'est toutefois pas le cas chez l'effraie des clochers, car il a été démontré que le fait de produire des cris forts n'améliore pas la résolution du processus de négociation en sa faveur. Étant donné que les chouettes communiquent dans un nid étroit, il ne leur est pas nécessaire de vocaliser de façon très bruyante pour convaincre les frères et sœurs, tout proches, de se retirer de la compétition. Par ailleurs, crier fort n'est pas judicieux car cela est toujours susceptible d'attirer les prédateurs.

## ESPIONNAGE ET RECONNAISSANCE INDIVIDUELLE

Tout comme des services de renseignement militaire, l'effraie des clochers collecte des informations sur le statut de dominance et les besoins alimentaires de ses congénères avant d'interagir vocalement avec eux. Pour ce faire, les oisillons écoutent comment deux des autres membres de la fratrie interagissent vocalement et, à partir de cette information, ils adaptent leur comportement une fois confrontés à l'un de ces deux membres. Pour cela, il faut être capable de reconnaître ses compagnons de nid en se basant sur des indices vocaux. En fait, les oisillons d'effraie des clochers sont facilement reconnaissables à leur voix, même par l'homme. Vraisemblablement, cette reconnaissance est importante également pour s'assurer que les négociations entre frères et sœurs traduisent de manière honnête leur niveau de la faim. En effet, un individu qui négocie vocalement doit, en principe, s'assurer que les cris qu'il émet sont tous identifiés comme ses propres cris et qu'on ne les confond pas avec ceux d'aucun autre des membres de la fratrie. Si tel n'est pas le cas, les frères et sœurs pourraient considérer, de façon erronée, que l'individu qui crie est moins affamé qu'il ne l'est réellement. En outre, un mécanisme de reconnaissance individuelle fondé sur les vocalisations serait susceptible d'aider les individus d'un nid à s'assurer que l'oisillon qui obtient un aliment est bien celui qui a précédemment négocié le plus intensément.

## COMPTER LES CONCURRENTS

On peut se demander quelle est la situation la plus enviable : se battre contre de nombreux adversaires peu enthousiastes, ou contre un seul rival très motivé ? Cette question complexe a été étudiée en faisant écouter à un oisillon, en repasse, des cris d'un seul, de deux ou de quatre individus distincts à des rythmes différents. L'oisillon entrait plus confiant dans la compétition lorsqu'il entendait moins de cris produits par un petit nombre de rivaux, que lorsqu'il entendait ces quelques cris provenant d'un grand nombre d'individus. Face à de nombreux rivaux, la concurrence a été perçue comme trop rude, et la chouette s'est retirée. Cela démontre que les effraies des clochers sont capables de distinguer les cris émis par différents oisillons et utiliser cette information pour compter le nombre d'individus participant à la négociation.

## Futures recherches

- Les comportements de vocalisation ont été étudiés chez des oisillons capables de manger sans l'aide de leur mère. On ne sait rien des interactions vocales entre frères et sœurs, ou entre parents et enfants, à un plus jeune âge.
- La négociation entre frères et sœurs a-t-elle lieu chez tous les Tytonidés? Par exemple, dans le cas d'espèces qui se reproduisent au sol, comme l'effraie de prairie, le risque de prédation est-il trop élevé pour que la négociation vocale puisse apparaître? En outre, on ne sait pas encore très bien dans quelle mesure la négociation entre frères et sœurs est répandue parmi les animaux, et les oiseaux en particulier.

## Pour aller plus loin


Dreiss, A. N., Ruppli, C. A., Faller, C. and Roulin, A. 2013. Big Brother is watching you: eavesdropping to resolve family conflicts. *Behav. Ecol.* **24**: 717–722.

Dreiss, A. N., Ruppli, C. A., Oberli, F., Antoniazza, S., Henry, H. and Roulin, A. 2013. Barn owls do not interrupt their siblings. *Anim. Behav.* **86**: 119–126.

Dreiss, A. N., Ruppli, C. A. and Roulin, A. 2014. Individual vocal signatures in barn owl nestlings: does individual recognition reinforce the honesty of vocal signalling? *J. Evol. Biol.* **27**: 63–75.

Dreiss, A. N., Ruppli, C. A., Antille, S. and Roulin, A. 2015. Information retention during competitive interactions: siblings need to constantly repeat vocal displays. *Evol. Biol.* **42**: 63–74.

Dreiss, A. N., Ruppli, C. A., Faller, C. and Roulin, A. 2015. Social rules govern vocal competition in the barn owl. *Anim. Behav.* **102**: 95–107.

Dreiss, A. N., Ducouret, P., Ruppli, C. A., Rossier, V., Hernandez, L., Falourd, X., Marmoli, P., Cazau, D., Lissek, H. and Roulin, A. 2017. No need to shout: effect of signal loudness on sibling communication in barn owls *Tyto alba*. *Ethology* **123**: 419–424.

Dreiss, A. N., Ruppli, C. A., Delarbre, A., Faller, C. and Roulin, A. 2017. Responsiveness to siblings' need increases with age in vocally negotiating barn owl nestlings. *Behav. Ecol. Sociobiol.* **71**: 109.

Johnstone, R. A. and Roulin, A. 2003. Sibling negotiation. *Behav. Ecol.* **14**: 780–786.

Roulin, A. 2002. The sibling negotiation hypothesis. *In* Wright, J. and Leonard, M. (eds) *The Evolution of Begging: Competition, Cooperation and Communication*, Dordrecht: Kluwer Academic Press, pp. 107–127.

Roulin, A. and Dreiss, A. N. 2012. Sibling competition and cooperation over parental care. *In* Royle, N., Kölliker, M. and Smiseth, P. (eds) *The Evolution of Parental Care*. Oxford: Oxford University Press, pp. 133–147.

Ruppli, C. A., Dreiss, A. N. and Roulin, A. 2013. Nestling barn owls assess short-term variation in the amount of vocally competing siblings. *Anim. Cogn.* **16**: 993–1000.

Trivers, R. L. 1974. Parent–offspring conflict. *Am. Zool.* **14**: 249–264.

# Lève-toi et fais entendre ta voix

À quel oisillon un parent doit-il donner une proie ? En général, le plus bavard est nourri le premier.

## Le comportement de quémande

**Les parents des effraies des clochers évaluent le comportement de quémande de leur progéniture afin de donner la nourriture fraîchement rapportée aux oisillons les plus affamés. En revanche, ils n'ajustent pas leur effort de chasse en fonction des variations de quémande de la nichée, comme le font la plupart des autres oiseaux. Même si les oisillons ont récemment mangé, ils continuent à solliciter leurs parents, comme s'ils avaient encore faim. Cela pourrait motiver les parents à maintenir un taux de nourrissage élevé pendant plusieurs nuits.**

Les petits des effraies des clochers communiquent avec leurs parents pour réclamer de la nourriture, de la protection et des soins. À l'approche de la fin de la période d'incubation, les oisillons commencent déjà à produire des gazouillis à l'intérieur de l'œuf. Des cris similaires sont émis au cours de la première semaine suivant l'éclosion en réaction au froid, au contact physique et à la faim. Dans les premiers jours de leur vie, la mère réagit aux cris des oisillons dans 85 % des cas et cesse de réagir lorsque la progéniture a 18 jours, âge auquel les oisillons commencent à réguler leur propre température corporelle. Entre-temps, les petits commencent progressivement à produire des cris de négociation et de quémande plus puissants pour montrer, respectivement à leurs frères et sœurs et à leurs parents, à quel point ils sont affamés.

## LA QUÉMANDE DE NOURRITURE

Comme chez la plupart des espèces d'oiseaux, les oisillons des effraies des clochers sollicitent l'attention de leurs parents pour obtenir de la nourriture. Ils commencent à quémander bruyamment avant leurs frères et sœurs, se bousculent pour trouver la meilleure position dans le nid, étirent le cou pour intercepter les parents et battent des ailes pour déstabiliser leurs frères et sœurs. Ces comportements expansifs se manifestent plus fortement chez les petits affamés que chez les petits rassasiés, ce qui explique pourquoi les parents nourrissent les oisillons les plus expressifs en premier. Chez l'effraie des clochers, cependant, les oisillons ont des comportements tout à fait remarquables par rapport aux autres oiseaux. Chez les espèces dont les parents nourrissent plusieurs oisillons à chaque visite au nid, tels les oiseaux granivores, les oisillons font généralement preuve d'une surenchère dans la quémande. Si un individu réclame ostensiblement, ses frères et sœurs essaieront de le surpasser pour obtenir des graines supplémentaires. C'est un processus sans fin, analogue à une course aux armements. Chez l'effraie des clochers, la situation est inversée, les oisillons s'abstenant de quémander si leurs frères et sœurs ont négocié intensément au préalable.

Le meilleur élément de prédiction pour savoir quel oisillon sera nourri est le taux de vocalisations des frères et sœurs les plus âgés devant leurs parents. La quémande et la position des oisillons les plus jeunes dans la cavité du nid — selon qu'ils se tiennent proches ou éloignés de l'entrée du nid, où les parents se présentent avec la nourriture — ne permettent pas de prévoir avec précision les résultats de la compétition entre frères et sœurs. Étant donné la faiblesse de leur condition physique et de leur capacité à se battre, les oisillons les plus jeunes ne peuvent pas concurrencer physiquement leurs aînés. C'est pourquoi, avant d'essayer de monopoliser une proie, les jeunes effraies déterminent si leurs frères et sœurs plus âgés sont prêts à concéder le prochain micromammifère qui sera livré. À cette fin, les plus jeunes oisillons négocient vocalement et, sur la base des informations acquises, ne quémandent bruyamment que s'ils ont une chance non négligeable d'accaparer la nourriture, c'est-à-dire lorsque leurs aînés s'abstiennent de négocier, puis de quémander auprès des parents. Les membres les plus âgés de la nichée pourraient facilement déployer toute leur force physique pour obtenir ce qu'ils désirent, mais ces comportements agressifs sont épuisants et potentiellement dangereux. Par conséquent, quels que soient les besoins alimentaires des cadets, lorsque les frères et sœurs plus âgés ont faim, ils négocient et quémandent intensément pour dissuader leurs frères et sœurs plus jeunes d'entrer en compétition. Même le plus grand et le plus fort des oisillons profite de la négociation.

## LE NOURRISSAGE PAR LES PARENTS ET RÉPARTITION DES ALIMENTS AU SEIN DE LA NICHÉE

Les parents des effraies des clochers n'ajustent pas l'effort de chasse en fonction de la variation à court terme des niveaux de faim des petits. En d'autres termes, les parents n'augmentent pas — du moins pas de façon immédiate et dans une large mesure — leur effort de chasse si les petits quémandent plus intensément. Néanmoins, ils évaluent la quémande des oisillons pour décider à quel petit ils doivent donner une proie récemment capturée. Les parents apportant la nourriture à leur progéniture surtout en début de nuit, il arrive que les proies s'accumulent dans le nid plus rapidement que les oisillons ne peuvent les consommer. On pourrait s'attendre, dans ces conditions, à ce que, une fois que les oisillons ont consommé quelques proies et qu'ils sont rassasiés, ils cessent momentanément de quémander ? Mais il n'en est rien : même s'ils n'ont pas faim, les oisillons persistent à quémander bruyamment et les parents continuent ainsi à leur livrer des aliments, comme cela a été observé en Europe et aux États-Unis. Il est possible que les oisillons rassasiés continuent de quémander intensément pour motiver leurs parents à continuer de chasser, dans le but, par exemple, de s'assurer une cadence élevée de chasse jusqu'à la fin de la période d'élevage. Il est également possible que les petits quémandent bruyamment pour obtenir des proies dans le but de les consommer ultérieurement, s'installant sur ces dernières et empêchant leurs frères et sœurs de les leur voler, comme on peut parfois l'observer. En fait, les chercheurs peinent

Ces oisillons d'effraies des clochers quémandent ostensiblement de la nourriture auprès de leurs parents.

encore à comprendre pleinement la fonction exacte du comportement de quémande des oisillons chez l'effraie des clochers.

## LA PRÉPARATION AU RETOUR DES PARENTS

Dans le but d'accaparer les proies, les oisillons ont la possibilité soit d'entrer en compétition avec leurs frères et sœurs, soit attirer l'attention des parents, soit de faire les deux simultanément, mais cette dernière option peut être difficile à réaliser. Des études ont montré que, dans l'attente des parents, les oisillons font face à l'entrée du nid en prévision d'une livraison de nourriture dans 80 % des cas, et qu'ils ne regardent vers leurs frères et sœurs que 40 % du temps (une attitude n'excluant pas l'autre, un jeune peut avoir vue sur le reste de la nichée tout en faisant face à l'entrée et vice-versa, ce qui explique pourquoi le total des pourcentages dépasse 100 %). Lors de seulement 9 % des observations, les oisillons faisaient face à leurs frères et sœurs sans voir l'entrée du nid, tandis que dans 43 % des cas, ils ne pouvaient voir que l'entrée du nid et non leurs frères et sœurs. Il semble donc essentiel, pour les oisillons, de communiquer face à face avec leurs parents plutôt que de négocier face à face avec leurs frères et sœurs. Cela n'a rien de surprenant puisque les cris de négociation n'ont pas besoin d'être forts pour transmettre des informations sur le niveau de faim, et n'ont donc pas besoin d'être émis juste à côté des frères et sœurs ou en face d'eux. En revanche, la position face à face avec les parents est importante puisque la nourriture est transmise de bec à bec.

Ces tendances générales varient légèrement entre les frères et sœurs plus jeunes et plus âgés. Lorsqu'ils sont placés près de l'entrée du nid, prêts à intercepter un parent, les oisillons les plus jeunes regardent plus souvent vers l'entrée que leurs frères et sœurs plus âgés. Cela signifie que lorsque la probabilité d'obtenir une proie est relativement élevée, les oisillons les plus jeunes sont plus vigilants que leurs frères et sœurs plus âgés pour détecter rapidement l'arrivée d'un parent. Lorsqu'ils sont placés dans le fond du nid, les oisillons les plus âgés regardent un peu plus souvent vers leurs frères et sœurs que les plus jeunes dans la même situation. Cela signifie que, lorsque la probabilité d'obtenir un aliment est relativement faible, les frères et sœurs plus âgés restent vigilants pour voir ce que font leurs cadets.

## Futures recherches

- Même si les oisillons n'ont pas faim, ils continuent à quémander bruyamment jusqu'à ce que les parents aient apporté toute la nourriture nécessaire pour la nuit. Cela peut expliquer pourquoi les parents n'ajustent pas le taux de nourrissage, ou ne le font que faiblement, en fonction de la variation à court terme des besoins de leur progéniture. Il est possible que les parents évaluent les cris de quémande de leur progéniture afin de déterminer leurs besoins alimentaires quotidiens nuit après nuit, plutôt que d'ajuster le taux de nourrissage au cours de la même nuit. En d'autres termes, si la progéniture réduit (ou augmente) le taux de quémande en une nuit, les parents peuvent réduire (ou augmenter) le taux de nourrissage au cours de plusieurs nuits, mais pas immédiatement durant la nuit en cours. Pour étudier ces scénarios, le taux de quémande de la progéniture et le taux de nourrissage des parents devraient être relevés plusieurs nuits d'affilée, afin d'évaluer si le taux de quémande enregistré pendant une nuit est corrélé au taux de nourrissage mesuré pendant les nuits suivantes.
- Lorsque les oisillons ont récemment consommé une proie, ils réduisent considérablement leur comportement de négociation avec leurs frères et sœurs, mais pas le nombre de cris de quémande émis auprès des parents. Il semble donc plus important pour eux de signaler finement leur niveau de faim à un moment donné aux frères et sœurs qu'aux parents. Cela soulève la possibilité que les cris de négociation soient le reflet des besoins alimentaires à court terme (c'est-à-dire la variation des besoins alimentaires au cours d'une seule nuit), alors que les cris de quémande refléteraient les besoins alimentaires à long terme (c'est-à-dire sur plusieurs jours). Cette interprétation devrait être formellement testée.
- Le rôle de la négociation entre frères et sœurs dans le comportement de quémande a été étudié, mais pas l'inverse.

## Pour aller plus loin

Bühler, P. 1980. Die Lautäusserungen der Schleireule (*Tyto alba*). *J. Ornithol.* **121**: 36–70.

Dreiss, A. N., Calcagno, M., Van den Brink, V., Laurent, A., Almasi, B., Jenni, L. and Roulin, A. 2013. The vigilance components of begging and sibling competition. *J. Avian Biol.* **44**: 359–368.

Godfray, H. C. J. 1995. Signaling of need between parents and young: parent-offspring conclict and sibling rivalry *Am. Nat.* **146**: 1–24.

Roulin, A. 2001. Food supply differentially affects sibling negotiation and competition in the barn owl (*Tyto alba*). *Behav. Ecol. Sociobiol.* **49**: 514–519.

Roulin, A. 2004. Effects of hatching asynchrony on sibling negotiation, begging, jostling for position and within-brood food allocation in the barn owl *Tyto alba*. *Evol. Ecol. Res.* **6**: 1083–1098.

# Délinquance juvénile

L'oisillon de gauche tente de voler la proie que son frère ou sa sœur vient d'obtenir d'un parent.

## Le vol de nourriture au sein des fratries

**Comparées aux autres rapaces, les effraies des clochers sont étonnamment pacifiques. Bien que le cannibalisme des oisillons morts soit fréquent, l'infanticide et le fratricide sont rares. Chez les oisillons, la seule forme courante de comportement agressif est le vol de proie entre frères et sœurs.**

### LA FRÉQUENCE DES VOLS

Dans les nids des effraies des clochers surveillés en Suisse, les oisillons volent des proies à leurs frères et sœurs lors de 3 à 10 % des visites de nourrissage des parents. Les vols sont perpétrés le plus souvent au début de la nuit, lorsque les oisillons ont faim. Comme les oisillons plus jeunes ont plus de difficulté à obtenir de la nourriture de leurs parents, ils compensent le manque de nourriture en volant leurs frères et sœurs plus âgés. Le vol est plus fréquent lorsque des « tricheurs » obtiennent de la nourriture sans en avoir préalablement négocié l'accès avec leurs frères et sœurs. Les négociateurs infructueux rétablissent donc la justice en volant de la nourriture à ces tricheurs.

### LA PRÉVENTION DU VOL

Les tactiques de prévention du vol de nourriture sont efficaces, puisque seulement un tiers des tentatives de vol sont couronnées de succès. Les oisillons poussent un sifflement défensif, protègent leur nourriture avec leurs ailes, tournent le dos pendant qu'ils mangent, cachent leurs proies dans les parties ombragées de la cavité du nid ou s'assoient même sur elles pour une consommation ultérieure. Avaler la proie en entier et rapidement est la meilleure tactique pour éviter les vols. Elle est utilisée par les individus âgés de plus de deux semaines. Les chouettes peuvent avaler une proie étonnamment vite. Une fois le processus entamé, il ne faut en moyenne que 3,5 minutes pour avaler la proie,

Si le cannibalisme est fréquent chez l'effraie des clochers, le fratricide est rare.

contrairement aux 8 minutes nécessaires (19 minutes maximum) lorsqu'elle est ingérée morceau par morceau. Cette vitesse explique pourquoi il est fréquent de constater que les petits avalent leur proie en entier en début de nuit, juste après le jeûne du jour précédent, et lorsque les frères et sœurs crient intensément, un signe de leur faim et de leur volonté potentielle de voler un aliment récemment acquis.

Pour faciliter la digestion, nos parents nous ont appris à couper notre viande. Ainsi, la digestibilité peut expliquer pourquoi les oisillons les plus âgés démembrent les proies et répartissent les morceaux sur plusieurs petits repas pendant la nuit. Leurs frères et sœurs plus jeunes se comportent moins souvent de cette façon, car ce n'est que vers l'âge de 26 jours qu'ils sont capables de déchirer des morceaux de chair. En outre, la consommation d'une partie seulement des proies entraîne le risque de se voir voler le reste. Commencer à consommer une proie, la laisser de côté et y revenir plus tard pour en prendre un autre morceau est un luxe que seuls les oisillons les plus compétitifs peuvent se permettre.

### CANNIBALISME, INFANTICIDE ET FRATRICIDE

Si les effraies des clochers défendent avec acharnement leur site de nidification, leur partenaire et leur progéniture, elles sont par ailleurs remarquablement calmes et pacifiques comparées aux autres rapaces. Par exemple, les adultes sauvages placés en captivité s'évitent les uns les autres ou se comportent pacifiquement, notamment en se lissant mutuellement les plumes (comportement d'*allopreening*). Sur un total de 202 interactions sociales observées, seules 13 (6,4 %) se sont révélées agressives, l'une des chouettes saisissant son adversaire avec sa patte. Les jeunes effraies des clochers ont un comportement similaire. Bien que les oisillons mangent parfois leurs frères et sœurs, la mort survient le plus souvent à cause de la faim, presque jamais consécutivement à l'agression d'un frère ou d'une sœur. On ne connaît, par ailleurs, que quelques mentions d'adultes ayant tué des oisillons, ou ayant détruit et mangé des œufs.

## Futures recherches

- Les oisillons des effraies des clochers préfèrent-ils certaines espèces de proies ou certaines parties du corps ? Pour tester cela, un choix de différentes espèces de proies pourrait être proposé aux oisillons.

## Pour aller plus loin


Csermely, D. and Agostini, N. 1993. A note on the social behaviour of rehabilitating wild barn owls (*Tyto alba*). *Ornis Hung.* **3**: 13–22.

Roulin, A., Colliard, C., Russier, F., Fleury, M. and Grandjean, V. 2008. Sib-sib communication and the risk of food theft in the barn owl. *J. Avian Biol.* **39**: 593–598.

Roulin, A., Da Silva, A. and Ruppli, C. A. 2012. Dominant nestlings displaying female-like melanin coloration behave altruistically in the barn owl. *Anim. Behav.* **84**: 1229–1236.

# Un élan de générosité

Les oisillons d'effraies des clochers peuvent être généreux et nourrir leurs plus jeunes frères et sœurs.

## Le partage de nourriture entre frères et sœurs

**Rare chez les oiseaux, le partage de nourriture entre frères et sœurs est fréquent chez l'effraie des clochers. Après avoir consommé quelques proies dans les premières heures de la nuit, les petits les plus âgés donnent à manger aux plus jeunes, jusqu'à 4 proies par nuit. Le partage de nourriture entre frères et sœurs peut alléger la charge de travail des parents, qui ont moins besoin de s'occuper des jeunes oisillons. Par conséquent, ils peuvent passer plus de temps à chercher de la nourriture. Ce comportement altruiste pourrait accroître les chances de survie des frères et sœurs plus jeunes, ce qui favorise indirectement la propagation des gènes partagés avec les frères et sœurs plus âgés.**

Le comportement de partage de nourriture entre individus apparentés est fréquent chez les insectes eusociaux, mais chez les autres animaux, il est rare. L'effraie des clochers représente donc une exception. L'étude des comportements altruistes d'individus apparentés chez les organismes non humains fournit des informations pertinentes sur l'évolution de la vie sociale et de la sélection de parentèle (ou *kin selection*, en anglais).

## LA FRÉQUENCE DU PARTAGE DE NOURRITURE

Chaque nuit, les oisillons peuvent donner jusqu'à 4 proies à leurs frères et sœurs, avec une moyenne d'une proie offerte pour 8 proies rapportées par les parents. On voit alors l'oisillon donneur se déplacer en direction d'un autre jeune et laisser tomber la proie aux pieds de ce dernier. Plus rarement, il transfère la proie directement de bec à bec, auquel cas le frère ou la sœur prend la proie sans agressivité et sans aucune réaction de la part du donneur. Généralement, seuls les oisillons les plus âgés sont généreux, surtout au début de la nuit, lorsque les plus jeunes ont faim. Cependant, ce comportement altruiste a ses limites. Les frères et sœurs plus âgés ne partagent la nourriture qu'après avoir consommé eux-mêmes quelques proies.

Paradoxalement, le partage de nourriture se produit principalement dans les nichées dans lesquelles les individus âgés sont superdominants et obtiennent la plupart des proies livrées par leurs parents, même quand ils n'ont pas faim. Cela résulte-t-il de la lutte des frères et sœurs plus âgés pour obtenir la plupart de la nourriture, ou du fait que les parents donnent de préférence la nourriture à leur progéniture la plus âgée ? Quelle qu'en soit la raison, les frères et sœurs plus âgés ne sont généreux que lorsque le coût du renoncement à une proie est faible, c'est-à-dire lorsque les parents leur allouent plus de nourriture qu'ils n'en peuvent consommer ou lorsque des proies nombreuses ne sont pas encore mangées. Les oisillons plus âgés semblent donc redistribuer la nourriture parmi leurs frères et sœurs nécessiteux. Ce comportement est inné et prononcé, car les chouettes qui ont éclos en couveuse partagent leur nourriture même si elles n'ont jamais vu leurs parents, et certains individus essaient même de nourrir des oisillons déjà rassasiés.

## LA SÉLECTION DE PARENTÈLE

Il est possible que le partage de nourriture soit apparu chez l'effraie des clochers pour compenser l'absence fréquente de la mère dans le nid, malgré le fait que la progéniture la plus jeune ait encore besoin de son aide pour manger. Pour nourrir autant de petits, avec des différences d'âge prononcées, la mère devrait simultanément participer à la recherche de nourriture et s'occuper des plus jeunes oisillons du nid, deux activités qui s'excluent mutuellement. La mère peut aussi s'absenter de façon permanente si elle a commencé une deuxième nichée annuelle, parfois lorsque le plus jeune oisillon du premier nid n'a que 20 jours et a donc encore besoin de soins.

Par conséquent, du point de vue de la mère, le soutien des oisillons les plus âgés pour s'occuper des plus jeunes est le bienvenu. Cependant, du point de vue des oisillons les plus âgés, qu'est-ce qui peut les inciter à se comporter de la sorte ? Pourquoi les frères et sœurs plus âgés devraient-ils partager de la nourriture avec leurs frères et sœurs plus jeunes, qui tentent fréquemment de leur voler des proies ? La réciprocité des bonnes manières pourrait être une explication. Par exemple, on a observé, dans des nichées de 3 oisillons, que les jeunes donnaient plus de proies à un frère ou à une sœur qui avait déjà donné un micromammifère qu'à un autre jeune qui n'en avait pas donné auparavant. La condition de la générosité semble donc être : *« Je ne te nourris maintenant que si tu me nourris plus tard ! »*

La réciprocité ne saurait, toutefois, être la seule raison faisant que les oisillons partagent leur nourriture. En effet, elle ne rend pas compte de la raison pour laquelle les membres les plus âgés de la fratrie nourrissent fréquemment des frères et sœurs plus jeunes qui volent la nourriture plutôt que de la partager. Dans ce cas, la **sélection de parentèle** constitue l'une des explications possibles. Les frères et sœurs les plus âgés peuvent tirer des **avantages de valeur sélective inclusive** (*inclusive fitness benefits*, en anglais) en aidant leurs frères et sœurs plus jeunes, en particulier lorsqu'ils ont faim et sollicitent de la nourriture vocalement, comme cela a été démontré en Suisse. En effet, en nourrissant leurs jeunes frères et sœurs, les oisillons les plus âgés peuvent accroître les chances de survie de ces jeunes qui, de ce fait, peuvent répandre davantage les gènes qu'ils ont en commun. On a observé que dans les nids où le partage de nourriture était particulièrement fréquent, les oisillons avaient d'ailleurs un taux de survie plus élevé que ceux dans lesquels les oisillons âgés étaient moins généreux.

## Futures recherches

- Les oisillons les plus âgés partagent leur nourriture avec leurs frères et sœurs plus jeunes, qui reçoivent moins de soins de leur mère. Le fait de recevoir des soins de la fratrie plutôt que de la mère peut avoir des conséquences sur le développement, une hypothèse qui n'a jamais été envisagée chez l'effraie des clochers.

## Pour aller plus loin

Ducouret, P., Romano, A., Dreiss, A. N., Marmaroli, P., Falourd, X., Bincteux, M. and Roulin, A. 2020. Elder barn owl nestlings flexibly redistribute parental food according to siblings' need or in return for allopreening. *Am. Nat.* **196:** 257–269.

Falk, J., Wong, J. W. Y., Kölliker, M. and Meunier, J. 2014. Sibling cooperation in earwig families provides insights into the early evolution of social life. *Am. Nat.* **183**: 547–557.

Roulin, A., Da Silva, A. and Ruppli, C. A. 2012. Dominant nestlings displaying female-like melanin coloration behave altruistically in the barn owl. *Anim. Behav.* **84**: 1229–1236.

Roulin, A., des Monstiers, B., Ifrid, E., Da Silva, A., Genzoni, E. and Dreiss, A. N. 2016. Reciprocal preening and food sharing in colour polymorphic nestling barn owls. *J. Evol. Biol.* **29**: 380–394.

Gratte-moi le dos, je gratterai le tien !

Chez les effraies des clochers, les frères et sœurs se lissent souvent les plumes mutuellement.

# Le toilettage mutuel

**Le lissage mutuel des plumes (*allopreening*, en anglais) procure des avantages mutuels tant à celui qui lisse les plumes qu'à celui qui se fait lisser les plumes. En nettoyant les parties du corps difficiles à atteindre d'un autre individu, non seulement l'effraie des clochers le débarrasse des ectoparasites inaccessibles, mais elle effectue également un massage apaisant. Dans le nid, ces bonnes manières sont réciproques : un oisillon est plus susceptible de toiletter un frère ou une sœur qui lui a déjà lissé les plumes ou qui a partagé de la nourriture avec lui.**

## À propos de l'*allopreening* : un point de vocabulaire

En anglais, le terme « *preening* » désigne le comportement par lequel les oiseaux passent leur bec dans leur plumage afin de le nettoyer et d'en retirer les parasites. Chez certains oiseaux, comme l'effraie des clochers, ce nettoyage est accompagné par l'application des substances produites par la glande uropygienne, organe situé à la base de la queue. Le terme « *allopreening* » qualifie le comportement de *preening* réalisé sur un congénère. Ici, les termes de « nettoyage », « lissage » et « toilettage » sont tous utilisés pour désigner ces comportements.

Les humains se font des câlins, les chimpanzés se grattent le dos et les effraies des clochers se lissent mutuellement les plumes. Cette tendresse montre à quel point les effraies des clochers peuvent être paisibles.

### LE TOILETTAGE MUTUEL ENTRE ADULTES

Le lissage mutuel des plumes a lieu toute l'année au sein des couples d'effraies des clochers, la femelle nettoyant plus souvent le plumage du mâle que l'inverse. En se toilettant l'un l'autre, les partenaires de reproduction produisent des « ronronnements » ou des « gazouillis ». Ce comportement d'*allopreening* est bénéfique car il permet d'éliminer les ectoparasites des parties du corps difficiles d'accès, comme la tête et le dos. Il permet également de renforcer les liens sociaux en offrant un massage relaxant. La fonction sociale du toilettage mutuel semble importante, comme l'illustrent les cas de chouettes captives qui toilettent un individu fraîchement introduit dans la volière.

### LE TOILETTAGE MUTUEL ENTRE OISILLONS

Les interactions sociales auxquelles se livrent les oisillons d'effraie des clochers — parmi lesquelles figurent les négociations alimentaires entre frères et sœurs, le partage de la nourriture et le toilettage mutuel — sont complexes. Les membres de la nichée semblent s'occuper d'eux-mêmes en priorité : ils se lissent leurs propres plumes huit fois plus souvent que celles de leurs frères et sœurs. Le toilettage personnel semble toutefois susciter celui d'autrui, car un individu est plus susceptible d'entreprendre le lissage des plumes d'un frère ou d'une sœur s'il s'est déjà toiletté lui-même. Pourquoi un oisillon devrait-il prêter attention à sa fratrie au lieu de s'occuper égoïstement de lui seul ? La fonction principale d'un tel comportement a vraisemblablement peu ou pas de rapport avec la propagation de gènes communs, car il est peu probable que le toilettage mutuel contribue directement à la survie des frères et sœurs. En outre, il n'est même pas certain qu'il ait une fonction hygiénique importante, car les ectoparasites sont rarement situés sur la tête, le dos et le cou, là où sont dirigés les trois quarts des actes de toilettage mutuel. Une explication plus probable est que ce toilettage mutuel réduit le niveau de stress en agissant comme un massage relaxant qui réduit le taux de corticostérone en circulation dans le sang, l'hormone régulatrice du stress physiologique. C'est probablement la raison pour laquelle les oisillons les plus jeunes lissent plus souvent les plumes de leurs frères et sœurs plus âgés que l'inverse, afin de les apaiser. Ainsi, celui qui lisse les plumes et celui qui est toiletté bénéficieraient mutuellement de ce comportement.

Le lissage des plumes d'autrui est un service rendu aux frères et sœurs, c'est une faveur pour obtenir quelque chose en retour. Un oisillon est plus susceptible de toiletter un membre de la nichée s'il est, plus tard, toiletté par cet individu en retour. Les deux oisillons peuvent aussi échanger d'autres choses, comme de la nourriture. Durant la nuit, une effraie des clochers est plus susceptible de donner une proie à un frère ou à une sœur qui l'a toilettée durant la journée. Cela pourrait également expliquer pourquoi les jeunes oisillons toilettent leurs frères et sœurs plus âgés. Ces derniers sont en effet plus susceptibles que les plus jeunes d'être amenés à partager de la nourriture. Les interactions sociales entre les membres de la famille chez l'effraie des clochers sont tout à fait fascinantes !

## Futures recherches

- L'*allopreening* pourrait avoir des fonctions qui ne s'excluent pas mutuellement, notamment calmer les individus, réduire le niveau d'agressivité sociale, aider à établir une hiérarchie de dominance et éliminer les ectoparasites. L'importance relative de chacune de ces fonctions potentielles devrait être déterminée.
- Bien que l'on s'attende à ce que les chouettes soient nocturnes, les oisillons se lissent les plumes mutuellement plus souvent le jour que la nuit. La cause en est inconnue et devrait être étudiée.
- L'hypothèse selon laquelle le toilettage mutuel réduit les niveaux de stress devrait être formellement testée. On s'attend à ce que le lissage des plumes d'autrui soit plus fréquent dans les couvées où les interactions sociales sont plus stressantes et chez les individus présentant des taux plus élevés de corticostérone en circulation.

## Pour aller plus loin

Bühler, P. 1980. Die Lautäusserungen der Schleireule (*Tyto alba*). *J. Ornithol.* **121**: 36–70.

Roulin, A., des Monstiers, B., Ifrid, E., Da Silva, A., Genzoni, E. and Dreiss, A. N. 2016. Reciprocal preening and food sharing in colour polymorphic nestling barn owls. *J. Evol. Biol.* **29**: 380–394.

# Rien ne vaut la chaleur d'un foyer

Lorsque les températures ambiantes sont basses, les oisillons des effraies des clochers se blottissent les uns contre les autres.

## La thermorégulation sociale

**Lorsque le temps se refroidit, les animaux se blottissent souvent les uns contre les autres pour se réchauffer. Les oisillons des effraies des clochers ne font pas exception, puisqu'ils cherchent activement le contact physique avec leurs congénères par temps froid, en particulier les plus jeunes. Les derniers oisillons à éclore sont plus petits, ils ont des plumes moins développées et sont en moins bonne santé que leurs frères et sœurs plus âgés. Ils ont donc plus de difficultés à maintenir une température corporelle stable. En se tenant auprès de leurs frères et sœurs plus jeunes, les oisillons les plus âgés libèrent leur mère de la tâche de les réchauffer, ce qui lui laisse plus de temps pour chercher de la nourriture.**

Les processus physiologiques des organismes vivants sont optimisés pour une plage étroite de températures corporelles. Le maintien d'une température interne constante exige une physiologie et des comportements spécifiques, en particulier chez des oisillons en croissance. Dans la grande cavité du nid des effraies des clochers, le fait de se blottir contre ses congénères est un processus actif pour les individus qui ont le plus froid. Ce sont eux qui amorcent le premier contact corporel en se déplaçant vers leurs frères et sœurs.

## LE RAPPROCHEMENT DE THERMORÉGULATION

Il existe un intervalle de températures ambiantes au sein duquel la température corporelle est obtenue sans avoir à modifier la production de chaleur métabolique (pour se réchauffer) ou la perte de chaleur par évaporation (pour se refroidir). Cette « zone de confort thermique » est moins restreinte chez l'aîné (20-31 °C) que chez le cadet (21-28 °C) parce que les derniers oisillons éclos ont des plumes moins développées et ont plus de difficultés à réguler physiologiquement leur température corporelle. Ceci est dû au fait qu'ils mangent moins que leurs frères et sœurs plus âgés, socialement dominants. Lorsque la température ambiante diminue, les plus jeunes doivent modifier leur comportement en se blottissant contre leurs frères et sœurs aînés afin de maintenir leur température corporelle constante.

Chez les organismes endothermes, c'est-à-dire les animaux « à sang chaud », qui parviennent à maintenir leur température interne stable dans leur zone de confort thermique, le fait de se blottir contre des congénères peut réduire la dépense énergétique de 6 à 53 %. C'est pour cette raison que les effraies des clochers passent autant de temps à se blottir les unes contre les autres, 78 % (jusqu'à 97 %) du temps en moyenne. Ce comportement est particulièrement fréquent par temps froid, lorsque, pour éviter une baisse de température corporelle, les oisillons devraient idéalement manger plus tout en étant couvés par leur mère. Mais comment la mère pourrait-elle être à la fois à l'extérieur en train de chasser, et à l'intérieur en train de couver les petits ? Une solution à ce dilemme est apportée par les oisillons plus âgés, qui peuvent compenser l'absence maternelle en se blottissant contre leurs frères et sœurs plus jeunes.

Une chaleureuse fratrie.

## Futures recherches

- Lorsque tous les frères et sœurs se blottissent les uns contre les autres, les individus situés au centre de la couvée sont plus chauds. Les frères et sœurs se disputent-ils ce poste, ou est-ce qu'ils se relaient, chacun passant un peu de temps au centre ? Les plus jeunes, qui ont plus de difficultés à réguler physiologiquement leur température corporelle, passent peut-être plus de temps au centre que leurs frères et sœurs plus âgés. Ces scénarios devraient être testés.

## Pour aller plus loin

Dreiss, A. N., Séchaud, R., Béziers, P., Villain, N., Genoud, M., Almasi, B., Jenni, L. and Roulin, A. 2016. Social huddling and physiological thermoregulation are related to melanism in the nocturnal barn owl. *Oecologia* **180**: 371–381.

# 11. La démographie

- La dispersion natale
- La dispersion post-reproduction et la migration
- Les perspectives de survie
- La dynamique des populations

# L'appel de l'horizon

Une effraie d'Amérique prête à survoler l'océan, partant de la Floride en direction des Bahamas.

## La dispersion natale

**Les effraies juvéniles quittent leur site de naissance pour trouver un nouveau foyer où la nourriture est suffisamment abondante pour élever une famille. Ce voyage, qui varie de quelques centaines de mètres à plus de 3000 km, s'effectue peu après l'envol. Bien avant la première tentative de reproduction, les mâles doivent acquérir un territoire et le défendre contre leurs concurrents, ce qui explique pourquoi ils se dispersent sur des distances plus courtes que les femelles.**

La dispersion natale est le processus au cours duquel les juvéniles quittent leur site de naissance pour atteindre le lieu où ils vont se reproduire pour la première fois. Ils cherchent une terre promise suffisamment éloignée de celle où ils ont vu le jour afin de réduire le plus possible la probabilité de croiser le chemin d'un individu étroitement apparenté, avec lequel il serait risqué de se reproduire. Le lieu idéal est, par ailleurs, un endroit où la nourriture est abondante et où la concurrence avec les congénères est faible. Certes, le fait de traverser un territoire inexploré est une entreprise risquée, mais cela a permis aux effraies communes de conquérir le monde.

### LA DISTANCE DE DISPERSION

La dispersion commence dès que les juvéniles sont indépendants de leurs parents et s'effectue principalement dans les 4 à 5 mois qui suivent le premier envol, comme on a pu l'observer en Allemagne et au Danemark. À titre d'illustration, citons le cas d'un individu ayant parcouru 660 km au cours des 30 jours suivant son envol, et 475 km dans les 40 jours pour un autre. Des déplacements rapides tels que ceux-ci sont nécessaires pour permettre aux oiseaux de localiser les meilleurs sites de chasse. C'est notamment indispensable pour les mâles, afin qu'ils puissent trouver, établir et défendre un site de nidification contre leurs rivaux, ce qui se fait bien avant d'entreprendre une première tentative de nidification. Par conséquent, les mâles territoriaux se déplacent sur des distances plus courtes que les femelles. C'est ce qu'ont montré des recherches menées dans des zones d'étude restreintes en Europe où, pour atteindre leur premier site de reproduction, les mâles et les femelles d'un an se déplacent en moyenne de 9 et 11 km, respectivement.

Ces distances ne sont pas nécessairement représentatives des autres populations. En Amérique du Nord,

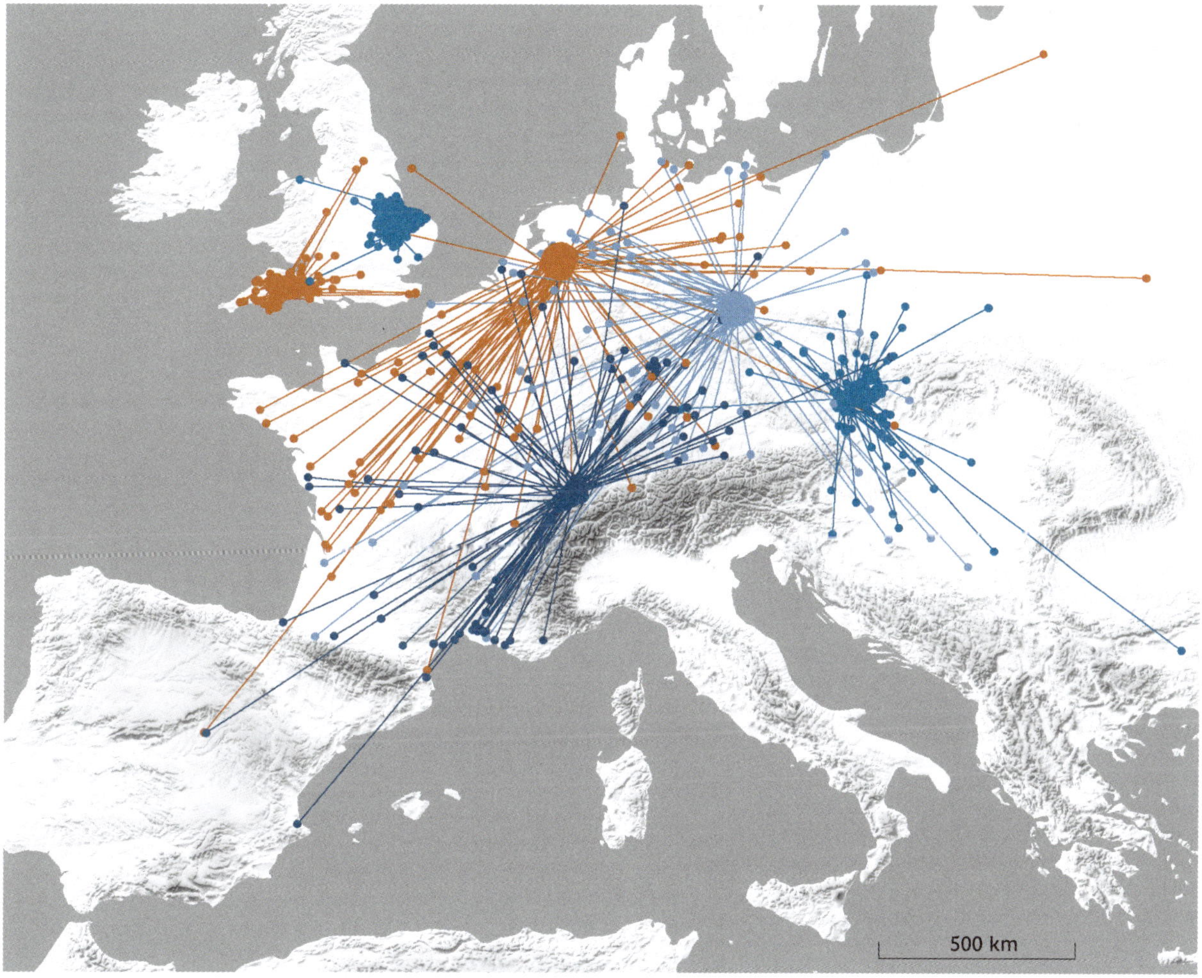


Mouvements de dispersion d'effraies des clochers européennes baguées au nid. Les données proviennent de plusieurs programmes de baguage en République tchèque, en Hongrie, en Suisse, aux Pays-Bas et au Royaume-Uni. Cette carte montre que les effraies des clochers évitent les barrières géographiques, telles que les mers et les montagnes, et que les chouettes du Royaume-Uni se déplacent sur des distances plus courtes que celles du continent. Les couleurs n'ont d'autre fonction que de distinguer les différents systèmes de baguage. Avec l'aimable autorisation de la banque de données EURING.

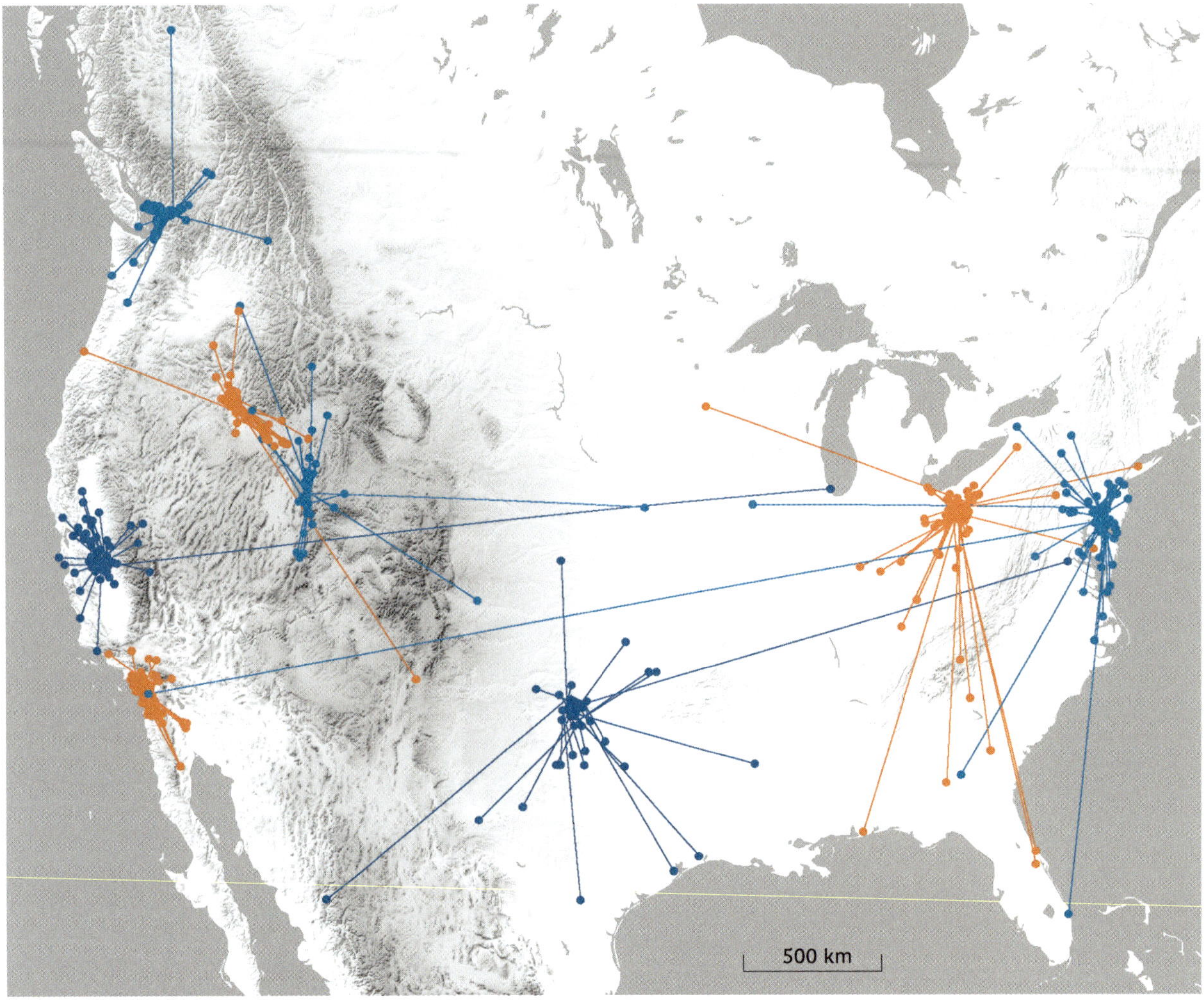


Mouvements de dispersion d'effraies d'Amérique du Nord continentale baguées au nid. Les données proviennent de plusieurs programmes de baguage en Colombie-Britannique (Canada) et dans un certain nombre d'États des États-Unis (Californie, Idaho, New Jersey, Ohio, Oklahoma et Utah). Cette carte montre que les mouvements de dispersion sont, en moyenne, plus longs en Amérique du Nord qu'en Europe et que les chouettes situées à l'ouest des Rocheuses se déplacent sur des distances plus courtes que celles baguées du côté est. Les couleurs n'ont d'autre fonction que de distinguer les différents programmes de baguage. Avec l'aimable autorisation de l'USGS Bird Banding (2017). Données de baguage des oiseaux nord-américains. Centre de recherche sur la faune de Patuxent, Laurel, MD. 2017/11/01.

des juvéniles bagués ont été retrouvés morts assez loin de leur site natal. Là, la distance moyenne de dispersion constatée est de 36 km (un chiffre basé sur 2993 récupérations de chouettes mortes depuis 1923), alors qu'en Europe, cette distance est de 19 km (basée sur 23243 récupérations obtenues depuis 1910). De plus, la proportion des oiseaux bagués qui sont retrouvés morts à plus de 1000 km de leur site de naissance est plus que doublée en Amérique du Nord, comparativement à l'Europe (2,07 % contre 0,83 %).

## POURQUOI NE PAS RESTER À LA MAISON ?

La dispersion natale est un comportement typique de toutes les espèces d'oiseaux. À quelques exceptions près (exemple de trois effraies ayant nidifié sur le site où ils étaient nés en Allemagne, au Royaume-Uni et aux États-Unis), les chouettes quittent leur lieu de naissance pour se reproduire. Trouver un territoire de chasse de bonne qualité, comprenant un site de nidification approprié, est l'une des activités les plus importantes de leur première année de vie.

Mais pourquoi un juvénile né dans une région où de nombreux sites de reproduction sont disponibles devrait-il prendre le risque de se déplacer sur une grande distance avant de s'installer ? À partir du siècle dernier, les ornithologues n'ont cessé de poser des nichoirs sur des superficies relativement petites, de sorte que les chouettes n'ont pas besoin d'aller très loin pour trouver un site de nidification. Cela peut expliquer en partie pourquoi, en Europe, les distances de dispersion ont fortement diminué, passant d'une moyenne de 39 km en 1930 à seulement 4 km en 2015.

Il semble que les conditions environnementales qui prévalent pendant la dispersion — par exemple l'abondance des proies et des sites de nidification — déterminent en grande partie la distance de dispersion des juvéniles. La condition physique de l'individu apparaît, quant à elle, moins importante. Dans la plupart des recherches menées, la date d'éclosion, le rang d'éclosion et la taille de la nichée étaient faiblement liés à la distance de dispersion. Quelques études ont montré que les oiseaux nés tôt ou tard dans la saison de reproduction se sont dispersés sur une plus grande distance que ceux nés au milieu de la saison. Par ailleurs, les individus issus des premières nichées de l'année se sont dispersés plus loin que ceux des deuxièmes nichées. Enfin, les individus provenant de grandes nichées ont commencé à se disperser plus tôt après leur premier envol que ceux issus de couvées plus petites. Bien que l'environnement puisse influencer le comportement de dispersion de façon variable d'une année à l'autre et d'une population à l'autre, la tendance générale est que la dispersion dépend des conditions environnementales régnant après l'envol plutôt qu'avant. En d'autres termes, les conditions environnementales dont bénéficie l'oiseau durant sa période d'élevage ont peu d'influence sur sa dispersion, comparativement à l'importance de la disponibilité des proies ou les conditions météorologiques au moment de son départ.

Des facteurs génétiques peuvent également entrer en jeu, comme en Suisse où, au cours de leur première année de vie, les jeunes effraies des clochers ont tendance à se disperser à peu près sur la même distance que leur parent de même sexe. De longs voyages peuvent également être entrepris en famille. Deux membres d'une même nichée suédoise ont ainsi été retrouvés dans le même village au Danemark, deux autres du Wisconsin ont été vus à 1920 km, en Floride, tandis qu'en France, deux autres encore, venus d'Alsace-Lorraine, ont parcouru une distance de 700 et 800 km jusqu'en Bretagne. Deux chouettes de République tchèque ont également été retrouvées mortes dans le même réservoir d'eau pour le bétail, à 17 km de leur nid, 288 jours après avoir été baguées, et deux autres ont été retrouvées au même endroit, à 8 km de leur site de naissance, 114 jours après leur baguage. Les liens entre frères et sœurs restent donc puissants longtemps après l'envol, mais pas au point de se reproduire ensemble, étant donné le faible taux de consanguinité observé chez l'effraie commune.

## LES BARRIÈRES GÉOGRAPHIQUES

L'effraie des clochers montre une sérieuse tendance à éviter de survoler les montagnes, et seules quelques-unes ont tenté une telle expérience. Une chouette a ainsi été capturée à 2000 mètres d'altitude dans les Alpes suisses et, entre 1910 et aujourd'hui, 26 oiseaux bagués au nord des Alpes (Belgique, République tchèque, Allemagne, Hongrie, Luxembourg, Pays-Bas et Suisse) ont été retrouvés en Italie, ce qui suggère que les membres de l'espèce peuvent occasionnellement traverser des montagnes en altitude.

Quant aux étendues marines, les effraies communes évitent habituellement de les survoler, mais elles sont capables d'entreprendre de tels voyages, et l'ont fait à tout le moins lorsqu'elles ont colonisé des îles reculées. Depuis 1910, on a dénombré 21 effraies des clochers baguées sur le continent européen ayant traversé les 34 km de la Manche pour atteindre la Grande-Bretagne. Quelques autres exemples existent, avec une chouette baguée sur l'île de Bengkalis, à Sumatra, et qui a traversé le détroit de Malacca, large de 50 km, ou encore une effraie baguée en Allemagne retrouvée sur l'île de Gotland, à 130 km de la côte. Au Nouveau Monde, une chouette baguée dans le New Jersey a été retrouvée à 1250 km dans les Bermudes, et une effraie tunisienne a franchi la Méditerranée pour atteindre l'Italie du Sud. Des observations directes d'effraies volant à 2 mètres au-dessus de l'eau, à 8 km de la côte en mer Baltique, et de l'une d'elles aperçue au large, à 56 km d'une île d'Hawaï, confirment que les effraies communes peuvent voler au-dessus de vastes étendues d'eau.

## Futures recherches

- D'autres études sont nécessaires pour comprendre le rôle potentiel de la date d'éclosion, de la taille de la nichée et du rang d'éclosion sur la dispersion. De même, il faut encore investiguer pour savoir si les oisillons de la première ou de la deuxième nichée annuelle se dispersent sur des distances différentes.
- Les distances de dispersion devraient être mesurées en fonction de la disponibilité des sites de nidification. On peut s'attendre à ce que les individus se déplacent sur de plus courtes distances dans les régions où de nombreux sites de nidification potentiels sont disponibles.
- Les effraies communes survolent parfois de vastes étendues d'eau, ce qu'elles ont probablement fait pour coloniser de nombreuses îles lointaines. Une question qui reste en suspens est de savoir si les individus qui prennent le risque de survoler ces eaux sont morphologiquement différents de ceux qui ne prennent pas ce risque.

## Pour aller plus loin

Baege, L. 1955. Beachtlicher Zug junger Schleiereulen. *Falke* **2**: 213.

Bairlein, F. 1995. Dismigration und Sterblichkeit in Süddeutschland beringter Schleiereulen (*Tyto alba*). *Vogelwarte* **33**: 81–108.

Duffy, K. and Kerlinger, P. 1992. Autumn owl migration at Cape May Point, New Jersey. *Wilson Bull.* **103**: 312–320.

Huffeldt, N. P., Aggerholm, I. N., Brandtberg, N. H., Jorgensen, J. H., Dichmann, K. and Sunde, P. 2012. Compounding effects on nest-site dispersal of barn owls *Tyto alba*. *Bird Study* **59**: 175–181.

Stewart, P. A. 1952. Winter mortality of barn owls in central Ohio. *Wilson Bull.* **64**: 164–166.

Van den Brink, V., Dreiss, A. N. and Roulin, A. 2012. Melanin-based colouration predicts natal dispersal in the barn owl *Tyto alba*. *Anim. Behav.* **84**: 805–812.

# Des campagnols plus appétissants dans le pré voisin

Une effraie d'Amérique hivernant dans le Montana, aux États-Unis.

## La dispersion post-reproduction et la migration

***Les effraies communes adultes sont habituellement sédentaires, mais certains individus peuvent se disperser sur des centaines de kilomètres entre deux saisons de reproduction pour nicher à un endroit différent. Les mâles défendent un site de reproduction contre les compétiteurs et les femelles visitent plusieurs mâles avant de décider où et avec qui se reproduire. Les mâles sont donc plus fidèles à leur site de nidification que les femelles et se déplacent sur de plus courtes distances lorsqu'ils en changent. Dans les régions froides du nord des États-Unis et du sud du Canada, les effraies d'Amérique migrent vers le sud en hiver, un comportement qui n'est pas observé en Europe.***

La dispersion post-reproduction correspond au déplacement des adultes entre deux sites de reproduction successifs. Les chouettes reproductrices pouvant défendre un territoire toute l'année, la distance entre deux sites de nidification utilisés d'une année à l'autre est généralement plus courte que la distance entre le site de naissance et le celui où un individu se reproduit pour la première fois.

### LES DISTANCES DE DISPERSION

Chez l'effraie commune, la dispersion natale et la dispersion post-reproduction sont des processus différents qui n'impliquent pas les mêmes contraintes. C'est la raison pour laquelle la distance parcourue par un juvénile entre son site de naissance et son premier site de reproduction n'annonce en rien son comportement de dispersion à l'âge adulte. Bien que certaines chouettes aient une tendance innée plus prononcée à se disperser que d'autres, toutes deviennent plus sédentaires avec l'âge. C'est probablement parce que les individus âgés sont plus aptes à défendre un site de nidification contre leurs concurrents, ou bien peut-être simplement parce qu'ils ont disposé de plus de temps pour trouver les meilleurs sites.

Les sites de nidification sont défendus par les mâles. Ainsi, si plusieurs sites sont disponibles sur le territoire d'un mâle, il peut facilement aller d'un site à l'autre pour se reproduire, qu'il soit un partenaire fidèle ou non. En revanche, si une femelle a l'intention de changer de partenaire, elle doit parcourir une plus grande distance au cours d'une même année ou entre deux années pour trouver un nouveau mâle sur un nouveau territoire (même s'il arrive que les effraies des clochers ne se montrent pas à ce point territoriales, différents couples pouvant se reproduire assez proches les uns des autres). La fidélité au site est donc plus marquée chez les mâles (en Suisse, 46 % des mâles se reproduisent au même endroit au cours de deux années consécutives) que chez les femelles (33 %), et la distance moyenne entre deux sites de nidification différents et successifs n'est que de 1,8 km chez les mâles, contre 3,8 km chez les femelles.

Chez l'effraie des clochers, un faible succès de reproduction entraîne souvent la séparation du couple, mais pas nécessairement un changement de site de nidification. L'individu qui prend la décision de rompre semble donc plus souvent considérer que la cause du faible succès de leur nichée est son partenaire, plutôt que la qualité du site de nidification. C'est pourtant probablement la disponibilité de la nourriture qui explique pourquoi les effraies des clochers changent de site de nidification et pourquoi elles se dispersent parfois sur de longues distances. En Europe, 2 à 3 % des adultes parcourent plus de 100 km entre deux années consécutives (jusqu'à 844 km). Ces explorateurs sont probablement très compétitifs, sinon ils risqueraient d'être relégués aux sites de nidification les plus pauvres de la région hôte, où les chouettes résidentes détiennent déjà les meilleurs sites.

Néanmoins, il semble que les chouettes attachées à leur foyer soient majoritaires. En France, dans les années 1970, d'une année à l'autre, 97 % des effraies des clochers réutilisaient les mêmes nids dans les églises, et dans l'Utah, aux États-Unis, 96 % des chouettes reproductrices étaient fidèles à leur site de nidification. Cela suggère qu'il peut être préférable pour une chouette de rester au même endroit, même si les conditions environnementales deviennent temporairement mauvaises. Dans les régions où les ornithologues installent de nombreux nichoirs, les oiseaux reproducteurs sont moins fidèles à leur site, comme en Écosse, où en moyenne 29 % des chouettes reproductrices changent de site de nidification d'une année à l'autre. En offrant de nombreux sites de nidification possibles aux effraies communes, les ornithologues peuvent modifier leur comportement.

## LES MOUVEMENTS MIGRATOIRES

Les chouettes juvéniles et adultes entreprennent des déplacements sur de plus longues distances en Amérique qu'en Europe. L'effraie d'Amérique peut en effet migrer, se déplaçant vers le sud entre août et décembre et vers le nord entre mars et avril. Même si l'espèce n'est pas migratrice en Europe, les déplacements sur de longues distances sont plus fréquents dans la direction Ouest/Sud-Ouest que dans la direction Est/Nord-Est. Les déplacements sur de courtes distances, quant à eux, peuvent se produire dans toutes les directions.

## Futures recherches

- Les facteurs qui incitent les adultes à changer de site de nidification et qui influencent la distance qu'ils parcourent pour trouver un nouveau site devraient être étudiés. En particulier, il faudrait examiner le rôle relatif de la disponibilité en nourriture, la disponibilité des sites de nidification et la concurrence des congénères et d'autres animaux pour les cavités des nids.
- La raison pour laquelle les effraies communes migrent en Amérique du Nord, mais pas en Europe, n'est pas claire. Est-ce parce qu'en Amérique du Nord, l'aire de répartition comprend des régions extrêmement froides et que les températures hivernales sont beaucoup plus basses qu'en Europe ?

## Pour aller plus loin

Van den Brink, V., Dreiss, A. N. and Roulin, A. 2012. Melanin-based colouration predicts natal dispersal in the barn owl *Tyto alba*. *Anim. Behav.* **84**: 805-812

Une effraie des clochers victime de la circulation.

Born to lose

# Les perspectives de survie

**La période durant laquelle les juvéniles acquièrent leur indépendance est particulièrement dangereuse pour eux. De nombreux individus meurent pendant ce laps de temps. La faim endurée pendant les hivers rigoureux constitue également un risque important. C'est d'ailleurs l'une des principales causes de mortalité chez les individus adultes. Quoi qu'il en soit, dans la plupart des pays occidentaux, l'abattage délibéré par l'homme est resté la principale cause de mortalité des effraies communes avant les années 1960, et le trafic routier est, de nos jours, devenu un danger majeur pour ces chouettes. L'effraie commune sauvage la plus âgée dont nous ayons connaissance a vécu 23 ans.**

Les ornithologues baguent régulièrement les effraies communes, ce qui leur permet d'obtenir des données sur leur comportement de dispersion et les taux de mortalité auxquels elles sont confrontées. De nombreux aspects de la mortalité ont changé au cours des 150 dernières années en raison de la modification profonde des interactions entre l'homme et cet oiseau. Les données concernant la mortalité proviennent principalement des effraies communes de l'hémisphère Nord.

## LES VARIATIONS DES CHANCES DE SURVIE

En Europe et en Amérique du Nord, les adultes souffrent des températures ambiantes basses et de la diminution de la disponibilité de la nourriture. En effet, un plus grand nombre d'individus adultes meurent en hiver — aux Pays-Bas, par exemple, 55 % des individus trouvés morts le sont en hiver — que pendant toute autre saison (19 % en automne). L'effet des hivers rigoureux sur la survie est peut-être dû à la difficulté de chasser les petits mammifères, dissimulés sous une épaisse couche de neige. Les fluctuations de la taille des populations des proies sont également un facteur important, expliquant 51 % à 73 % des variations des effectifs des effraies des clochers aux Pays-Bas et en Écosse.

Bien que les juvéniles soient également sensibles aux conditions hivernales, la période la plus critique pour eux est celle où ils prennent leur indépendance. Aux Pays-Bas, les effraies des clochers âgées de moins d'un an meurent plus entre septembre et novembre (44 % de tous les juvéniles retrouvés morts) qu'entre décembre et février (33 %), en dépit des conditions d'alimentation qui sont pires en hiver qu'en automne. Les individus nés plus tôt dans la saison disposent de plus de temps pour développer des aptitudes à la recherche de nourriture avant que les conditions d'alimentation ne se détériorent. Par conséquent, ils ont de meilleures chances de survie. Les adultes et les juvéniles mourant souvent de causes différentes ou à des moments différents de l'année, leurs taux de survie annuels ne sont généralement pas corrélés, comme cela a été observé en Suisse. Des hivers exceptionnellement rigoureux peuvent néanmoins affecter tous les individus, quel que soit leur âge.

Une estimation fiable de la probabilité de survie nécessite des méthodes modernes d'analyse de capture-recapture, qui se basent sur la probabilité qu'une effraie des clochers baguée soit recapturée vivante par des ornithologues ou récupérée morte, également par le grand public. Selon les données concernant les effraies des clochers baguées et recapturées en Suisse entre 1934 et 2002, la probabilité de survie d'une année à l'autre est de 29 % pour les juvéniles (c'est-à-dire les chouettes ayant atteint l'âge de l'envol, mais ayant moins d'un an) et de 57 % pour les adultes. Toutefois, ces analyses ne tenaient pas compte de la possibilité que certains oiseaux n'aient pas été retrouvés parce qu'ils avaient émigré à l'extérieur de la zone d'étude. En Suisse, l'analyse combinée des données de recapture de chouettes vivantes dans une zone d'étude restreinte et des données de récupération des individus morts retrouvés à l'intérieur et à l'extérieur de cette zone a révélé que les taux de survie annuels des juvéniles et des adultes étaient respectivement de 17 % et de 72 % au cours de la période allant de 1990 à 2002.

Au cours de la première année de vie, la survie est donc dramatiquement faible et, chez les effraies des clochers, inférieure à celle de rapaces de taille similaire comme le hibou moyen-duc et la chouette hulotte. L'espérance de vie d'une effraie des clochers âgée de 1 an est de 1,2 an, comparé à 1,4 an pour le hibou moyen-duc et à 2,6 ans pour la chouette hulotte. À 2 ans, elle est de 1,8 an, comparé à 3,3 et 3,6 ans pour les deux autres espèces. Certaines effraies communes chanceuses peuvent néanmoins atteindre l'âge impressionnant de 23 ans.

## LE TRAFIC ROUTIER

Dans le monde entier, la densité des réseaux routiers et le nombre des véhicules qui les empruntent, ont augmenté à un rythme inquiétant. Aux États-Unis, plus de 230 millions d'automobiles circulent sur plus de 6 millions de kilomètres de routes. Aux Pays-Bas, la longueur totale des autoroutes est passée de 350 km à 2 000 km entre 1960 et 1985, et le nombre de véhicules a décuplé, passant de 450 000 à 4,5 millions. Au Danemark, les voitures ont parcouru 6,8 milliards de kilomètres en 1958, et 46 milliards en 1999.

Il n'est donc pas surprenant que, depuis les années 1960, la circulation routière ait dépassé la chasse comme cause la plus fréquente de mortalité d'origine humaine chez un large éventail d'animaux. C'est particulièrement vrai concernant

Des conditions hivernales rigoureuses peuvent entraîner des réductions drastiques des populations d'effraies des clochers.

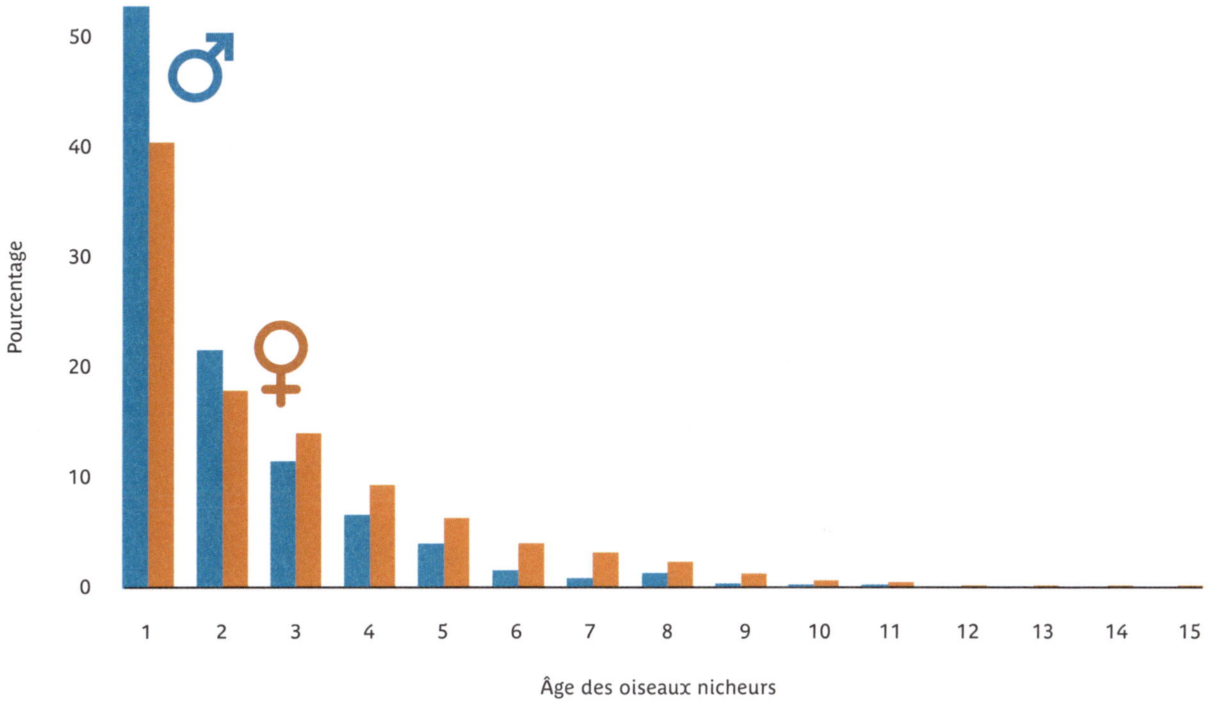


Âge des femelles reproductrices (en orange) et des mâles reproducteurs (en bleu). Ces chiffres sont basés sur 683 captures de mâles (346 individus différents) et 550 captures de femelles (330 individus différents) entre 1988 et 2017 en Suisse. Ces effraies des clochers avaient été baguées en tant qu'oisillons et leur âge était donc connu lorsqu'elles ont été capturées en tant qu'oiseau nicheur.

l'effraie des clochers, qui représente plus de 30 % de tous les grands vertébrés trouvés morts le long des routes et jusqu'à 80 % de tous les rapaces nocturnes. Au Royaume-Uni, de toutes les effraies des clochers dont la cause de mortalité était connue, 6 % ont été victimes d'accidents de la route entre 1910 et 1954, 15 % entre 1955 et 1969, 42 % entre 1963 et 1989 et 52 % entre 1982 et 1986. Aux Pays-Bas, avant 1963, 65,5 % des effraies des clochers baguées mouraient de faim et 4,4 % mouraient à cause du trafic routier. Après 1963, ces pourcentages sont passés à 10,8 % et 40,3 %, respectivement. De même, en République tchèque, la mortalité des effraies des clochers due à la circulation représentait 4,3 % de toutes les morts de causes connues entre 1966 et 1975, 10,4 % entre 1976 et 1985, 22,2 % entre 1986 et 1995 et 30,2 % entre 1996 et 2007. La mortalité due à la circulation est si fréquente que les juvéniles sont souvent tués non loin de leur lieu de naissance, avant même d'avoir eu la chance de se disperser sur de longues distances. Cela pourrait expliquer les observations selon lesquelles la distance entre les sites de naissance des effraies des clochers et les endroits où elles sont trouvées mortes a fortement diminué en Europe, passant d'une moyenne de 47 km en 1930 à 7,5 km en 2015.

En France, environ 20 000 effraies des clochers meurent sur les routes chaque année. Cependant, ce chiffre est sans doute sous-estimé, étant donné que d'autres animaux déplacent les chouettes mortes, que certaines chouettes blessées peuvent s'éloigner pour se cacher et que les cadavres peuvent ne pas être repérés dans la végétation. Plusieurs études menées en France illustrent l'impact dramatique du trafic. Une étude a montré qu'entre novembre 1991 et décembre 1995,

En Indonésie, comme dans d'autres pays, certains animaux sauvages, et en particulier les effraies communes, sont capturés et vendus sur les marchés comme animaux de compagnie. Cette photographie a été prise dans un marché de rue de Djakarta en novembre 2017. La série de films *Harry Potter* a eu beaucoup de répercussions sur la vente de chouettes et hiboux sur les marchés aux oiseaux d'Indonésie. Après avoir regardé les films, la tentation est grande pour les enfants de réclamer une chouette à la maison. À cause de cela, la capture et la vente de ces oiseaux sont montées en flèche au cours des dernières années. © Joan de la Malla

1731 effraies des clochers ont été retrouvées mortes, comparativement à 811 hiboux moyens-ducs et 539 buses variables. Cela correspond à la mort d'une effraie des clochers par année et par kilomètre de route dans cette étude spécifique ! Les chouettes sont retrouvées mortes plus souvent le long des tronçons d'autoroute bordés de champs de céréales (68 %) que le long de ceux bordés de prairies (15 %) et de forêts (17 %). Elles sont également retrouvées plus souvent le long de tronçons de route plus élevés que les terres environnantes, que le long de tronçons situés à un niveau inférieur (64 % contre 36 %), et plus souvent dans des secteurs où les campagnols communs sont nombreux (76 %) que dans ceux où ils sont rares (24 %).

Dans l'Idaho, aux États-Unis, l'effraie d'Amérique est aussi l'animal qui paie le plus lourd tribut au trafic routier (32 % de toutes les morts d'animaux le long des routes), avec 6 individus mourant chaque année par 100 km d'autoroute. Dans cet État, la mortalité est plus fréquente entre octobre et mars qu'entre avril et septembre. En hiver, mais pas en été, les routes situées dans les zones agricoles sont plus touchées par la mortalité des effraies que celles situées dans les steppes arbustives et les habitats mixtes.

Au Portugal, 11 effraies des clochers suivies par télémétrie ont montré qu'elles évitaient activement les zones proches des autoroutes lorsque la circulation était dense. Cependant, elles avaient tendance à voler en direction des routes si ces dernières étaient bordées de ruisseaux ou de bermes bien végétalisées, véritables havres de paix et de tranquillité pour de nombreuses espèces proies. En moyenne, une chouette traverse une autoroute 111 fois avant d'être heurtée par un véhicule, et ce risque est plus élevé le long de tronçons d'autoroute que les chouettes ont tendance à éviter.

Comment pouvons-nous atténuer l'impact dramatique de nos routes ? Les effraies des clochers volent près du sol. On pourrait donc les obliger à voler bien au-dessus des routes si l'on plaçait des structures artificielles élevées ou de grands arbres aux abords des routes. Par ailleurs, les nouvelles voies routières devraient être construites sous le niveau des champs environnants. Une autre mesure pour atténuer le phénomène consisterait à tondre les accotements des routes pour réduire la disponibilité des proies et, par conséquent, l'attractivité de ces zones pour les prédateurs (une pratique qui pourrait, cependant, ne pas être bénéfique pour l'environnement en général). Enfin, nous devrions améliorer la qualité des terres agricoles en tant que zones de chasse, afin de dissuader les chouettes de voler près des routes.

## LES AUTRES CAUSES DE MORTALITÉ

L'abattage délibéré des effraies communes a fortement diminué au cours du siècle dernier, ce qui démontre que l'éducation a aidé les gens à comprendre que les rapaces nocturnes sont des amis plutôt que des ennemis. Dans les années 1980, en France, l'homme n'a détruit intentionnellement que 2 nids sur plus de 1000, et au Royaume-Uni, la mortalité par balle est passée de 12 % (de toutes les causes connues de mortalité) entre 1910 et 1954 à 5 % entre 1955 et 1969, et à 2 % entre 1963 et 1989. Malheureusement, en Espagne, les prélèvements d'oisillons au nid ou le tir de ces oiseaux étaient encore monnaie courante dans les années 1980 et 1990. Dans de nombreux pays du monde, en particulier autour de la Méditerranée, l'homme continue activement à tuer de nombreuses espèces d'oiseaux.

Dans le monde, environ 1 million d'oiseaux sont tués chaque année par les éoliennes. Selon plusieurs études réalisées en Europe, sur 19 010 oiseaux trouvés morts sous les pales, seulement 4 étaient des effraies des clochers. Parmi les autres causes de mortalité, les effraies communes peuvent se prendre dans la végétation, probablement à cause de leur plumage velouté, heurter les fenêtres, se trouver piégées dans les clôtures ou dans les bâtiments, et mourir de maladie. Bien que les lignes à haute tension soient dangereuses pour les grands oiseaux, comme les grands-ducs, les cigognes ou les vautours, peu d'effraies communes semblent en avoir été victimes.

## Futures recherches

- Le trafic routier est une cause majeure de mortalité chez l'effraie commune. On ne sait pas encore si les individus en mauvaise condition physique prennent plus de risques en chassant le long des routes que les individus en bonne santé.
- Les informations sur la mortalité des oiseaux proviennent principalement de l'hémisphère Nord, où les hivers extrêmes ont des effets dévastateurs sur les populations d'effraies communes. L'impact de la sécheresse dans les régions arides est inconnu, de même que les menaces auxquelles les Tytonidés sont confrontés dans les régions tropicales et subtropicales.

## Pour aller plus loin


Altwegg, R., Roulin, A., Kestenholz, M. and Jenni, L. 2006. Demographic effects of extreme winter weather in the barn owl. *Oecologia* **149**: 44–51.

Altwegg, R., Schaub, M. and Roulin, A. 2007. Age-specific fitness components and their temporal variation in the barn owl. *Am. Nat.* **169**: 47–61.

Baudvin, H. 1986. La reproduction de la chouette effraie (*Tyto alba*). *Le Jean le Blanc* **25**: 1–125.

Boves, T. J. and Belthoff, J. R. 2012. Roadway mortality of barn owls in Idaho, USA. *J. Wildl. Manag.* **76**: 1381–1392.

Bruijn, O. de. 1994. Population ecology and conservation of the barn owl *Tyto alba* in farmland habitats in Liemers and Achterhoek (the Netherlands). *Ardea* **82**: 1–109.

De Jong, J., van den Burg, A. and Liosi, A. 2018. Determinants of traffic mortality of barn owls (*Tyto alba*) in Friesland, the Netherlands. *Avian Conserv. Ecol.* **13**: article 2.

Forman, R. T. T. and Alexander, L. A. 1998. Roads and their major ecological effects. *Annu. Rev. Ecol. Syst.* **29**: 207–231.

Gomes, L., Grilo, C., Silva, C. and Mira, A. 2009. Identification methods and deterministic factors of owl roadkills hotspots locations in Mediterranean landscapes. *Ecol. Res.* **24**: 355–370.

Grilo, C., Sousa, J., Ascensão, F., Matos, H., Leitão, I., Pinheiro, P., Costa, M., Bernardo, J., Reto, D., Lourenço, R., Santos-Reis, M. and Revilla, E. 2012. Individual spatial response towards roads: implications for mortality risk. *PLoS One* **7**: e43811.

Grilo, C., Reto, D., Filipe, J., Ascensão, F. and Revilla, E. 2014. Understanding the mechanisms behind road effects: linking occurrence with road mortality in owls. *Anim. Conserv.* **17**: 555–564.

Guinard, E., Juillard, R. and Barbraud, C. 2012. Motorways and bird traffic casualties: carcasses surveys and scavenging bias. *Biol. Conserv.* **147**: 40–51.

Newton, I., Wyllie, I. and Asher, A. 1991. Mortality causes in British barn owls *Tyto alba*, with a discussion of aldrin-dieldrin poisoning. *Ibis* **133**: 162–169.

La taille des populations d'effraies des clochers varie considérablement d'une année à l'autre.

En dents de scie

# La dynamique des populations

**Les populations d'effraies communes varient généralement plus d'une année sur l'autre que celles d'autres rapaces de taille comparable, comme le faucon crécerelle. Les effectifs de ces chouettes peuvent s'effondrer après un hiver rigoureux ou lorsque les petits mammifères sont rares. Si la nourriture vient à manquer, les populations denses diminuent en raison d'une mortalité prononcée des adultes. À l'inverse, les petites populations peuvent s'accroître si la nourriture devient abondante, ce qui augmente la probabilité pour un oiseau de se reproduire au cours de sa première année.**

Les effraies communes font face à de nombreuses menaces anthropiques, notamment la persécution directe, la mortalité due au trafic routier, les pesticides, la réduction de la disponibilité de la nourriture en raison de la destruction et de la fragmentation de l'habitat, la perte de sites de reproduction et des conditions météorologiques catastrophiques qui peuvent devenir plus fréquentes avec le changement climatique. La grande sensibilité des effraies aux facteurs environnementaux, comme les hivers rigoureux en Europe et en Amérique du Nord, peut expliquer l'apparition de certains aspects clés de la biologie de l'effraie commune. C'est le cas, par exemple, de la maturité sexuelle précoce, de la capacité à produire 2 à 3 nichées annuelles avec de nombreux petits et de la capacité à se disperser sur de longues distances pour utiliser des ressources éphémères, telles que l'eau, qui n'est disponible qu'après une pluie intense dans les déserts australiens. Ces adaptations permettent à l'effraie commune de se rétablir rapidement après un déclin marqué de la population.

## SURVIE, ÉMIGRATION ET IMMIGRATION

Pour comprendre les mécanismes qui déterminent les variations de la taille des populations — ce que l'on appelle la dynamique des populations —, il faut une connaissance approfondie de la mortalité, de l'émigration et de l'immigration. Les petites populations peuvent s'agrandir si des individus nés dans la région se reproduisent et si des immigrants viennent s'établir. Une fois sa capacité de charge atteinte, une zone peut difficilement accueillir des oiseaux supplémentaires et la population de chouettes diminue en raison de la mortalité liée à la densité, de nombreux individus se disputant des ressources limitées.

La capacité d'accueil d'une région est limitée par la disponibilité de la nourriture et des sites de nidification potentiels. En Suisse, les trois quarts des juvéniles quittent leur région natale les années où la survie et le succès de reproduction sont élevés, probablement pour éviter une concurrence intense avec leurs congénères. Seulement 1 % des adultes émigrent, mais ils ne sont pas pour autant libérés de la concurrence. Les années durant lesquelles un plus grand nombre d'adultes quittent la zone d'étude, ceux qui restent dans ladite zone se déplacent souvent pour changer de site de nidification. Ceci donne à penser que la concurrence pour de meilleurs sites de reproduction pourrait être plus forte durant ces années. Les années de forte émigration, l'immigration peut être encore plus prononcée, ce qui fait que même si de nombreux individus quittent une population locale, celle-ci connaît néanmoins une augmentation générale.

Comme l'indique l'illustration ci-dessous, des recherches menées en Suisse ont montré que 78 % des femelles reproductrices et 62 % des mâles reproducteurs étaient nés en dehors de la zone couverte par l'étude, laquelle représentait environ 1 000 km². Dans une autre zone d'étude, dans l'Utah, aux États-Unis, 77 % des individus étaient des immigrants. Dans une autre encore, en Allemagne, 55 % des chouettes reproductrices étaient des immigrantes, 14 % étaient de jeunes chouettes nées dans la zone et le reste (31 %) s'était reproduit dans la zone d'étude durant les années précédentes. Le turnover est donc prononcé chez les effraies reproductrices : par exemple, la population de l'Utah a montré qu'entre 25 % et 79 % des individus (48 % en moyenne) se reproduisent pour la première fois chaque année. Il faut toutefois noter que ces chiffres dépendent de la taille de la zone d'étude, puisque les chouettes sont plus susceptibles de s'établir à l'extérieur d'une petite zone d'étude que d'une grande. De même, une petite zone d'étude accueillera presque inévitablement une plus grande proportion d'immigrants qu'une zone plus vaste.

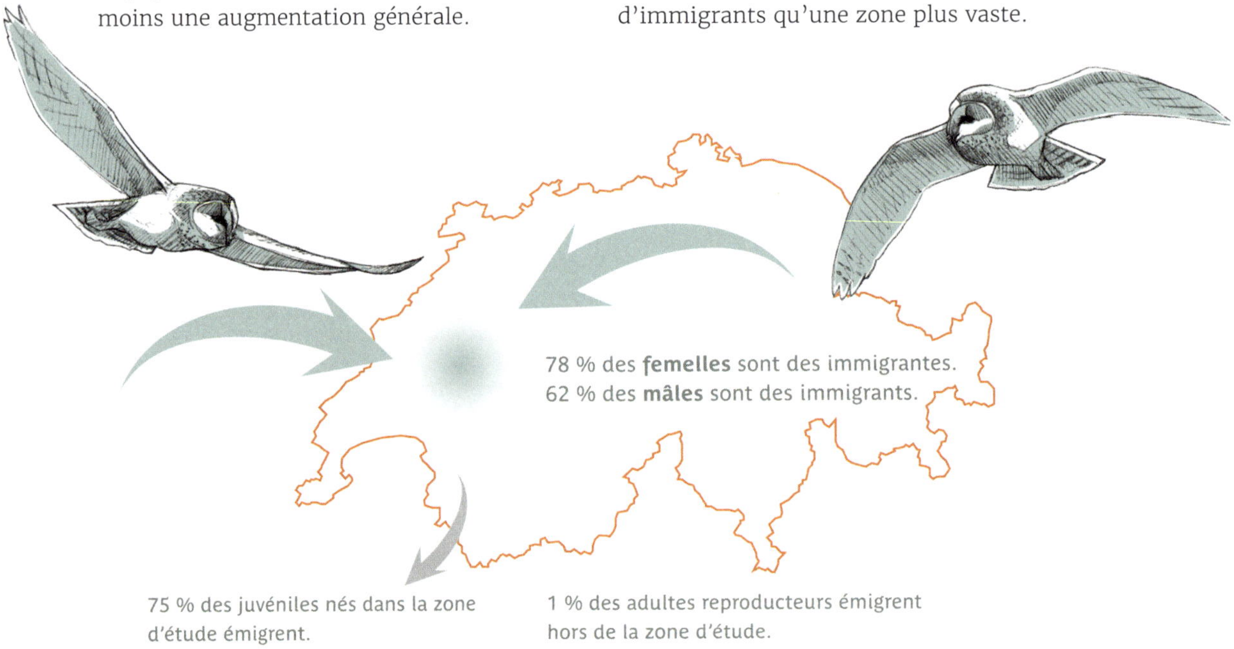


En Suisse, une large proportion de la population d'effraies des clochers dans une zone définie d'environ 1 000 km² est composée de chouettes immigrantes, et de nombreux individus nés au sein de cette zone émigrent.

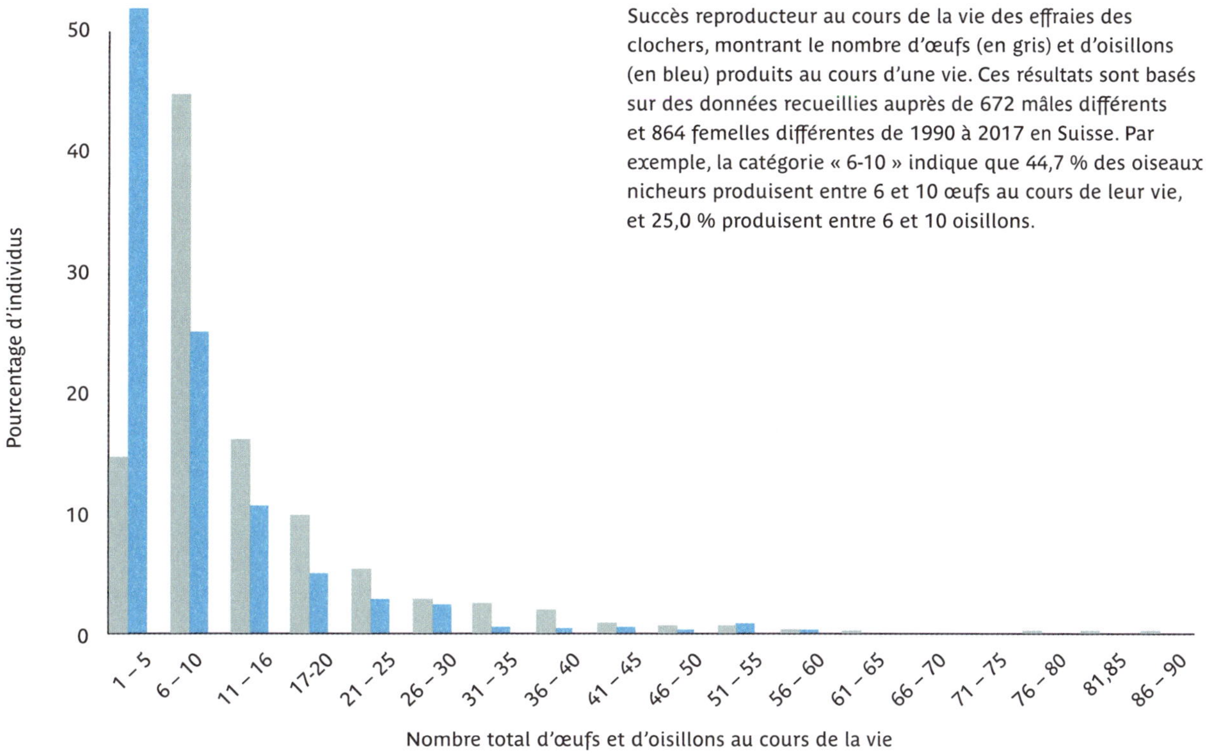


Succès reproducteur au cours de la vie des effraies des clochers, montrant le nombre d'œufs (en gris) et d'oisillons (en bleu) produits au cours d'une vie. Ces résultats sont basés sur des données recueillies auprès de 672 mâles différents et 864 femelles différentes de 1990 à 2017 en Suisse. Par exemple, la catégorie « 6-10 » indique que 44,7 % des oiseaux nicheurs produisent entre 6 et 10 œufs au cours de leur vie, et 25,0 % produisent entre 6 et 10 oisillons.

## LE TAUX DE SURVIE A PLUS D'IMPACT QUE LE SUCCÈS REPRODUCTEUR

Les facteurs environnementaux qui nuisent simultanément à la survie et à la reproduction de tous les individus, quel que soit leur âge, augmentent fortement la probabilité d'extinction. Les populations sont plus stables si les individus ne sont pas tous sensibles aux facteurs environnementaux de la même manière, car certains d'entre eux survivront pour reconstituer leur population.

Entre 1934 et 2002, la population suisse d'effraies des clochers s'est effondrée à deux reprises au cours des hivers exceptionnellement rigoureux de 1952-1953 et de 1962-1963. Ces hivers ont affecté la survie à la fois des juvéniles et des adultes. Lorsque les conditions climatiques sont moins extrêmes, la dynamique des populations est principalement sensible à la variation du taux de survie, celle des juvéniles ayant le plus d'effet, suivie de celle des adultes de plus de deux ans, puis des adultes entre un et deux ans. Le taux de croissance de la population est moins sensible à la variation du succès de reproduction, qui est une caractéristique variant à un degré beaucoup plus élevé d'une année à l'autre que le taux de survie. C'est le cas en Écosse, en Suisse et dans l'Utah, où le nombre total d'oisillons atteignant l'âge de l'envol produits au cours d'une année ne permet pas de prévoir la taille de la population l'année suivante.

## LE SUCCÈS DE REPRODUCTION AU COURS DE LA VIE

Certains individus contribuent de façon disproportionnée à la croissance d'une population. Dans l'Utah, où 357 entreprises de nidification ont été étudiées entre 1977 et 1995, certaines femelles ont niché jusqu'à 7 années d'affilée ; le nombre moyen de tentatives de reproduction par individu était seulement de 1,4. Par conséquent, au cours de sa vie, la femelle la plus productive avait pondu 6 fois plus d'œufs que la moyenne de la population (66 contre 10) et produit plus de 8 fois plus d'oisillons (50 contre 6). En d'autres termes, seulement 12 % des femelles reproductrices (21 sur 179) avaient des descendants reproducteurs dans la population locale, avec un maximum de 7 descendants reproducteurs. En Suisse, entre 1990 et 2017, une femelle a pondu 90 œufs et produit jusqu'à 60 oisillons au cours de sa vie. Comparativement le nombre maximal connu de descendants s'étant reproduits dans la zone d'étude pour un mâle, au cours de sa vie, est de 14. La probabilité d'avoir au moins un oisillon se reproduisant dans une zone d'étude donnée est plus élevée si les effraies des clochers se reproduisent tôt dans la saison.

## Futures recherches

- Une seule étude a examiné la diminution du succès de reproduction avec l'âge. Le déclin du succès de l'éclosion des œufs a été mis en évidence, les œufs étant moins susceptibles d'éclore lorsque le père était vieux. Une étude plus approfondie est nécessaire pour déterminer si les paramètres reproductifs augmentent en début de vie, pour atteindre un maximum à un âge moyen, et ensuite diminuer avec la sénescence.
- Les années durant lesquelles la survie et le succès de reproduction sont élevés, l'émigration et l'immigration sont prononcées. Les émigrants tentent-ils d'éviter la concurrence de leurs congénères ? Si oui, les émigrants sont-ils moins compétitifs que les résidents, les immigrants sont-ils plus compétitifs que les émigrants, et quelles sont les performances des immigrants face aux résidents ?

## Pour aller plus loin


Altwegg, R., Roulin, A., Kestenholz, M. and Jenni, L. 2003. Variation and covariation in survival, dispersal, and population size in barn owls. *J. Anim. Ecol.* **72**: 391–399.

Altwegg, R., Roulin, A., Kestenholz, M. and Jenni, L. 2006. Demographic effects of extreme winter weather in the barn owl. *Oecologia* **149**: 44–51.

Altwegg, R., Schaub, M. and Roulin, A. 2007. Age-specific fitness components and their temporal variation in the barn owl. *Am. Nat.* **169**: 47–61.

Bruijn, O. de. 1994. Population ecology and conservation of the barn owl *Tyto alba* in farmland habitats in Liemers and Achterhoek (the Netherlands). *Ardea* **82**: 1–109.

Kniprath, E. and Kniprath, S. S. 2014. Schleiereule *Tyto alba*: Eigenschaften und Bruterfolg einer zweiten niedersächsischen Population. *EulenWelt* **2014**: 43–65.

Marti, C. D. 1997. Lifetime reproductive success in barn owls near the limit of the species' range. *Auk* **114**: 581–592.

Sæther, B.-E., Grøtan, V., Engen, S., Coulson, T., Grant, P. R., Visser, M. E., Brommer, J. E., Grant, B. R., Gustafsson, L., Hatchwell, B. J., Jerstad, K., Karell, P., Pietiäinen, H., Roulin, A., Røstad, O. W. and Weimerskirch, H. 2016. Demographic routes to variability and regulation in bird populations. *Nature Comm.* **7**: 12001.

Taylor, I. R. 1994. *Barn Owls: Predator–Prey Relationships and Conservation*. Cambridge: Cambridge University Press.

# 12. Le polymorphisme du plumage

- Le polymorphisme de couleurs
- La génétique du polymorphisme de couleurs
- Le dimorphisme sexuel des caractères du plumage
- Les changements des caractères du plumage liés à l'âge
- Le choix du partenaire
- La sélection antagoniste selon le sexe
- Les fonctions adaptatives des colorations blanche et rousse
- Les fonctions adaptatives des petites et grandes taches noires
- Les fonctions adaptatives du nombre de taches noires
- Les variations géographiques des caractères du plumage

## Noir et blanc

Chez le combattant varié, les mâles à collerette noire sont plus agressifs, tandis que les mâles à collerette blanche adoptent un comportement sournois pour copuler avec les femelles.

# Le polymorphisme de couleurs

**Dans la plupart des populations d'effraies communes, il n'y a pas deux individus de la même couleur. Bien que le plumage des parties inférieures du corps (le ventre, la poitrine, les flancs et le dessous des ailes) varie d'un individu à l'autre, allant du blanc au roux foncé et de l'absence de taches à la présence de nombreuses taches noires très marquées, on peut définir des types de couleur distincts appelés « morphes de couleur ». Le polymorphisme de couleurs peut être utilisé pour comprendre l'évolution et la fonction adaptative de différents phénotypes et comment cette diversité perdure.**

Les différences de couleur que l'on peut observer entre les espèces d'effraies (excepté les effraies ombrées et piquetées) et au sein de celles-ci sont dues à la mélanine. La mélanine est le pigment le plus commun dans les téguments des animaux. Elle est responsable de certains des motifs de couleur les plus fabuleux. L'eumélanine, grise à noire, se trouve non seulement chez les animaux, mais chez presque tous les êtres vivants. La phéomélanine, un pigment rougeâtre pâle à foncé, est quant à elle surtout présente chez les mammifères et les oiseaux, bien que des preuves s'accumulent attestant de sa présence également chez les reptiles et les insectes.

Au début de l'évolution de la vie sur Terre, la mélanine protégeait les bactéries et les champignons contre les attaques biochimiques de l'environnement. Chez les organismes unicellulaires, les invertébrés et les vertébrés, elle conserve toujours la même fonction protectrice contre le rayonnement ultraviolet et les parasites. Ce pigment contribue également à l'accumulation de la chaleur et certains gènes impliqués dans la production de mélanine (ou mélanogenèse) régulent de nombreuses autres fonctions physiologiques et comportementales (ce sont des gènes dits « pléiotropes », qui influencent plusieurs caractéristiques phénotypiques). Tant de fonctions pour une seule molécule ! Alors que les caroténoïdes, pigments jaunes à orange, sont extraits des nutriments que les animaux ingèrent, au moins 120 gènes contrôlent la production endogène de mélanine, ce qui indique qu'il s'agit d'une adaptation clé.

## L'ÉTUDE DES CARACTÈRES DU PLUMAGE CHEZ L'EFFRAIE DES CLOCHERS

L'étude des fonctions adaptatives des caractères colorés chez les oiseaux est très populaire chez les spécialistes de l'écologie évolutive. Cependant, pour des raisons inconnues, cet intérêt est rarement passé du monde universitaire à celui de l'ornithologue amateur, qui ne considère généralement les caractéristiques du plumage que comme un moyen d'identifier l'espèce, le sexe ou l'âge d'un oiseau. Très peu de chercheurs se sont intéressés à la grande diversité de plumage des effraies des clochers et à la fonction adaptative que pourraient avoir ces différents morphes de couleurs.

Ma fascination pour cette variation remonte à la première fois où j'ai manipulé un couple d'effraies des clochers dont le mâle était blanc et la femelle roux foncé. Cette seule observation m'a motivé à poursuivre une carrière académique et à la consacrer à l'étude de la coloration et des taches du plumage. Au début de ces études en 1990, des amis et des ornithologues se sont moqués de moi, pensant qu'un détail apparemment trivial comme le nombre et la taille des taches ne pouvait avoir de fonction. À leurs yeux, je perdais mon temps à mesurer et à compter les taches sur les effraies des clochers, et il est vrai que je n'avais alors aucune réponse à leur donner lorsqu'ils me demandaient pourquoi c'était si intéressant. Après des années de recherches intensives cependant, les résultats sont vraiment intrigants, montrant des liens entre les caractères du plumage, la physiologie, le comportement, la personnalité, l'écologie et la sélection naturelle et sexuelle. Il est étonnant de constater que de si petits détails du plumage peuvent être si importants, surtout chez un oiseau nocturne. Ces découvertes soulèvent d'importantes questions sur les mécanismes génétiques qui sous-tendent ces liens.

## LES CARACTÈRES DU PLUMAGE CHEZ L'EFFRAIE COMMUNE

Par rapport aux chouettes et hiboux « typiques » (ceux de la famille des Strigidés), les effraies des clochers et leurs parents (famille des Tytonidés), avec leur dos de couleur crème et les parties inférieures du corps variant du blanc au roux, sont très différents. Les variations interindividuelles de la couleur, du blanc au roux foncé et de l'immaculé au très tacheté, sont étonnamment semblables chez les effraies communes, les effraies de prairie et les effraies masquées. Les seules exceptions sont les effraies ombrées et piquetées, qui sont noires au lieu d'être blanches et qui présentent des taches blanches au lieu de taches noires, comme un négatif photographique des autres Tytonidés.

Dans de rares cas, une effraie commune peut présenter une coloration complètement différente en raison de mutations. Par exemple, quelques individus dits mélaniques ont été découverts aux États-Unis, en Allemagne et en République tchèque. Cela indique qu'un plumage entièrement noir, semblable à celui des effraies ombrées et piquetées, pourrait facilement apparaître n'importe où sur la planète. Cependant, ce type de coloration chez les effraies communes pourrait ne pas être aussi avantageux que chez les effraies ombrées et piquetées et demeure rare.

Les aberrations de coloration sont exceptionnelles, mais peuvent tout de même apparaître à l'état sauvage, car elles sont probablement souvent la conséquence de l'expression d'allèles récessifs, qui doivent être hérités des deux parents pour affecter le phénotype. En République tchèque, deux frère et sœur captifs non mélaniques accouplés ont produit 23 % de descendants mélaniques (7 sur un total de 30), ce qui est très proche des 25 % attendus si le mélanisme est codé par un allèle récessif. Un mélanisme exceptionnel pourrait donc bel et bien être une caractéristique due à des allèles récessifs. Outre les formes mélaniques, on connaît seulement deux cas d'albinisme, un cas d'érythrisme (pigmentation très rousse inhabituelle), mais plusieurs cas de perte partielle de pigmentation (leucisme) en Argentine, Allemagne, Sardaigne et Suisse.

## LE POLYMORPHISME DE COULEURS

Dans de nombreuses populations de rapaces diurnes et nocturnes, les individus de même sexe et de même âge présentent la même variante morphologique de couleur. Lorsque les morphes sont suffisamment communs pour ne pas être considérés comme des aberrations, on dit de l'espèce qu'elle présente un polymorphisme de couleurs. Dans la plupart des populations d'effraies communes du monde entier, bien que la coloration

Les caractères du plumage sont extrêmement variables chez l'effraie des clochers et ses proches parents. Les variations de couleurs vont du blanc au roux foncé et les chouettes peuvent être complètement immaculées jusqu'à avoir de nombreuses taches noires de taille variable.

varie graduellement entre le blanc et le roux foncé, on peut distinguer un nombre limité de morphes, tels les morphes « blanc » et « roux ». L'expression du polymorphisme de couleurs est généralement contrôlée par une poignée de gènes, chaque allèle codant pour une morphologie différente. Son étude permet de répondre à trois grandes questions.

1. **Comment différentes formes de vie peuvent-elles évoluer ?** Une mutation résultant en une nouvelle variante de couleur peut se répandre dans une population si elle confère un avantage initial à son porteur. Sinon, le nouveau morphe disparaîtrait aussi rapidement qu'il a émergé ou, du moins, se maintiendrait à une fréquence très faible. Par exemple, un mutant mélanique chez une espèce de rapace diurne par ailleurs pâle peut être mieux camouflé dans une forêt dense. Il pourrait avoir un avantage sur ses congénères pâles lorsqu'il chasse dans un tel habitat (ce qui élargit également la gamme des niches écologiques exploitables par l'espèce). Un nouveau morphe peut aussi se propager s'il confère des avantages lorsqu'il est rare et, de ce fait, se maintenir à une fréquence faible. Par exemple, un nouveau morphe peut procurer un plus grand succès à la chasse si les proies ne le perçoivent pas comme prédateur. Les relations proies-prédateurs peuvent donc agir comme un puissant facteur de sélection favorisant l'apparition de polymorphismes de couleurs chez les rapaces et leurs proies, afin d'améliorer le succès de la recherche de nourriture ou de l'esquive des prédateurs.
2. **Comment différents morphes de couleurs peuvent-ils coexister au sein d'une même population ?** Une variation de couleur peut persister si le fait d'être d'un morphe ou d'un autre ne fait aucune différence pour l'individu, c'est-à-dire qu'il soit sans effet sur son comportement ou sa physiologie, sur le comportement de ses prédateurs, de ses concurrents et de ses compagnons potentiels. Les deux morphes doivent globalement se valoir. Cette possibilité n'est pas particulièrement passionnante, et les chercheurs ont tenté de déterminer si le fait d'afficher une coloration donnée affecte de quelque façon que ce soit la vie quotidienne de l'individu qui la porte. Ils se demandent si les morphes représentent des stratégies comportementales ou physiologiques alternatives grâce auxquelles les individus concernés arrivent aux mêmes résultats. En d'autres termes, ils ont la même **valeur sélective** (le même nombre de descendants au cours d'une vie) à long terme, mais ils y parviennent par des moyens différents.

Un couple d'effraies des clochers avec la femelle rousse à gauche et le mâle plus clair à droite. © Alexandre Roulin

Deux scénarios peuvent expliquer pourquoi un morphe n'envahit pas une population, poussant d'autres morphes à disparaître. Premièrement, chaque morphe peut être adapté à un **habitat spécifique**. Par exemple, un morphe pourrait prospérer dans les milieux ouverts et un autre dans les milieux fermés. La fréquence de ces deux morphes serait alors directement liée à la prévalence de chaque habitat. Deuxièmement, les morphes peuvent atteindre la même valeur sélective à la **fréquence** dite **d'équilibre** tant que leurs fréquences ne s'écartent pas de cet équilibre. Tout écart par rapport à la fréquence d'équilibre déstabiliserait le système, ce qui entraînerait une diminution de la valeur sélective du morphe trop abondant et une augmentation de celle de l'autre, moins abondant. La fréquence d'équilibre reviendrait donc rapidement dans ce scénario. Par exemple, prenons une population donnée dans laquelle les individus roux et blancs pourraient atteindre la même valeur sélective seulement si 60 % (valeur hypothétique) d'entre eux étaient roux et

40 % étaient blancs. Si les morphes roux et blanc devenaient respectivement plus et moins fréquents, par exemple si la plupart des immigrants provenant d'une autre population étaient roux, les individus roux verraient alors leur valeur sélective diminuer et celle des individus blancs augmenterait. En conséquence, le morphe roux deviendrait moins fréquent et le morphe blanc plus fréquent, jusqu'à ce que l'équilibre 60-40 soit à nouveau atteint. Cette **sélection fréquence-dépendante** est très puissante et permet d'assurer qu'un morphe n'en remplace pas d'autres. Chez le combattant varié, par exemple, pour avoir accès à des partenaires potentielles, les mâles noirs sont agressifs envers leurs concurrents, tandis que les mâles blancs adoptent un comportement sournois. Si les mâles noirs deviennent trop abondants, ils passent trop de temps en compétition et moins de temps à copuler, ce qui favorise les mâles sournois qui concentrent leur attention sur les femelles.

3. **Quelle est la fonction adaptative de chaque morphe ?** Lorsque les morphes de couleurs sont adaptés à des conditions environnementales locales spécifiques, ou lorsque la valeur sélective dépend de la fréquence, les morphes peuvent être considérés comme des stratégies alternatives. Les individus peuvent se comporter différemment selon leur morphe pour attirer des partenaires potentiels, tout comme les combattants variés noirs et blancs. Les individus peuvent également adopter différentes stratégies de reproduction selon leur morphe. C'est le cas de la chouette hulotte, chez qui les mâles roux maintiennent des soins parentaux constants à la nichée, peu importent les conditions environnementales, tandis que les mâles plus clairs ajustent leurs soins en fonction des changements des conditions environnementales. Des individus de couleurs différentes peuvent également présenter des stratégies physiologiques alternatives, avec, par exemple, un morphe physiologiquement mieux adapté aux facteurs de stress qu'un autre. Cette situation est possible si les morphes régulent différemment la production de glucocorticoïdes (les hormones du stress) en réaction aux prédateurs, aux agents pathogènes, à la famine ou à d'autres sources de stress.

## Futures recherches

- Il n'est pas aisé d'identifier des stratégies spécifiques aux morphes, car elles peuvent dépendre du contexte. Dans la plupart des situations, les individus des différents morphes se comportent de la même façon. Néanmoins, lorsqu'il fait froid, que la nourriture est limitée ou qu'il y a une épidémie d'agents pathogènes, un seul morphe peut soudainement être plus efficace. Les chercheurs doivent donc mesurer le succès de reproduction, la survie, le comportement et la physiologie d'individus de couleurs différentes dans diverses conditions environnementales et au cours du temps. Une fois que la fonction adaptative d'un morphe a été identifiée, l'étape suivante consiste à comprendre comment différents morphes peuvent coexister. Il s'agit donc de chercher à savoir si un des morphes est adapté à des conditions environnementales spécifiques ou si la valeur sélective de chaque morphe varie en fonction de sa fréquence.
- Déterminer comment les morphes ont évolué peut nécessiter la comparaison de plusieurs espèces pour identifier quelle coloration est ancestrale et laquelle est dérivée de l'autre.

## Pour aller plus loin

Literák, I., Roulin, A. and Janda, K. 1999. Close inbreeding and unusual melanin distribution in barn owls (*Tyto alba*). *Folia Zool.* **48**: 227–231.

Roulin, A. 2004. The evolution, maintenance and adaptive function of genetic colour polymorphism in birds. *Biol. Rev.* **79**: 815–848.

## Héritage

Ces 4 jeunes effraies des clochers (*à gauche*) ressemblent beaucoup à leur mère (*à droite*) en raison de leurs gènes communs.

# La génétique du polymorphisme de couleurs

**Le nombre, le type et l'impact des gènes sur l'expression des caractères de couleur sont importants pour comprendre pourquoi les caractères du plumage sont si variables chez les effraies communes, les effraies de prairie et du Cap et les effraies masquées. Chez les effraies communes, la forte ressemblance entre des individus apparentés est due au partage de gènes communs et non à un environnement commun. Comme l'hérédité de la coloration rousse, celles du nombre et de la taille des taches noires ne sont pas complètement indépendantes, la sélection exercée sur un de ces caractères affectant la trajectoire évolutive des deux autres.**

La génétique quantitative vise à déterminer les contributions relatives de la génétique et de l'environnement aux variations phénotypiques. Par exemple, la coloration rose des flamants roses dépend principalement de la quantité de caroténoïdes obtenus dans l'environnement (en l'occurrence, les algues et les crevettes qu'ils mangent). En revanche, chez les animaux présentant un polymorphisme de couleurs comme les pigeons domestiques et les combattants variés, les différences de couleurs résultent du fait que les individus possèdent différents allèles pour le ou les gène(s) polymorphe(s).

## LA GÉNÉTIQUE QUANTITATIVE

Les parties inférieures du corps des effraies communes varient du blanc au roux foncé et de l'immaculé au très tacheté. Afin de déterminer si les ressemblances entre frères et sœurs s'expliquent plutôt par la génétique ou les conditions dans lesquelles les oisillons sont élevés, des expériences d'échanges d'œufs ou d'oisillons (*cross-fostering experiments*, en anglais) ont été réalisées en Suisse entre des nids choisis de manière aléatoire. Cela a permis de comparer des individus apparentés élevés dans des environnements différents et des individus non apparentés élevés dans le même environnement. Parce que des parents de couleurs différentes peuvent exploiter des habitats de qualité différente et s'investir de façon différente dans les soins parentaux selon leur morphe, répartir les oisillons dans des nids choisis aléatoirement permet de s'assurer que les oisillons issus de parents au plumage différent connaissent, en moyenne et en prenant en compte tous les transferts d'oisillons, des conditions d'élevage similaires.

Les résultats de ces expériences sont clairs. Les frères et sœurs biologiques élevés dans des nids différents se ressemblent en ce qui concerne la coloration rousse (voir graphe ci-dessous, en haut à gauche), ainsi qu'en ce qui concerne le nombre et la taille des taches noires. En revanche, les oisillons non apparentés, mais élevés

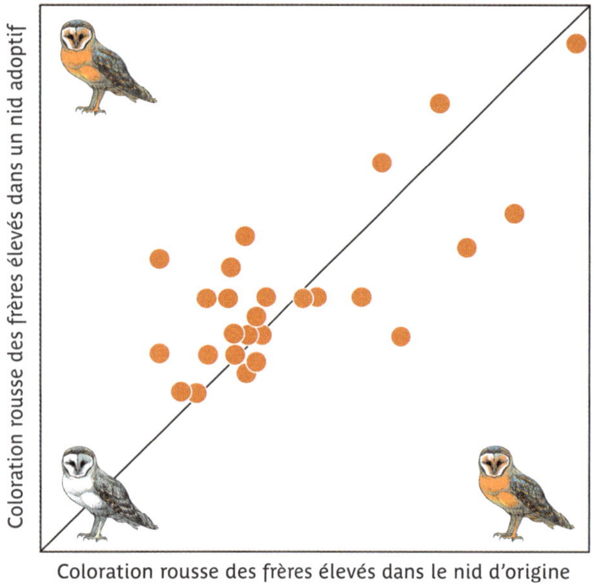


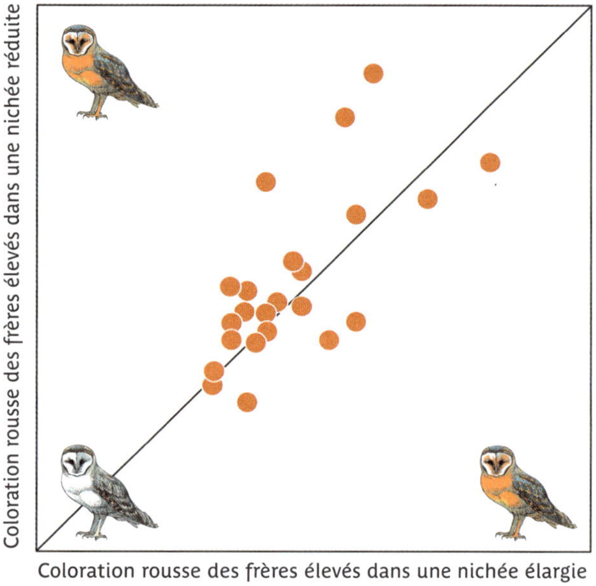


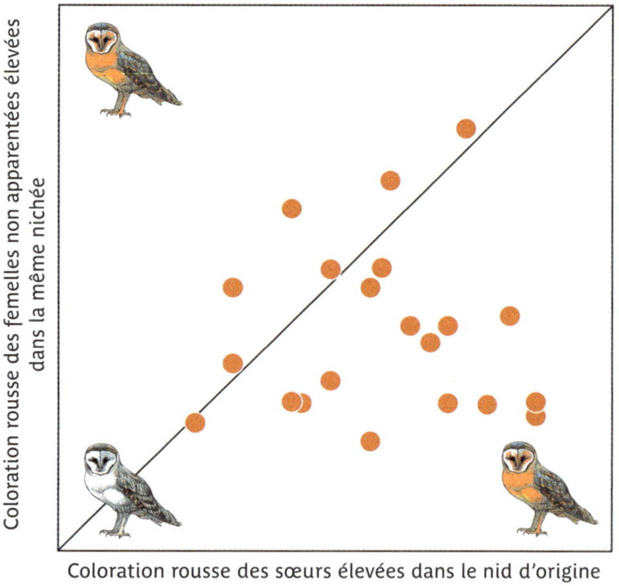


Chaque point orange représente la couleur moyenne des oisillons tels que définis par l'axe horizontal comparée à la couleur moyenne des oisillons tels que définis par l'axe vertical. La diagonale marque la ligne d'égalité, les points situés dessus représentant des frères ou sœurs montrant exactement la même coloration dans les deux cas. Des trois graphes, on peut déduire que les effraies des clochers apparentées se ressemblent du point de vue de la coloration rousse parce qu'elles partagent des gènes, et non parce qu'elles partagent le même environnement d'élevage (d'après Roulin *et al.* 1998).

***En haut à gauche*** : des oisillons mâles élevés par des parents adoptifs développent une coloration similaire à celle de leurs frères biologiques élevés par leurs parents biologiques. ***En haut à droite*** : des oisillons mâles élevés dans des nichées auxquelles 2 jeunes oisillons ont été ajoutés expérimentalement développent une coloration similaire à celle de leurs frères biologiques élevés dans des couvées où 2 jeunes oisillons ont été enlevés (points situés autant au-dessus qu'en dessous de la diagonale). ***Ci-contre, à droite*** : des oisillons femelles élevés dans leur nichée d'origine ne ressemblent pas à leurs compagnes de nichée non apparentées (points non situés près de la diagonale).

dans le même nid, ne sont pas colorés de la même façon et ressemblent à leurs parents biologiques et non à leurs parents adoptifs (voir graphe du bas page ci-contre). Cela indique que des individus apparentés présentent un plumage similaire parce qu'ils partagent des gènes et non parce qu'ils vivent dans le même environnement. En outre, affecter expérimentalement la condition physique des oisillons en augmentant la taille de la nichée n'a pas entraîné la production de plumages différents de ceux des oisillons élevés dans des couvées expérimentalement réduites, où les parents avaient moins de bouches à nourrir (voir graphe en haut à droite, page ci-contre). Ainsi, indépendamment de la quantité et de la qualité de la nourriture qu'un individu consomme, et indépendamment de son état physique, il exprime le morphe de couleurs génétiquement programmé.

Pour être de couleurs différentes, il suffit d'avoir un allèle différent sur un gène polymorphe responsable de la mélanogenèse. Même si seulement un seul ou quelques gènes peuvent modifier la coloration, la plupart du temps, de nombreux gènes sont impliqués dans l'expression des caractères du plumage. Mais même sans connaître précisément quels gènes affectent un caractère, nous pouvons estimer statistiquement l'ampleur de leurs effets additionnés dans les différences de caractères de plumage entre les individus, grâce au paramètre d'**héritabilité**. Ce paramètre varie de 0 (les individus apparentés ne se ressemblent pas, ou bien les facteurs génétiques ne sont pas impliqués dans leur ressemblance) à 1 (ressemblance parfaite entre individus apparentés due à leurs gènes). Les estimations de l'héritabilité sont plus grandes pour la coloration rousse ($h^2_{\text{mâle}}$ = 0,87 ; $h^2_{\text{femelle}}$ = 0,79) que pour le diamètre des taches ($h^2_{\text{mâle}}$ = 0,81 ; $h^2_{\text{femelle}}$ = 0,58) et le nombre de taches ($h^2_{\text{mâle}}$ = 0,72 ; $h^2_{\text{femelle}}$ = 0,50), indiquant que les individus apparentés sont plus semblables en ce qui concerne la coloration rousse que la manière d'être tacheté.

Ces estimations de l'héritabilité sont très élevées, ce qui indique que, chez l'effraie des clochers, l'expression des caractères du plumage est soumise à un contrôle génétique rigoureux et peu sensible à l'environnement. Cela signifie que si des individus présentant une livrée donnée sont dans un état physiologique moins bon ou exploitent des habitats différents de ceux de leurs congénères différemment colorés, ce n'est pas parce que l'environnement régule l'expression de la coloration basée sur la mélanine. À l'inverse, un lien entre la livrée, les variables environnementales et l'état de santé indiquerait plutôt qu'une livrée donnée influence directement ou indirectement la façon dont les individus exploitent leur environnement ou leur capacité à résister à des événements environnementaux stressants. L'expression d'un caractère de plumage, hérité génétiquement, pourrait donc prédire leur comportement et leur physiologie. Par exemple, les chouettes roux foncé et les chouettes blanches pourraient être adaptées à des conditions environnementales différentes et pourraient exploiter de préférence des proies différentes, dans des habitats différents. Comme nous le verrons plus loin, c'est en effet le cas !

Les estimations d'héritabilité plus élevées pour les mâles que pour les femelles indiquent que la ressemblance entre les parents et la progéniture est plus forte pour les pères que pour les mères. Cela s'explique en partie par le fait que certains des gènes codant pour les caractères du plumage sont situés sur le chromosome sexuel Z, sachant que les mâles sont homogamétiques, avec deux copies Z, et les femelles hétérogamétiques, avec une copie du chromosome Z transmise aux fils et une copie du chromosome W transmise aux filles. Chez les oiseaux, le chromosome Z contient généralement plus de gènes que le chromosome W. Ce dernier a donc probablement moins d'effet sur les caractères du plumage. Les gènes situés sur le chromosome Z expliquent 27 % de la variation de la taille des taches, et ceux situés sur les autosomes, c'est-à-dire les chromosomes non sexuels, 44 %. Ceci n'est pas surprenant étant donné que les effraies des clochers ont 92 chromosomes (91 autosomes + le chromosome sexuel) sur lesquels les gènes codant pour les caractéristiques du plumage peuvent aussi se trouver. Ces résultats proviennent des comparaisons du plumage des deux parents avec celui de leurs fils et filles (le père transmet une copie de ses deux chromosomes sexuels Z aux fils et aux filles tandis que la mère transmet son unique Z aux fils et son unique W aux filles).

## LES CORRÉLATIONS GÉNÉTIQUES ENTRE LES CARACTÈRES DU PLUMAGE

La coloration rousse est soumise à la sélection naturelle par les interactions proies-prédateurs, et les taches du plumage sont influencées par la sélection sexuelle par le biais du choix du partenaire. Néanmoins, ces caractères du plumage ne sont pas hérités indépendamment les uns des autres, mais génétiquement corrélés. Ainsi, la sélection naturelle exercée sur la coloration rousse devrait également affecter l'évolution des taches sur le plumage, un caractère sexuellement sélectionné, et *vice versa*. Par exemple, les chouettes roux foncé présentent des taches noires plus nombreuses et plus grandes que les chouettes blanches. Par conséquent, si la sélection naturelle favorise les effraies rousses plutôt que les effraies blanches, non seulement la fréquence des chouettes rousses devrait augmenter, mais également celle des chouettes fortement tachetées. Cela pourrait être un inconvénient si la sélection sexuelle favorise les individus à petites taches par rapport aux individus à grosses taches. Ainsi, les corrélations génétiques entre les caractères phénotypiques sont généralement considérées comme une contrainte évolutive parce qu'elles poussent indirectement les organismes au-delà de leur optimum phénotypique.

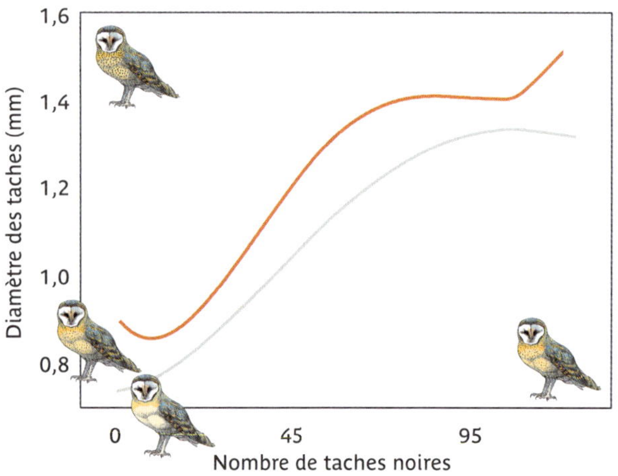


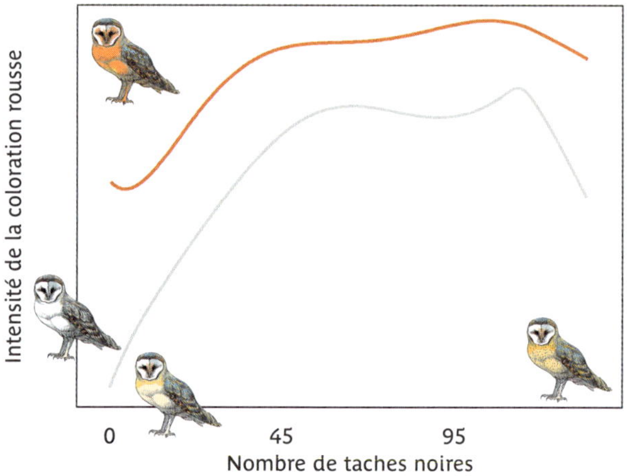


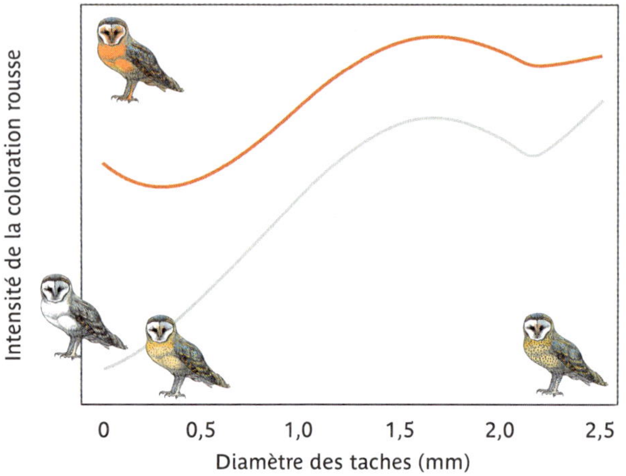


Variation de l'expression de la corrélation génétique entre :

- le nombre et la taille des taches noires (*en haut à gauche*),
- le nombre de taches noires et la coloration rousse (*en haut à droite*),
- la taille des taches noires et la coloration rousse (*en bas*).

Les caractéristiques du plumage ne sont pas héritées indépendamment les unes des autres, comme le montrent ces corrélations entre différents caractères du plumage mesurés en Suisse chez 1 692 femelles (ligne orange) et 1 547 mâles (ligne grise).

Déterminer la relation exacte entre les caractères du plumage pourrait fournir des informations sur les combinaisons de caractères les plus fréquentes et potentiellement les meilleures. Chez l'effraie des clochers, la coloration rousse et les taches sur le plumage sont basées sur le dépôt de pigments de mélanine, c'est pourquoi les gènes participant à la mélanogenèse peuvent modifier simultanément plus d'une caractéristique du plumage. Conformément à cet énoncé, la corrélation génétique entre la coloration rousse et le nombre ainsi que la taille des taches est respectivement de 0,50 et 0,56 (une valeur de 0 indique que les deux caractères ne sont pas génétiquement corrélés, et une valeur de 1 montre que les deux caractéristiques sont parfaitement corrélés). Cela signifie que les chouettes rousses ont, en moyenne, plus de taches noires et de plus grande taille que les chouettes blanches. Comme la corrélation n'est pas parfaite (par exemple, certaines chouettes blanches peuvent présenter de nombreuses grandes taches), nous pouvons conclure que différents gènes sont impliqués dans le développement de la coloration rousse et des taches du plumage. La corrélation génétique entre le nombre et la taille des taches noires est beaucoup plus forte (0,93), ce qui indique que plus une chouette a de taches génétiquement héritées, plus ces taches sont grandes. Le fait que les corrélations génétiques entre les caractéristiques du plumage soient 1,6 fois plus fortes chez les mâles que chez les femelles suggère qu'être soit roux et fortement tacheté, soit blanc et sans taches est plus important chez les mâles que chez les femelles.

## LES CORRÉLATIONS GÉNÉTIQUES ENTRE LES SEXES

Les frères et sœurs peuvent se ressembler parce qu'ils partagent une grande partie de leurs gènes transmis par leurs parents. Ils peuvent cependant différer par des points importants de leur aspect physique en raison des effets des chromosomes sexuels. Cela signifie que, pour certains caractères, les fils ressemblent plus étroitement à leur père et les filles à leur mère. Ce fait n'est pas anodin, car chez de nombreux oiseaux, l'expression des caractères du plumage est spécifique au sexe. C'est, par exemple, le cas chez l'autruche, chez

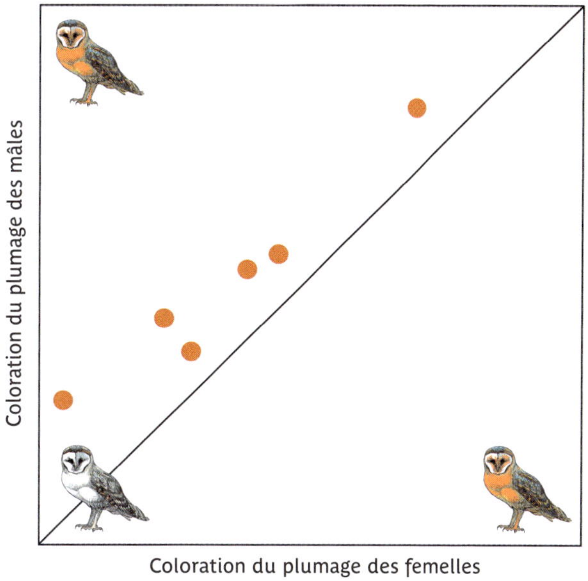


Coloration moyenne du plumage des mâles et des femelles de 6 populations d'effraies des clochers d'Europe. Cette figure montre que, dans les populations où les femelles sont roux foncé, les mâles sont également roux foncé, et dans les populations où les femelles sont blanches, les mâles le sont aussi. D'après Roulin *et al.* 2001.

qui seuls les mâles sont noirs, tandis que les femelles sont brunes.

Nous pouvons estimer dans quelle mesure un caractère donné est génétiquement corrélé entre les sexes, c'est-à-dire dans quelle mesure la variation génétique est transmise et exprimée à la fois chez les oisillons mâles et femelles. Chez l'effraie des clochers, les corrélations génétiques entre les sexes pour la coloration rousse (0,996), le diamètre des taches (0,963) et le nombre de taches (0,903) sont proches de la valeur maximale de 1. Cela signifie que les mêmes gènes sont impliqués dans l'expression des caractères de couleur du plumage des mâles et des femelles, et que ces gènes ne sont exprimés que légèrement différemment chez les deux sexes. Il y a donc peu de variations en ce qui concerne les facteurs génétiques à l'origine des effets spécifiques au sexe. Par exemple, si les mâles (et non les femelles) sont sélectionnés pour avoir un plumage plus blanc, une coloration plus claire chez les femelles peut apparaître lentement parce que les mâles transmettent constamment à leurs filles des gènes codant pour la couleur blanche. Par conséquent, les femelles peuvent évoluer progressivement vers une coloration plus claire même si elles ne sont pas sélectionnées pour cela, simplement parce que le père transmet également à ses filles les gènes du plumage blanc.

Les corrélations génétiques entre les sexes ont de nombreuses implications. Rappelons le conflit génétique qui survient lorsque des forces de sélection poussent les mâles et les femelles à présenter respectivement de petites et de grandes taches noires. Chez les mâles, il est préférable d'être immaculé alors que chez les femelles, il est préférable d'être fortement tacheté. La puissante corrélation génétique entre les sexes pour le diamètre des taches est au cœur de ce conflit, étant donné que la sélection exercée sur un caractère du plumage chez un sexe aura inévitablement une incidence sur l'évolution du même trait chez l'autre sexe. C'est ce qui s'est produit en Suisse, où une sélection positive de la taille des taches noires chez les femelles a entraîné une augmentation de la proportion non seulement de femelles mais également de mâles à grandes taches, même si ces grandes taches avaient tendance à être contre-sélectionnées chez les mâles.

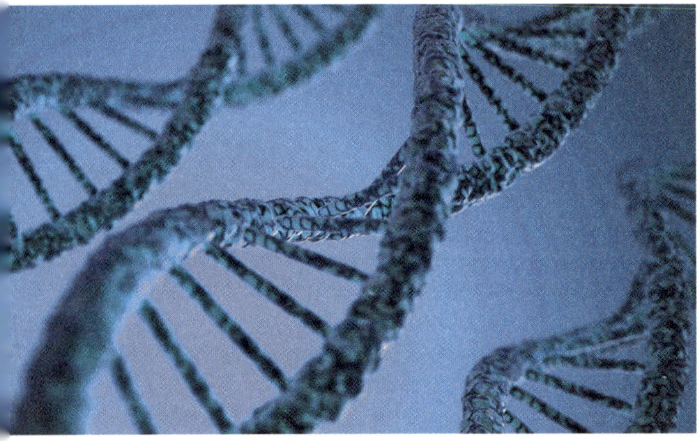

La génétique moléculaire vise à identifier les gènes impliqués dans les caractères phénotypiques, tels ceux du plumage chez l'effraie des clochers.

## LA GÉNÉTIQUE MOLÉCULAIRE

Traditionnellement, les chercheurs utilisent l'**approche du gène candidat** pour identifier les gènes responsables des variations phénotypiques. Cette approche est simple. Si l'on sait qu'un gène participe à l'élaboration de pigments de mélanine chez des animaux de laboratoire comme la souris, les scientifiques qui travaillent avec d'autres organismes, comme l'effraie des clochers, examineront si ce même gène peut expliquer pourquoi certaines chouettes sont sombres alors que d'autres sont claires. L'idée est de déterminer si le gène est polymorphe, les oiseaux foncés possédant un autre allèle que leurs congénères blancs. Cette méthode a, par exemple, été utilisée pour déterminer si le gène du récepteur de la mélanocortine-1 (*MC1R*) code pour l'expression de la couleur chez l'effraie des clochers, comme il le fait chez de nombreux autres vertébrés (comme chez l'humain pour les cheveux roux).

Dans les populations européennes d'effraies des clochers, *MC1R* est polymorphe, l'allèle ancestral $MC1R_{Blanc}$ codant pour une coloration blanche et l'allèle dérivé $MC1R_{Roux}$ codant pour une coloration rousse. Le second est apparu pendant la recolonisation des parties nord-est du continent après la dernière période glaciaire, et on le trouve encore à une fréquence élevée. L'impact de *MC1R* varie selon les parties du corps et diffère selon le sexe et les caractères du plumage. Ce gène a un effet relativement fort sur l'expression de la coloration rousse, particulièrement sous les ailes des mâles, où il explique 79 % de la variation de la coloration, et beaucoup moins sur la poitrine des femelles (10 %). L'impact de *MC1R* sur le nombre et la taille des taches noires est beaucoup moins prononcé, expliquant moins de 1 % de la variation interindividuelle des taches.

L'effet de ce gène sur les caractères du plumage est presque deux fois plus important chez les mâles que chez les femelles, expliquant respectivement 64 % et 34 % de la variance interindividuelle de la coloration rousse. Ceci est dû à un effet plus fort de $MC1R_{Blanc}$ sur la coloration des mâles que sur la coloration des femelles, alors que les mâles et les femelles possédant l'allèle $MC1R_{Roux}$ sont de couleur plus similaire. Par conséquent, le dimorphisme sexuel est plus prononcé chez les individus homozygotes possédant deux copies de $MC1R_{Blanc}$

que chez les individus homozygotes possédant deux copies de $MC1R_{Roux}$ ou chez les individus hétérozygotes. Ce modèle de dimorphisme sexuel ne se limite pas à la Suisse, mais se retrouve dans le monde entier. En effet, les mâles et les femelles se ressemblent davantage dans les régions où les oiseaux sont roux foncé que dans celles où les oiseaux sont blancs.

## Futures recherches

- Est-il préférable d'être roux foncé avec beaucoup de taches de grande taille, ou de s'écarter de ce motif général (c'est-à-dire d'être roux avec de petites taches, blanc avec de petites taches ou blanc avec de grandes taches)? Les taches noires améliorent-elles la fonction de camouflage potentielle du plumage roux? Ou les taches noires sont-elles mieux vues par les congénères blancs que par les chouettes rousses? Un certain nombre d'approches peuvent être utilisées pour tenter de répondre à ces questions, par exemple en vérifiant si différentes combinaisons de coloration rousse et de taches sont associées à la survie et au succès de reproduction de manière différente. Une autre approche consisterait à examiner globalement si plusieurs facteurs écologiques sont à l'origine de l'apparition des diverses combinaisons de caractéristiques.
- La génomique est une nouvelle méthode de dépistage des génomes (*screening genomes*, en anglais) visant à détecter les variantes génétiques liées à la variation phénotypique de couleurs sans aucune connaissance sur le gène qui pourrait *a priori* être impliqué dans la production de la couleur (comme c'est le cas avec l'approche du « gène candidat »). Cette méthode peut aider à identifier les gènes impliqués dans l'expression des différentes caractéristiques du plumage au-delà de *MC1R*.
- *MC1R* doit être séquencé sur l'ensemble des espèces de Tytonidés pour déterminer s'il est impliqué dans des variations de couleurs en dehors de l'Europe. Il serait également intéressant d'examiner si des mutations liées à des variations de couleurs sont identiques ou différentes chez tous les Tytonidés.

## Pour aller plus loin


Burri, R., Antoniazza, S., Gaigher, A., Ducrest, A.-L., Simon, C., The European Barn Owl Network, Fumagalli, L., Goudet, J. and Roulin, A. 2016. The genetic basis of color-related local adaptation in a ring-like colonization around the Mediterranean. *Evolution* **70**: 140–153.

Larsen, T. C., Holland, A. M., Jensen, H., Steinsland, I. and Roulin, A. 2014. On estimation and identifiability issues of sex-linked inheritance with a case study of eumelanic spot diameter in Swiss barn owl (*Tyto alba*). *Ecol. Evol.* **4**: 1555–1566.

Roulin, A. 2016. Evolutionary trade-off between naturally and sexually selected melanin-based colour traits in the worldwide distributed barn owls and allies. *Biol. J. Linn. Soc.* **119**: 455–476.

Roulin, A. and Dijkstra, C. 2003. Genetic and environmental components of variation in eumelanin and phaeomelanin sex-traits in the barn owl. *Heredity* **90**: 359–364.

Roulin, A. and Jensen, H. 2015. Sex-linked inheritance, genetic correlations and sexual dimorphism in three melanin-based color traits in the barn owl. *J. Evol. Biol.* **28**: 655–666.

Roulin, A., Richner, H. and Ducrest, A.-L. 1998. Genetic, environmental and condition-dependent effects on female and male plumage ornamentation. *Evolution* **52**: 1451–1460.

Roulin, A., Riols, C., Dijkstra, C. and Ducrest, A-L. 2001. Female- and male-specific signals of quality in the barn owl. *J. Evol. Biol.* **14**: 255–266.

San-Jose, L. M., Ducrest, A.-L., Ducret, V., Béziers, P., Simon, C., Wakamatsu, K. and Roulin, A. 2015. Effect of the *MC1R* gene on sexual dimorphism in melanin-based coloration. *Mol. Ecol.* **24**: 2794–2808.

## Androgynie

Les mâles sont, en moyenne, plus clairs que les femelles
et présentent des taches noires plus petites et moins nombreuses.

# Le dimorphisme sexuel des caractères du plumage

**Dans toutes les populations d'effraies communes, d'effraies de prairie et du Cap, et d'effraies masquées, les femelles sont, en moyenne, plus roux foncé que les mâles. Elles ont aussi des taches plus grandes et en plus grand nombre. Cependant, les caractères du plumage ne peuvent pas être utilisés pour identifier le sexe d'un oiseau, car certains mâles présentent un plumage typique des femelles et certaines femelles présentent un plumage typique des mâles. Le dimorphisme sexuel dans la coloration des plumes chez l'effraie est incomplet et varie donc d'une famille à l'autre, les frères ressemblant parfois à leurs sœurs.**

Dans une certaine mesure, les effraies mâles et femelles sont morphologiquement distinctes. Elles présentent ce que l'on nomme communément un dimorphisme sexuel. L'importance des différences entre les sexes dépend d'une sélection de phénotypes différente chez les mâles et chez les femelles. Chez les oiseaux, les femelles sont habituellement plus intensément impliquées dans les soins parentaux que les mâles. C'est pourquoi les colorations cryptiques sont avantagées par la **sélection naturelle** chez les femelles, afin qu'elles puissent rester cachées avec leurs petits. En revanche, les colorations ostentatoires sont principalement favorisées par la **sélection sexuelle** chez les mâles, pour attirer une partenaire ou pour dissuader les concurrents. Cette situation courante peut être légèrement différente chez les rapaces, notamment nocturne, chez lesquels le mâle est fortement impliqué dans l'élevage de la progéniture. Cela implique que la coloration du plumage du mâle pourrait être soumise à la sélection naturelle pour assurer un succès élevé de la recherche de nourriture pour la progéniture.

## LE DIMORPHISME SEXUEL DES CARACTÈRES DU PLUMAGE

Toutes les effraies communes, les effraies de prairie et du Cap ainsi que les effraies masquées présentent un dimorphisme sexuel en ce qui concerne les caractères du plumage. Par rapport aux mâles, les femelles sont, en moyenne, plus roux foncé et présentent des taches noires plus nombreuses et plus grandes sur le ventre, la poitrine, les flancs et le dessous des ailes. Cependant, le dimorphisme sexuel n'est pas complet, car on observe également des femelles de type mâle (blanches avec peu de petites taches) et des mâles de type femelle (roux avec beaucoup de grandes taches). En Suisse, les femelles sont plus roux foncé et présentent des taches plus nombreuses et plus grandes que leurs frères dans seulement 57 % des nids. Les caractéristiques de plumage ne peuvent donc pas être utilisées de façon fiable pour identifier le sexe.

Lorsque les parents, en particulier la mère, sont plus mélaniques (c'est-à-dire roux foncé et fortement marqués de grandes taches noires), leurs fils et leurs filles présentent un plumage tout aussi mélanique. En revanche, lorsque les deux parents sont roux pâle et ont un plumage légèrement tacheté, les fils sont pâles et légèrement tachetés, tandis que les filles sont foncées et fortement tachetées. Cela signifie que le dimorphisme sexuel de la progéniture est plus prononcé lorsque les parents sont faiblement mélaniques, et la raison tient beaucoup plus au fait que les oisillons femelles ne produisent pas un plumage typiquement mâle (blanc et non tacheté) qu'au fait que les oisillons mâles ne produiraient pas un plumage femelle (roux et fortement tacheté). Cela suggère qu'il est plus coûteux pour les femelles de présenter un plumage typique des mâles, que pour les mâles de présenter un plumage typique des femelles. Il s'agit d'une tendance mondiale pour les populations d'effraies communes, car les mâles et les femelles se ressemblent davantage là où les oiseaux sont, en moyenne, plutôt roux que blancs. Par exemple, en Allemagne, où les effraies des clochers sont sombres, le dimorphisme sexuel des caractères du plumage est beaucoup plus faible qu'en Espagne, où elles sont pâles.

## LES FACTEURS DÉTERMINANT LE DIMORPHISME SEXUEL

Comme démontré en Suisse, le degré de dimorphisme sexuel dans les caractères du plumage est sensible à des gènes situés sur les autosomes plutôt que sur les chromosomes sexuels. Le dimorphisme sexuel de la coloration rousse est plus prononcé que le dimorphisme sexuel du nombre ou du diamètre des taches : dans 92 % des familles, les sœurs sont plus roux foncé que leurs frères, avec 78 % présentant plus de taches noires et 67 % ayant des taches plus grandes. Il ne s'agit toutefois pas d'un modèle universel. Au Royaume-Uni, le dimorphisme sexuel de la coloration rousse est le plus prononcé, suivi du diamètre des taches puis du nombre de ces taches. En revanche, aux États-Unis, les caractéristiques les plus sexuellement dimorphiques sont la taille et le nombre de taches, suivis par la coloration rousse. Cela suggère que des facteurs environnementaux inconnus peuvent créer des forces de sélection poussant vers différents degrés de dimorphisme sexuel selon la région. Les seules données disponibles sur cette question indiquent que le dimorphisme sexuel de la taille des taches est plus prononcé sur les îles reculées que sur les îles situées près d'un continent. De plus, le dimorphisme sexuel du degré de coloration rousse est moins prononcé sur les îles que sur le continent et plus prononcé dans l'hémisphère Sud que dans l'hémisphère Nord. Par ailleurs, le dimorphisme sexuel du nombre et de la taille des taches noires est plus prononcé dans les zones tempérées qu'à proximité de l'équateur. La tendance inverse est observée pour la coloration rousse, les femelles ressemblant plus aux mâles dans les zones tempérées que près de l'équateur. Ces résultats sont fascinants, mais des recherches sont encore nécessaires pour comprendre leur signification biologique.

## Futures recherches

- Les gènes impliqués dans l'étendue des différences de plumage entre mâles et femelles devraient être identifiés et séquencés chez de nombreux individus dans le monde. Cela aiderait à déterminer pourquoi, d'un point de vue mécaniste, le dimorphisme sexuel varie géographiquement et comment il a pu évoluer et se maintenir.
- Le dimorphisme sexuel varie d'une famille d'effraies des clochers à l'autre, ce qui soulève la question de savoir si les adultes qui élèvent des filles dont le plumage diffère de celui de leurs frères obtiennent une meilleure valeur sélective que les adultes qui élèvent des fils et filles de même couleur. Puisque le dimorphisme sexuel résulte du fait que les oisillons femelles n'affichent pas un plumage blanc immaculé, plutôt que du fait que les oisillons mâles ne produisent pas un plumage foncé et très tacheté, la sélection s'exerce-t-elle plus fortement contre les femelles de type mâle que contre les mâles de type femelle ?

## Pour aller plus loin


Roulin, A. and Jensen, H. 2015. Sex-linked inheritance, genetic correlations and sexual dimorphism in three melanin-based color traits in the barn owl. *J. Evol. Biol.* **28**: 655–666.

Roulin, A. and Randin, C. 2015. Gloger's rule in North American barn owls. *Auk* **132**: 321–332.

Roulin, A. and Randin, C. 2016. Barn owls display larger black feather spots in cooler regions on the British Isles. *Biol. J. Linn. Soc.* **119**: 445–454.

Roulin, A. and Salamin, N. 2010. Insularity and the evolution of melanism, sexual dichromatism and body size in the worldwide-distributed barn owl. *J. Evol. Biol.* **23**: 925–934.

Soyons plus clairs !

Indépendamment du sexe, les effraies des clochers deviennent plus blanches après la première mue, au cours de leur première année de vie.

# Les changements des caractères du plumage liés à l'âge

**Bien que les jeunes effraies des clochers affichent déjà toute la diversité des plumages que l'on retrouve chez les adultes, les parties inférieures du corps (le ventre, la poitrine, les flancs et le dessous des ailes) changent légèrement de couleur entre la première et la deuxième année de vie. Après la première mue, chez les deux sexes, les nouvelles plumes sont plus claires que les plumes produites en tant qu'oisillon. Chez les mâles, les nouvelles plumes sont moins tachetées que celles qu'elles ont remplacées, alors que chez les femelles, les taches noires nouvellement produites sont plus grandes que les précédentes. Les adultes ont un meilleur succès de reproduction s'ils deviennent plus clairs par rapport à la mue précédente, et perdent plus de taches pour les mâles, ou agrandissent leurs taches pour les femelles.**

Chez les oiseaux, les juvéniles arborent fréquemment un plumage moins voyant et repérable que celui des adultes, et qui est souvent, mais pas toujours, acquis dès la première mue. Ce plumage a une fonction cryptique pour éviter d'attirer l'œil des prédateurs, ou bien se présente comme sexuellement moins attractif pour éviter l'agression des congénères dominants. Cette situation prévaut chez de nombreux oiseaux, mais probablement pas chez l'effraie des clochers, chez qui tous les types de plumage se retrouvent chez les juvéniles et les adultes, même si le plumage change progressivement avec l'âge.

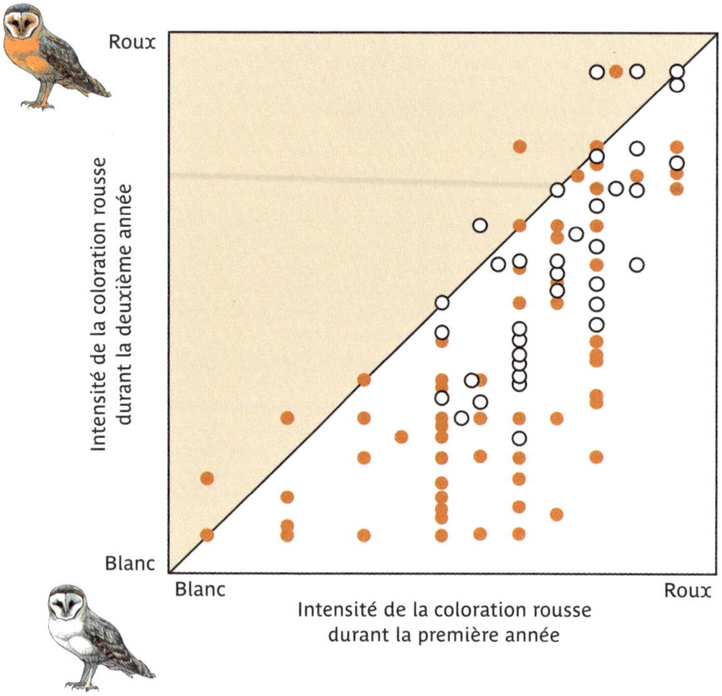


Changement intra-individuel de la coloration du plumage entre la première et la deuxième année de vie. Chaque point représente un individu, les femelles étant indiquées par des points blancs et les mâles par des points orange. Les points sous la diagonale indiquent que les effraies des clochers deviennent plus blanches entre ces deux classes d'âge, et les points au-dessus de la diagonale indiquent que les oiseaux deviennent plus roux.

## LE CHANGEMENT DE PLUMAGE

L'effraie des clochers devient roux plus pâle après la première mue et continue de s'éclaircir à chaque mue qui suivra, mais dans une bien moindre mesure. Bien que l'éclaircissement du plumage soit semblable chez les deux sexes, le changement des taches du plumage est spécifique au sexe : après la première mue, les mâles perdent quelques taches noires, qui restent de la même taille, tandis que les femelles conservent le même nombre de taches, mais ces dernières deviennent plus grandes. Ces changements sont relativement mineurs, et un oisillon fortement tacheté et roux conservera ces caractéristiques à l'âge adulte. Par conséquent, les caractères du plumage mesurés au cours de la première année de vie fournissent une bonne estimation de ce que sera la coloration de l'oiseau plus tard dans sa vie. Les caractères de plumage sont peu utiles pour identifier le sexe ou l'âge d'une effraie des clochers.

Le changement des caractères du plumage n'est pas le résultat de l'usure des plumes, qui est beaucoup moins prononcée chez les hiboux et les chouettes que chez les rapaces diurnes, lesquels passent la majeure partie de la journée sous les rayons ultraviolets du soleil dont l'action ternit les couleurs du plumage. Ainsi, les effraies des clochers acquièrent une coloration légèrement différente non pas à cause de l'usure des plumes mais probablement parce que, lors de la première mue, le profil hormonal change avec le passage du stade juvénile au stade adulte. Bien que ces hormones non identifiées puissent augmenter la taille des taches noires en augmentant la production d'eumélanine, elles réduisent simultanément la production de phéomélanine autour des taches noires, de sorte que les chouettes deviennent moins rousses avec le temps. En effet, les femelles dont les taches augmentent en taille entre deux mues successives deviennent également moins rousses. L'ampleur des changements de plumage a clairement une base génétique, car une femelle qui devient plus blanche qu'une autre entre la première et la deuxième année de vie produit une progéniture qui deviendra également plus blanche entre ces deux classes d'âge.

Comme les hormones régulent les caractères morphologiques ainsi que l'activité sexuelle à l'âge adulte, il n'est pas surprenant que l'ampleur des changements de plumage entre deux années soit associée à un changement concomitant des activités de reproduction : les femelles dont les taches noires augmentent en taille entre deux saisons de reproduction nichent plus tôt dans la saison et produisent des œufs plus gros ; les mâles qui perdent plus de taches noires entre deux saisons de reproduction élèvent plus de petits ; indépendamment du sexe, les individus qui deviennent plus clairs entre deux saisons de reproduction élèvent des familles plus nombreuses. Cela suggère qu'en Suisse, où ces observations ont été faites, les effraies les plus claires, les femelles présentant de plus grandes taches et les mâles présentant moins de taches ont des avantages sélectifs par rapport aux autres individus ou, alternativement, investissent plus d'énergie dans les activités de reproduction.

## Futures recherches

- Les changements du plumage avec l'âge n'ont été étudiés que chez l'effraie des clochers. Ils devraient également être étudiés chez d'autres Tytonidés.
- Les gènes et les hormones qui déclenchent un changement des caractères du plumage entre la première et la deuxième année de vie devraient être identifiés.
- Il faudrait déterminer si les changements des caractères du plumage entre la première et la deuxième année de vie sont adaptatifs. Étant donné que ces différents caractères se modifient entre l'âge de un et deux ans, on peut prédire que, chez les mâles et les femelles, un plumage roux foncé est plus bénéfique à l'âge d'un an que plus tard. De même, la présence de taches en faible nombre chez les mâles et de grande taille chez les femelles est plus favorable chez les adultes que chez les jeunes d'un an.

## Pour aller plus loin

Dreiss, A. N. and Roulin, A. 2010. Age-related change in melanin-based coloration: females that become more female-like and males more male-like with age perform better in barn owls (*Tyto alba*). *Biol. J. Linn. Soc.* **101**: 689–704.

Une effraie des clochers femelle très tachetée.

# L'habit et le moine

## Le choix du partenaire

**Les animaux choisissent leur partenaire de reproduction avec soin. Comme les mâles des effraies des clochers consacrent substantiellement plus d'efforts à rapporter de la nourriture à leur famille que les femelles, ils devraient choisir des femelles génétiquement supérieures, qui peuvent à leur tour choisir des chasseurs efficaces. Il a été prouvé qu'un mâle choisit sa partenaire et ajuste les soins parentaux qu'il prodigue à la progéniture en fonction de la taille des taches du plumage de la femelle.**

Chez les animaux, les mâles investissent généralement moins d'efforts que les femelles dans les soins parentaux et ont donc le temps de copuler avec plusieurs partenaires. Les femelles, quant à elles, sont habituellement plutôt réticentes à satisfaire pleinement l'appétit de copulation des mâles, se montrant, en revanche, pointilleuses dans le choix d'un partenaire. Pour les femelles, l'effort consacré à élever une famille peut en effet n'avoir de la valeur que si la progéniture a été engendrée par des géniteurs de haute qualité, qui sont potentiellement identifiés par un plumage ostentatoire. Cette situation est typique de la plupart des oiseaux, mais qu'en est-il des effraies communes, chez lesquelles les mâles investissent tant de temps et d'énergie dans le nourrissage de leurs petits ? Mâles et femelles choisissent-ils tous deux un partenaire en fonction des caractères de leur plumage ?

### LA FORMATION DES COUPLES EN FONCTION DES TACHES DU PLUMAGE N'APPARAÎT PAS ALÉATOIRE

Les effraies des clochers mâles, nous l'avons vu, investissent beaucoup de temps et d'énergie pour nourrir leur famille. C'est une démarche rentable pour autant que les oisillons héritent de leur mère des gènes de qualité. Cette situation est l'inverse de celle que l'on observe chez de nombreux animaux, où les mâles ne dispensent pas de soins parentaux à leur progéniture et où les femelles tentent de choisir un compagnon doté de bons gènes. Chez l'effraie commune, nous pouvons donc nous attendre à voir s'opérer un choix de la partenaire par les mâles, sans pour autant exclure un choix du partenaire par les femelles. Les femelles étant plus fortement tachetées que les mâles, il est possible que ces derniers évaluent la qualité d'une partenaire

Plumes de poitrine rousses avec des marques noires de tailles et de formes différentes. Chez les individus roux, les taches noires sont souvent accompagnées d'une marque blanche au-dessus.

en fonction de la mesure dans laquelle le plumage de celle-ci est tacheté, comme le suggèrent les observations suivantes recueillies en Suisse.

- Les partenaires mâles et femelles se ressemblent-ils (appariement assortatif, ou *assortative pairing*, en anglais) en ce qui concerne la taille des taches noires? Bien que ce soit le cas certaines années, durant d'autres années, les individus à grandes taches s'apparient avec des individus à petites taches (appariement non-assortatif, ou *disassortative pairing*, en anglais). Ces modèles non aléatoires d'appariement ne prouvent pas que les taches du plumage soient un critère de choix du partenaire, car elles pourraient aussi être le résultat de la répartition non aléatoire des effraies des clochers dans les habitats. Par exemple, les effraies des clochers fortement tachetées pourraient se trouver dans des habitats différents des chouettes légèrement tachetées, ce qui donnerait nécessairement lieu à des appariements assortatifs bien que cela ne relèverait alors pas d'une préférence des oiseaux.
- Les mâles s'accouplent-ils de façon répétée avec des femelles présentant des taches noires de taille similaire? Les données montrent que les mâles trouvent une nouvelle partenaire dont les taches sont semblables à celles de leur ancienne compagne. Cela suggère que chaque mâle a une préférence spécifique pour une taille de taches chez les femelles. Une autre explication possible réside dans le fait qu'un mâle pourrait défendre un site de nidification qui conviendrait préférentiellement aux femelles présentant des taches noires d'une taille spécifique. Ainsi, année après année, ledit mâle finirait par s'accoupler avec des femelles ayant un aspect similaire.
- Les mâles ajustent-ils leur comportement reproducteur en fonction des taches du plumage de leur partenaire? Pour répondre à cette question, les taches du plumage de femelles ont été manipulées expérimentalement et les réponses comportementales de leur partenaire ont été surveillées. Un mois après que les taches noires présentes sur les plumes de femelles en incubation aient été coupées aux ciseaux, les mâles de ces femelles avaient livré moins de proies pour les oisillons que ceux appariés à des femelles dont le plumage était resté intact. Il en a résulté une diminution de la masse corporelle de la progéniture et,

Une effraie des clochers étirant son aile. © Guillaume Rapin par conséquent, un succès d'envol plus faible. Cette expérience suggère que les mâles s'investissent différemment dans les soins parentaux pour élever leur progéniture en fonction des taches de leur partenaire. Bien que l'élimination de leurs taches noires n'ait pas affecté la survie des femelles devenues immaculées, celles-ci se reproduisaient moins souvent l'année suivante que les femelles tachetées, ce qui suggère qu'elles ont eu des difficultés à trouver un partenaire.

### LA FORMATION DES COUPLES EN FONCTION DE LA COLORATION ROUSSE EST-ELLE ALÉATOIRE ?

Chez les effraies communes, les effraies de prairie et du Cap, ainsi que les effraies masquées, le ventre, la poitrine, les flancs et le dessous des ailes des mâles sont moins roux que ces mêmes parties du corps chez les femelles, de sorte que la coloration blanche pourrait être considérée comme une caractéristique du plumage propre aux mâles. Les femelles évaluent-elles la blancheur des mâles lorsqu'elles choisissent un partenaire ? Il n'est pas facile de répondre à cette question, car il est difficile de modifier expérimentalement la coloration du plumage sur tout le dessous du corps, c'est-à-dire de changer la coloration d'une chouette rousse vers le blanc (et *vice versa*), pour examiner si ce changement modifierait le comportement de chasse ou la probabilité d'avoir une partenaire de qualité. Les seuls indices disponibles proviennent de France, d'Allemagne, de Hongrie, d'Israël et de Suisse, où les mâles blancs s'accouplent avec des femelles blanches ou rousses aussi souvent que les mâles roux. L'absence d'appariement assortatif en ce qui concerne la coloration du plumage n'est toutefois pas une preuve que cette caractéristique n'est pas utilisée comme critère pour le choix du partenaire. Le mystère demeure.

## Futures recherches

- Des études sont nécessaires pour déterminer si les chouettes présentant des caractères de plumage différents obtiennent des partenaires de qualité différente. Par exemple, les femelles à grandes taches pourraient s'accoupler plus fréquemment avec des mâles plus grands ou avec des mâles ayant de meilleures chances de survie. Étant donné que les caractères du plumage varient géographiquement, la relation entre ces caractères et la qualité du partenaire peut varier d'une population à l'autre.
- La préférence pour des caractères de plumage spécifiques chez les mâles et les femelles devrait être formellement testée. En outre, il serait instructif d'examiner si cet état de fait change avec l'âge. Les jeunes d'un an et les adultes forment-ils des couples avec des partenaires au plumage différent ?
- Les taches du plumage des femelles ont été manipulées en coupant aux ciseaux les pointes des plumes présentant des taches noires. Une expérience similaire devrait également être réalisée chez les mâles.
- Est-ce que tous les mâles montrent la même préférence pour les femelles à grandes taches ou est-ce que la préférence des mâles pour des femelles spécifiques varie géographiquement et temporellement ? De plus amples renseignements sur les critères de choix du partenaire utilisés par les effraies des clochers mâles et femelles sont nécessaires.

## Pour aller plus loin

Roulin, A. 1999. Nonrandom pairing by male barn owls *Tyto alba* with respect to a female plumage trait. *Behav. Ecol.* **10**: 688–695.

## Des chouettes transgenres ?

Les mâles sont sélectionnés pour être faiblement tachetés, comme indiqué par la flèche bleue, et les femelles pour être très tachetées, comme indiqué par la flèche orange.

# La sélection antagoniste selon le sexe

**Les mâles et les femelles partagent la majorité de leur machinerie génétique et se ressemblent donc étroitement à bien des égards. Cependant, un phénotype bénéfique pour l'un des sexes peut être préjudiciable à l'autre. En Suisse, les effraies des clochers mâles et femelles présentant de grandes taches noires sur leur plumage ont des probabilités de survie respectivement plus faibles et plus élevées au cours de leur première année de vie. Ce schéma de sélection des taches du plumage, positive chez les femelles et négative chez les mâles, est un exemple de « sélection antagoniste selon le sexe ».**

Bien que les effraies des clochers mâles soient, en moyenne, de couleur différente des femelles, des individus des deux sexes peuvent afficher n'importe quels caractères de plumage. Ceci donne une bonne occasion d'étudier l'impact de la ressemblance avec l'autre sexe, c'est-à-dire le fait d'être roux foncé et fortement tacheté pour un mâle et blanche sans tache pour une femelle. Bien que les forces des sélections naturelle et sexuelle soient souvent dépendantes du sexe, les directions de ces sélections peuvent parfois être inversées, les mâles et les femelles bénéficiant d'une bonne valeur sélective en affichant la version du caractère typique de l'autre sexe. Par exemple, chez l'homme, la hanche est plus étroite chez le mâle pour courir plus vite pendant la chasse, et plus large chez la femelle pour donner naissance à des enfants munis d'une grosse tête. Le problème réside dans le fait que les parents transmettent leurs gènes aussi bien à leurs fils et qu'à leurs filles. Par conséquent, lorsque l'homme était chasseur-cueilleur, les mâles à hanches étroites produisaient des filles mal

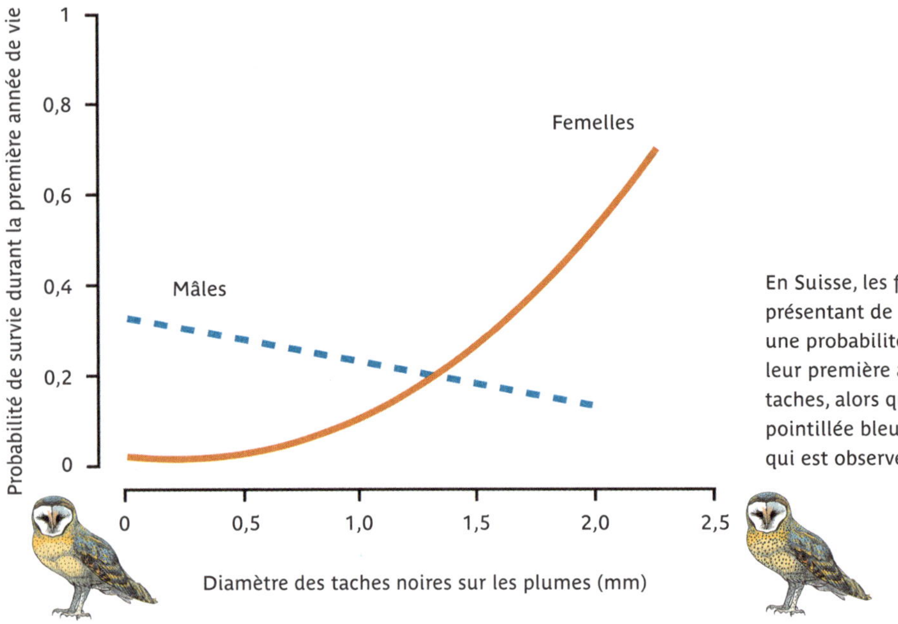


En Suisse, les femelles (courbe orange) présentant de grosses taches noires ont une probabilité de survie plus élevée dans leur première année que les femelles à petites taches, alors que chez les mâles (courbe pointillée bleue), c'est la tendance inverse qui est observée.

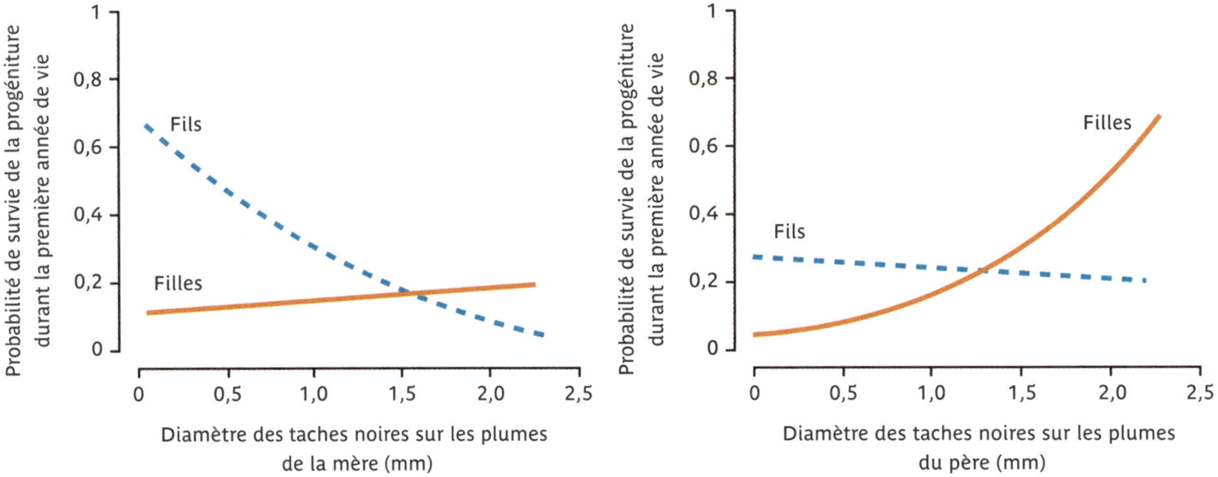


Les fils ont une probabilité de survie plus élevée durant leur première année de vie si leur mère porte de petites taches plutôt que des grandes (*à gauche*), alors que les filles ont une probabilité de survie plus élevée si leur père présente de grandes taches noires plutôt que des petites (*à droite*).

adaptées, et les femelles à hanches larges, des fils mal adaptés. La sélection antagoniste selon le sexe pourrait donc expliquer le maintien de la variation de la taille des hanches chez les hommes et les femmes.

## LES INDICES DE PRÉSENCE DE SÉLECTION ANTAGONISTE SELON LE SEXE

Est-il désavantageux pour les mâles d'être fortement tachetés comme les femelles et pour les femelles d'être faiblement tachetées comme les mâles ? En Suisse, les femelles affichant de grandes taches noires ont de plus grandes chances de survie au cours de leur première année de vie par rapport aux femelles arborant des taches plus petites. Chez les mâles, la tendance inverse prévaut, quoiqu'à moindre échelle. Une force de sélection plus forte positivement chez les femelles que négativement chez les mâles a entraîné une augmentation de la fréquence des individus à grandes taches dans la population sur une période de 12 ans.

D'un point de vue génétique, la sélection antagoniste selon le sexe implique que le ou les allèles responsables de la production de grandes taches soient favorisés chez les femelles et que le ou les allèles codant pour de petites taches soient favorisés chez les mâles. Cela conduit à un **conflit génétique**. La situation est encore plus complexe chez l'effraie des clochers parce que « l'allèle à petites taches », hérité de la mère, mais non du père, confère un avantage de survie aux fils, tandis que « l'allèle à grandes taches », hérité du père, mais non de la mère, confère un avantage de survie aux filles. Pour diminuer l'intensité de ce conflit génétique, les effraies des clochers produisent plus de descendants du sexe qui bénéficie le plus de l'héritage d'un allèle spécifique. Par conséquent, le premier œuf de la couvée pondu par les femelles à petites taches est plus souvent un fils, et lorsqu'il est pondu par la partenaire d'un mâle à grandes taches, c'est plus souvent une fille.

Est-il préférable de posséder l'allèle codant pour les grandes taches ou celui codant pour les petites taches ? Répondre à cette question nous aiderait à mieux comprendre si le conflit génétique est plus intense lorsque les parents ont de grandes ou de petites taches. En d'autres termes, les avantages obtenus par les filles à grandes taches compensent-ils les désavantages accumulés par les fils à grandes taches, et les avantages obtenus par les fils à petites taches compensent-ils les désavantages accumulés par les filles à petites taches ? Le graphique figurant en page ci-contre, en haut, montre que la différence de survie entre les mâles et les femelles est plus élevée lorsque les individus sont très tachetés. Le conflit génétique peut donc être maximal lorsque les parents transmettent à leur progéniture l'allèle codant pour de grandes taches. C'est particulièrement vrai lorsque la mère porte de grandes taches, car le dimorphisme sexuel de la taille des taches est alors le plus faible, les fils et les filles présentant les uns et les autres de grandes taches. En revanche, lorsque la mère porte de petites taches, les fils arborent eux aussi de petites taches, tandis que leurs sœurs présentent de grandes taches. Cela suggère que les mutations qui augmentent la taille des taches noires sont associées à un conflit génétique plus intense, alors que les mutations qui suppriment l'expression des grandes taches peuvent réduire l'intensité du conflit génétique. La sélection antagoniste selon le sexe est une question complexe !

## Futures recherches

- **Les plumages roux et blancs sont soumis à la sélection naturelle, mais on ne sait toujours pas s'ils sont aussi soumis à la sélection sexuelle.**
- **Les gènes qui font l'objet d'une sélection antagoniste selon le sexe devraient être identifiés pour comprendre pourquoi les femelles ont une probabilité de survie plus élevée au cours de leur première année de vie lorsque leur père a de grandes taches, et pourquoi les mâles survivent mieux lorsque leur mère a de petites taches.**

- La sélection antagoniste selon le sexe pourrait expliquer pourquoi nous observons encore des individus à petites et à grandes taches. Bien que les mâles à grandes taches soient probablement contre-sélectionnés, ils peuvent persister parce que leur mère à grandes taches est positivement sélectionnée et transmet ses gènes à ses fils. De même, bien que les femelles à petites taches soient contre-sélectionnées, elles peuvent persister parce que leur père continue à produire des filles à petites taches.
- L'intensité de la sélection antagoniste selon le sexe doit être comparée entre les populations dans lesquelles les chouettes affichent de grandes taches et celles dans lesquelles elles présentent de petites taches.

## Pour aller plus loin

Roulin, A. and Jensen, H. 2015. Sex-linked inheritance, genetic correlations and sexual dimorphism in three melanin-based color traits in the barn owl. *J. Evol. Biol.* **28**: 655–666.

Roulin, A., Altwegg, R., Jensen, H., Steinsland, I. and Schaub, M. 2010. Sex-dependent selection on an autosomal melanic female ornament promotes the evolution of sex ratio bias. *Ecol. Lett.* **13**: 616–626.

# Des couleurs portées haut

Du blanc au roux, il existe chez l'effraie des variants extrêmes de couleurs.

## Les fonctions adaptatives des colorations blanche et rousse

**La coloration des parties inférieures du corps des effraies — c'est-à-dire le ventre, la poitrine, les flancs et le dessous des ailes — est le caractère qui varie le plus entre les individus. Dans une même population, les effraies communes peuvent être blanches, roux foncé, ou afficher une coloration entre ces deux extrêmes. La couleur semble jouer un rôle important dans la vie quotidienne de l'effraie, car elle influence le régime alimentaire, l'exploitation de l'habitat et le comportement de reproduction. Les chouettes les plus rousses se dispersent aussi sur de plus longues distances et sont plus sociables que leurs congénères blanches.**

Être blanc ou roux fait une différence. En effet, les morphes de couleur sont adaptés aux conditions environnementales locales et jouent un rôle dans les interactions proies-prédateurs, ce qui pourrait avoir favorisé l'apparition de comportements spécifiques aux différents morphes.

### LE COMPORTEMENTS DE CHASSE

Le fait d'être roux pâle ou foncé modifie fortement l'apparence d'une effraie des clochers et devrait logiquement affecter les comportements de chasse. C'est probablement la raison qui fait que, en Israël et en Suisse, les effraies rousses consomment plus de campagnols (Cricetidés) et les blanches plus de rongeurs de la famille des Muridés. En outre, en Israël, les effraies des clochers blanches capturent plus souvent de grandes gerbilles que les chouettes rousses. Pour chasser des animaux aussi agiles, qui courent très vite, des ailes courtes, qui facilitent les virages serrés en vol, sont théoriquement plus profitables. Et il est de fait que les effraies à ailes courtes se nourrissent davantage de gerbilles que les individus à ailes longues. Être à la fois blanche et munie d'ailes courtes devrait donc faciliter la chasse de ces animaux. À l'appui de cette idée, on constate en effet que les effraies de couleur plus claire ont des ailes plus courtes en Israël, une propriété qui n'est pas observée en Europe, où les gerbilles sont absentes.

Des études antérieures ont également montré que les chouettes rousses volent plus souvent l'estomac plein que les chouettes blanches. Des observations ont en effet révélé que, parmi les individus retrouvés morts le long des routes, les individus plus roux avaient un contenu gastrique plus lourd. Une masse corporelle importante en vol peut augmenter la pression sur les ailes, qui doit ensuite être transmise des plumes aux muscles et aux os. Ceci pourrait expliquer pourquoi les rémiges secondaires des oiseaux plus roux sont ancrées plus profondément dans la peau.

## LE CHOIX DE L'HABITAT

Les effraies des clochers sont majoritairement blanches dans le sud de l'Europe et rousses dans le nord-est. Cette variation géographique de la coloration persiste manifestement par l'action de la sélection naturelle. En effet, la coloration rousse est adaptée à la capture des campagnols, qui sont plus abondants dans le nord-est, et la coloration blanche est adaptée à la capture des souris et des mulots, qui sont plus fréquents dans le sud du continent. Les campagnols vivant dans des habitats ouverts, et les mulots préférentiellement dans des secteurs boisés, on devrait voir les effraies des clochers rousses se reproduire de préférence dans des milieux dégagés, et les blanches dans des régions forestières. C'est en effet ce qui a été observé pour les femelles en

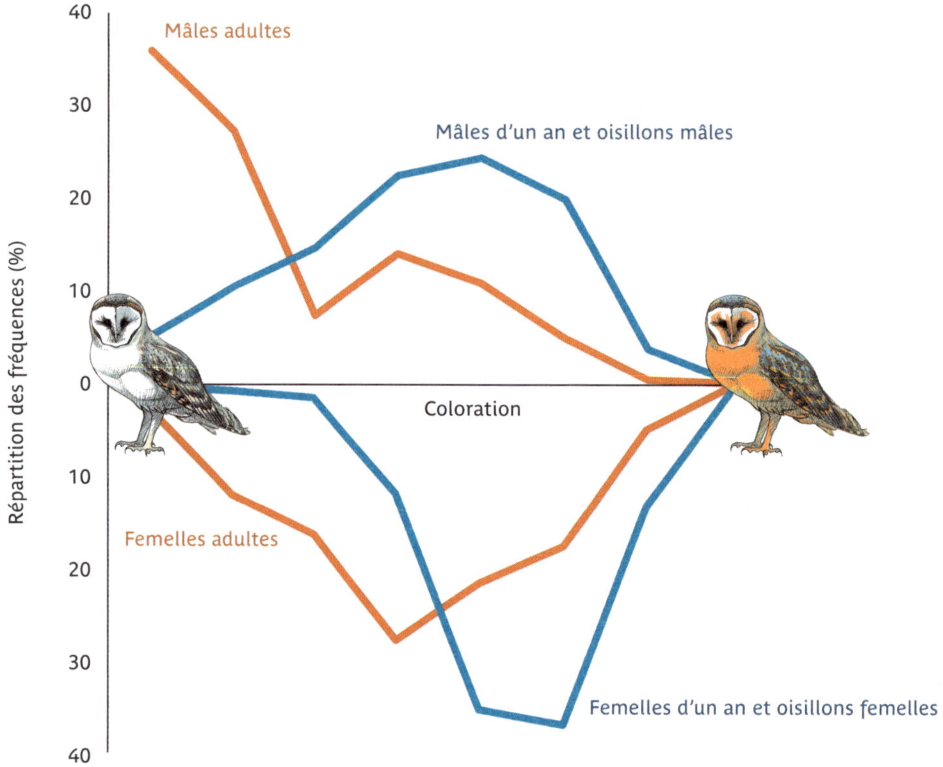


Répartition des fréquences de coloration du plumage chez l'effraie des clochers en Suisse. Ce graphe est basé sur la mesure de 1 987 oisillons mâles et 2 038 oisillons femelles, 415 mâles d'un an et 505 femelles d'un an, et 288 mâles adultes et 327 femelles adultes. On constate qu'une large proportion de mâles adultes sont blancs, alors que les mâles plus jeunes et la plupart des femelles sont de couleur intermédiaire.

Israël et en Suisse. Cette répartition non aléatoire de l'habitat en ce qui concerne la coloration du plumage est adaptative, les femelles rousses et blanches produisant des oisillons de meilleure qualité lorsqu'elles se reproduisent chacune dans le milieu qui leur convient le mieux, c'est-à-dire, respectivement, dans les habitats ouverts et les habitats boisés.

## LA REPRODUCTION

La coexistence à long terme des chouettes blanches et rousses implique que les individus de couleurs différentes atteignent la même valeur sélective à long terme. À ce jour, peu de données sont disponibles concernant la reproduction comparée des chouettes blanches et rousses. Nous savons seulement qu'en Suisse et en Israël, le succès reproducteur annuel des individus blancs et roux a été similaire pendant plusieurs années, ce qui suggère que les morphes de couleur sont aussi efficaces l'un que l'autre. Toutefois, dans le contexte actuel des changements environnementaux mondiaux, notamment le réchauffement climatique, les chercheurs devraient se pencher sur la relation entre performance de reproduction et couleurs. Un morphe de couleurs pourrait, par exemple, mieux supporter les changements de température et gagner ainsi en valeur sélective. Ce serait tout à fait possible car, en Suisse, les femelles blanches se reproduisent en moyenne plus tôt dans la saison que les femelles rousses, et certaines années, les mâles roux nourrissent leur nichée à un rythme plus élevé que les mâles blancs. Ces observations indiquent que la coloration est associée au comportement reproducteur, ce qui signifie que des oiseaux de couleurs différentes adoptent probablement des stratégies de reproduction distinctes, et peuvent donc être sensibles de façon différente aux variations des conditions environnementales.

## LA DISPERSION

La capacité d'explorer de nouveaux territoires est importante pour trouver un site de nidification approprié. Certains individus se dispersent sur de plus longues distances que d'autres, peut-être parce qu'ils sont moins compétitifs pour se procurer les cavités proches de leur site natal, ou parce qu'ils prennent plus de risques pour trouver de meilleurs endroits pour se reproduire. Deux études indépendantes réalisées en Suisse ont montré que les effraies des clochers rousses ont une tendance inhérente à se disperser sur de plus longues distances que leurs congénères blanches (en moyenne 22 km contre 6 km). On ne sait toujours pas pourquoi la coloration est liée au comportement de dispersion, mais il est intéressant de noter qu'on a également observé, chez l'hirondelle rustique, une plus grande propension à se disperser chez les individus dont la couleur roux foncé est la plus marquée.

## LE COMPORTEMENT SOCIAL

Le fait que, certaines années, les effraies des clochers les plus rousses nourrissent leur famille plus souvent que les blanches, et qu'elles investissent donc potentiellement plus d'efforts pour les soins à leurs petits, soulève l'hypothèse que le degré de coloration rousse pourrait être lié aux interactions sociales dans la famille. Les données dont nous disposons sont conformes à cette idée : les oisillons les plus roux foncé sont plus disposés à partager la nourriture avec leurs frères et sœurs que les oisillons plus pâles ; les jeunes femelles rousses passent plus de temps à toiletter leurs frères et sœurs ; et les mères rousses toilettent leur progéniture plus souvent que les mères blanches. Par conséquent, les effraies des clochers rousses ont tendance à être altruistes et les chouettes blanches plus égoïstes !

## Futures recherches

- La coloration des Tytonidés varie fortement à travers le monde. Il reste à déterminer quels facteurs écologiques ont favorisé l'apparition du plumage roux ou blanc. Ces analyses sont importantes, par exemple pour expliquer pourquoi les effraies communes sont plus blanches dans le sud de l'Europe et dans le sud de l'Amérique du Sud, et plus rousses en Europe du Nord et dans le nord de l'Amérique du Sud. De nouvelles analyses montrent que chez les effraies d'Amérique, des clochers et d'Australasie, la couleur du plumage devient plus foncée avec l'augmentation des précipitations annuelles, et chez les effraies d'Amérique et des clochers, le plumage devient également plus roux foncé avec la baisse des températures. On ne sait toujours pas si les variables climatiques influent sur l'évolution de la coloration du plumage chez l'effraie commune ou si d'autres facteurs corrélés entrent en jeu.

- Pourquoi des oiseaux de couleurs différentes coexistent-ils dans la même région? Est-ce parce que les morphes colorés sont adaptés à des habitats différents de la région, ou parce que des individus d'un morphe contre-sélectionné localement immigrent régulièrement depuis d'autres régions où ils prospèrent?
- En Suisse, les chouettes blanches et rousses ont adopté différentes stratégies de reproduction, les femelles blanches se reproduisant plus tôt dans la saison et les mâles roux consacrant parfois plus d'efforts à l'élevage de leur progéniture. Ces résultats sont-ils spécifiques à la zone d'étude de 1000 $km^2$ en Suisse, ou à la période d'étude? Le comportement des chouettes blanches et des chouettes rousses diffère-t-il de la même façon dans d'autres populations de Tytonidés?
- Il a été démontré que le changement climatique n'affecte pas de la même manière les différents morphes de couleurs de plusieurs espèces d'oiseaux, comme la chouette hulotte. Les performances de reproduction et la survie des effraies des clochers rousses et blanches ont-elles changé au cours des dernières années en raison du réchauffement de la planète?
- Les raisons pour lesquelles les effraies des clochers les plus rousses se dispersent sur de plus longues distances que les chouettes blanches, et pourquoi elles sont plus sociables, devraient être étudiées.

## Pour aller plus loin


Antoniazza, S., Ricardo, K., Neuenschwander, S., Burri, R., Gaigher, A., Roulin, A. and Goudet, J. 2014. Natural selection in a post-glacial range expansion: the case of the colour cline in the European barn owl. *Mol. Ecol.* **23**: 5508–5523.

Charter, M., Peleg, O., Leshem, Y. and Roulin, A. 2012. Similar patterns of local barn owl adaptation in the Middle East and Europe with respect to melanic coloration. *Biol. J. Linn. Soc.* **106**: 447–454.

Charter, M., Leshem, Y., Izhaki, I. and Roulin, A. 2015. Pheomelanin-based colouration is correlated with indices of flying strategies in the barn owl. *J. Ornithol.* **156**: 309–312.

Dreiss, A. N., Antoniazza, S., Burri, R., Fumagalli, L., Sonnay, C., Frey, C., Goudet, J. and Roulin, A. 2012. Local adaptation and matching habitat choice in female barn owls with respect to melanic coloration. *J. Evol. Biol.* **25**: 103–114.

Romano, A., Séchaud, R., Hirzel, A. H. and Roulin, A. 2019. Climate-driven convergent evolution of plumage colour in a cosmopolitan bird. *Global Ecol. Biogeogr.* **28**: 496–507.

Roulin, A. 2013. Ring recoveries of dead birds confirm that darker pheomelanic barn owls disperse longer distances. *J. Ornithol.* **154**: 871–874.

Roulin, A., Riols, C., Dijkstra, C. and Ducrest, A.-L. 2001. Female- and male-specific signals of quality in the barn owl. *J. Evol. Biol.* **14**: 255–266.

Roulin, A., Da Silva, A. and Ruppli, C. A. 2012. Dominant nestlings displaying female-like melanin coloration behave altruistically in the barn owl. *Anim. Behav.* **84**: 1229–1236.

Roulin, A., des Monstiers, B., Ifrid, E., Da Silva, A., Genzoni, E. and Dreiss, A. N. 2016. Reciprocal preening and food sharing in colour polymorphic nestling barn owls. *J. Evol. Biol.* **29**: 380–394.

Van den Brink, V., Dolivo, V., Falourd, X., Dreiss, A. N. and Roulin, A. 2012. Melanic color-dependent anti-predator behavior strategies in barn owl nestlings. *Behav. Ecol.* **23**: 473–480.

## Jeu à points

La taille des taches noires sur les parties inférieures du corps de l'effraie des clochers est très variable.

# Les fonctions adaptatives des petites et grandes taches noires

**Comment obtenir des informations fiables sur la qualité intrinsèque de potentiels partenaires ou de ses concurrents ? Il n'est pas facile d'évaluer les caractéristiques physiologiques d'un individu ou l'ampleur avec laquelle il a l'intention de s'investir dans la reproduction future sans qu'il n'affiche un comportement spécifique ou des caractères visibles. Chez l'effraie des clochers, des taches noires situées à l'extrémité des plumes des parties inférieures du corps — le ventre, la poitrine, les flancs et le dessous des ailes — indiquent la qualité des processus physiologiques, du comportement et des décisions de reproduction. En Suisse, les femelles aux taches les plus grosses ont un avantage sélectif sur les femelles à petites taches. Elles produisent en effet une progéniture plus résistante à de nombreux facteurs de stress, tels que les parasites et le manque de nourriture. Cela mène à une meilleure survie des femelles au cours de la première année de leur vie.**

Puisque nous observons de si grandes variations dans la taille des taches noires sur les parties inférieures du corps des effraies des clochers, nous nous sommes posés la question de savoir si les individus fortement et légèrement tachetés diffèrent par d'autres aspects. Les résultats de nombreuses études ont révélé des liens étonnants entre la taille ou le nombre de taches noires sur le plumage et la physiologie, le comportement et la personnalité des oiseaux. Les tout premiers résultats obtenus étaient tellement incroyables que certaines revues scientifiques importantes ont, à l'époque, refusé de les publier. Mais ils ont été confirmés tant de fois depuis que personne, aujourd'hui, ne peut plus les ignorer.

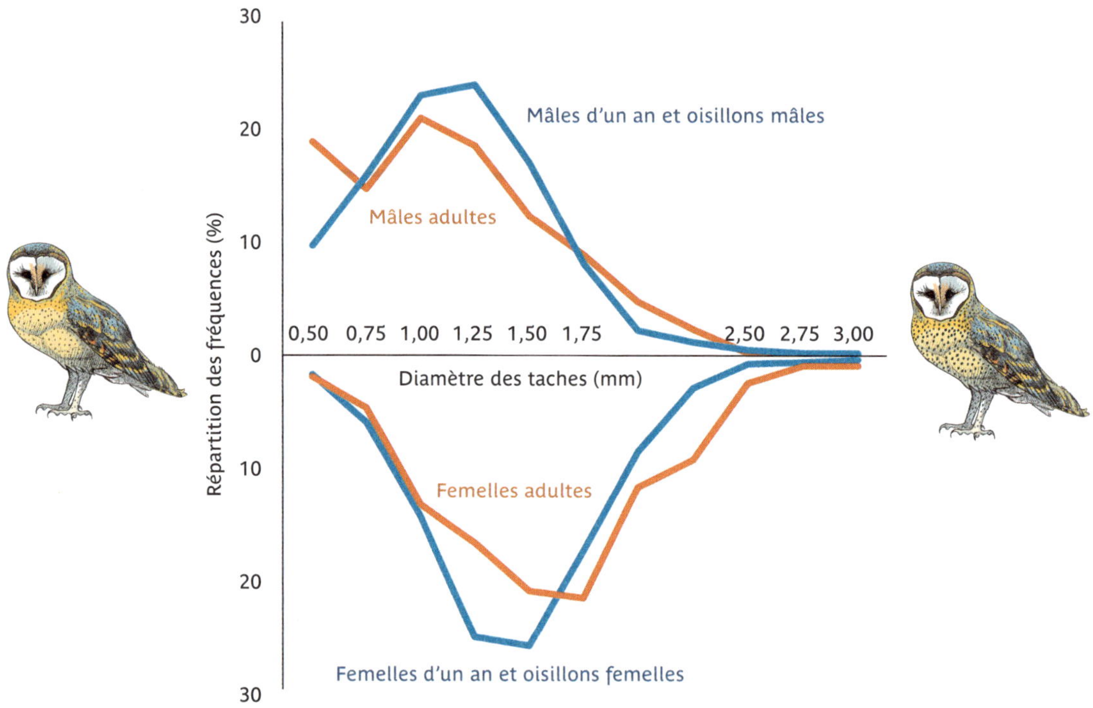


**Répartition des fréquences de la taille des taches noires sur les parties inférieures du corps de l'effraie des clochers en Suisse. La plupart des chouettes présentent des taches de taille intermédiaire, et les femelles ont, en moyenne, des taches un peu plus grandes que les mâles.**

La méthode la plus fréquemment utilisée pour étudier le lien potentiel entre les taches du plumage et les caractéristiques physiologiques est l'échange d'œufs ou d'oisillons (ou *cross-fostering experiment*, en anglais). Cette approche ainsi que d'autres méthodes ont démontré que les taches du plumage sont associées à divers aspects de la qualité des individus. Des œufs ou des oisillons sont échangés entre les nids de telle sorte que les oisillons soient élevés par des parents adoptifs choisis au hasard. Lorsque les jeunes sont sur le point de prendre leur envol, plusieurs caractéristiques phénotypiques sont mesurées, telles que la taille du corps et la résistance aux facteurs environnementaux stressants. Ces mesures sont ensuite mises en relation avec les taches du plumage chez les jeunes eux-mêmes et chez leurs parents adoptifs et biologiques.

Les résultats ont montré que les caractères phénotypiques mesurés chez les oisillons élevés dans une famille adoptive n'étaient habituellement associés qu'à la taille des taches noires du plumage de leur mère biologique, parfois à la taille des taches mesurée chez les oisillons eux-mêmes, rarement à celle de leur père biologique et jamais à celle des parents adoptifs. Ainsi, si la taille des taches reflète des aspects de la qualité des individus, c'est probablement parce que la taille des taches chez les parents est associée à des gènes, ou à des substances contenues dans les œufs, qu'ils transmettent à leur progéniture, ce qui affecte l'expression d'autres caractères phénotypiques. Sauf indication contraire, toutes les études décrites ci-dessous ont été réalisées en Suisse.

## LES FACTEURS DE STRESS

De nombreux phénotypes morphologiques, comportementaux et physiologiques utiles à la résistance au stress sont liés à la taille des taches. Une jeune effraie des clochers est généralement plus tolérante au stress lorsqu'elle-même ou sa mère biologique présente de grandes taches.

- **La résistance au stress.** Lorsqu'ils font face à des événements stressants, comme le manque de nourriture, des agents pathogènes, des attaques de prédateurs ou du stress oxydatif, les animaux libèrent rapidement dans leur sang des glucocorticoïdes comme la corticostérone chez les oiseaux, et le cortisol chez l'homme. Cela permet aux individus de réaffecter leur énergie aux fonctions physiologiques et comportementales d'urgence afin d'échapper à la situation à risque. Une telle réponse est bénéfique à court terme, mais le maintien de taux élevés de corticostérone dans le sang est physiologiquement néfaste. Par conséquent, les niveaux de corticostérone induits par le stress doivent être ajustés avec précision, et dès que la situation à risque a disparu, les individus doivent retrouver des niveaux de corticostérone de base.

  Par rapport aux oisillons nés de mères portant de petites taches, ceux dont la mère arbore des taches plus grandes présentent une sécrétion de corticostérone plus faible face au stress. En outre, ils réduisent plus rapidement leur taux de corticostérone sanguin lorsque celui-ci a été expérimentalement haussé. Les oisillons nés de mères à grandes taches souffrent donc moins de la réaction de sécrétion de corticostérone induite par le stress, comme on a pu le voir grâce à la mesure de la masse et de la croissance des ailes. Des résultats similaires ont été obtenus chez les femelles adultes : leur capture induit une augmentation du taux de corticostérone plus faible chez les femelles à grandes taches que chez celles à petites taches.
- **La résistance au stress oxydatif.** La taille des taches noires du plumage traduit également la capacité de résister au stress oxydatif, lié à la présence dans l'organisme de sous-produits du métabolisme — les radicaux libres — qui endommagent les composants de la cellule. Les oisillons à grandes taches noires produisent plus d'antioxydants, qui détoxifient le corps, que les oisillons à plus petites taches.
- **Les parasites.** La taille des taches noires traduit en outre la capacité à résister aux parasites. Comparés aux oisillons de mères à petites taches, ceux de mères à grandes taches produisent plus d'anticorps dirigés spécifiquement contre un antigène, hébergent moins de mouches ectoparasites (*Carnus hemapterus*) sous leur plumage, et leur nid abrite moins d'œufs de ces insectes.
- **L'homéostasie développementale.** Des conditions d'élevage stressantes peuvent perturber la biosynthèse des deux côtés du corps, qui sont sous le contrôle des mêmes gènes. Chez l'homme, par exemple, les côtés gauche et droit du visage ne sont souvent pas parfaitement symétriques. La capacité de produire un corps symétrique peut donc refléter la possession de gènes qui modèrent les facteurs de stress environnementaux. Chez l'effraie des clochers, la taille des taches noires du plumage est associée à la présence de gènes qui jouent ce rôle tampon. Les oisillons de mères à grandes taches ont un corps plus symétrique, avec les rémiges primaires et secondaires des ailes gauche et droite plus souvent de la même longueur que celles des ailes de progénitures nées de mères à petites taches.
- **La latéralisation.** Le fait d'être gaucher ou droitier peut être bénéfique dans certaines circonstances. La vitesse et la précision de l'exécution d'une action sont plus élevées chez les individus qui utilisent leur côté de prédilection. Cependant, la latéralisation n'est pas toujours avantageuse et peut être induite par le stress. Lorsqu'elles se toilettent, les effraies des clochers sont censées prendre soin des côtés gauche et droit de leur corps de manière égale. Or, les oisillons nés de mères à petites taches nettoient un côté plus souvent, tandis que les oisillons nés de mères à grandes taches entretiennent les deux côtés de leur corps de manière plus homogène. Cela donne à penser que la capacité des chouettes à grandes taches à résister au stress est en liaison avec leur degré de latéralisation comportementale.
- **Le comportement anti-prédateur.** En présence de prédateurs, les oisillons de l'effraie des clochers peuvent tenter de les effrayer ou de les attaquer. Ils peuvent également feindre la mort pour échapper à une attaque. Il s'avère que la réaction de ces chouettes — jeunes comme adultes — face à

## La taille des taches noires est associée à d'autres caractères comportementaux et physiologiques

Chez l'effraie des clochers, la taille des taches noires sur les plumes des parties inférieures du corps covarie avec un certain nombre de caractères phénotypiques, comme la capacité à résister à divers facteurs de stress, la croissance des oisillons, la qualité des plumes, la survie, les soins parentaux et la sécrétion de testostérone.

l'homme est corrélée à l'aspect de leurs taches, tant en Israël qu'en Suisse. Lorsqu'on les manipule, les individus à petites taches sont agressifs et agités, tandis que ceux à grandes taches évitent la confrontation directe en restant calmes, en feignant la mort ou en essayant d'effrayer les prédateurs en sifflant fort. Les chouettes à petites taches adoptent donc un comportement téméraire, proactif et agité, alors que celles à grandes taches se montrent plutôt dociles.

- **Le manque de nourriture.** Ce facteur de stress est une cause majeure de mortalité chez l'effraie des clochers, tant des oisillons que des adultes. Les forces de sélection poussant vers une meilleure résistance à la restriction alimentaire doivent donc être intenses. Lorsqu'ils disposent de nourriture *ad libitum*, les oisillons présentant de grandes taches noires font preuve de moins d'appétit que les oisillons à taches plus petites. En outre, après avoir été privés d'alimentation pendant 24 heures, ces oisillons à grandes taches perdent moins de poids. Ils affichent donc de moindres besoins alimentaires et une meilleure capacité à faire face au manque de nourriture. Par conséquent, là encore, la taille des taches noires apparaît être le reflet de l'aptitude à faire face aux jeûnes forcés. On a constaté par ailleurs que cette aptitude est liée au diamètre des taches maternelles, mais non à celui des taches paternelles. À l'instar des oisillons, les effraies femelles résistent mieux au manque de nourriture lorsqu'elles portent de grandes taches noires plutôt que des petites. Durant le jeûne diurne, en effet, celles à grandes taches perdent moins de masse corporelle que les femelles à petites taches.

## LA CROISSANCE DES OISILLONS

Pendant la phase de repos, du petit matin jusqu'à la première visite de nourrissage de la nuit par les parents, les oisillons à grandes taches noires sont plus lourds que ceux à petites taches. Cela concorde avec les observations décrites ci-dessus, montrant que la taille des taches est liée à la capacité de résister aux facteurs environnementaux stressants. Qu'en est-il de la relation entre la masse corporelle de l'oisillon et la taille des taches noires mesurée chez ses parents biologiques? Des expériences d'échanges d'œufs ou d'oisillons montrent que, durant les années difficiles, les petits de mères à petites taches sont plus lourds pendant la journée, lorsqu'ils se reposent et jeûnent. Ceci indique que les petites taches arborées par les femelles pourraient être liées à des facteurs génétiques se révélant bénéfiques dans certaines conditions environnementales.

## LA TESTOSTÉRONE

Cette hormone intervient dans de nombreux comportements et processus physiologiques liés à la reproduction, comme l'agressivité et l'activité sexuelle. Bien que la testostérone puisse déclencher la production de mélanine, son taux dans le sang des individus de couleur sombre n'est pas nécessairement plus élevé que celui les individus clairs. Cependant, le degré de coloration basé sur la mélanine d'un oiseau peut modifier les interactions sociales et, par conséquent, les niveaux de testostérone. En outre, les gènes impliqués dans la mélanogenèse, comme celui de la pro-opiomélanocortine (*POMC*), régulent également la production de testostérone en interaction avec les conditions environnementales. Par conséquent, le lien entre la coloration et les niveaux de testostérone pourrait varier dans le temps et l'espace en fonction de nombreux facteurs, notamment le stade de reproduction, l'âge, le sexe et les conditions environnementales.

Chez les effraies des clochers mâles, les oisillons et les adultes reproducteurs présentant des taches noires plus petites ont des taux de testostérone plus élevés, ce qui correspond à l'observation selon laquelle les individus à taches plus petites sont plus agressifs que leurs congénères à plus grandes taches. En revanche, les femelles reproductrices à grandes taches ont plus de testostérone que les femelles à petites taches pendant la période d'élevage (mais pas pendant la période d'incubation), ce qui concorde avec le fait qu'elles sont, en moyenne, plus susceptibles de commencer la reproduction à l'âge d'un an que leurs semblables aux taches moins marquées.

## LES SOINS MATERNELS

La taille des taches noires du plumage est liée au comportement reproducteur. En Israël et en Suisse, les femelles à grandes taches nichent plus tôt dans la saison et produisent des œufs plus gros que celles à taches plus petites. En outre, les femelles chez qui la taille des taches augmente d'une année à l'autre donnent des œufs plus tôt et plus gros l'année suivante. Lorsque les conditions environnementales deviennent plus difficiles au point de compliquer sérieusement l'entretien de la famille, les animaux à longue durée de vie réduisent leur investissement dans la reproduction pour survivre jusqu'à la saison suivante. L'effraie des clochers n'échappe pas à la règle, et même si les femelles à grandes taches tendent à investir plus d'efforts dans la reproduction, elles ne sont pas pour autant suicidaires! Lorsqu'elles sont en état de stress, ces dernières recourent à un mécanisme d'urgence : elles affectent les ressources initialement destinées à leur progéniture à l'autosubsistance. Alors que, dans des conditions idéales, elles consacrent plus de temps et d'attention à la couvaison de leur progéniture que les femelles à petites taches, lorsqu'on leur administre de la corticostérone afin de simuler ce qui se produit dans leur organisme en cas d'événements stressants, ces femelles à grandes taches réduisent leur investissement pour la nichée et retardent le moment où elles iront aider le mâle à chasser.

## LES SOINS PATERNELS

Une étude a montré que les mâles à grandes taches étaient moins efficaces que les mâles à petites taches, car ils parcouraient de plus longues distances pour capturer leur proie. Ils ont donc nourri leur nichée à un taux plus élevé que les mâles à grandes taches. Ce constat corrobore l'hypothèse selon laquelle les mâles peu tachetés sont plus performants que ceux aux taches les plus marquées.

## LA QUALITÉ DES PLUMES

L'une des principales fonctions de la mélanine est de protéger les téguments contre les agressions physico-chimiques de l'environnement, telles que la poussière, la pluie, la lumière ultraviolette et les parasites mangeurs de plumes. Les plumes très mélaniques sont, en effet, plus dures et résistantes. Elles s'usent moins rapidement que celles présentant des teneurs en mélanine plus faibles. Comme attendu, les oiseaux à grandes taches sont plus mélaniques sur d'autres parties du corps que leurs congénères à petites taches et leurs plumes alaires et caudales sont plus résistantes : le calamus (base du rachis) des plumes alaires et les vexilles des plumes alaires et caudales sont plus lourds, et les rémiges — les plumes du vol — renferment plus de mélanine et présentent plus de barres noires transversales susceptibles de les renforcer et de mieux résister aux contraintes qu'elles subissent durant le vol. Peut-être parce qu'elles sont dotées d'un plumage plus résistant, les effraies des clochers très tachetées passent-elles moins de temps à le toiletter. En outre, leur glande uropygienne, qui sécrète la cire servant à nettoyer et protéger les plumes, est moins lourde, ce qui suggère que les oiseaux fortement tachetés ont de moindres besoins en cire que les oiseaux peu tachetés.

## LA SURVIE

En Suisse, des oisillons et des adultes reproducteurs ont été bagués et recapturés chaque année pendant 12 ans. Ceci a permis de mener une étude à long terme qui a montré que les femelles à grandes taches ont un taux de survie plus élevé durant la première année de leur vie que les femelles à petites taches. Cet avantage sélectif peut également prévaloir dans d'autres populations, étant donné qu'en Israël et en Suisse, les femelles reproductrices à grandes taches sont plus lourdes que les femelles à petites taches.

## L'HONNÊTETÉ DE LA QUALITÉ DU SIGNAL

Pourquoi une effraie des clochers peut-elle être certaine qu'une congénère à grandes taches est plus résistante au stress qu'une autre à petites taches, ou qu'elle produira une progéniture plus résistante au stress ? Parce que les taches noires sur le plumage ont une origine génétique. En effet, la taille de ces taches est héritée génétiquement et reflète la possession de gènes qui confèrent à des individus différemment tachetés des performances différentes, notamment en ce qui concerne la résistance au stress. Ainsi, lorsque les conditions environnementales sont stressantes, une effraie des clochers mâle cherchera à s'accoupler de préférence avec une femelle à grandes taches pour produire une progéniture résistante, alors que dans des conditions plus ordinaires, les qualités liées aux grandes taches apparaissent moins indispensables.

Le lien génétique entre l'aspect des taches et la qualité intrinsèque de leurs porteuses est si fort que les chouettes ne peuvent rien contre ce que leurs taches racontent d'elles. Cependant, la raison de cet état de fait est inconnue. Pourquoi ce lien génétique est-il si puissant ? Il est possible que les pigments mélaniques aient évolué pour aider les organismes à résister à l'impact nocif des rayons ultraviolets, pour combattre les parasites et les agents pathogènes (chez les insectes, la mélanine encapsule les parasites internes) ou pour absorber l'énergie solaire, permettant aux animaux de se réchauffer plus rapidement en milieu froid. Résister au stress exige généralement une batterie d'adaptations. Ainsi, la sélection naturelle peut avoir favorisé l'évolution de la mélanine et d'autres mécanismes comportementaux et physiologiques. La sélection favorisant l'expression de tous ces caractères dans des conditions stressantes peut être si forte qu'à un moment donné de l'évolution, ces caractères (mélanine, comportement et physiologie) sont devenus génétiquement corrélés, assurant que les propriétés qui leur sont attachées soient héritées de façon concomitante.

## Futures recherches

- Les femelles affichant de plus grandes taches noires produisent une progéniture plus résistante à de nombreux facteurs de stress et qui a de meilleures perspectives de survie au cours de la première année. Comme on l'a vu en Suisse, la sélection naturelle a favorisé les femelles à grandes taches, ce qui a entraîné une augmentation de la fréquence des individus à grandes taches dans la population sur une période de 12 ans seulement. Pourquoi trouve-t-on encore des individus à petites taches dans la population ? Nous n'avons pas encore de réponse définitive. Trois mécanismes qui ne s'excluent pas mutuellement peuvent être proposés. Premièrement, si la sélection favorise les femelles à grandes taches en Suisse, les femelles à petites taches peuvent avoir un avantage dans d'autres populations, et l'immigration d'individus provenant de ces populations pourrait approvisionner la Suisse en individus à petites taches. Deuxièmement, une possibilité réside dans la sélection antagoniste selon le sexe, les mâles à grosses taches étant contre-sélectionnés et les mâles à petites taches produisant constamment des filles à petites taches. Troisièmement, la forte sélection positive chez les femelles à grandes taches peut n'être que transitoire et il est possible que, durant d'autres périodes, les femelles peu tachetées aient un avantage sélectif, de sorte qu'à long terme, il n'y ait aucun avantage net à posséder de grandes taches. Ce pourrait être le cas si, dans certaines conditions environnementales (qui n'ont pas prévalu lors des études réalisées en Suisse), de grandes taches sont associées à des comportements et à des processus physiologiques qui entraînent plus de coûts que de bénéfices. Identifier le- ou lesquels de ces trois mécanismes sont responsables de la coexistence des femelles à petites et grandes taches est un défi pour de futures études.
- D'un point de vue mécaniste, nous pouvons nous demander pourquoi la taille des taches noires des plumes maternelles est associée à tant de caractéristiques phénotypiques comportementales et physiologiques chez la progéniture, comme on l'a mesuré chez les oisillons élevés dans des familles d'accueil. Étant donné que la production de petites ou de grandes taches dépend de facteurs génétiques et non de l'état de santé des individus, la mère biologique peut transmettre, dans les œufs, à sa progéniture, des gènes, des facteurs épigénétiques ou des nutriments qui déterminent non seulement la taille de leurs taches, mais aussi d'autres caractéristiques phénotypiques. Par exemple, les gènes impliqués dans la production des taches des plumes peuvent avoir des effets pléiotropes, un gène régulant plusieurs fonctions. L'identification du mécanisme génétique sous-jacent à l'association des taches du plumage avec d'autres caractéristiques phénotypiques est l'une des tâches les plus importantes pour comprendre la fonction adaptative de cette caractéristique du plumage.

## Pour aller plus loin

Almasi, B. and Roulin, A. 2015. Signalling value of maternal and paternal melanism in the barn owl: implication for the resolution of the lek paradox. *Biol. J. Linn. Soc.* **115**: 376–390.

Almasi, B., Roulin, A., Jenni-Eiermann, S. and Jenni, L. 2008. Parental investment and its sensitivity to corticosterone is linked to melanin-based coloration in barn owls. *Horm. Behav.* **54**: 217–223.

Almasi, B., Jenni, L., Jenni-Eiermann, S. and Roulin, A. 2010. Regulation of stress-response is heritable and functionally linked to melanin-based coloration. *J. Evol. Biol.* **23**: 987–996.

Almasi, B., Roulin, A., Korner-Nievergelt, F., Jenni-Eiermann, S. and Jenni, L. 2012. Coloration signals the ability to cope with elevated stress hormones: effects of corticosterone on growth of barn owls is associated with melanism. *J. Evol. Biol.* **25**: 1189–1199.

Almasi, B., Roulin, A. and Jenni, L. 2013. Corticosterone shifts reproductive behaviour towards self-maintenance in the barn owl and is linked to melanin-based coloration in females. *Horm. Behav.* **64**: 161–171.

Dreiss, A., Henry, I., Ruppli, C., Almasi, B. and Roulin, A. 2010. Darker eumelanic barn owls better withstand food depletion through resistance to food deprivation and low appetite. *Oecologia* **164**: 65–71.

Dreiss, A. N. and Roulin, A. 2010. Age-related change in melanin-based coloration: females that become more female-like and males more male-like with age perform better in barn owls (*Tyto alba*). *Biol. J. Linn. Soc.* **101**: 689–704.

Roulin, A. 2007. Melanin pigmentation negatively correlates with plumage preening effort in barn owls. *Funct. Ecol.* **21**: 264–271.

Roulin, A., Jungi, T. W., Pfister, H. and Dijkstra, C. 2000. Female barn owls (*Tyto alba*) advertise good genes. *Proc. R. Soc. Lond. B* **267**: 937–941.

Roulin, A., Riols, C., Dijkstra, C. and Ducrest, A.-L. 2001. Female plumage spottiness and parasite resistance in the barn owl (*Tyto alba*). *Behav. Ecol.* **12**: 103–110.

Roulin, A., Ducrest, A.-L., Balloux, F., Dijkstra, C. and Riols, C. 2003. A female melanin-ornament signals offspring fluctuating asymmetry in the barn owl. *Proc. R. Soc. Lond. B* **270**: 167–171.

Roulin, A., Altwegg, R., Jensen, H., Steinsland, I. and Schaub, M. 2010. Sex-dependent selection on an autosomal melanic female ornament promotes the evolution of sex ratio bias. *Ecol. Lett.* **13**: 616–626.

Roulin, A., Mangel, J., Wakamatsu, K. and Bachmann, T. 2013. Sexually dimorphic melanin-based color polymorphism, feather melanin content and wing feather structure in the barn owl (*Tyto alba*). *Biol. J. Linn. Soc.* **109**: 562–573.

San-Jose, L. M. and Roulin, A. 2018. Towards understanding the repeated occurrence of associations between melanin-based coloration and multiple phenotypes. *Am. Nat.* **192**: 111–130.

Stier, K. S., Almasi, B., Gasparini, J., Piault, R., Roulin, A. and Jenni, L. 2009. Effects of corticosterone on innate and humoral immune function and oxidative stress in barn owl nestlings. *J. Exp. Biol.* **212**: 2085–2091.

Van den Brink, V., Dolivo, V., Falourd, X., Dreiss, A. N. and Roulin, A. 2012. Melanic color-dependent anti-predator behavior strategies in barn owl nestlings. *Behav. Ecol.* **23**: 473–480.

# Être ou ne pas être tacheté

Les taches noires du plumage des parties inférieures du corps des effraies des clochers peuvent varier considérablement en nombre et en taille.

## Les fonctions adaptatives du nombre de taches noires

**Chez l'effraie commune, les plumes des parties inférieures du corps — le ventre, la poitrine, les flancs et le dessous des ailes — ne sont pas toutes marquées de taches noires, et certaines plumes portent plus d'une tache. La variation interindividuelle prononcée du nombre de ces taches est liée au sommeil et à la capacité physiologique et comportementale de maintenir sa température interne. Lorsque les températures ambiantes diminuent, les oisillons fortement tachetés augmentent leur métabolisme basal et se blottissent plus souvent contre leurs frères et sœurs pour se réchauffer. Ceci permet de contrebalancer en partie leur perte de chaleur, qui est plus rapide que celle des individus faiblement tachetés.**

Le nombre de taches que les effraies communes arborent sur la poitrine, le ventre, les flancs et le dessous des ailes varie selon les individus. Certaines de ces chouettes sont immaculées alors que d'autres présentent des centaines de taches. Cette variation prononcée du nombre de taches est liée à un plus petit nombre de caractères phénotypiques que le diamètre des taches. Les individus faiblement et fortement tachetés adoptent néanmoins des stratégies physiologiques et comportementales différentes en grandissant.

### LA TEMPÉRATURE CORPORELLE

Les oisillons ont plus de difficulté que les adultes à maintenir leur température interne. Chez l'effraie commune, lorsque la température ambiante passe de 30 °C à 15 °C, la température interne de l'oisillon chute de 40 °C à 36 °C. Maintenir la température de son corps nécessite non seulement de pouvoir se nourrir pour alimenter son métabolisme, mais également de se blottir contre ses frères et sœurs pour se réchauffer. Ces propriétés physiologiques et comportementales sont corrélées au

Le plumage des effraies communes varie selon les régions. Par exemple, en Amérique du Nord, les effraies d'Amérique présentent, en moyenne, plus de taches noires dans le centre du continent qu'aux abords des côtes Est et Ouest.

nombre de taches noires présentes sur les parties inférieures du corps. Les oisillons qui ont plus de taches ont plus de difficulté à se réchauffer et leur température interne est plus basse que celles des oisillons peu tachetés. Pour surmonter ce problème, les jeunes fortement tachetés ont un métabolisme basal plus élevé et se rapprochent plus vite de leurs frères et sœurs lorsque la température ambiante baisse. Ces observations soulèvent une hypothèse fascinante : les oisillons fortement tachetés seraient-ils capables de réduire leur consommation énergétique pour se réchauffer en adoptant un comportement spécifique — en l'occurrence celui de se blottir contre leurs frères et sœurs — et de réaffecter l'énergie économisée à l'accélération de la croissance et de la maturation des organes ?

## SOMMEIL ET VIGILANCE

Les oisillons très tachetés ont donc plus de difficulté à se réchauffer et ont un métabolisme de base plus élevé. Peut-être ne peuvent-ils, par conséquent, s'offrir le luxe de manquer un repas apporté par les parents. Ceci pourrait expliquer pourquoi ils doivent faire preuve d'une grande vigilance pour détecter rapidement l'arrivée au nid d'un adulte et intercepter la nourriture apportée. À l'appui de cette hypothèse, on constate que les oisillons dont la mère est très tachetée ont des périodes plus courtes de sommeil lent (*non-REM sleep*, en anglais) et des épisodes d'éveil plus fréquents. Ils sont également plus vigilants lorsqu'ils regardent vers l'entrée du nid, où leurs parents apportent de la nourriture, et envers leurs frères et sœurs, contre qui ils sont en compétition. Cela suggère que pour alimenter leur métabolisme, les oisillons présentant le plus grand nombre de taches ont une probabilité accrue d'accaparer les ressources alimentaires parentales en dormant moins souvent d'un sommeil lent, et en étant plus vigilants quand les parents apportent de la nourriture au nid.

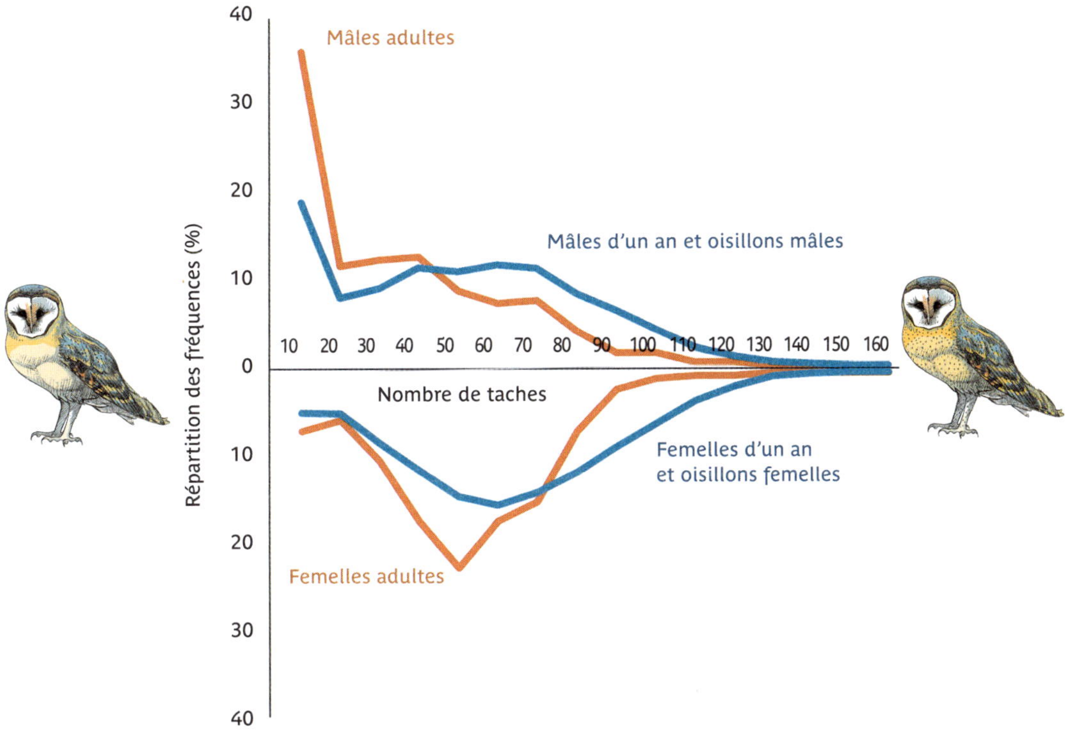


Répartition des fréquences du nombre de taches noires sur les plumes du ventre, de la poitrine, des flancs et du dessous des ailes de l'effraie des clochers en Suisse. De nombreux mâles possèdent peu de taches, alors que les femelles présentent, en moyenne, un nombre de taches intermédiaire.

## Futures recherches

- Les mécanismes génétiques qui sous-tendent le lien entre le nombre de points, la thermorégulation et l'architecture du sommeil sont inconnus et devraient être étudiés. De plus, d'un point de vue éco-physiologique, des données sont nécessaires pour expliquer pourquoi les oisillons fortement tachetés ont plus de difficulté à se réchauffer que les oisillons faiblement tachetés.
- La relation entre le nombre de taches noires sur le plumage et la compétition entre frères et sœurs devrait être étudiée en détail.
- Le rôle du nombre de taches chez les adultes devrait également être élucidé.

## Pour aller plus loin

Dreiss, A. N., Séchaud, R., Béziers, P., Villain, N., Genoud, M., Almasi, B., Jenni, L. and Roulin, A. 2016. Social huddling and physiological thermoregulation are related to melanism in the nocturnal barn owl. *Oecologia* **180**: 371–381.

Scriba, M., Rattenborg, N., Dreiss, A. N., Vyssotski, A. L. and Roulin, A. 2014. Sleep and vigilance linked to melanism in wild barn owls. *J. Evol. Biol.* **27**: 2057–2068.

# Les formes infinies de la beauté

## Les variations géographiques des caractères du plumage

**Le mélanisme est impliqué dans la thermorégulation et protège les téguments contre l'eau, la lumière ultraviolette et les parasites. Pour ces raisons, les animaux ne sont pas colorés de la même manière selon qu'ils vivent sous les latitudes élevées ou basses. C'est par exemple le cas de l'effraie commune : en Amérique, en Europe, en Afrique, en Asie et en Océanie, des colorations rousses ont évolué dans les régions froides et pluvieuses et des colorations blanches dans les régions chaudes et sèches. En revanche, les différences géographiques dans l'abondance et la taille des taches sont propres à chaque continent.**

Une effraie des clochers rousse, avec des taches noires grandes et nombreuses.

La répartition cosmopolite des Tytonidés offre la possibilité unique de vérifier si les mêmes facteurs écologiques et climatiques ont favorisé, à plusieurs reprises et sur tous les continents, l'apparition de plumages foncés par rapport aux plumages clairs ou immaculés par rapport aux plumages fortement tachetés. À cette fin, 11 000 spécimens de Tytonidés conservés dans les musées d'histoire naturelle, dont 8 500 effraies communes, ont été mesurés et analysés.

### LA VARIATION DES CARACTÉRISTIQUES DU PLUMAGE SELON LES LATITUDES

Les variations géographiques des caractères du plumage peuvent être prononcées. Dans les parties septentrionales des continents européen et nord-américain, les effraies communes sont plus roux foncé et présentent de plus grandes taches que dans les parties méridionales desdits continents, bien que cette variation dite clinale soit 6 fois plus marquée en Europe qu'en Amérique du

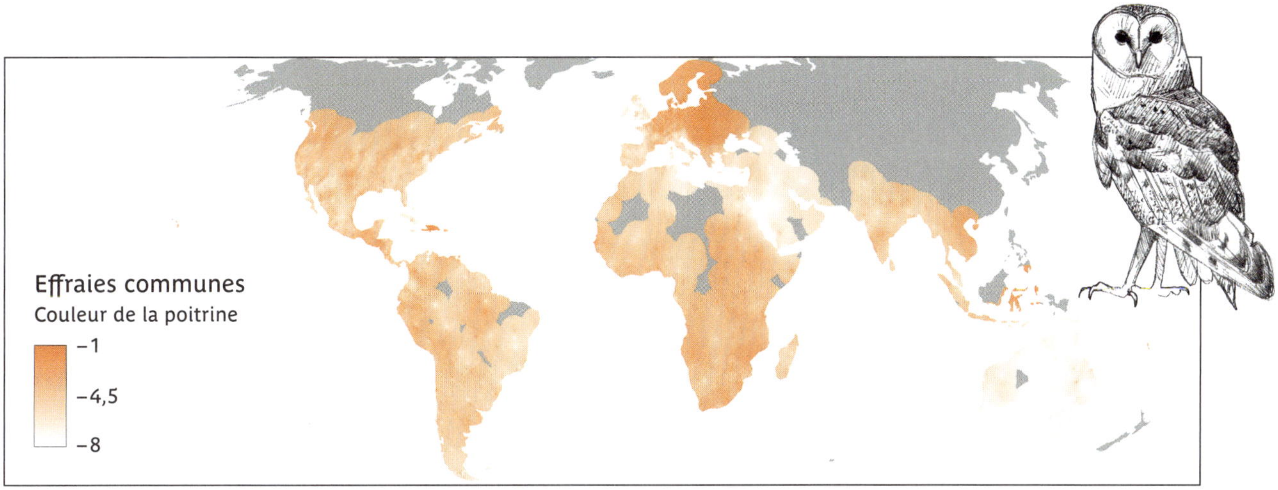


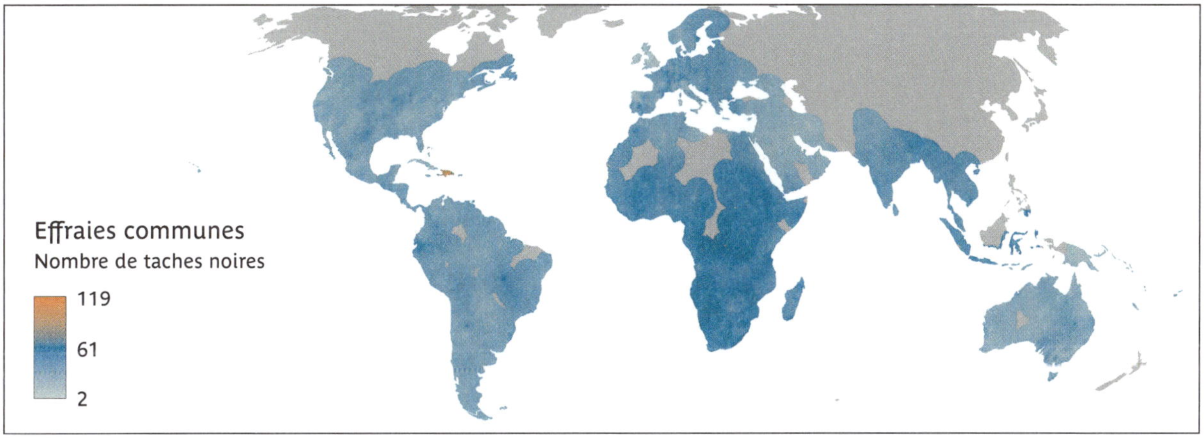


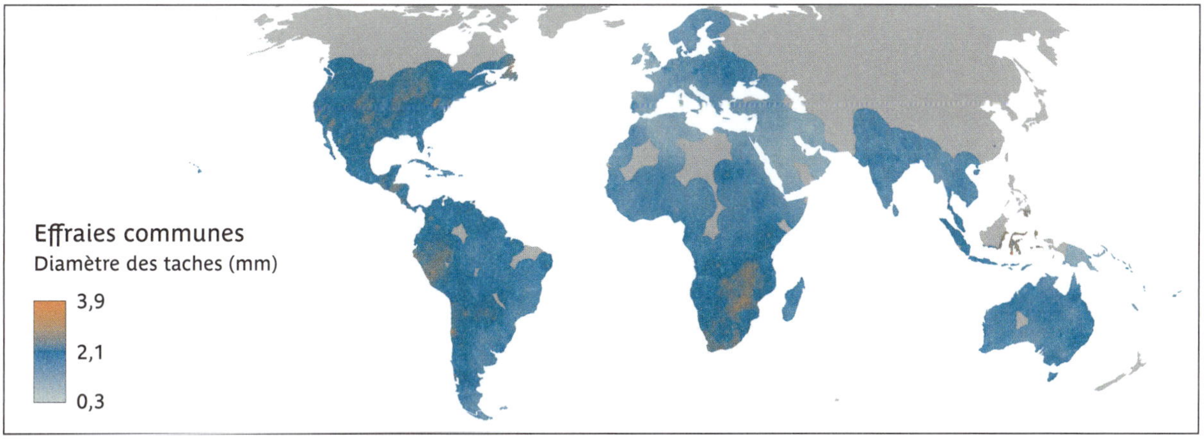


Variation géographique de la coloration rousse, du nombre de taches noires et du diamètre de ces taches chez les effraies communes. L'échelle de coloration s'étend de blanc (−8) à roux foncé (−1).

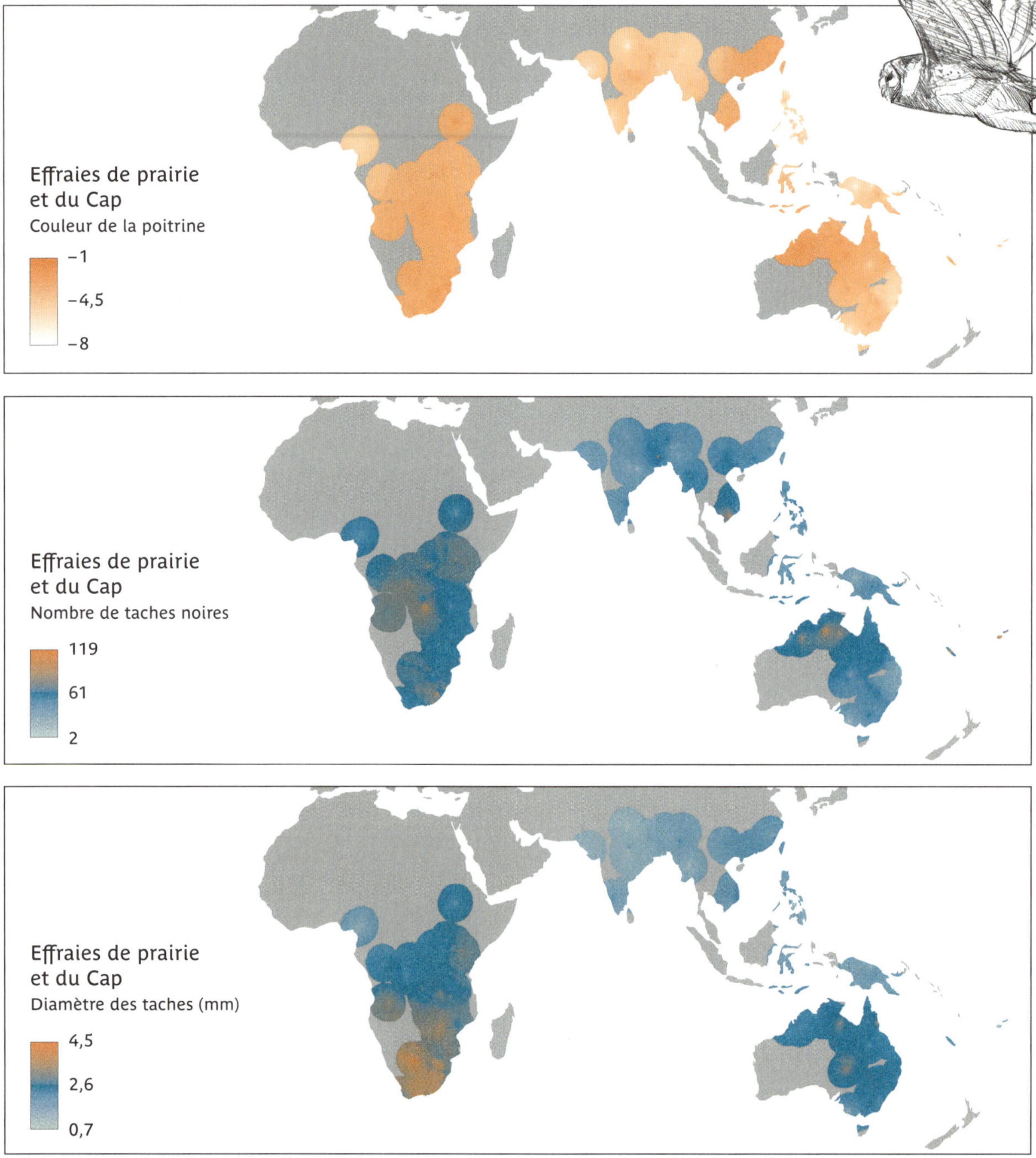


Variation géographique de la coloration rousse, du nombre de taches noires et du diamètre de ces taches chez les effraies de prairie et du Cap (proches cousines). L'échelle de coloration s'étend de blanc (−8) à roux foncé (−1).

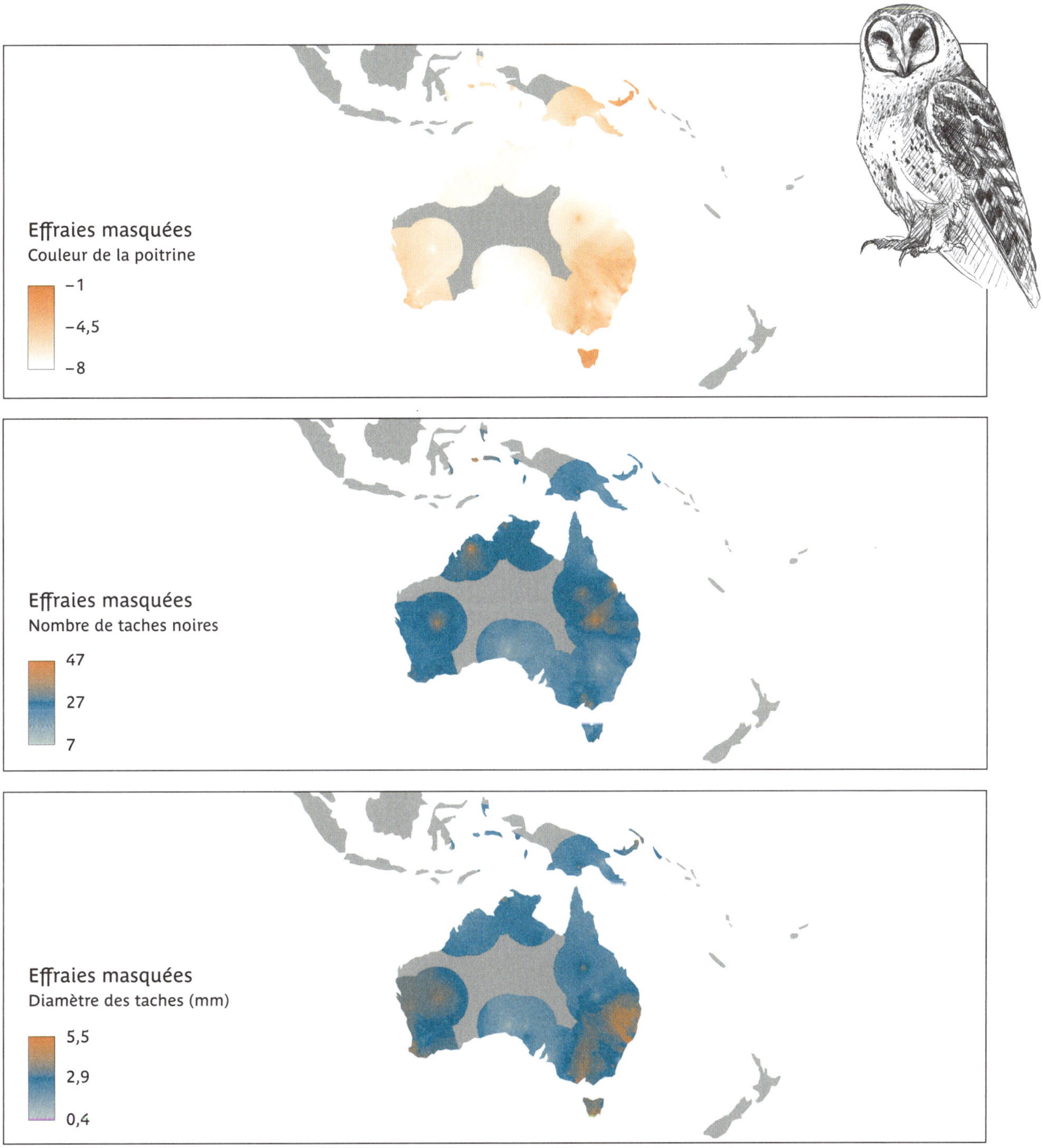


Variation géographique de la coloration rousse, du nombre de taches noires et du diamètre de ces taches chez les effraies masquées. L'échelle de coloration s'étend de blanc (–8) à roux foncé (–1).

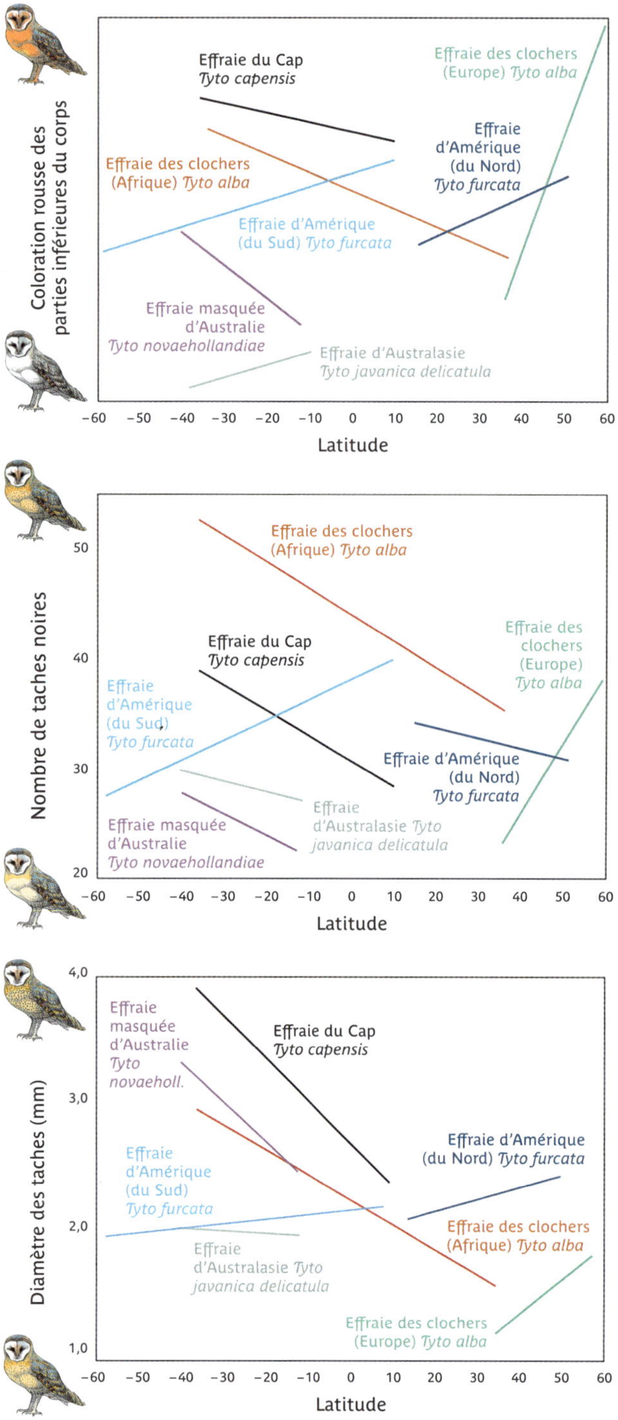


Nord. Dans l'hémisphère Sud, les effraies du Cap, les effraies des clochers d'Afrique, les effraies d'Australasie et les effraies masquées d'Australie suivent la même variation géographique, les chouettes étant plus mélaniques (c'est-à-dire plus rousses et plus tachetées) dans les régions tempérées que dans les régions équatoriales des continents. La tendance inverse prévaut toutefois en Amérique du Sud, les effraies d'Amérique (*Tyto furcata tuidara*) étant plus claires et moins tachetées près du pôle Sud.

## LES CLINES DÉPENDANTS DU SEXE

Les caractères du plumage des effraies présentent une tendance au dimorphisme sexuel, les femelles étant, en moyenne, plus roux foncé et plus tachetées que les mâles. Ces différences de couleur suggèrent, comme nous l'avons vu précédemment, que certaines variantes de plumage ont une fonction plus importante chez un sexe que chez l'autre. C'est le cas par exemple des grandes taches noires, qui sont favorisées chez les femelles, mais contre-sélectionnées chez les mâles. Ainsi, si les avantages et les inconvénients accompagnant le fait de présenter différents caractères du plumage varient d'une région géographique à l'autre, les variations de ces caractères selon la latitude pourraient être plus marquées chez un sexe que chez l'autre. On constate en effet que les mâles arborent de plus grandes taches dans le nord de l'Europe que dans le sud, alors que les femelles ont des taches de taille similaire sur l'ensemble du continent. Il est possible que les forces de sélection favorisant les grandes taches soient élevées dans toute l'Europe pour les femelles, et que ces mêmes forces soient élevées seulement dans le nord de l'Europe chez les mâles. Ou alors, le coût lié au fait d'avoir

Variation géographique de la coloration rousse *(en haut)*, du nombre de taches noires *(au centre)* et du diamètre de ces taches *(en bas)* localisées sur les parties inférieures du corps de diverses espèces de Tytonidés. Les droites de régression indiquent la force de la relation entre la latitude et le caractère de couleurs du plumage représenté. La variation le long des latitudes est particulièrement prononcée en Europe par rapport à d'autres régions du monde.

de grandes taches chez les mâles peut être moins élevé dans le nord de l'Europe que dans le sud du continent.

La situation est fondamentalement différente en ce qui concerne la coloration blanche à rousse des parties ventrales des effraies. Indépendamment du sexe, les individus sont généralement roux foncé dans le nord-est de l'Europe et blanc au sud du continent. Cette observation suggère que la coloration rousse du plumage a une fonction similaire chez les deux sexes, et que les coûts et les avantages d'être roux foncé ou blanc sont similaires chez les mâles et les femelles sur tout le continent.

## PRÉCIPITATIONS ET TEMPÉRATURE

L'identification des facteurs écologiques qui ont déclenché les variations des caractères du plumage selon la latitude sur les différents continents n'est pas anodine. À une si grande échelle continentale, la plupart des variables bioclimatiques changent du Nord au Sud. Il devient donc difficile de déduire à quels facteurs environnementaux les différentes colorations de plumage sont adaptées dans les différentes populations. Par exemple, dans les zones équatoriales, il y a plus de parasites et le climat est moins saisonnier que dans les zones tempérées. Des analyses ont donc été effectuées pour étudier si la température ambiante et les précipitations sont associées à l'évolution des caractères du plumage, comme le prévoient deux règles biogéographiques.

1. Conformément à la **règle de Gloger**, les effraies communes sont plus fortement pigmentées dans les milieux humides que dans les habitats secs. C'est le cas du degré de coloration rousse à l'échelle mondiale, mais seulement à une échelle plus locale pour ce qui est de la taille des taches, du moins aux États-Unis et au Royaume-Uni. Le fait d'être plus foncé dans les régions où les précipitations sont abondantes pourrait être une adaptation pour protéger l'organisme contre les parasites qui prospèrent dans les habitats humides. En outre, dans de tels habitats luxuriants, les conditions de lumière sont mauvaises, et les plumages de couleur foncée pourraient améliorer le camouflage. Enfin, la mélanine pourrait réduire l'usure des plumes causée par le frottement contre une végétation dense.
2. Conformément à la **règle de Bogert**, les effraies communes d'Amérique, d'Afrique et d'Europe ont développé une coloration rousse plus foncée dans les régions plus froides et un plumage clair dans les régions plus chaudes. Tout comme les organismes « à sang froid » qui ont besoin de soleil pour accumuler de la chaleur, une coloration roux foncé chez l'effraie commune peut avoir une fonction thermorégulatrice. Il est intéressant de noter que cette relation n'est pas observée en Australasie.

La signification biologique des observations selon lesquelles les effraies communes présentent moins de taches noires, et de plus petite taille, ainsi qu'une coloration rousse plus claire sur les îles que sur les continents n'est pas évidente. Il en va de même pour le fait que, sur les petites îles, les effraies communes sont plus roux foncé que sur les grandes îles, et que, dans l'hémisphère Nord, elles affichent de plus grandes taches noires plus près de l'équateur. Nous avons encore beaucoup à apprendre sur la façon dont les caractères du plumage varient géographiquement !

## Futures recherches

- **Les raisons pour lesquelles les effraies communes sont plus rousses dans les régions humides et froides, et plus blanches dans les régions sèches et chaudes doivent être étudiées.**
- **Il nous faut encore étudier pourquoi la règle de Bogert s'applique à l'Amérique, à l'Europe et à l'Afrique, mais pas à l'Australasie.**
- **Les variations géographiques sont-elles stables ou sont-elles en train de se modifier avec les changements environnementaux globaux induits par l'homme ?**

- On ne sait toujours pas pourquoi les populations insulaires d'effraies communes ont un plumage différent de celui des populations continentales.
- Les interactions proies-prédateurs ont-elles joué un rôle dans l'évolution de la coloration du plumage à l'échelle mondiale ? Pour évaluer cette possibilité, il faut vérifier si les différences d'alimentation entre les populations sont associées à des différences de coloration entre ces mêmes populations.

## Pour aller plus loin

Antoniazza, S., Ricardo, K., Neuenschwander, S., Burri, R., Gaigher, A., Roulin, A. and Goudet, J. 2014. Natural selection in a post-glacial range expansion: the case of the colour cline in the European barn owl. *Mol. Ecol.* **23**: 5508–5523.

Burri, R., Antoniazza, S., Gaigher, A., Ducrest, A.-L., Simon, C., The European Barn Owl Network, Fumagalli, L., Goudet, J. and Roulin, A. 2016. The genetic basis of color-related local adaptation in a ring-like colonization around the Mediterranean. *Evolution* **70**: 140–153.

Romano, A., Séchaud, R., Hirzel, A. H. and Roulin, A. 2019. Climate-driven convergent evolution of plumage colour in a cosmopolitan bird. *Global Ecol. Biogeogr.* **28**: 496–507.

Roulin, A. and Salamin, N. 2010. Insularity and the evolution of melanism, sexual dichromatism and body size in the worldwide-distributed barn owl. *J. Evol. Biol.* 23: 925–934.

Roulin, A., Wink, M. and Salamin, N. 2009. Selection on a eumelanic ornament is stronger in the tropics than in temperate zones in the worldwide-distributed barn owl. *J. Evol. Biol.* **22**: 345–354.

# Pour conclure

## Vers d'autres horizons

Au fil des ans, l'effraie commune s'est révélée être un excellent sujet d'étude pour répondre à de nombreuses questions biologiques clés, couvrant des domaines aussi divers que la physiologie (vision, ouïe, métabolisme), l'écologie (interactions proies-prédateurs, comportement de chasse), le comportement (relations au sein de la famille, dispersion), la dynamique des populations, la génétique et la biologie évolutive (polymorphisme de couleurs). J'ai profité de cet énorme corpus de connaissances pour présenter cet oiseau fantastique d'une manière plus complète que dans tout autre ouvrage sur l'espèce, en considérant tous les aspects de l'écologie évolutive qui ont été étudiés, et en essayant de démontrer au mieux la multitude de liens qui existent entre eux. Cette approche montre clairement que, même lorsqu'un chercheur souhaite comprendre un aspect particulier de la biologie d'une espèce, une connaissance approfondie de toutes ses facettes est nécessaire pour apprécier pleinement l'importance de la question scientifique à aborder.

Si les ornithologues amateurs ont toujours trouvé les effraies fascinantes, dans le monde académique, les scientifiques ont d'abord pensé que ce groupe d'oiseaux ne valait pas tant d'investissement en termes de temps — pour l'étudier, il faut travailler jour et nuit — ou de déplacements — il faut parcourir des kilomètres pour recueillir des données sur de très vastes zones d'étude. Je me souviens de ce professeur qui m'a demandé un jour : « Alex, pourquoi ne travailles-tu pas avec des escargots plutôt qu'avec des effraies des clochers ? »

En l'occurrence, l'effraie des clochers s'est révélée utile, non seulement en fournissant plusieurs éléments de connaissance manquants qu'il était difficile d'étudier chez d'autres oiseaux, mais aussi en apportant un nouvel éclairage rafraîchissant sur d'anciennes questions biologiques. L'enthousiasme des découvertes a incité les chercheurs à se pencher sur des petits détails, comme les caractères du plumage, qui ont finalement donné des résultats des plus surprenants. Comment aurions-nous pu prédire que le plumage blanc aide l'effraie des clochers à attraper les rongeurs, surtout par nuit de pleine lune ? Et comment aurions-nous pu imaginer, dans les années 1990, que la variation de la taille des taches noires sur le plumage traduisait certains aspects de la qualité génétique ? Ces résultats, en dépassant le cadre de la seule effraie des clochers, se sont généralisés et ont mené à de nouveaux paradigmes. Par exemple, nous avons maintenant une meilleure compréhension de la façon dont différents morphes de couleurs peuvent coexister, ainsi que du pourquoi et du comment les caractères basés sur la mélanine peuvent être associés à la physiologie et à la personnalité. Les caractères du plumage étant constitués, tout comme les variations de la peau chez l'homme, de pigments de mélanine, l'étude de l'effraie des clochers a des implications importantes pour la compréhension de notre biologie et de notre histoire. Nous avons même, récemment, entrepris des études biomédicales basées sur la découverte, chez l'effraie des clochers, d'une étrange séquence génétique sur le gène *POMC*. L'étude de l'effraie nous aide donc à comprendre la nature en général.

Un autre élément essentiel de la biologie de l'effraie des clochers réside dans les interactions complexes qui interviennent entre les membres de la famille. Bien que j'aie toujours entendu des oisillons crier toute la nuit, même en l'absence de leurs parents, je n'ai compris qu'en 1997 que ce comportement n'avait aucun sens dans le cadre des théories dominantes du conflit parents-enfants et de la compétition entre les membres de la nichée. Son étude a conduit à l'élaboration de la « théorie de la négociation au sein de la fratrie », qui décrit la façon dont les jeunes frères et sœurs communiquent vocalement pour résoudre pacifiquement les conflits. Ceci n'est pas seulement intéressant d'un point de vue purement scientifique ; c'est également hautement symbolique. En effet, c'est la preuve qu'un rapace disposant d'une panoplie d'armes (bec et griffes acérés) est suffisamment pacifique pour résoudre les conflits par la négociation plutôt que par le combat. Cela devrait être une source d'inspiration pour nous, les hommes.

Nous en savons beaucoup sur l'écologie évolutive de l'effraie commune, mais beaucoup moins sur ses proches parents, les autres membres de la famille des Tytonidés. Le savoir résumé dans cet ouvrage est basé sur un nombre impressionnant d'articles scientifiques (plus de 3600). Ce volume incroyable de connaissances n'a toutefois pas réduit la nécessité de poursuivre les recherches. Au contraire, cela a ouvert la porte à plusieurs autres pistes de recherche et a incité les ornithologues à s'engager dans de nombreux projets nouveaux, comme le suggèrent les quatre priorités d'action suivantes.

1. **Combler les lacunes de nos connaissances.** Un certain nombre d'aspects de la biologie des effraies des clochers n'ont pas été abordés dans cet ouvrage en raison du manque d'études détaillées. Par exemple, bien que la mue ait parfois été évoquée, les causes et les conséquences de ses différents modes sont inconnues. Étant donné la très longue saison de reproduction de l'effraie commune, les individus nicheurs changent souvent de plumes alaires et caudales pendant les périodes d'incubation et d'élevage, ce qui est relativement rare chez les oiseaux. Parmi les autres questions qui nécessitent encore des recherches, mentionnons la sensibilité de l'effraie commune à diverses perturbations anthropiques (poisons, bruit, impact du trafic sur la recherche de nourriture, pollution lumineuse, etc.) ainsi que la génétique et la génomique des populations à l'échelle mondiale.

2. **S'atteler à de nouvelles questions de recherche.** Cet ouvrage aborde un certain nombre d'idées fascinantes qui, au-delà de l'effraie commune, sont d'intérêt général. Par exemple, les caractères de couleur basés sur la mélanine sont associés à de nombreux autres traits phénotypiques, comme la résistance à des facteurs de stress divers. D'un point de vue fonctionnel, pourquoi cela se produit-il, et d'un point de vue mécaniste, comment est-ce possible ? Étant donné la présence de pigments de mélanine chez la plupart des animaux, ce sont des questions importantes. En outre, la distribution cosmopolite de l'effraie commune donne à penser que sa morphologie, sa physiologie et son comportement sont adaptés à toute une variété de milieux différents. Quelles sont précisément les caractéristiques qui font son succès ? La répartition mondiale de cet oiseau offre une occasion d'examiner non seulement l'impact des grands types de milieux (par exemple forêt tropicale, désert, climat tempéré) sur l'évolution de la diversité des formes de vie, mais également les similitudes et les différences entre les populations d'effraies communes sur différents continents. Il y a un besoin croissant d'études à entreprendre en dehors de l'Europe et de l'Amérique du Nord. De plus, le remarquable comportement coopératif observé chez les jeunes frères et sœurs des effraies des clochers mérite plus d'attention de la part des chercheurs. Enfin, le développement de nouvelles technologies permettant de suivre les chouettes dans le temps et dans l'espace à l'aide de GPS devrait permettre de mieux comprendre la vie de ce prédateur nocturne, autrement très difficile à observer.
3. **Passer le mot.** Même si de nombreux aspects clés de la biologie de l'effraie commune, comme l'alimentation et le succès de reproduction, ont fait l'objet d'études approfondies, nombre d'ornithologues continuent de recueillir des données sur ces paramètres. Il est très important de poursuivre la collecte de telles données afin de pouvoir évaluer si les populations sont stables ou si elles souffrent des activités humaines à l'échelle locale ou régionale, ou d'effets globaux tels que le changement climatique. Toutefois, il est nécessaire d'accroître la diffusion des résultats, la plupart de ces observations potentiellement précieuses n'étant pas encore publiées.
4. **Intéresser le public profane.** L'effraie commune vit au contact des hommes et, après avoir été, jadis, assimilée à un présage de malheur, elle accède aujourd'hui au statut de symbole de réconciliation et de paix. Au Moyen-Orient, l'effraie des clochers a réuni autour d'une même table des membres de communautés en conflit pour discuter du potentiel de l'oiseau comme agent de lutte biologique, remplaçant ainsi les rodenticides utilisés pour tuer les rongeurs qui ravagent les cultures dans la région. De telles histoires devraient être largement racontées au-delà de la communauté scientifique. Ce programme, suivant un processus « *bottom-up* » (de bas en haut), est parti d'individus pour remonter vers les institutions (politiques, diplomatiques, etc.), et a été encouragé par des acteurs qui travaillent à résoudre les problèmes transfrontaliers. Il démontre que des personnes d'origines culturelles, sociales et politiques différentes peuvent s'engager avec succès dans le dialogue lorsqu'elles sont touchées par les mêmes problèmes. L'utilisation de l'effraie des clochers comme symbole de paix est remarquable, après avoir été perçue comme un oiseau de malheur, et l'être même encore aujourd'hui dans certaines cultures.

J'espère que vous aurez pris autant de plaisir à lire ce livre que Laurent Willenegger et moi-même avons eu à y travailler ensemble. Mon souhait principal reste que les lecteurs en apprennent un peu plus sur l'effraie des clochers et regardent cette espèce avec un œil nouveau, les incitant à la fois à la protéger (ainsi que la nature de manière générale) et à effectuer des recherches à son sujet (ou sur tout autre animal). La rédaction — ou la lecture — d'un ouvrage aussi conséquent sur un être vivant peut donner l'impression que notre compréhension de ce dernier est complète. Cela montre, au contraire, que notre intérêt pour lui n'a pas faibli et que nous continuons à nous consacrer pleinement à la recherche des réponses aux nombreuses questions scientifiques qui restent en suspens.

# Les effraies dans la nomenclature française

De nos jours, les connaissances scientifiques en biologie sont majoritairement produites en anglais. Traduire ce savoir en français constitue donc un défi, en particulier concernant les effraies. En effet, la phylogénie de cette grande famille est encore en mouvement, ce qui implique des changements fréquents dans les noms et les groupes d'espèces. Il va sans dire que la nomenclature française s'en retrouve confuse. Pour faciliter la lecture, je présente ici les différents noms utilisés dans ce livre. Le terme « effraie des clochers » est adopté ici pour *Tyto alba* (chouette vivant en Europe et en Afrique), laissant de côté « chouette effraie », pourtant largement utilisé dans le langage courant, mais beaucoup moins précis.

| Famille | Genre | Nom latin | Nom français | Groupe |
|---|---|---|---|---|
| Tytonidés | *Tyto* (effraies) | *Tyto alba* | Effraie des clochers | Effraies communes |
| | | *Tyto thomensis* | Effraie de São Tomé | |
| | | *Tyto furcata* | Effraie d'Amérique | |
| | | *Tyto glaucops* | Effraie d'Hispaniola | |
| | | *Tyto javanica* | Effraie d'Australasie | |
| | | *Tyto rosenbergii* | Effraie des Célèbes | Effraies masquées |
| | | *Tyto nigrobrunnea* | Effraie de Taliabu | |
| | | *Tyto aurantia* | Effraie dorée | |
| | | *Tyto almae* | Effraie d'Alma | |
| | | *Tyto novaehollandiae* | Effraie masquée d'Australie | |
| | | *Tyto inexspectata* | Effraie de Minahassa | |
| | | *Tyto soumagnei* | Effraie de Soumagne | |
| | | *Tyto tenebricosa* | Effraie ombrée | |
| | | *Tyto multipunctata* | Effraie piquetée | |
| | | *Tyto capensis* | Effraie du Cap | |
| | | *Tyto longimembris* | Effraie de prairie | |
| | *Phodilus* (phodiles) | *Phodilus prigoginei* | Phodile de Prigogine | |
| | | *Phodilus assimilis* | Phodile de Ceylan | |
| | | *Phodilus badius* | Phodile calong | |

*Tyto alba* désignait, il y a encore quelques années, ce que l'on considère actuellement comme cinq espèces distinctes : *Tyto alba*, l'effraie des clochers, *Tyto thomensis*, une toute nouvelle espèce appelée ici effraie de São Tomé, *Tyto furcata*, l'effraie d'Amérique, *Tyto glaucops*, l'effraie d'Hispaniola, récemment distinguée de sa cousine américaine, et *Tyto javanica*, l'effraie d'Australasie (parfois appelée l'effraie d'Australie dans la littérature francophone ; l'Australasie représente néanmoins mieux sa zone de répartition). Dans ce livre, ces cinq espèces sont regroupées sous l'appellation « effraie commune ».

Enfin, les « effraies masquées » constituent un groupe informel regroupant différentes espèces d'Australasie. Elles portent toutes la mention de « *masked owl* » dans leur nom anglais, d'où cette catégorisation en français.

# Autres espèces mentionnées dans l'ouvrage

Le nom vernaculaire français — ou a défaut le nom anglais — et le nom latin des autres espèces mentionnées dans l'ouvrage sont listés ci-après.

- Aigle martial *Polemaetus bellicosus*
- Aigle royal *Aquila chrysaetos*
- Akodon d'Azara *Akodon azarae*
- Autour des palombes *Accipiter gentilis*
- Balbuzard pêcheur *Pandion haliaetus*
- Busard de Gould *Circus approximans*
- Busard grenouillard *Circus ranivorus*
- Busard Saint-Martin *Circus cyaneus*
- Buse à queue rousse *Buteo jamaicensis*
- Buse pattue *Buteo lagopus*
- Buse rouilleuse *Buteo regalis*
- Buse variable *Buteo buteo*
- *Calomys laucha*, en anglais *Small vesper mouse*
- Campagnol agreste *Microtus agrestis*
- Campagnol des champs *Microtus arvalis*
- Campagnol des prés *Microtus pennsylvanicus*
- Chacal à chabraque *Canis mesomelas*
- Chauve-souris géante d'Inde *Pteropus giganteus*
- Chevêche d'Athéna *Athene noctua*
- Chevêche des terriers *Athene cunicularia*
- Chimpanzé commun *Pan troglodytes*
- Choucas des tours *Coloeus monedula*
- Chouette de Tengmalm *Aegolius funereus*
- Chouette hulotte *Strix aluco*
- Chouette rayée *Strix varia*
- Combattant varié *Calidris pugnax*
- Cormoran huppé *Phalacrocorax aristotelis*
- Corneille noire *Corvus corone*
- Crécerelle d'Amérique *Falco sparverius*
- Épervier d'Europe *Accipiter nisus*
- Faucon bérigora *Falco berigora*
- Faucon crécerelle *Falco tinnunculus*
- Faucon des prairies *Falco mexicanus*
- Faucon hobereau *Falco subbuteo*
- Faucon lanier *Falco biarmicus*
- Faucon pèlerin *Falco peregrinus*
- Fouine *Martes foina*
- Frelon européen *Vespa crabro*
- Grand-duc ascalaphe *Bubo ascalaphus*
- Grand-duc d'Amérique *Bubo virginianus*
- Grand-duc d'Europe *Bubo bubo*
- Grand-duc de Verreaux *Bubo lacteus*
- Hibou des marais *Asio flammeus*
- Hibou moyen-duc *Asio otus*
- Hirondelle de fenêtre *Delichon urbicum*
- Hirondelle rustique *Hirundo rustica*
- Lion *Panthera leo*
- Loup *Canis lupus*
- Manchot Adélie *Pygoscelis adeliae*
- Mésange charbonnière *Parus major*
- Milan royal *Milvus milvus*
- Moineau domestique *Passer domesticus*
- Moineau soulcie *Petronia petronia*
- Oie des neiges *Anser caerulescens*
- *Oligoryzomys flavescens*, en anglais *Flavescent colilargo*
- Ombrette africaine *Scopus umbretta*
- Pachyure étrusque *Suncus etruscus*
- Petit-duc maculé *Megascops asio*
- Petit-duc scops *Otus scops*
- Pétrel de Bulwer *Bulweria bulwerii*
- *Phyllotis darwini*, en anglais *Darwin's leaf-eared mouse*
- Pigeon domestique *Columba livia domestica*
- Pigeon ramier *Columba palumbus*
- Phalanger pygmée *Cercartetus nanus*
- Phragmite aquatique *Acrocephalus paludicola*
- Rat pygmée de rizière à longue queue *Oligoryzomys longicaudatus*
- *Reithrodon auritus*, en anglais *Bunny rat*
- Républicain social *Philetairus socius*
- Sanglier *Sus scrofa*
- Souris grise *Mus musculus*
- Tadorne casarca *Tadorna ferruginea*
- Taphien à ventre nu *Taphozous nudiventris*
- Tarin des aulnes *Spinus spinus*

# Remerciements

Cet ouvrage est largement basé sur la synthèse de milliers de publications au sujet de l'effraie des clochers et ses proches parents. Je suis grandement redevable à la Station ornithologique suisse (die Schweizerische Vogelwarte Sempach), qui m'a permis d'accéder à une grande partie de cette base de connaissances, ainsi qu'aux nombreux collègues qui m'ont envoyé des publications que je ne pouvais obtenir directement. Je remercie également les organisations suivantes pour leur soutien financier : la Fondation Bataillard (par l'intermédiaire de mon ami le Professeur Daniel Cherix), la Fondation Chuard Schmid, de l'université de Lausanne, les Fonds du Dr Rub, de la Faculté de biologie et médecine de l'université de Lausanne, les Hilfsfonds de la Station ornithologique suisse, ainsi que le Fonds national suisse de la recherche scientifique et l'université de Lausanne pour leur soutien permanent à mes recherches.

Je remercie les collègues suivants pour leurs commentaires itératifs pendant la rédaction de ce livre : Hugh Brazier, Alexandre Chausson, Luis San José Garcia, Andrea Romano, Amélie Dreiss, David Ramsden, Jeff Martin, Rohan Bilney, Pauline Ducouret, Vera Uva, Richard Prum, Martin Paeckert, Yoav Motro, Inês Roque, Rui Lourenço, Hermann Wagner, Michael Wink, Daniel Osorio, Laura Hausmann, Franck Ruffier, David Eilam, Olivier Krüger, Thomas Bachmann, Madeleine Scriba, Peter Sunde, Res Altwegg, Laurie Ançay et Estelle Milliet. Je tiens également à remercier les nombreux photographes dont je n'ai malheureusement pas pu intégrer les photos en raison du manque d'espace. Les cartes ont été dessinées par Alexandre Hirzel avec l'aide d'Olivier Brönnimann. Ce livre a été écrit en partie au Wissenschaftskolleg zu Berlin.

Mes plus grands remerciements vont à Laurent Willenegger, avec qui j'ai travaillé pendant plus de quatre ans pour réaliser une belle alliance de textes et d'illustrations. Je suis fier de voir cet ouvrage illustré par un tel maître. Mes plus vifs remerciements s'adressent également à Céline Plancherel qui a traduit le texte à partir de la version anglaise. Son travail a permis à cette édition d'être correctement traduite, mais également améliorée. Je ne saurais, par ailleurs, oublier les éditions Delachaux et Niestlé en la personne de Sophie Postollec, et j'adresse un grand merci à Bruno Porlier pour sa relecture très attentive du texte de l'édition française et sa mise en pages.

Enfin, et surtout, je remercie l'effraie des clochers en tant qu'espèce phare pour la paix et la biodiversité.

***Alexandre Roulin***

## UN MOT SUR L'AUTEUR

Alexandre Roulin est professeur de biologie à l'université de Lausanne, en Suisse. Depuis trente ans, il étudie les effraies des clochers du point de vue écologique et évolutif. Ses principales questions de recherche sont les fonctions adaptatives de la coloration due à la mélanine et les processus de négociation dans les sociétés animales. Depuis 2009, il participe activement à un projet mêlant écologie et agriculture. Ce programme a pour but d'encourager la collaboration entre les communautés israélienne, palestinienne et jordanienne à travers des solutions en lien avec l'environnement. Il s'efforce de réconcilier l'homme et la nature et soutient des approches interdisciplinaires pour promouvoir la paix et le respect de l'environnement.

## UN MOT SUR LES ILLUSTRATIONS

Lors de mon adolescence, durant les années 1990, j'ai commencé à observer les effraies des clochers. Dès le début, les séances de baguage ont été le moyen idéal pour étudier cet oiseau mystérieux. Et puis, en 2014, Alexandre Roulin et moi avons commencé à collaborer sur ce livre. J'ai accompagné son équipe sur le terrain pour observer à nouveau l'effraie des clochers. Cependant, la plupart des dessins et peintures de ce livre n'ont pas été réalisés sur le terrain (ce que je fais habituellement), mais en atelier, afin de produire les illustrations nécessaires pour accompagner le texte. Ce travail est basé sur ma propre expérience avec l'oiseau, complétée par des informations recueillies dans des livres ou sur Internet, et par du matériel fourni par Alexandre et son équipe. Certaines des illustrations sont réalisées à l'aquarelle, d'autres au crayon et d'autres encore, numériquement.

J'espère que ces dessins et peintures vous auront plu. Si vous voulez en savoir plus sur mon travail, vous pouvez me contacter via mon site web : www.wildside-productions.ch

***Laurent Willenegger***

# Index